Magiciennes	Grandes sauterelles	Dectiques	Decticelles et Yersinelles
Très grande taille ; courtes ailes ou aptères ; mœurs prédatrices	Grandes et puissantes ; coloration verte ; longues ailes	Moyenne à petite taille ; coloration brune ou grise ; taches en dés fréquentes sur les ailes	Moyenne à grande taille ; coloration en général gris-brun ; aptères ou courtes ailes
			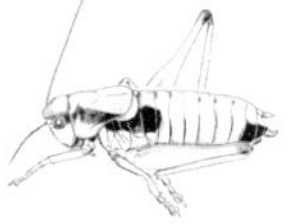
		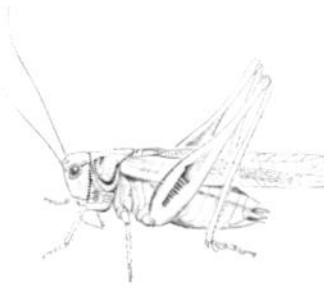	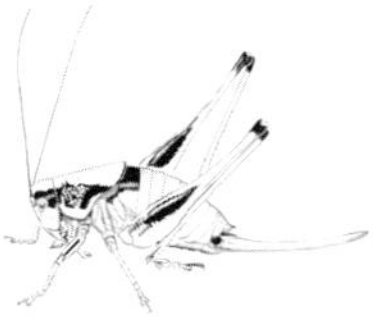
			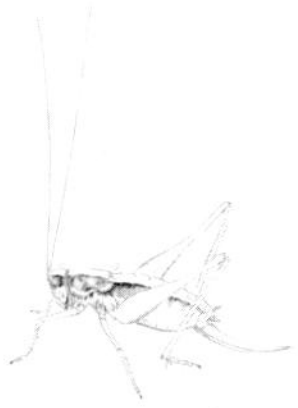
Saginae p. 186-189	Tettigoniinae p. 190-195	Tettigoniinae p. 196-199	Tettigoniinae p. 226-251

H. **BELLMAN** F. **RUTSCHMANN**
C. **ROESTI** A. **HOCHKIRCH**

SAUTERELLES, GRILLONS ET CRIQUETS

d'Europe occidentale

Traduction de Christian Dronneau

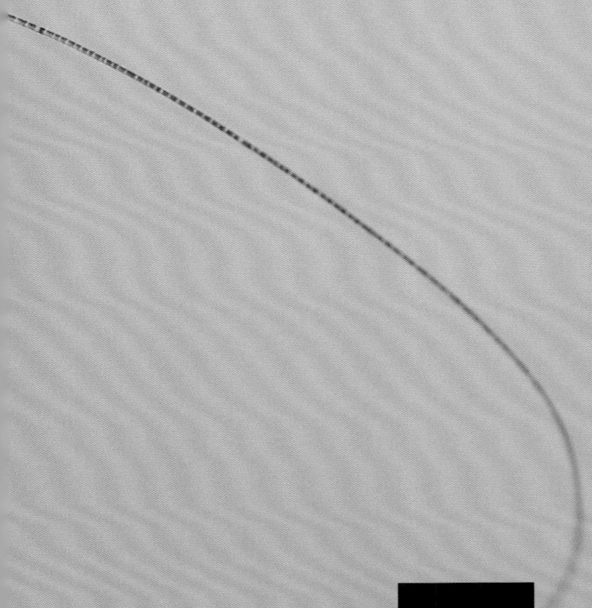

DELACHAUX
ET NIESTLÉ

Sommaire

Avant-propos

Avec leurs chants diversifiés, les grillons, sauterelles et criquets créent l'ambiance sonore typique des mois d'été, ce qui les rend très populaires. Les chants mélodieux des premiers sont l'incarnation même d'une douce soirée estivale, ce qui leur doit d'être souvent utilisés comme fond sonore dans les films. Leur tempérament d'invétérés musiciens se reflète également dans les contes et histoires, tels que la fable *La Cigale et la Fourmi* de Jean de La Fontaine – qui en langue allemande s'intitule *Le Grillon et la Fourmi*. Tout un chacun connaît également les aventures de Pinocchio et de son compagnon Jiminy le criquet, popularisées par le livre de Carlo Collodi, ou de Flip, l'ami de Maya l'abeille. Comme de nombreuses espèces d'Orthoptères sont diurnes et vivent dans des habitats ouverts, elles sont faciles à observer et à capturer. Cela en fait de parfaits sujets d'observation pour les amoureux de la nature et pour les enfants. Au travers de la dénomination générale « Orthoptères », de nombreuses personnes ne pensent qu'aux criquets et sauterelles. Pourtant, la diversité des formes et des modes de vie des Orthoptères est extraordinairement grande. Cet ordre d'insectes comprend des espèces aussi différentes que les petits fourmigrils aptères qui vivent dans les fourmilières, les magiciennes qui représentent les plus grands insectes prédateurs d'Europe, les petits grillons sylvestres vivant sur le sol, les courtilières creusant celui-ci, les grandes éphippigères dont le pronotum a la forme d'une selle de cheval, ou les primitifs criquets géophiles.

Comme chez de nombreuses autres espèces animales et végétales, beaucoup d'Orthoptères sont en diminution régulière, de sorte que beaucoup sont classés en voie de disparition sur les listes rouges. Les causes sont notamment à rechercher dans les changements spectaculaires qu'a connu l'agriculture. Les petites exploitations extensives ont fait place à une agriculture industrialisée qui utilise de plus grandes parcelles, des machines plus puissantes, des doses d'engrais plus élevées et de nouveaux pesticides. La densité des bovins a augmenté. Avec les chevaux, ils ont peu à peu remplacé chèvres et moutons. Cette évolution touche désormais également le sud-est de l'Europe. S'ajoutent à ces facteurs la destruction et la modification des habitats par l'eutrophisation, l'urbanisation, la correction des rivières et le drainage des zones humides. L'introduction d'espèces animales et végétales exotiques est un autre facteur de perturbation important, en particulier sur les îles. Les effets du changement climatique se sont aussi fait sentir ces toutes dernières décennies. Ce sont en particulier les périodes de sécheresse plus longues qui ont un impact évident sur certaines espèces. Mais à côté de celles pénalisées par ces changements dus à l'homme, d'autres en profitent. Au cours des dernières années, de nombreuses espèces d'Orthoptères ont étendu leur répartition vers le nord, dans des régions où on ne les connaissait pas auparavant. Notre connaissance de ces nouveaux arrivants et des espèces rares est souvent très bonne, tandis que les tendances démographiques des espèces communes sont beaucoup moins étudiées. Toutefois, l'avènement récent de nouvelles technologies, telles que les plateformes internet (par exemple observation.org) et les applications de collectes de données pour smartphones (par exemple ObsMapp, iObs), facilite la saisie des données sur le terrain et permet une amélioration constante de notre connaissance sur le statut des Orthoptères. Le but du présent guide est également d'y contribuer.

Lorsque Heiko Bellmann publia pour la première fois en 1985 un guide sur les Orthoptères en Allemagne (chez l'éditeur Neumann-Neudamm alors), ce fut une étape décisive dans la découverte des Orthoptères indigènes. Pour la première fois, ce groupe d'espèces a été porté à la connaissance d'un large public. Par la suite, les Orthoptères sont devenus l'un des ordres d'insectes les plus populaires parmi les amateurs de nature. Ils tiennent également une place importante dans l'évaluation des actions de conservation de la nature et dans la planification de l'aménagement du territoire. Dans les années qui ont suivi, notre connaissance sur les Orthoptères indigènes s'est considérablement accrue. De nombreux atlas de répartition ont été publiés dans différents pays et régions, de nouvelles espèces ont été documentées, de nombreuses publications sur l'écologie et les menaces pesant sur ce groupe d'invertébrés ont paru et le nombre de membres actifs des sociétés d'orthoptérologie a considérablement augmenté. Quelques années plus tard, en 1993, une nouvelle édition du *Guide des Orthoptères* a été publiée par Bellmann chez Naturbuch Verlag.

Cette édition incluait de nombreuses espèces des Alpes et de la moitié nord de la région méditerranéenne. Le nombre total d'espèces traitées est ainsi passé de 80 à 225, ce qui a donné l'opportunité aux amoureux de la nature d'identifier de nouveaux Orthoptères au cours de leurs voyages. Cette version a été reprise par l'éditeur Kosmos en 2006, puis traduite par Delachaux et Niestlé en 2009. Entre-temps, la connaissance sur les Orthoptères européens a continué de progresser et des livres d'identification ont été publiés dans de nombreux pays, y compris dans les régions méditerranéennes riches en espèces, telles que l'Italie et la Grèce.

Il était donc grand temps de publier une nouvelle édition de ce guide sur les Orthoptères.

Lors de la révision de l'ouvrage, à laquelle Heiko Bellmann n'a malheureusement plus eu la possibilité de participer en raison de son décès bien trop précoce, nous avons utilisé le même format « guide de terrain » qui a fait ses preuves lors de la version précédente. Nous nous sommes également fixé comme objectif de compléter l'éventail des espèces présentées, afin de refléter l'évolution positive de nos connaissances en Europe. Cette nouvelle édition présente donc désormais 283 espèces, y compris toutes celles du nord de l'Europe et un grand nombre de celles de la région méditerranéenne, en particulier des Balkans. Dans cette nouvelle édition, nous avons choisi de ne pas reprendre la clé d'identification des espèces d'Europe tempérée, qui figurait dans la première édition de 1985. En effet, celle-ci ne prenait pas en compte les espèces alpines et méditerranéennes qui ont été adjointes par la suite. D'autre part, les profanes ont souvent des difficultés à comprendre et à utiliser les clés d'identification. À la place, nous avons décrit les principales caractéristiques pour la détermination des espèces dans leurs textes respectifs et nous les avons illustrées avec des dessins lorsque nécessaire. Nous espérons que ce nouveau guide de terrain sera à la hauteur des attentes et qu'il motivera également les béotiens pour l'étude de cet ordre d'insectes fascinants que sont les Orthoptères.

Axel Hochkirch,
Florin Rutschmann,
Christian Roesti

Remerciements

Il serait impossible de réaliser un guide de terrain aussi complet sans le soutien de nombreux amis et collègues. Nous remercions en premier lieu Heiko Bellmann. Bien que nous n'ayons pas eu l'occasion de le rencontrer de son vivant, il a été avec la publication de son *Guide des Orthoptères* l'un des pionniers dans la recherche sur ce groupe d'espèces. Il a toujours été une référence pour nous et il a eu une influence décisive sur nos carrières de spécialistes des Orthoptères. Sur la base de son inlassable travail, nous avons pu réviser les données et aboutir à une œuvre presque entièrement nouvelle, tout en restant fidèle au concept de départ. Pour la réalisation de cette nouvelle édition, Daniel Roesti a joué un rôle essentiel en vérifiant méticuleusement le manuscrit et en faisant de nombreuses suggestions d'améliorations. Nous remercions également Anja Danielczak d'avoir préparé avec efficacité les cartes de répartition à partir des données sources et en intégrant nos différents commentaires. Un merci tout particulier à nos familles et à nos partenaires, en particulier Petra Rutschmann, Susanne Felder et Maren Hochkirch, qui, avec leur patience quasi infinie, ont rendu possible la réalisation de cet ouvrage.

Aux nombreux photographes (p. 431), observatrices et observateurs qui ont mis leurs photos à notre disposition, à celles et ceux qui ont partagé leurs observations et expériences sur le terrain avec nous et qui ont facilité leur transmission sur observation.org, un grand merci leur est adressé à tous ici. Nous espérons que ce nouveau guide de terrain contribuera à susciter de nouvelles recherches sur les Orthoptères.

Connaître — les Orthoptères

Systématique, morphologie et biologie

Le terme technique « Orthoptère » est issu du grec *orthos*, « droit », et *pteron*, « aile ». En effet, les insectes de cet ordre systématique se caractérisent par des ailes qui sont alignées avec le corps. Avec leurs 28 000 espèces répertoriées environ, les Orthoptères forment un ordre moyennement important parmi les insectes à l'échelle mondiale, en comparaison du million d'espèces qui ont été décrites à ce jour (plus de la moitié de toutes les espèces animales connues !). En Europe, on en connaît plus de 1 100, la diversité maximale étant atteinte en région méditerranéenne.

Cet ordre est apparu pendant la période carbonifère, il y a 300 millions d'années. Il appartient au groupe des Polynéoptères, qui comprend également les mantes (Mantodea), les phasmes (Phasmatodea), les blattes (Blattodea), les termites (Isoptera), les cafards (Grylloblattodea), les gladiateurs (Mantophasmatodea), les zoraptères (Zoraptera), les embies (Embioptera), les perles (Plecoptera) et les perce-oreilles (Dermaptera).

L'ordre des Orthoptères se distingue de tous les autres ordres d'insectes par leurs pattes postérieures qui sont longues, épaissies à la base et transformées en organes de saut, ainsi que par leurs pièces buccales coupantes et broyeuses et par leurs ailes parcheminées qui sont surtout tenues en dièdre sur l'abdomen. Les Orthoptères à longues antennes (Ensifera) et ceux à courtes antennes (Caelifera) sont considérés comme des sous-ordres et c'est la position qui est suivie dans le présent ouvrage. Les deux groupes diffèrent tant, aussi bien en morphologie qu'en comportement et en écologie, qu'ils étaient parfois considérés comme des ordres distincts autrefois.

Ce sont des insectes hémimétaboliques, caractérisés par une métamorphose incomplète. Dans leur développement pour atteindre le stade adulte, ils passent par plusieurs stades de mue identiques sans connaître de stade de pupaison. Les juvéniles qui sortent des œufs sont déjà formés, mais de toute petite taille. Pour se transformer en adulte, ils effectuent plusieurs mues (entre 4 et 14 selon les espèces) qui correspondent à autant de stades de développement. La plupart des groupes d'espèces en effectuent entre 4 et 7, mais les sauterelles des grottes, les courtilières et les grillons un peu plus : de 5 à 14, nombre qui varie dans une certaine mesure, en particulier chez les grillons (7-14 stades). À chaque mue, les juvéniles ressemblent davantage aux adultes. Après la dernière d'entre elles (la mue imaginale), ils sont de taille adulte. Ils deviennent sexuellement matures après une phase de maturation d'environ une à deux semaines. Ce n'est également qu'après la mue imaginale que leurs ailes sont totalement développées et qu'ils peuvent émettre un chant (voir glossaire p. 424). La plupart des espèces européennes produisent des chants complexes audibles par l'homme. À l'exception des cicadelles, qui ne sont pas étroitement apparentées aux Orthoptères, les sons émis par les autres insectes (les coléoptères et les papillons de nuit par exemple) sont très faibles et le plus souvent inaudibles pour nous, sauf par le biais d'une assistance technique.

En raison de l'amélioration continue des connaissances, la systématique des Orthoptères est soumise à de constants changements et on peut supposer que cela va se poursuivre. Pour le présent travail, nous nous sommes appuyés sur un document consacré à la systématique des Orthoptères daté de fin 2018.

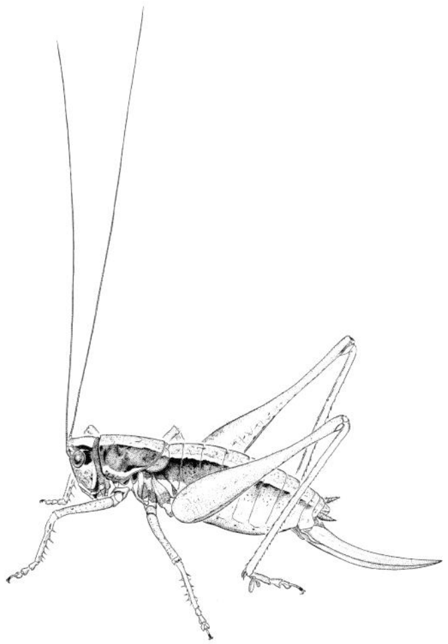

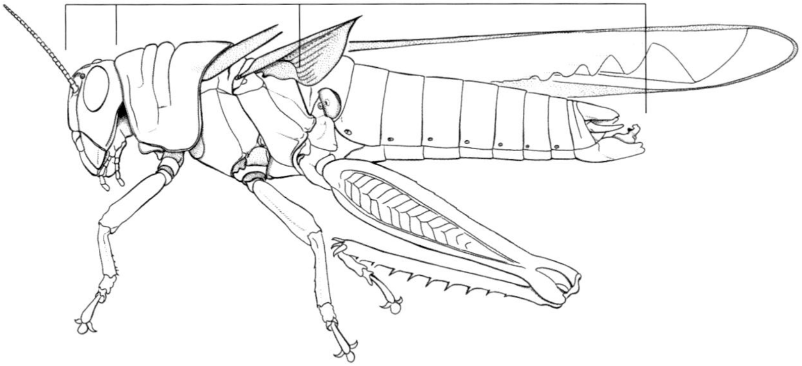

Les différentes sections du corps d'un Orthoptère.

Morphologie

Comme chez tous les insectes, le corps des Orthoptères est subdivisé en trois sections : la tête, le thorax et l'abdomen. La tête porte une paire d'antennes, des pièces buccales coupantes et broyeuses, deux yeux composés et trois yeux simples (ocelles). Les pièces buccales sont constituées d'une paire de mâchoires supérieures fortes et dentelées (les mandibules) qui servent à mordre les particules alimentaires, d'une paire de mâchoires inférieures (les maxillaires) destinées à écraser les aliments et d'une lèvre inférieure (le labium) qui les empêche de tomber. Pour évaluer les aliments, la mâchoire inférieure et la lèvre inférieure sont équipées de palpes (respectivement les palpes maxillaires et les palpes labiaux). En haut, les pièces buccales sont recouvertes par la lèvre supérieure (le labre) et, plus haut encore, celle-ci est reliée à la partie inférieure du front par une dernière pièce (le clypéus).

Les yeux composés sont constitués d'un grand nombre d'éléments oculaires individuels de petite taille (les ommatidies), qui sont les récepteurs sensibles à la lumière et qui donnent ensemble une image globale de l'environnement. En plus de ces yeux complexes, les Orthoptères ont trois ocelles, dont la fonction n'est pas clairement

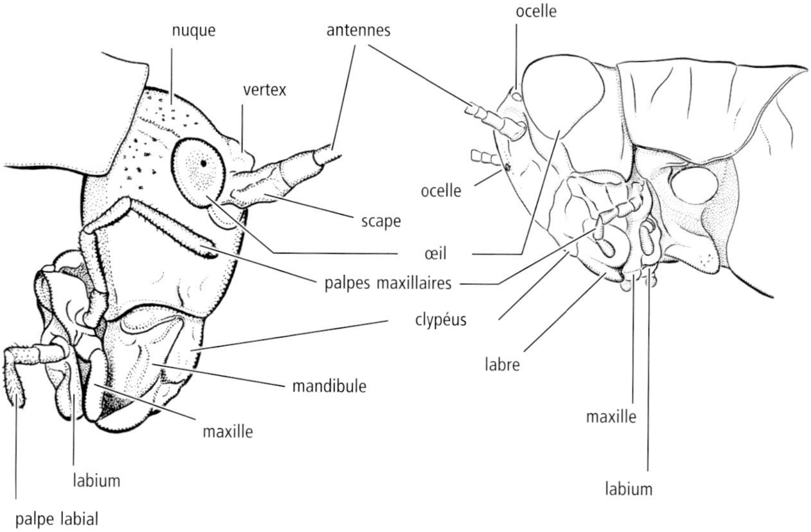

Morphologie de la tête. Exemple d'un Tettigoniidé (à gauche) et d'un Acrididé (à droite).

définie. Ils semblent faciliter l'orientation spatiale des individus lors de mouvements rapides (par exemple, saut ou vol) et dans l'obscurité.

Le thorax est composé de trois segments : l'antérieur, le médian et le postérieur (pro-, méso- et métathorax). Chaque segment est subdivisé en une plaque dorsale (pro-, méso- et métanotum) et en une plaque ventrale (pro-, méso- et métasternum). Le pronotum est la plaque dorsale du prothorax qui est remarquablement élargie par rapport aux plaques dorsales des méso- et métathorax. Il recouvre ceux-ci et protège ainsi la base des deux paires d'ailes. Il est souvent pourvu de trois carènes longitudinales dans sa partie supérieure : au milieu, la carène médiane, et sur les côtés, les carènes latérales, dont la forme est un critère important pour la détermination de certaines espèces. Un sillon transversal (sulcus) – ou suture transversale – situé au milieu du pronotum partage celui-ci en une section avant (*prozona*) et une section arrière (*metazona*). Il y a parfois plusieurs sillons qui se croisent. Les lobes latéraux

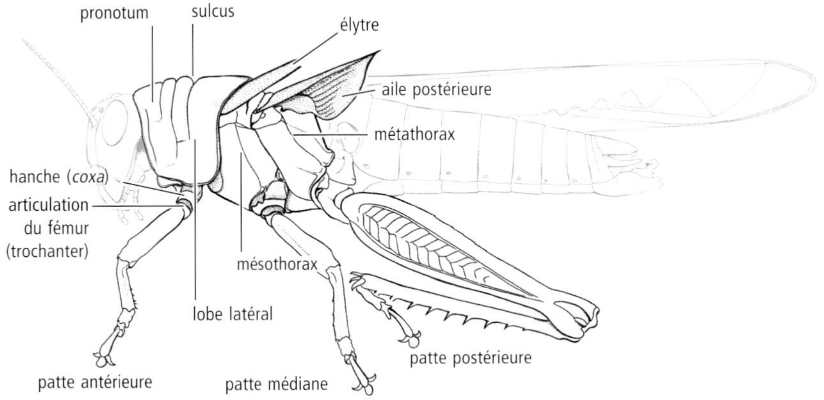

Morphologie du thorax et de ses annexes.

du pronotum (*paranota*) s'étendent approximativement jusqu'à la base des pattes antérieures.

Tous les organes de locomotion sont attachés au thorax : trois paires de pattes et deux paires d'ailes. Les pattes sont subdivisées en différentes sections à partir du corps : hanche (*coxa*), articulation du fémur (trochanter), fémur, tibia et tarse. Le tarse lui-même est composé de trois ou quatre articles et de deux griffes terminales. La paire de pattes postérieures est extraordinairement bien développée : son fémur contient les muscles sauteurs distinctifs qui donnent aux Orthoptères leur remarquable faculté de saut. Cette aptitude leur permet de fuir en cas de danger, et aussi d'approcher rapidement les femelles ou les mâles rivaux, qui sont rarement rejoints en locomotion normale.

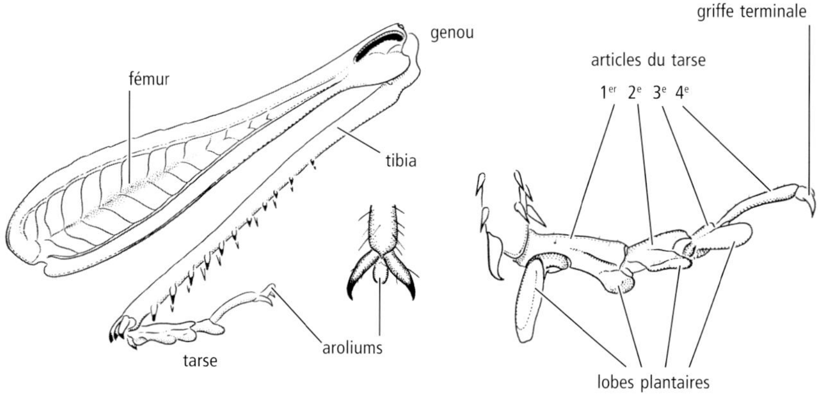

Morphologie d'une patte postérieure et du tarse d'un Orthoptère.

Les ailes des Orthoptères présentent des degrés de développement variables. Chez certaines espèces telles que les gryllacrides (Rhaphidophoridae), par exemple, ou les fourmigrils (Myrmecophilidae), les ailes sont totalement réduites. Chez les femelles des espèces du genre *Saga*, ces annexes se résument à de petites protubérances.
Les espèces qui sont dépourvues d'ailes sont dites « aptères ». Celles qui présentent des ailes en partie réduites, mais qui ne peuvent pas voler pour autant, sont dites « hypoptères ». Parfois, des individus entièrement ailés apparaissent au sein des espèces hypoptères.
Ces individus à longues ailes sont dits « macroptères ». Ils sont très aptes au vol et peuvent donc coloniser de nouvelles zones. Chez quelques espèces, telles que la Decticelle bariolée, le Criquet des clairières et aussi le Criquet des pâtures, on peut régulièrement trouver de tels individus macroptères, surtout après un printemps chaud. Les deux paires d'ailes, l'antérieure et la postérieure, diffèrent considérablement. La paire antérieure, ou élytres, est plus durcie (sclérifiée) que la paire postérieure et sert donc également à protéger celle-ci.
Chez les espèces aptes au vol, les élytres sont généralement étroits et ils sont déployés pour servir de surface portante. Les ailes postérieures ont la forme d'un éventail une fois déployées en vol et elles sont parfois utilisées pour changer de direction. Au repos, elles sont repliées sous les élytres, eux-mêmes positionnés le long du corps. Chez les espèces inaptes au vol, les ailes postérieures sont généralement très fortement réduites.
La nervation des élytres est souvent une caractéristique importante pour l'identification des Gomphocérinés (voir chapitre sur les Caelifères).
Les ailes postérieures quant à elles ne sont utilisables que pour la détermination de quelques espèces, par exemple les œdipodes qui peuvent facilement être identifiés à partir de la coloration et du dessin de leurs ailes postérieures.

DIFFÉRENTS TYPES D'AILES CHEZ LES ORTHOPTÈRES

Chez de nombreuses espèces aptes au vol, élytres et ailes postérieures sont entièrement développés et parviennent jusqu'à l'extrémité de l'abdomen ou au-delà du genou postérieur. Les deux paires d'ailes sont à peu près de la même longueur.

Le Phanéroptère méridional (*Phaneroptera nana*) est bien adapté au vol grâce à ses longues ailes étroites. Les ailes postérieures dépassent de façon significative les élytres, ce qui le caractérise comme une espèce paraptère.

Comme de nombreuses miramelles, *Odontopodisma fallax* possède des restes d'ailes très réduits qui ne se rejoignent pas sur le dos. Cette forme d'aile est qualifiée de squamiptère.

Femelle du Criquet des genévriers (*Euthystira brachyptera*) de la forme à longues ailes (macroptère). Habituellement, la femelle de cette espèce n'a que de petits restes d'ailes considérablement réduits et constitue une espèce squamiptère.

Les espèces microptères telles que le Barbitiste des bois (*Barbitistes serricauda*) ont des ailes très réduites qui se chevauchent sur le dos et qui sont utilisées pour le chant.

Chez les espèces brachyptères, par exemple le Criquet des pâtures (*Pseudochorthippus parallelus*), les élytres sont bien développés, mais les ailes postérieures sont tellement réduites qu'elles ne sont pas fonctionnelles pour le vol.

Le Grillon des bastides (*Gryllomorpha dalmatina*) est totalement dépourvu d'ailes (aptère).

L'abdomen, la troisième section du corps, renferme principalement le tube digestif, ainsi que les organes génitaux à son extrémité. Ces derniers sont présentés dans les chapitres suivants consacrés aux Ensifères et aux Caelifères. L'abdomen est composé de onze segments, dont les plaques supérieures sont dénommées plaques dorsales (tergites) et les inférieures, plaques ventrales (sternites). Les différents segments et plaques sont maintenus entre eux par des peaux molles et extensibles (les téguments intersegmentaires ou pleuraux). Dans la partie inférieure des plaques dorsales se trouve une paire d'ouvertures respiratoires symétriques (les stigmates) à travers lesquelles l'air pénètre à l'intérieur du corps par des canaux respiratoires (les trachées). À la fin de l'abdomen se trouvent les cerques, deux appendices qui jouent un rôle important pour l'identification de nombreuses espèces.

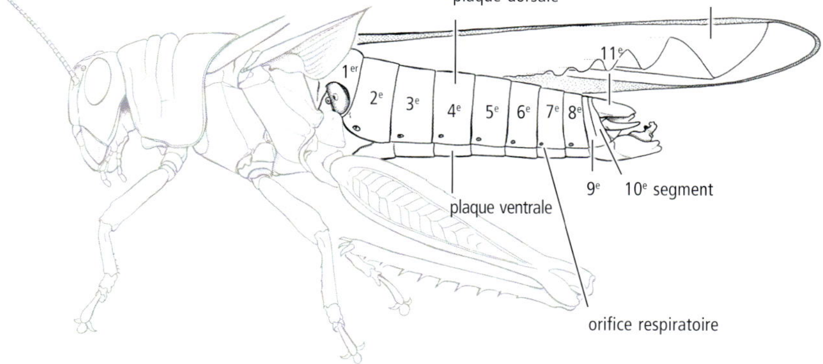

Morphologie de l'abdomen d'un criquet.

Orifice tympanique en forme de fente chez *Drymadusa dorsalis*; positionné sur les tibias, sous le genou.

Orthoptères à longues antennes (Ensifera)

Les antennes des Ensifères sont nettement plus longues que celles des Caelifères. Dans la grande majorité des cas, elles sont au moins de la longueur du corps. Chez certaines espèces, elles mesurent même plusieurs fois la longueur de celui-ci. À quelques exceptions près, comme chez les courtilières (Gryllotalpidae), les antennes sont nettement plus courtes que le corps. Les antennes de tous les Ensifères (y compris les courtilières) sont constituées d'articles très fins. Il y en a plus de 30, voire plus de 100 le plus souvent. L'orifice tympanique est situé sur les tibias antérieurs, sous le genou. Il peut avoir la forme d'une fente ou être ovale, ce qui est important dans certains cas pour l'identification. Seules quelques espèces ou groupes d'espèces en sont dépourvus, notamment les sauterelles cavernicoles, les fourmigrils et également le Grillon des jonchères (*Trigonidium cicindeloides*).

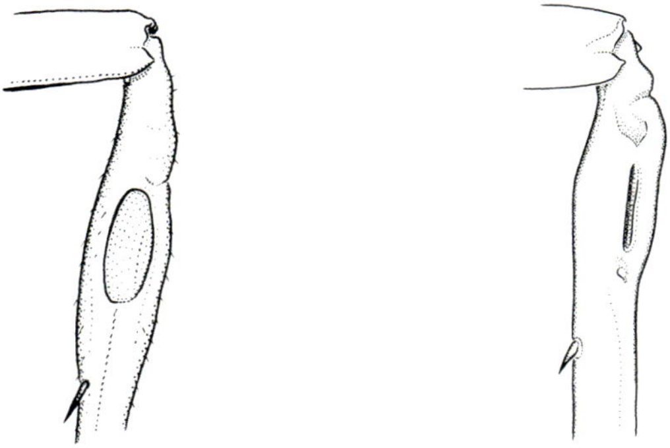

Orifice tympanique ovale et en forme de fente chez les Ensifères.

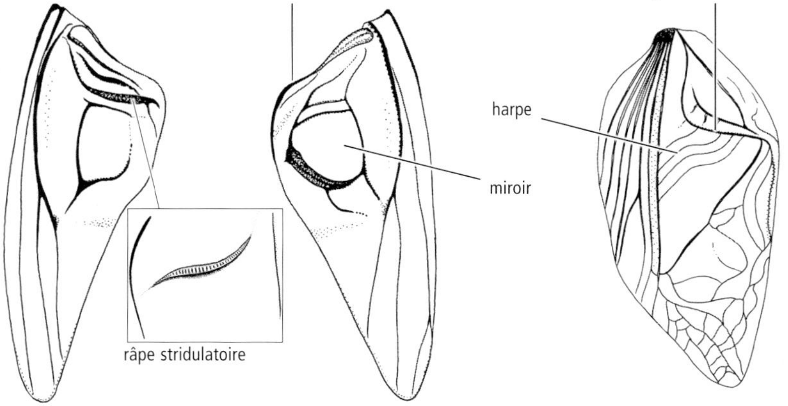

Morphologie des élytres de deux Ensifères : *Metrioptera saussuriana* (à gauche) et *Acheta domesticus* (à droite).

Les ailes des Ensifères ne servent pas que pour le vol, mais également pour les émissions acoustiques. Chez les espèces qui ont des ailes réduites et qui sont inaptes au vol, elles sont surtout utilisées pour la stridulation (« chant »). À quelques exceptions près, telles que les méconèmes, l'organe acoustique est bien développé chez les mâles, alors qu'il est souvent réduit ou totalement régressé chez les femelles. Cependant, chez de nombreuses espèces, celles-ci sont encore capables d'émettre un son typique de l'espèce en réponse au chant du mâle (voir partie Chant p. 30). Lors de la stridulation, les Ensifères frottent leurs élytres l'un contre l'autre, la râpe stridulatoire (*pars stridens*) du dessous de l'élytre gauche étant râpée sur l'archet (*plectrum*) situé sur le dessus de l'élytre droit. La râpe stridulatoire est de forme différente selon les espèces et possède un nombre variable de dents. L'archet consiste en un bord d'aile fortement durci situé sur l'élytre opposé. Chez les grillons, les deux élytres ont la même structure, mais surtout, c'est l'élytre droit qui est frotté sur le gauche.

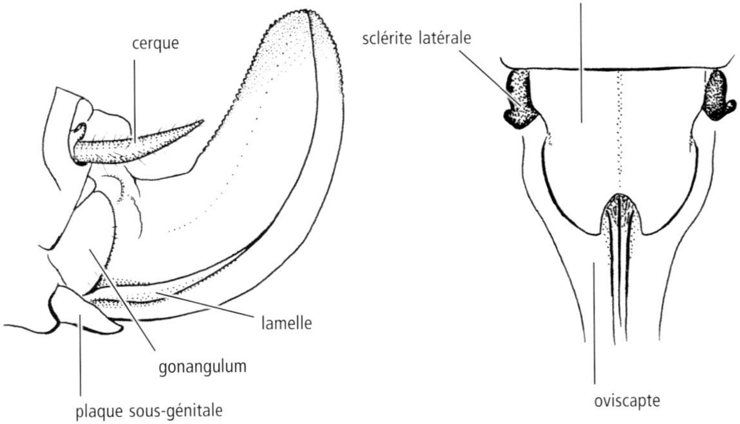

Morphologie de l'apex de l'abdomen des Ensifères : oviscapte de *Phaneroptera nana* vu de profil (à gauche) et plaque sous-génitale de *Metrioptera saussuriana* vue de dessous (à droite).

Le fait que la râpe stridulatoire soit frottée sur l'archet met le miroir en mouvement, ainsi que la harpe dans le cas des grillons, ce qui amplifie les sons. Miroir et harpe correspondent à des surfaces membraneuses de l'aile.

Pour la détermination des Ensifères, l'examen de l'extrémité des abdomens des deux sexes est particulièrement important. L'oviscapte est caractéristique des femelles. Il est le plus souvent bien visible, mais il varie en forme et en longueur selon les espèces. Il est composé de trois paires de valves lobées, dont seulement deux sont visibles chez l'individu adulte. Elles sont liées l'une à l'autre (serties), mais elles peuvent être séparées dans le sens longitudinal. À la base de l'oviscapte, la plaque sous-génitale ferme l'orifice génital féminin. Elle présente souvent une forme qui est caractéristique de chaque espèce.
Chez les mâles, les cerques sont particulièrement importants pour leur détermination sur le terrain. Ils sont situés à l'extrémité de l'abdomen et sont

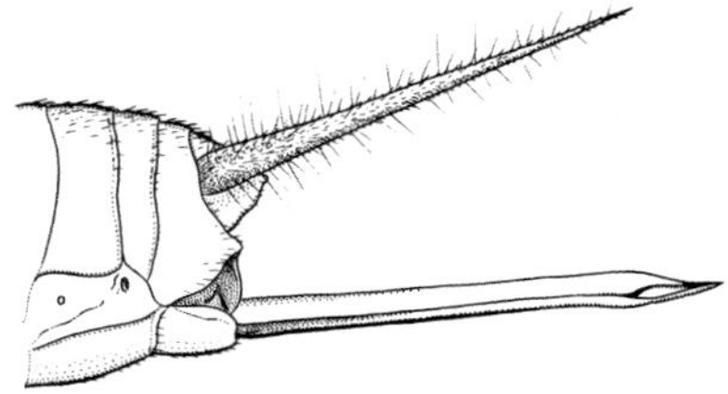

Modicogryllus frontalis

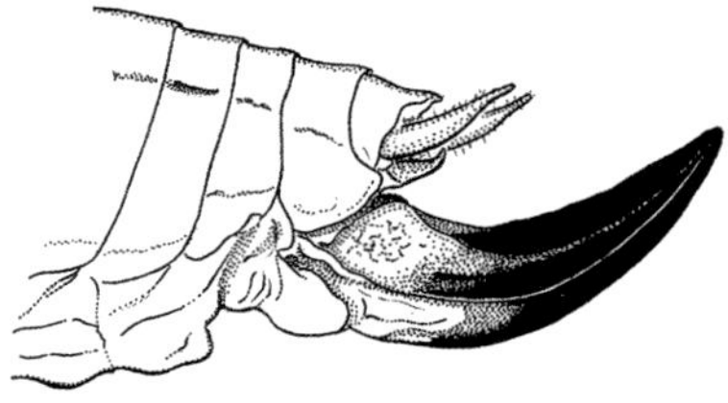

Tessellana tessellata

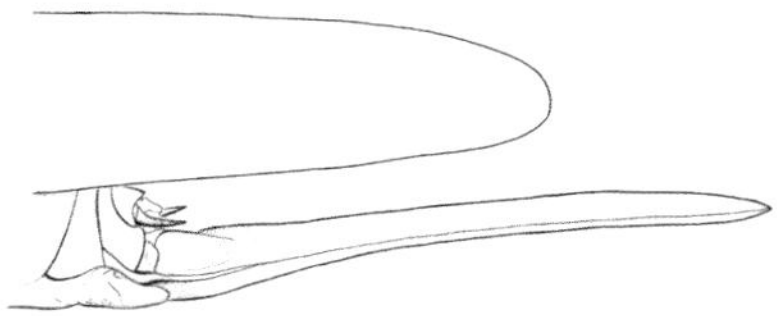

Tettigonia caudata

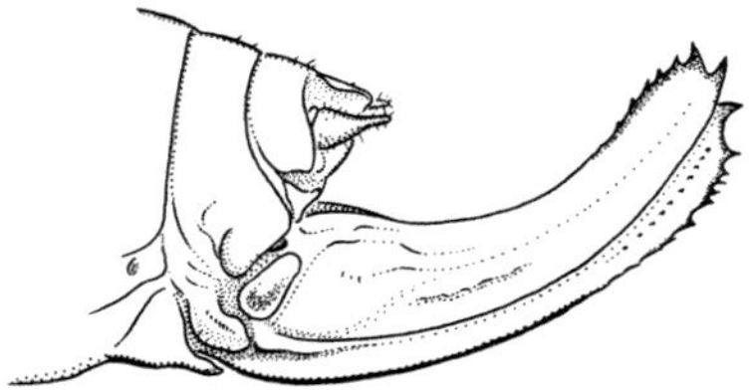

Isophya speciosa

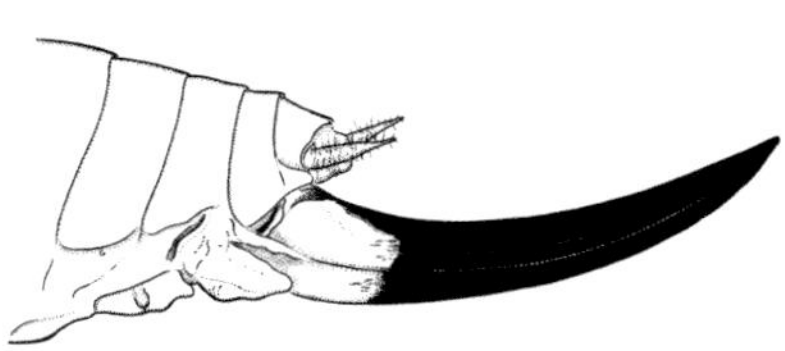

Platycleis sabulosa

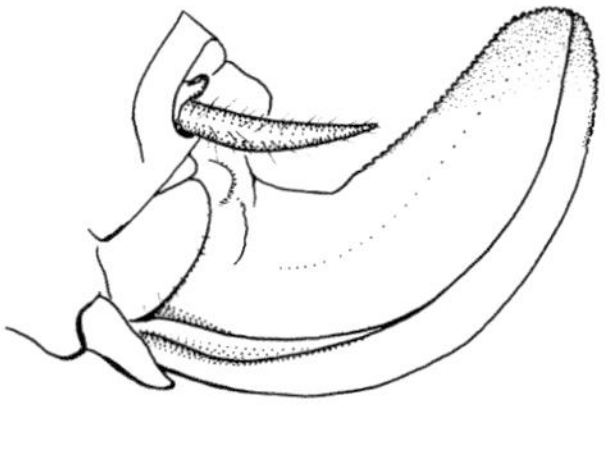

Phaneroptera nana

Différentes formes d'oviscaptes de femelles.

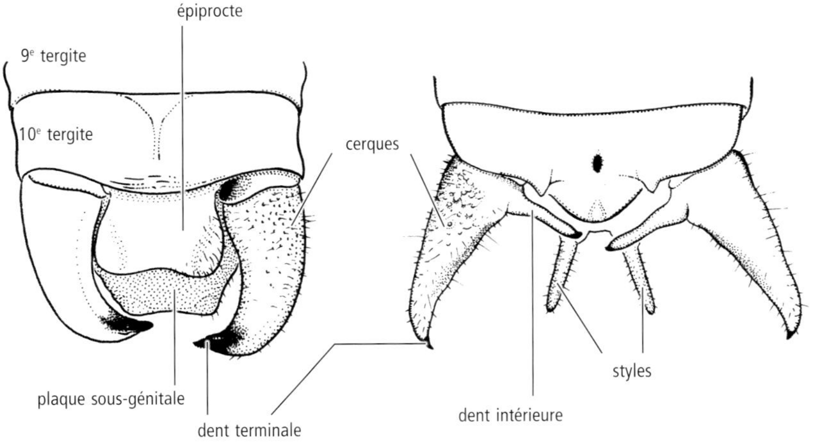

Morphologie de l'apex de l'abdomen de deux Ensifères mâles : *Polysarcus scutatus* (à gauche) et *Rhacocleis germanica* (à droite).

typiques de chaque espèce, car ils servent à agripper la femelle pendant l'accouplement. Ce n'est que dans le cas des grillons et des sauterelles cavernicoles qu'ils sont peu pertinents. Souvent aussi, la plaque sous-génitale ou la 10e plaque dorsale (10e tergite), ou encore la 11e et dernière plaque dorsale (épiprocte), présentent des caractéristiques importantes. En plus des Phanéroptères (Phaneropterinae), les mâles des sauterelles (Tettigoniidae) ont également des titillateurs. Ceux-ci correspondent à des organes génitaux internes très durcis, qui ne sont que partiellement visibles de l'extérieur chez quelques groupes d'espèces. Pour pouvoir les examiner, il faut généralement préparer les individus au laboratoire. La fonction des titillateurs n'est pas encore totalement élucidée. Ils servent vraisemblablement, d'une part, à positionner les spermatophores (voir le chapitre sur l'accouplement) et d'autre part, peut-être, à jouer un rôle stimulant pendant l'accouplement.

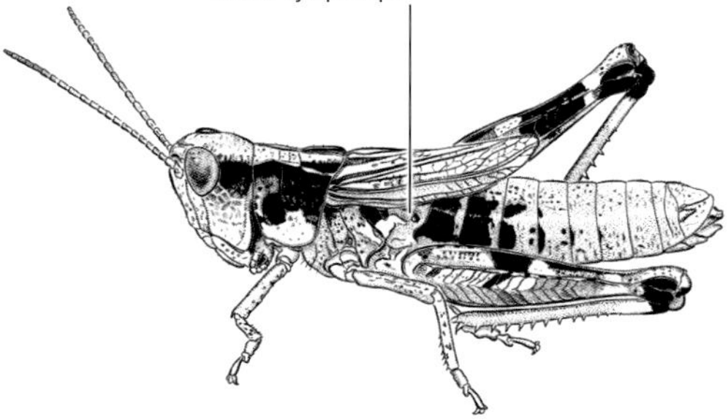

Morphologie typique d'un Caelifère, *Chorthippus pullus*.

Orthoptères à antennes courtes (Caelifera)

En plus d'une longueur d'antennes plus courte, les Caelifères diffèrent des Ensifères par un nombre d'articles moindre sur les antennes, toujours inférieur à 30. De plus, l'oviscapte des femelles est constitué de quatre courtes valves. Le tégument corporel est également plus robuste, de sorte que ces Orthoptères sont assez peu fragiles lorsqu'ils sont pris en main.

Le pronotum est la partie du corps la plus importante pour la détermination des Caelifères. Beaucoup diffèrent notamment par la forme et la disposition des carènes dont celui-ci est pourvu, tant les latérales que la médiane. Cette dernière est plus ou moins prononcée selon les différentes espèces d'œdipodes (Oedipodinae) et de tétrix (Tetrigidae). Chez les gomphocères (Gomphocerinae), ce sont principalement les carènes latérales du pronotum qui diffèrent de forme vus de dessus.

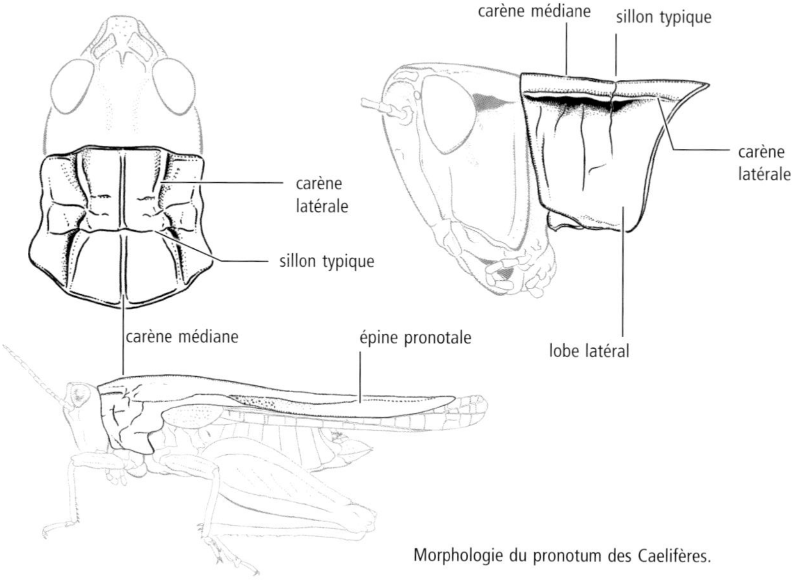

Morphologie du pronotum des Caelifères.

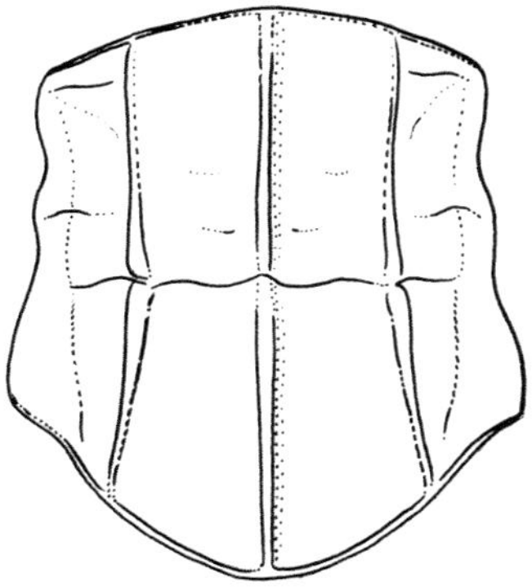

Chorthippus albomarginatus
rectilignes et presque parallèles.

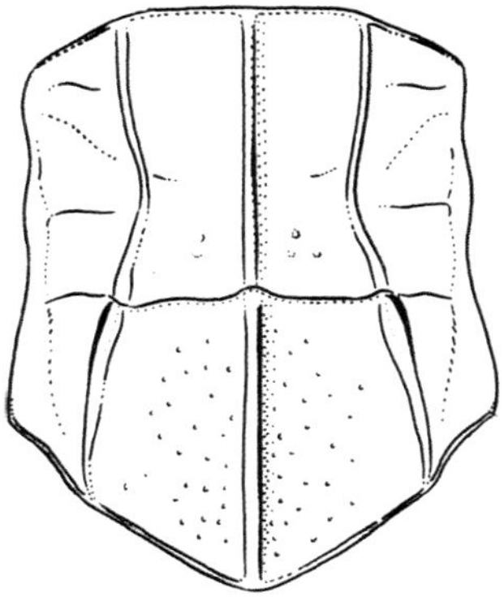

Chorthippus dorsatus
légèrement arquées vers l'intérieur.

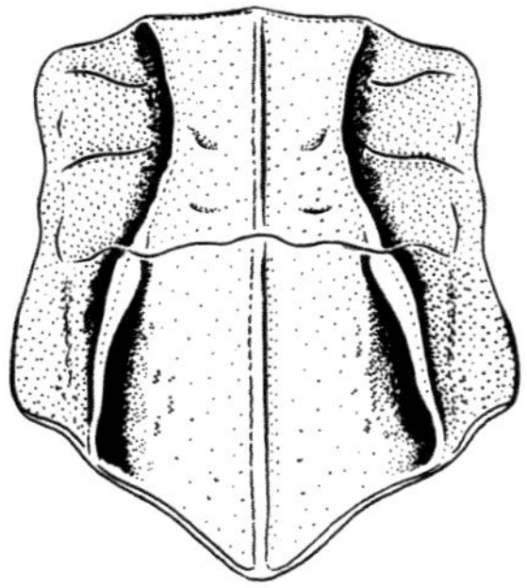

Omocestus rufipes
nettement arquées/coudées vers l'intérieur.

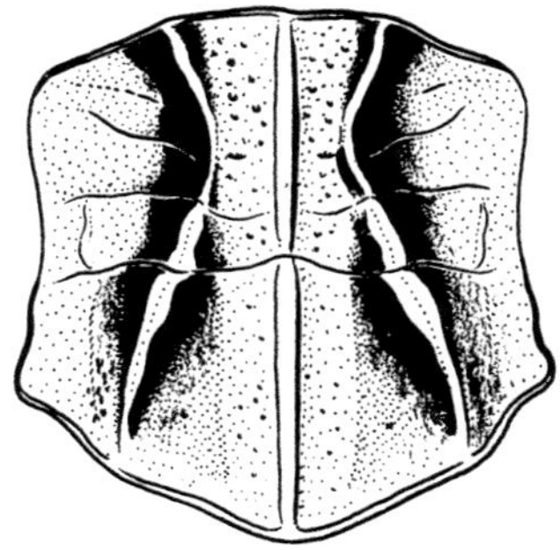

Omocestus haemorrhoidalis
très coudées vers l'intérieur.

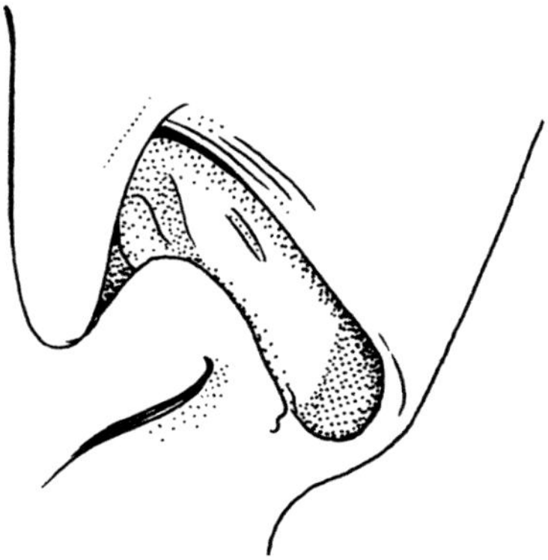

Orifice tympanique étroit en forme de fente
chez *Chorthippus brunneus.*

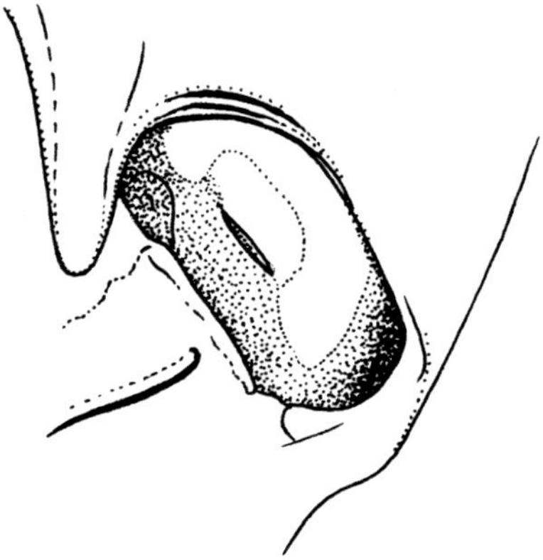

Orifice tympanique ovale en forme de fente
chez *Chorthippus vagans.*

Chez les Acrididés (Acrididae), l'organe auditif se trouve sur les côtés des premiers segments abdominaux, de chaque côté du corps. Cette ouverture étroite (orifice tympanique), en forme de rein ou semi-circulaire ou encore ovale, mène à une membrane tympanique située plus en profondeur (tympan). L'organe auditif n'est souvent pas facile à voir. Une loupe est généralement requise, et de plus, il est souvent partiellement couvert par les ailes ou les pattes sus-jacentes.

Chez de nombreux Caelifères (en particulier les Gomphocerinae), les ailes servent également à la production du chant, en plus de leur fonction de vol. Contrairement à l'usage chez les Ensifères, les ailes ne sont pas frottées l'une contre l'autre : ce sont les pattes postérieures qui sont frottées contre une nervure alaire légèrement saillante. Le mécanisme est fondamentalement le même, à la différence que la râpe stridulatoire des Caelifères se trouve sur la face interne du post-fémur et l'archet sur la face externe de l'élytre (nervure radiale). C'est l'inverse chez les œdipodes. Pour l'identification de nombreux Gomphocérinés (par exemple du genre *Chorthippus*), la disposition de la nervation alaire est importante. Les dénominations des nervures longitudinales, depuis le bord antérieur jusqu'au bord postérieur (de bas en haut lorsque les ailes sont repliées), sont les suivantes : costale, souscostale, radiale, médiane, cubitale 1, cubitale 2, anale 1 et anale 2. Les nervures longitudinales délimitent des champs alaires qui sont nommés en fonction des nervures proches. Le champ costal se situe derrière la nervure costale, le champ médian derrière la nervure médiane, etc. Les deux champs alaires précités sont souvent dilatés. Lorsque c'est le cas pour le champ médian, les deux nervures cubitales sont en général plus ou moins mêlées.
Chez les œdipodes, une nervure supplémentaire (*Vena intercalata*) s'intercale dans le champ alaire médian. Elle est en grande partie dentelée et agit comme un grattoir pour la stridulation.
Un autre champ alaire important pour la détermination des espèces est le champ précostal. Il se trouve en avant de la nervure costale, sur le bord antérieur de l'aile. Chez de nombreuses spèces, il est dilaté près de la base de l'aile (lobe précostal).

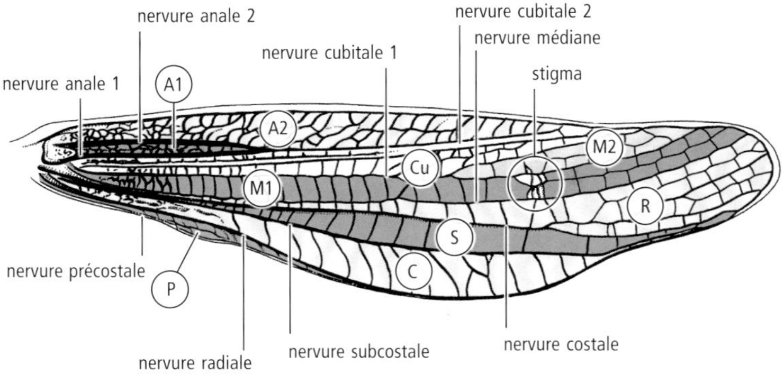

Morphologie d'un élytre de Gomphocériné.
A1 + 2 = champ anal, C = champ costal, Cu = champ cubital, P = champ précostal
M1 + 2 = champ médian, R = champ radial, S = champ souscostal

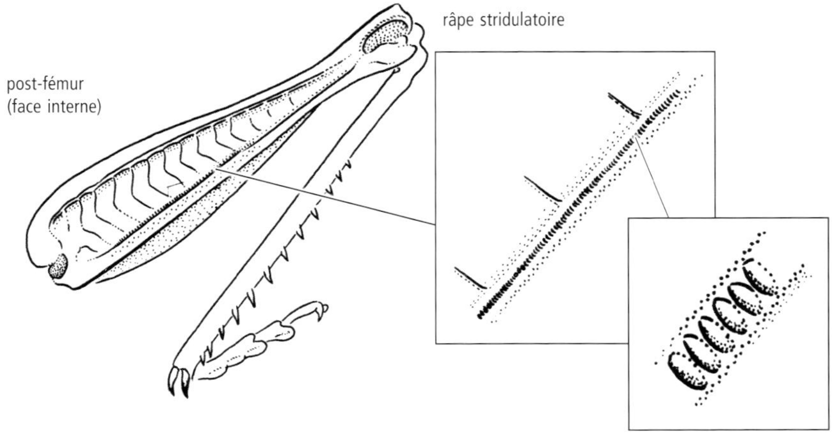

Emplacement de la râpe stridulatoire chez les Gomphocérinés.

Œdipode turquoise (*Oedipoda caerulescens*)

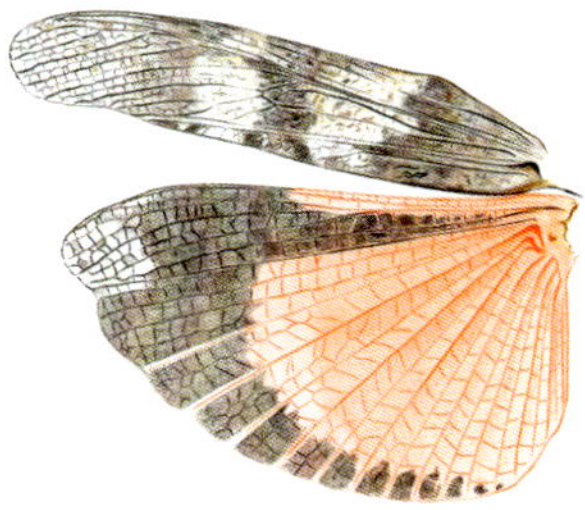

Œdipode rouge (*Oedipoda germanica*)

Œdipode aigue-marine (*Sphingonotus caerulans*)

Les ailes postérieures ne jouent qu'un rôle mineur pour la détermination de la plupart des Caelifères européens. Cependant, elles sont colorées chez certaines espèces, ce qui est particulièrement utile pour leur détermination des œdipodes et des caloptènes. Certaines espèces ont des nervures longitudinales renforcées, ce qui peut provoquer un bourdonnement lors du vol. Dans le genre *Acrida*, le champ médian de l'aile postérieure est dilaté (speculum).

La distinction entre les deux sexes est moins évidente chez les Caelifères que chez les Ensifères. Les valves de l'oviscapte des femelles sont nettement visibles en vision rapprochée. Les femelles sont toujours significativement plus grandes que les mâles – en général d'environ un tiers, mais parfois deux fois ou plus. Par ailleurs, elles sont de corpulence plus vigoureuse, avec une tête proportionnellement plus grosse et arrondie, notamment chez les Gomphocérinés.

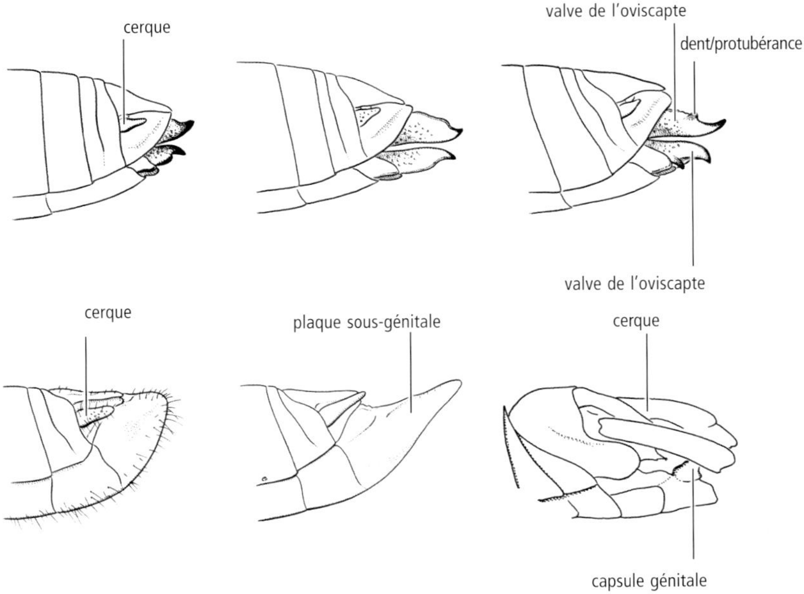

EN HAUT : Apex de l'abdomen des femelles de *Pseudochorthippus parallelus, Omocestus viridulus, Stenobothrus lineatus.*

EN BAS : Apex de l'abdomen des mâles d'*Euchorthippus chopardi, Chrysochraon dispar, Calliptamus italicus.*

Contrairement aux Ensifères, les cerques des mâles sont généralement sans intérêt pour l'identification, à l'exception des caloptènes (*Calliptamus*). Les organes génitaux internes sont recouverts par la plaque sous-génitale en forme de capsule. Dans certains groupes, tels que les gomphocères des genres *Podismopsis* et *Euchorthippus*, celle-ci a la forme d'un cône allongé.

L'oviscapte des femelles de Caelifères est globalement similaire à celui des Ensifères, mais dans leur cas les trois paires de valves sont réduites à de courts lobes. Ceux-ci ne sont pas sertis : ils sont étonnamment flexibles entre eux et peuvent être séparés.

Chant

Les émissions acoustiques spécifiques de nombreuses espèces d'Orthoptères sont souvent marquantes et créent un fond sonore incomparable, surtout en été. Aucun autre groupe d'insectes ne possède une telle variété de chants. Ceux-ci sont principalement émis par les mâles grâce à différentes parties du corps. Ils servent à la communication entre individus, en priorité lors de la parade des mâles prêts à s'accoupler. Sous les tropiques, il existe de nombreux groupes d'espèces (en particulier chez les Caelifera) qui ne communiquent pas de façon acoustique, mais visuellement ou chimiquement. Dans leurs cas, des parties très colorées du corps, telles que les pattes, les antennes ou les palpes, sont souvent utilisées. Cela peut également être le cas de certains de nos Orthoptères indigènes, comme le Gomphocère roux.

Chez presque tous les Ensifères, le chant est produit avec les deux élytres : ceux-ci sont légèrement surélevés et frottés l'un contre l'autre. Chez les grillons, c'est l'aile droite qui est en position haute, tandis que chez les sauterelles (Tettigoniidés) c'est l'inverse. Enfin, chez les courtilières, l'une comme l'autre peuvent être en position haute. Le son est produit par le frottement de la râpe stridulatoire finement dentelée, qui a des caractéristiques propres à chaque espèce et qui est située sur le dessous de l'aile, contre l'archet du bord de l'aile opposée (voir le chapitre sur la morphologie). Le son est amplifié par deux grandes surfaces membraneuses, la harpe et le miroir (dans le cas des Tettigoniidés, que par le miroir). Seules les émissions acoustiques des méconèmes (genre *Meconema*) sont différentes et tout à fait inhabituelles parmi les Ensifères. Ceux-ci produisent un tambourinage qui ne s'entend qu'à 1 m de distance environ. Pour cela, ils plient fortement l'une de leurs pattes postérieures et frappent très rapidement le substrat avec leurs tarses, généralement une feuille. Certains Ensifères, comme les mâles des espèces des genres *Ephippiger* ou *Barbitistes*, font vibrer leur corps afin de faire simultanément entrer en vibration le support sur lequel ils sont posés. On suppose que les vibrations perçues par les femelles leur permettent de mieux localiser les mâles.

Un mâle d'*Ephippiger persicarius* en train de chanter. Le pronotum est légèrement relevé.

Pour chanter, le mâle d'*Oecanthus pellucens* place ses ailes translucides presque à angle droit par rapport au corps.

Les Caelifères ont développé une gamme de mécanismes de production de sons encore plus large que les Ensifères. Les gomphocères (Gomphocerinae) et les œdipodes (Oedipodinae) frottent une patte postérieure, ou les deux, sur les élytres. Chez les premiers, une arête dentelée (râpe stridulatoire) de la face interne du post-fémur frotte sur la nervure radiale saillante de l'élytre faisant office d'archet. Une caisse de résonance est formée par les ailes disposées en dièdre sur l'abdomen et un peu surélevées par rapport à celui-ci. Étant donné que les Caelifères produisent des sons avec leurs deux pattes postérieures, celles-ci peuvent être non seulement déplacées de manière synchrone, mais aussi alternativement. Cela signifie qu'ils disposent de deux organes stridulatoires, contrairement aux Ensifères. De fait, de nombreuses espèces peuvent produire une double stridulation à synchronisation variable, grâce à leurs deux pattes postérieures qui effectuent des mouvements séparés, en particulier au moment des parades.

Pour chanter, le mâle de *Chorthippus bornhalmi* frotte ses post-fémurs sur la nervure radiale de l'élytre.

Chez les œdipodes, l'arête de la face interne des post-fémurs n'est pas dentelée et sert d'archet. Pour striduler, ils disposent d'une nervure intercalée particulière (*Vena intercalata*), absente chez les gomphocères, qui est située dans le champ médian des élytres. Cette nervure qui saille de la surface de l'aile possède des dents arrondies sur toute sa longueur et sert d'instrument stridulatoire. Le Criquet ensanglanté (*Stethophyma grossum*) a développé un type de chant qui diffère de ceux des autres œdipodes. Il soulève une patte postérieure et projette son tibia vers l'arrière. Par ce mouvement, les épines terminales de la patte postérieure frottent sur la *Vena intercalata* et produisent ainsi le son « tsic » si frappant qui le caractérise et qui évoque le bruit d'un ongle que l'on coupe.

De nombreuses espèces d'œdipodes comme l'Œdipode stridulante (*Psophus stridulus*), l'Œdipode des torrents (*Bryodemella tuberculata*), ainsi que quelques autres Orthoptères, tels que l'Arcyptère bariolée (*Arcyptera fusca*), le Criquet jacasseur (*Stauroderus scalaris*) ou le Sténobothre alpin (*Stenobothrus rubicundulus*), produisent un bruit bourdonnant ou crépitant en vol. Les nervures anales renforcées des ailes postérieures, qui sont mises en mouvement par l'air, en sont probablement la cause. *Stenobothrus rubicundulus* quant à lui chante au sol en battant rapidement des ailes au-dessus de son dos, jusqu'à 60 fois par seconde, pour frapper l'un contre l'autre les bords d'attaque renforcés des élytres.
Quelques Acrididés, comme les caloptènes, chantent en frottant leurs mandibules l'une contre l'autre, comme s'ils grinçaient « des dents ». Ces faibles bruits ne sont perceptibles qu'à faible distance.

La plupart des chants d'Orthoptères servent à la communication entre individus d'une même espèce. La recherche d'un partenaire sexuel est l'un des principaux buts. Les mâles cherchent donc surtout à attirer les femelles. Selon l'interaction en cours, différents types de chant peuvent être émis :

CHANT D'APPEL OU SPONTANÉ

Ce chant également appelé « chant ordinaire » est de loin le plus courant. Pour cette raison et au regard de son volume généralement supérieur, c'est le chant le plus utile pour la détermination. Chez certaines espèces, les mâles

Mâle de *Stenobothrus rubicundulus* effectuant un bourdonnement d'ailes avec ses élytres, les ailes postérieures restant repliées sur le dos.

chantent en alternance pendant leurs pauses respectives et s'agitent proches l'un de l'autre.

CHANT DE RIVALITÉ

Chez de nombreuses espèces, si deux mâles se rencontrent, ils utilisent un chant différent du précédent. Dans la plupart des cas, les sons produits sont plus nets et plus forts, ou alors les phrases durent plus longtemps. Ce chant a pour but d'évaluer la « force » des deux mâles en présence et il se termine généralement par la fuite d'un des protagonistes. Chez plusieurs œdipodes, de tels comportements de rivalité peuvent également être exécutés en silence – au moins pour l'oreille humaine – et sont interprétés comme une rencontre entre deux adversaires qui se jaugent.

CHANT DE COUR OU CHANT DE PARADE

Les mâles qui rencontrent une femelle commencent souvent par un chant de cour, qui peut durer plusieurs minutes chez les Caelifères et qui se décompose en plusieurs phases. Dans certains cas (par exemple chez *Gomphocerippus rufus*), il s'accompagne de mouvements corporels qui rappellent une danse. Les antennes, les palpes et les pattes postérieures sont utilisés. Malgré tout, en dépit d'une parade élaborée chez de nombreuses espèces, cela n'aboutit pas souvent à un accouplement, car les femelles sont généralement déjà fécondées par un autre mâle. De sorte que leur motivation pour un nouvel accouplement est beaucoup plus faible chez elles que chez les mâles, qui peuvent théoriquement féconder les œufs de nombreuses femelles au cours de leur vie.

CHANT DE RÉPONSE

Les femelles de certaines espèces répondent au chant du mâle par un autre plus faible et plus bref. Le temps de réponse de la femelle au mâle est caractéristique de chaque espèce. De tels chants de réponse sont répandus chez les Caelifères et les Phanéroptères. Ils sont pour la plupart imperceptibles sur le terrain en raison de leur faible volume. Ces chants de réponse ne sont donc d'aucune utilité pour les identifications sur le terrain. Dans le cas du Phanéroptère méridional (*Phaneroptera nana*) cependant, il est assez fort et audible. Les deux partenaires se répondent et se rapprochent progressivement l'un de l'autre.

Comme chez tous les animaux à température corporelle variable, celle des Orthoptères est déterminée par la température ambiante ou par le rayonnement solaire. Un « bain de soleil » actif peut ainsi leur procurer une température corporelle bien plus élevée que ne le suggère la température ambiante. Étant donné que la température du corps affecte tous les processus métaboliques, avec une répercussion sur la mobilité des individus, la vitesse d'exécution des chants en est fortement dépendante. À des températures basses ou en absence de soleil, ils sont généralement plus lents ou totalement interrompus. L'efficacité musculaire étant moindre à basse température, la sonorité des chants peut être très différente de ceux produits lors de températures plus élevées. Un bon exemple est fourni par le chant de la Sauterelle cymbalière (*Tettigonia cantans*). Par température estivale d'au moins 25 °C et un bon ensoleillement, les phrases stridulées sont d'une durée de 1 à 3 secondes : elles débutent faiblement et augmentent rapidement de volume. En revanche, à basse température (inférieure à 10 °C), la nuit ou en automne, le chant consiste en une série continue de phrases à consonance raclée, de sorte qu'il rappelle davantage le bruit produit par une vieille locomotive à vapeur.

Pour décrire les chants, une terminologie spécifique est utilisée. Elle est brièvement présentée ci-dessous.

ACCENT

Un accent désigne le son produit par un mouvement d'ouverture et de fermeture des ailes chez les Ensifères et un mouvement de montée et de descente des pattes postérieures chez les Caelifères.

PHRASE

Une phrase correspond à un groupe d'accents séparé du groupe suivant par une très courte pause et qui se traduit par un motif vocal répétitif.

STROPHE

Une strophe est une série de plusieurs phrases.

Mâle en parade (en haut, à droite) chez le Sténobothre bourdonneur (*Stenobothrus nigromaculatus*).

Accouplement

L'appariement des Ensifères et des Caelifères diffère fondamentalement. Chez les Caelifères, la femelle est très passive. Elle peut cependant manifester sa volonté de s'accoupler par le biais d'un chant de réponse par exemple ou, à l'inverse, exprimer son refus par des mouvements défensifs avec les pattes postérieures. Une fois qu'il est accepté, le mâle grimpe sur la femelle ou lui bondit dessus. Il s'accouple en positionnant le bout de son abdomen sous celui de la femelle par le côté, puis il en agrippe l'extrémité par en dessous. Le mâle est alors fermement accroché à elle et, en raison de sa petite taille, il est soumis à ses déplacements. Il peut parfois tomber en arrière et être traîné ainsi couché sur le dos par sa femelle. L'accouplement de la plupart des espèces dure longtemps, entre 20 min et plusieurs heures. Chez certaines (par exemple *Pezotettix giornae*), les mâles demeurent encore longtemps sur la femelle après l'accouplement, vraisemblablement pour assurer une garde auprès d'elle et empêcher l'intrusion d'autres mâles de façon à garantir une fécondation par son propre sperme.

Le mâle de *Melanoplus frigidus* (en haut) s'accroche à la femelle et saisit son apex abdominal par en dessous avec ses organes génitaux.

Ce mâle de *Stenobothrus nigromaculatus* a basculé en arrière et il est entraîné par la femelle qui est bien plus forte que lui.

Chez les Ensifères, les femelles se comportent de façon beaucoup plus active que chez les Caelifères. Attirée par le chant d'un mâle, l'une d'elles s'en approche s'il est prêt à s'accoupler. Puis, elle grimpe sur le dos de son partenaire, qui à son tour se glisse sous la femelle et saisit l'apex abdominal de celle-ci avec ses cerques. La femelle possède une fine rainure à la base de son oviscapte, dans laquelle le mâle peut insérer la dent intérieure ou terminale de ses cerques. Chez certaines espèces, comme celles appartenant au genre *Anoncotus* par exemple, les mâles agrippent la peau tendre du ventre des femelles avec leurs cerques. Lorsque l'abdomen de la femelle est solidement fixé et placé dans la bonne position, un spermatophore blanchâtre (très grand chez de nombreuses espèces) émerge de l'orifice génital du mâle. Puis, il est fixé sur l'orifice génital de la femelle. Il est constitué d'une substance gélatineuse qui comprend deux parties : le spermatophylax dans lequel se trouvent les spermatozoïdes dans sa partie antérieure et un ensemble principalement composé de protéines dans sa partie postérieure. Le couple se sépare peu après l'émergence du spermatophore. Chez de nombreuses espèces, le processus d'accouplement s'achève au bout de quelques minutes (2 à 5) et, chez d'autres, il peut durer jusqu'à une demi-heure. Après la séparation, la femelle commence à consommer le spermatophore. Pendant l'ingestion de ce

Chez de nombreux Tettigoniidés comme *Poecilimon jonicus*, pour s'accoupler, le mâle pince la base de l'oviscapte avec ses cerques, qu'il insère dans une fossette spéciale. L'acte ne dure que quelques minutes, au bout desquelles la femelle commence à consommer le spermatophore.

Chez les espèces du genre *Anonconotus*, le mâle est allongé sur le dos et il se tient fermement à l'oviscapte de la femelle avec ses pattes et ses pièces buccales. Les cerques pointus sont utilisés pour s'agripper à la peau tendre de l'abdomen de la femelle, ce qui entraîne souvent des blessures chez elle.

Dans le cas des Sagidés du genre *Saga*, lors de l'accouplement, le mâle est accroché à l'abdomen de la femelle à l'envers et il s'agrippe à l'oviscapte avec ses pièces buccales.

« cadeau » nuptial énergétique, qui dure en général plusieurs heures, les spermatozoïdes migrent du spermatophylax vers l'orifice génital de la femelle. Chez de nombreux Ensifères, il existe des variations dans la position d'appariement décrite ci-dessus. Par exemple, il arrive que le mâle s'accroche à l'envers sous la femelle et se cramponne à l'oviscapte. Le mâle de certaines espèces de grillon (du genre *Oecanthus* par exemple) offre à la femelle une substance nutritive provenant d'une glande située sous ses ailes, ce qui supprime le risque de consommation du sperme du spermatophore par celle-ci après l'accouplement. En plus de la reproduction sexuée, certaines espèces d'Orthoptères peuvent effectuer une reproduction asexuée (parthénogénétique), au cours de laquelle les embryons se développent à partir d'œufs non fécondés. Le Fourmigril commun (*Myrmecophilus acervorum*), la Magicienne dentelée (*Saga pedo*) et le Barbitiste intermédiaire (*Poecilimon intermedius*) en sont capables, ce qui fait que l'on ne trouve presque que des femelles chez ces espèces. D'autres espèces peuvent occasionnellement se reproduire par parthénogenèse, par exemple le Tétrix forestier (*Tetrix undulata*). Il s'agit probablement d'une forme de « stratégie d'urgence » en cas de manque de partenaires sexuels.

Ponte

Quelques jours après l'accouplement, la femelle commence à pondre. Dans la plupart des cas, elle introduit l'oviscapte (Ensifera) ou toute l'extrémité de l'abdomen (Caelifera) dans le sol. Les femelles de Caelifères sont capables d'étirer les téguments qui relient leurs segments abdominaux de manière à énormément allonger l'abdomen. Alors que les œufs des Ensifères sont déposés en petits groupes ou individuellement, ceux des Caelifères sont pondus par paquets et enrobés dans une sécrétion spumeuse qui durcit rapidement. Dans le cas des tétrix, ils sont accrochés à un même axe de sorte que la ponte ressemble à un petit régime de bananes. Certains Orthoptères les déposent au-dessus du sol, par exemple dans des fissures d'écorce ou sur des tiges de plantes. Le Phanéroptère commun les insère entre les épidermes supérieur et inférieur des feuilles. Quant aux conocéphales et au Criquet des clairières, ils pondent souvent dans des tiges de plantes ligneuses cassées ou dans du bois mort. Enfin, le Criquet des genévriers plie des feuilles et attache son paquet d'œufs entre elles. L'emplacement de la ponte est un facteur important chez les Orthoptères : il influe sur leur attachement à un type particulier d'habitat.

Barbitistes yersini en cours de ponte.

Femelle de *Decticus verrucivorus* en cours de ponte.

Leptophyes punctatissima pondant dans une fissure d'écorce.

Phaneroptera nana insérant ses œufs entre les épidermes supérieur et inférieur d'une feuille.

Arcyptera fusca pondant dans le sol.

La femelle d'*Euthystira brachyptera* dépose dans la végétation la masse spumeuse qui contient les œufs.

Développement des juvéniles

Les stades juvéniles des Orthoptères sont souvent qualifiés de larves ou de nymphes dans la littérature. Cependant, le terme correct est celui de « juvéniles » car ceux-ci sont déjà morphologiquement semblables aux adultes et leur développement s'effectue par mues successives, sans stade de métamorphose, contrairement aux insectes holométaboles que sont par exemple les papillons, les coléoptères, les mouches ou les abeilles.

Chez la plupart des Orthoptères d'Europe tempérée, ce sont les œufs qui passent l'hiver. Selon les espèces et les conditions climatiques, ils peuvent supporter plusieurs hivers : par exemple, jusqu'à sept années dans le sol chez le Dectique verrucivore. Seules quelques espèces, comme les grillons et tétrix, hivernent à l'état juvénile ou adulte en Europe tempérée. Chez les autres espèces, les œufs éclosent au printemps et donnent naissance aux juvéniles qui ressemblent aux adultes dès leur premier stade. Les Caelifères connaissent 4 ou 5 stades juvéniles (jusqu'à 8 chez certaines espèces), les Tettigoniidés, 5 à 7 et les grillons, parfois plus de 10.
Avec un peu d'expérience, les juvéniles peuvent être déterminés dès les premières étapes, surtout dans le cas des Tettigoniidés.

Au départ, en guise d'ailes ils ne possèdent que de simples amorces, dénommées « fourreaux alaires ». Ce n'est qu'aux stades ultérieurs que ceux-ci deviennent des structures lobées clairement reconnaissables. À première vue, on pourrait facilement confondre les stades de développement juvéniles avec des adultes pourvus d'ailes courtes (microptères). Cependant, la disposition des ailes diffère entre les juvéniles et eux. Chez les premiers, l'aile postérieure est toujours déployée en éventail et elle recouvre l'élytre. Par ailleurs, on ne distingue pas de nervation réticulée sur les ailes qui sont plutôt épaisses et coriaces. À l'inverse, chez les adultes microptères, les élytres recouvrent toujours complètement les ailes postérieures qui sont repliées et sur lesquelles une fine nervation est visible. L'oviscapte des Tettigoniidés se développe très progressivement, étape par étape et en finissant par doubler de longueur. Dans les premiers stades, l'oviscapte n'est visible qu'au microscope. Il n'atteint sa pleine longueur que dans la dernière étape. Toutefois, chez les espèces à oviscapte dentelé à l'extrémité, comme c'est le cas chez de nombreux phanéroptères, les dentelures ne sont pas encore formées à la dernière étape.

STADES DE DÉVELOPPEMENT JUVÉNILES 1 À 6 DE LA SAUTERELLE CYMBALIÈRE (*TETTIGONIA CANTANS*).

1er stade juvénile (J1)

2e stade juvénile (J2)

3e stade juvénile (J3)

5e stade juvénile (J5)

4e stade juvénile (J4)

6e stade juvénile (J6)

Mue

Étant donné que la croissance des insectes est limitée par une peau externe rigide, que l'on dénomme le « tégument », les juvéniles doivent muer périodiquement pour se développer. Entre les mues, l'abdomen ne peut s'allonger que par étirement des membranes qui relient les différents segments qui le composent. Il est difficile d'observer un Orthoptère en train de muer, car cela peut survenir à tout moment de la journée. Cependant, il existe des signes annonciateurs d'une mue imminente. Une description du processus de la dernière mue – celle dite « imaginale » – chez la Sauterelle cymbalière (*Tettigonia cantans*) est donnée dans les lignes qui suivent.

Un ou deux jours avant la mue, le juvénile cesse de s'alimenter. Ses fourreaux alaires sont désormais bien détachés du corps. Quelques heures avant la mue, l'air pénètre sous ses téguments, si bien qu'ils paraissent blanchâtres. Puis le juvénile s'accroche à une plante, tête baissée (mais souvent aussi tête relevée) (**1**). Les téguments se déchirent sur le dessus du pronotum et l'animal glisse lentement hors de son enveloppe blanchâtre (**2-5**). L'extirpation des longues pattes postérieures se fait avec quelques difficultés : encore molles, elles sont pliées pour faciliter la libération des tibias (**4**). Un peu plus tard, les post-fémurs retrouvent leur forme rectiligne. Les antennes sont également muées sur toute leur longueur.

1

2

3

4

La dernière étape pour l'insecte désormais débarrassé de sa dernière enveloppe juvénile (exuvie) consiste à déployer les lobes de ses ailes (**6-7**). Cela s'effectue par injection d'hémolymphe dans les nervures des ailes. Une fois qu'elles sont déployées et rigidifiées, les ailes postérieures sont repliées sous les antérieures. Pour finir, la sauterelle consomme généralement l'exuvie (**8**). L'ensemble du processus de mue, illustré par les photos, jusqu'à la consommation de l'exuvie a pris 1,5 heure. Tandis que les Tettigoniidés ont déjà presque leur couleur verte finale lorsqu'ils s'extirpent de l'exuvie, les Acrididés fraîchement sortis ont une coloration blanche à jaunâtre. Par ailleurs, ils ne consomment pas leur exuvie. Quant au Grillon champêtre, il sort de sa galerie pour muer. Il le fait à l'entrée de celle-ci en s'extirpant vers le haut de l'exuvie qui est accrochée au sol. Chaque mue est un moment de très grande vulnérabilité dans le cycle de développement des Orthoptères, puisqu'ils sont alors totalement sans défense. De plus, s'ils sont dérangés en cours de processus, cela entraîne presque toujours des malformations de certaines parties du corps ou la mort. Si une mue ne se déroule pas de manière optimale, les ailes ou les pattes sont souvent endommagées à vie car elles ne peuvent pas se régénérer à la mue suivante. Et une patte postérieure est parfois sacrifiée si elle est trop difficile à retirer de l'exuvie.

5

6

7

8

On peut souvent observer des nymphes de Tettigoniidés en début d'été, car elles se nourrissent du pollen des fleurs (*Acrometopa* sp.).

Alimentation

L'idée que les Orthoptères sont des herbivores « nuisibles » subsiste encore de nos jours. Cette opinion s'appuie sur les grands rassemblements de criquets migrateurs qui se produisent dans certaines parties du monde et qui ont également affecté l'Europe jusqu'au XIXᵉ siècle. Cependant, parmi les quelques 28 000 espèces d'Orthoptères décrites dans le monde, on n'en connaît que 12 qui soient susceptibles de former des essaims denses sous leur forme grégaire. De nos jours, seuls le sud de l'Europe et les îles Canaries sont encore parfois atteints par les Criquets pèlerins (*Schistocerca gregaria*) d'Afrique du Nord. Il arrive également qu'il y ait des surpopulations passagères de certaines espèces dans le sud qui peuvent entraîner localement des dégâts. Cependant, la grande majorité des espèces d'Orthoptères n'ont pas d'impact négatif.

Un juvénile d'*Oedaleus decorus* se nourrit sur un brin d'herbe dans une position typique. La tige est rongée latéralement.

Le tétrix *Paratettix meridionalis* consomme de la boue humide et des algues sur les berges.

Lors de la recherche de nourriture, les Orthoptères examinent d'abord minutieusement la nourriture potentielle avec leurs palpes avant de commencer à la déchiqueter à l'aide de leurs puissantes mandibules. Les Caelifères et les grillons sont principalement herbivores et de nombreux gomphocères (Gomphocerinae) sont spécialisés sur les graminées. Les tétrix, eux, se nourrissent principalement de matières organiques mortes, ainsi que d'algues et de mousses. En revanche, presque tous les Tettigoniidés ont une alimentation mixte. Ils consomment des insectes morts ou de petite taille, ou encore à téguments mous (chenilles, pucerons), ainsi que diverses plantes, en particulier celles à texture tendre et juteuse (pissenlits, stellaires, trèfles).

Un juvénile de *Dolichopoda annae* consomme les restes d'une mouche morte.

La proportion des composantes animales et végétales dans l'alimentation varie selon les espèces. Les grands Tettigoniidés, tels que la Grande Sauterelle verte ou le Dectique verrucivore, semblent se nourrir d'autres insectes; ils mangent même les larves du Doryphore, que la plupart des prédateurs rejettent. La Courtilière, souvent combattue en tant que ravageur de jardins, consomme des larves d'insectes tels que les vers blancs et les chenilles, mais aussi les racines et les rhizomes des plantes.

Un troisième groupe, auquel appartiennent les Sagidés (genre *Saga*), est exclusivement prédateur. Ces espèces attendent immobiles le passage des insectes qui leur servent de proies et ils peuvent maîtriser un Dectique verrucivore ou une Mante religieuse. Les méconèmes sont aussi exclusivement prédateurs d'autres insectes, en particulier les pucerons. Les dommages des Orthoptères sur les cultures humaines sont compensés par les effets positifs de leur consommation d'autres insectes.

Même le cannibalisme peut survenir occasionnellement. Ces deux *Metaplastes ornatus* consomment leur congénère mort dans une toile d'araignée.

Mésange noire ayant capturé un juvénile d'Ensifère.

Les prédateurs des Orthoptères

Comme la plupart des insectes, les Orthoptères se trouvent près de la base de la pyramide alimentaire et sont donc soumis à de nombreux prédateurs. Un grand nombre est consommé par les oiseaux, les reptiles, les araignées et autres insectivores. Les cigognes, outardes, guêpiers, rolliers, pies-grièches, huppes et de nombreux rapaces en consomment une part considérable. Sous les tropiques, de nombreuses espèces de singes et même de hyènes se nourrissent presque exclusivement de criquets dans certaines zones ou à certaines périodes de l'année. En plus de tous ces prédateurs opportunistes, il en existe d'autres spécialisés sur les Orthoptères.

La Pie-grièche écorcheur a empalé sa proie (un grillon) sur une épine.

Pour beaucoup d'araignées, les Orthoptères représentent une importante source de nourriture.

Chasseurs à l'affût, les Mantes religieuses et les tétrix se nourrissent souvent d'Orthoptères.

Les grandes libellules attrapent parfois des Orthoptères. Les lézards également, dans les buissons.

Parmi les mouches, quelques conopides (famille des Conopidae) et tachinaires (famille des Tachinidae) sont des parasites d'Orthoptères, plus précisément des parasitoïdes, puisque leur hôte finit par mourir. Elles infestent les Acrididés sur lesquels elles pondent leurs œufs. Les larves des mouches migrent ensuite dans le corps et mangent leur victime de l'intérieur. Parmi les guêpes, certaines guêpes fouisseuses (famille des Sphecidae) sont des chasseurs spécialisés d'Orthoptères. Elles les paralysent par une piqûre dans le système nerveux après les avoir capturés, puis les transportent (en partie en vol) dans un trou où elles les enfouissent après avoir pondu leurs œufs. Plusieurs sont stockés comme ressource alimentaire pour une seule larve de guêpe. Ces chasseurs d'Orthoptères sont des espèces du genre *Tachyspex* et du thermophile *Sphex rufocinctus*,

Un Sphex gryllivore (*Sphex* cf. *rufocinctus*) ayant capturé une éphippigère. Malgré l'énorme différence de poids et de taille, la femelle d'éphippigère paralysée a été transportée sur plusieurs mètres jusqu'au terrier du sphex.

Mâle d'*Eupholidoptera smyrnensis* mort par infestation de vers annelés ou de vers ronds.

qui est rare en Europe tempérée. Dans les zones humides, de nombreux Orthoptères sont parasités par des ténias ou des vers ronds appartenant aux genres *Mermis* et *Gordius*. Ceux-ci atteignent souvent jusqu'à 20 cm de long. Ce sont des vers très minces qui vivent dans l'eau après la mort de leur hôte. Pour qu'ils aient cette possibilité d'atteindre l'eau, il semble qu'ils déclenchent une envie de boire chez leurs hôtes, ce qui incite ceux-ci à se rendre aux points d'eau. Aussitôt que l'Orthoptère encore vivant, bien que largement évidé, entre en contact avec l'eau, le ver quitte le corps de celui-ci.. L'Orthoptère meurt généralement peu de temps après.

Mâle de *Tettigonia cantans* fortement parasité par des vers. L'animal est probablement mort avant que les vers n'aient pu se développer complètement.

Victime du champignon *Entomophaga grylli*.

Les prédateurs des Orthoptères

De nombreux Orthoptères meurent parasités par des champignons, surtout lors des années humides. On découvre alors des individus apparemment intacts accrochés à des tiges de plantes, mais sans vie. Le champignon n'est visible qu'en regardant de plus près. C'est principalement l'espèce *Entomophaga grylli* qui est impliquée. Les sauterelles parasitées grimpent en hauteur dans la végétation, généralement sur un brin d'herbe, s'y accrochent en le mordant et meurent. À partir de cette position, le champignon peut propager ses spores par le vent plus loin que si l'Orthoptère mourait au sol.

À l'inverse, les acariens parasites de la famille des Trombidiidés ne sont généralement pas dangereux. Leurs larves rouges, non segmentées et en forme de sac, sucent l'hémolymphe sur les membranes intersegmentaires de leurs hôtes, souvent sous les ailes. Ils ne semblent pas leur nuire considérablement. Ils muent plus tard en un adulte à huit pattes, qui a un mode de vie terrestre et prédateur. Ce sont de loin les parasites les plus communs et les plus visibles chez les Orthoptères.

Une femelle de *Glyphotmethis heldreichi* avec une forte infestation d'acariens.

Pâturage de montagne diversifié, avec des arbustes nains et des zones de transition en lisière de forêts.

Différents stades de successions morphologiques sur un cours d'eau dynamique.

Paysage dunaire sur la côte.

Prairie humide.

Répartition et habitat

Les Orthoptères ont conquis presque tous les habitats terrestres : on les trouve aussi bien dans des lieux humides que secs, exposés au soleil que dans des grottes sombres, sous terre que dans les arbres... Leurs exigences vis-à-vis de l'environnement varient considérablement selon les espèces. Certaines, comme la Grande Sauterelle verte (*Tettigonia viridissima*) ou le Criquet des pâtures (*Pseudochorthippus parallelus*), sont peu exigeantes et peuvent faire face à des conditions de vie variées. Aussi sont-elles répandues et occupent-elles différents habitats. On les qualifie d'espèces « euryèces » ou ubiquistes. Cependant, il convient de garder à l'esprit que cette caractérisation est influencée par le fait que les habitats de ces espèces sont parmi les plus fréquents dans notre paysage moderne. Les espèces plus spécialisées sont quant à elles qualifiées d'espèces « sténoèces ». Elles fréquentent des habitats spécifiques, devenus rares aujourd'hui. Les espèces inféodées aux bancs de galets des rivières alpines, telles que le Tétrix des grèves (*Tetrix tuerki*) et l'Œdipode des torrents (*Bryodemella tuberculata*), en sont un bon exemple. Ces espèces sont particulièrement sensibles aux changements environnementaux. C'est pourquoi elles sont devenues très rares de nos jours et ne peuvent plus guère être rencontrées que dans quelques zones refuges dispersées.

Étant donné que de nombreuses espèces d'Orthoptères se sont installées en Europe tempérée après les périodes glaciaires à partir de zones plus chaudes, comme la région méditerranéenne, le facteur température est décisif. Certaines ne peuvent se maintenir à long terme dans nos contrées que dans les bâtiments humains, comme la Sauterelle des serres (*Tachycines asynamorus*) ou le Grillon domestique (*Acheta domesticus*). D'autres dépendent des régions les plus chaudes et les plus sèches de nos contrées d'Europe tempérée, par exemple l'Œdipode cévenole (*Celes variabilis*) ou le Caloptène italien (*Calliptamus italicus*). À côté des espèces thermophiles, il en est d'autres qui résistent au froid et que l'on ne trouve que dans les montagnes, comme le Gomphocère des alpages (*Gomphocerus sibiricus*), le Gomphocère des moraines (*Aeropedellus variegatus*) ou la Miramelle des frimas (*Melanoplus frigidus*). Il existe également des spécialistes des zones humides, comme le Criquet palustre (*Pseudochorthippus montanus*), les conocéphales (*Conocephalus*) ou le Criquet ensanglanté (*Stethophyma grossum*). Le lien qui unit une espèce d'Orthoptère à son habitat est déterminé par l'ensemble des besoins de tous ses stades de développement. Les œufs occupent ici une place particulière car ils ne sont pas mobiles. Pour la réussite de leur développement, ils exigent souvent des conditions microclimatiques particulières. Ainsi, les œufs des espèces inféodées aux zones humides résistent généralement mal à la sécheresse.

Dans de nombreux cas, une mosaïque de milieux reflétant différentes conditions écologiques dans une zone en apparence uniforme est caractérisable avec une grande fiabilité en étudiant les espèces d'Orthoptères présentes. Par exemple, dans une prairie située en bordure d'une tourbière, on peut trouver le Gomphocère tacheté (*Myrmeleotettix maculatus*) et le Criquet noir ébène (*Omocestus rufipes*) dans les formations végétales les plus sèches, le Criquet verte-échine (*Chorthippus dorsatus*) et la Decticelle des bruyères (*Metrioptera brachyptera*) dans les dépressions très légèrement humides et enfin le Criquet ensanglanté (*Stethophyma grossum*) et le Criquet palustre (*Pseudochorthippus montanus*) dans les dépressions marécageuses. Les espèces euryèces, comme le Criquet des pâtures (*Pseudochorthippus parallelus*) et le Criquet des genévriers (*Euthystira brachyptera*), peuvent potentiellement occuper toute la zone. La présence des différentes espèces dépend souvent de la disponibilité en structures végétales requises, telles que la densité plus ou moins importante de la strate herbacée et sa hauteur plus ou moins élevée. Par exemple, l'Œdipode turquoise (*Oedipoda caerulescens*) se trouve dans des vignobles secs où il côtoie le Criquet des pins (*Chorthippus vagans*), tandis que, sur les zones de graviers des plaines alluviales, il cohabite avec le Criquet ensanglanté (*Stethophyma grossum*). En raison de leurs besoins spécifiques, les espèces sténoèces sont de bons indicateurs de la qualité des habitats. Dans les zones où elles sont présentes, on trouve généralement de nombreuses autres espèces animales et végétales rares.

Les habitats particulièrement riches en espèces d'Orthoptères sont les pelouses sèches rases, les prairies humides et les lisières de forêts ensoleillées. La plus grande diversité en espèces est notée sur des sites qui ont des structures et des microclimats diversifiés. Ceux qui offrent de telles caractéristiques sont en particulier les tourbières, les carrières et les sablières présentant une zone centrale humide bordée de zones sèches. La présence de zones de sol nu est particulièrement importante pour de nombreuses espèces : elles sont utilisées pour la thermorégulation, la ponte ou la parade nuptiale. C'est vrai à la fois pour les espèces des habitats secs (œdipodes) que pour celles des habitats humides (plusieurs espèces de tétrix). Malheureusement, en raison de l'eutrophisation croissante des milieux, ces plages ouvertes deviennent de plus en plus rares.

Menaces et protection

De nombreuses espèces d'Orthoptères sont désormais menacées par les changements environnementaux. La *Liste rouge européenne* établie pour la première fois en 2016 montre que 26 % des 1 082 espèces évaluées sont en danger selon les critères de l'UICN. Pour 10 % des espèces, les données n'étaient pas suffisantes pour permettre leur évaluation, soit parce que leur statut réel est insuffisamment connu, soit parce que leur position taxinomique reste à préciser. Même chez les espèces les mieux documentées, la tendance d'évolution des populations n'est pas connue en détail, car il n'existe actuellement aucun suivi standardisé chez les Orthoptères. Seulement la moitié environ des espèces européennes (50,5 %) sont considérées comme non menacées, ce qui ne signifie pas nécessairement que leur population ne soit pas en diminution. Si l'on se penche sur le statut de menace des espèces des pays d'Europe centrale et du Nord, on peut parfois noter des situations encore plus dramatiques : en Allemagne, 40 % des espèces sont estimées menacées, en Autriche, 46 % et en Suisse, 40 %. Les dangers qui pèsent sur les Orthoptères sont connus et peuvent être répartis dans les catégories suivantes :

INTENSIFICATION AGRICOLE

La mécanisation et l'intensification de l'agriculture, avec les défrichements qui en résultent, sont probablement les plus graves causes de transformation de l'habitat des Orthoptères. L'utilisation extensive des prairies, par exemple comme pâturage à moutons ou fauche par bandes étroites, n'est plus rentable aujourd'hui et n'est plus guère appliquée que dans les zones protégées. Les prairies humides ont été drainées et aplanies afin de les exploiter plus efficacement. La plupart sont désormais fauchées plusieurs fois par an ou pâturées avec de fortes densités de bétail, de sorte que seuls quelques Orthoptères parviennent à s'y maintenir.

Prairies agricoles structurellement riches, présentant de nombreux microhabitats, en Europe de l'Est.

Microparcellaire agricole, mais structurellement pauvre et exploité intensivement.

Le pâturage extensif des moutons a également été remplacé par un élevage intensif de bovins. Et les chevaux qui rasent l'herbe presque jusqu'au sol sont désormais de plus en plus nombreux. L'épandage d'engrais dans les zones agricoles, ainsi que l'apport d'azote transporté dans l'air se traduisent par une fertilisation permanente à grande échelle des parcelles. Il en résulte une uniformisation des différents types d'habitats et une disparition rapide des précieuses surfaces de sol nu. Il n'est donc pas surprenant que les quelques maigres fragments résiduels de pelouses sèches et de landes abritent souvent beaucoup d'espèces menacées. Les modalités d'exploitation des terres cultivées ont également un impact négatif sur les Orthoptères. Lorsque l'agriculture traditionnelle était encore pratiquée, que les parcelles agricoles étaient de petite taille, que la mécanisation agricole et l'usage des produits chimiques n'étaient pas généralisés, on trouvait encore de nombreuses espèces d'Orthoptères dans les champs de céréales. Par exemple l'Œdipode turquoise (*Oedipoda caerulescens*) et le Dectique verrucivore (*Decticus verrucivorus*). Aujourd'hui, on n'en trouve pratiquement plus dans les terres arables. Seules des sauterelles vertes (*Tettigonia*) les utilisent encore parfois comme emplacements de chant. Les juvéniles se tiennent cependant en bordure du champ, où on trouve également quelques autres espèces euryèces, comme la Decticelle bariolée ou le Criquet des pâtures. Ces populations relictuelles sont toutefois impactées négativement par l'utilisation des pesticides dans les cultures adjacentes.

DRAINAGE DES ZONES HUMIDES

Afin d'améliorer l'exploitation et la productivité de vastes zones humides, les bas-marais et les tourbières, ainsi que les prairies à litière traditionnelles, ont été drainés, notamment entre le début et le milieu du XXe siècle. L'habitat d'espèces hygrophiles comme le Criquet ensanglanté (*Stethophyma grossum*), les conocéphales (*Conocephalus*) ou le Criquet palustre (*Pseudochorthippus montanus*) a ainsi été en grande partie détruit. Alors que par le passé une seule fauche estivale était pratiquée sur les prairies humides (parfois même à partir d'une embarcation !), elles sont de nos jours exploitées de façon intensive dans la plupart des cas, avec jusqu'à cinq fauches par an. Les densités d'Orthoptères y sont devenues très faibles. Et souvent, la plupart sont réfugiés en bordure.

De nombreuses dépressions humides et d'anciennes prairies humides ont été asséchées par installation de drains et font désormais l'objet d'une exploitation intensive.

Fossé de drainage dans une ancienne zone humide en plaine inondable.

SUPPRESSION DE LA DYNAMIQUE NATURELLE DES RIVIÈRES

La correction des rivières et ruisseaux, l'endiguement des berges pour protéger les terres environnantes et pour la production hydroélectrique, mais aussi pour la prévention des inondations excessives, ont supprimé la dynamique naturelle de la plupart d'entre eux. Les zones alluviales sont des habitats naturels très diversifiés avec une juxtaposition étroite de zones de graviers et de limons, d'îlots de sable et de forêts riveraines humides. Elles ont été converties en terres arables, ont disparu sous les aménagements hydroélectriques, ont été converties en zones constructibles ou ont été envahies par une forêt fermée en raison de la suppression de la dynamique alluviale. Des espèces caractéristiques des dépôts alluvionnaires nus ont en grande partie perdu leur habitat. Il s'agit notamment de l'Œdipode des torrents (*Bryodemella tuberculata*), du Tétrix des grèves (*Tetrix tuerki*), du Criquet des iscles (*Chorthippus pullus*) ou de l'Œdipode des salines (*Epacromius tergestinus*). D'autres, telles que l'Œdipode aigue-marine (*Sphingonotus caerulans*), ont trouvé des habitats de substitution dans des sablières et gravières ou sur des sites ferroviaires.

CHANGEMENT CLIMATIQUE

Étant donné que les aires de répartition de toutes les espèces animales et végétales sont largement déterminées par les conditions climatiques, le changement qui est en cours dans ce domaine a un fort impact sur les Orthoptères. Un effet négatif a déjà été constaté chez certaines espèces, notamment celles dont les œufs sont sensibles à la déshydratation. Ainsi, les effectifs de Criquets des marais (*Pseudochorthippus montanus*) et de Criquets verdelets (*Omocestus viridulus*) diminuent régulièrement à basse altitude après une année sèche.

L'enrochement des berges empêche le fleuve de façonner le paysage lors des inondations et supprime la dynamique des plaines inondables adjacentes.

Ces déclins sont des processus graduels et les protocoles de suivi font souvent défaut pour argumenter de telles corrélations, d'autant plus que les effets climatiques interagissent avec d'autres facteurs de menace. Les espèces bénéficiant du changement climatique sont plus faciles à repérer. Au cours des dernières décennies, il y a eu de nombreuses années chaudes au cours desquelles les densités de certaines espèces d'Orthoptères ont été très élevées, avec un grand nombre d'individus macroptères chez des espèces normalement inaptes au vol. En conséquence, certaines espèces se sont fortement propagées vers le nord, comme les deux phanéroptères (*Phaneroptera*), la Decticelle bariolée (*Roeseliana roeselii*), le Conocéphale bigarré (*Conocephalus fuscus*), le Conocéphale gracieux (*Ruspolia nitidula*), l'Œdipode turquoise (*Oedipoda caerulescens*) et l'Aïolope émeraudine (*Aiolopus thalassinus*). Les conditions *sine qua non* pour permettre l'extension d'aire d'une espèce sont qu'elle soit vagile (au moins sous la forme macroptère) et que des habitats favorables soient disponibles en nombre suffisant. Ce sont les raisons pour lesquelles les espèces euryèces profitent généralement plus des changements que les espèces sténoèces.

MESURES DE CONSERVATION

Pour assurer la préservation des espèces, la mesure la plus importante est la protection des habitats nécessaires et, en particulier, de veiller à ce que les microhabitats importants pour de nombreuses espèces, tels que les zones ouvertes, les groupes d'arbustes, les lisières de forêts structurées, les dépressions humides, les cariçaies, etc., soient conservés. Une exploitation agricole extensive est particulièrement importante pour de nombreuses espèces. Il faut s'assurer que la pression de pâturage du bétail par unité de surface ne soit pas trop élevée, de façon à ce qu'une prairie diversifiée

Pour des espèces comme le Criquet des iscles (*Chorthippus pullus*) ou l'Œdipode des torrents (*Bryodemella tuberculata*), les dépôts alluvionnaires qui sont périodiquement inondés et remodelés sont vitaux pour leur survie.

soit préservée. Cependant, il ne faut pas non plus que le chargement animal soit trop faible, afin d'éviter que la végétation ne se densifie ou qu'elle ne s'embroussaille. Pour l'exploitation des prairies, il est important de procéder à un nombre aussi réduit que possible de fauches, car chacune provoque la mort de nombreux Orthoptères. En général, une date de fauche tardive est avantageuse pour de nombreuses espèces, car les femelles ont déjà pondu. Une certaine flexibilité et variabilité entre les zones de fauche sont aussi à rechercher, car certaines espèces préfèrent une végétation basse. Une solution appropriée pour limiter les dommages consiste à ne faucher qu'une partie de la parcelle et à maintenir le plus longtemps possible des bandes non fauchées, ainsi que des zones de transition vers les habitats adjacents, de manière à ce que les secteurs fauchés puissent être recolonisés par les Orthoptères. Le choix de la faucheuse est important : les rotatives modernes, en particulier celles avec faucheuse conditionneuse, sont plus destructrices que les modèles traditionnels de faucheuses à barre. Enfin, il est préférable de laisser l'herbe fauchée sécher sur place plutôt que de la retirer pour l'ensilage. Cela permet aux Orthoptères de continuer à avoir de l'herbe à disposition après une fauche.

Le pâturage ovin itinérant est une bonne forme de gestion pour les pelouses sèches riches en espèces.

Habitat structuré dans un pâturage extensif de bovins, en zone humide.

Une fauche partielle ou échelonnée des prés permet aux Orthoptères de se réfugier dans les zones encore sur pied.

Enfin, on peut créer volontairement des structures ponctuelles appropriées pour les Orthoptères. Par exemple, en éliminant la végétation de façon à obtenir des terrains nus. Dans tous les cas, il est conseillé d'effectuer un suivi pour contrôler la réaction des espèces. C'est le seul moyen de s'assurer du succès d'une mesure spécifique.
Des mesures directes de préservation des espèces peuvent également être importantes pour les Orthoptères. Dans certaines régions, des réintroductions d'espèces en régression ont été menées avec succès. Il s'agit d'une mesure appropriée, notamment pour celles à faible mobilité ou dont les habitats sont très fragmentés. Mais ces réintroductions et renforcements doivent être planifiés avec beaucoup de soin, car la qualité des nouveaux habitats est d'une grande importance pour le succès. Idéalement, la stratégie d'action détaillée devrait être élaborée en conformité avec les directives du Groupe de spécialistes « réintroduction » de l'UICN. Dans de rares cas, des programmes d'élevage conservatoire pour les Orthoptères ont été mis en œuvre, notamment pour le Grillon champêtre et le Dectivore verruqueux au zoo de Londres.

Des zones d'herbe laissées sur pied pendant l'hiver sont importantes pour les espèces qui ont pondu leurs œufs dans la végétation. Mais afin d'éviter leur enfrichement et leur embroussaillement, il convient de changer leur emplacement chaque année.

Les Orthoptères peuvent très bien être tenus entre trois doigts. Mais il faut être prudent lorsqu'on les tourne et retourne dans la main. L'individu ne doit jamais être tenu par une seule patte, car celle-ci peut rapidement s'arracher.

Observations, capture, manipulation et collecte

Dans de nombreux cas, les criquets peuvent être identifiés à distance. Cependant, il est en général nécessaire de les capturer si on souhaite les déterminer en toute sécurité, surtout lorsque l'on débute. La meilleure efficacité de capture est obtenue en utilisant un petit récipient transparent ou un filet à insectes. Les Caelifères sont faciles à attraper à la main, car ils ont une constitution assez robuste. Pour d'autres, par exemple les méconèmes, un moyen de capture approprié est nécessaire, par exemple un parapluie tenu à l'envers pendant que l'on frappe vigoureusement la végétation située au-dessus avec un bâton. De nombreux insectes, araignées et surtout méconèmes, cachés sous les feuilles pendant la journée, tombent alors dans le parapluie et peuvent être capturés.
Contrairement à d'autres groupes d'insectes, la grande majorité des Orthoptères d'Europe tempérée peuvent être identifiés directement sur le terrain. Par conséquent, leur mise à mort et leur collecte ne sont pas nécessaires pour les identifier. Il suffit de les capturer, puis de les relâcher après identification. L'utilisation d'une loupe (grossissement 10×) est utile, afin que la forme de l'orifice tympanique puisse être reconnue.
En cas d'identification incertaine sur le terrain, il est conseillé de prendre une série de photos sous différents angles, afin de pouvoir les montrer à des experts (par exemple, sur un forum internet).
La collecte, quant à elle, ne se justifie qu'à des fins scientifiques ou dans des régions comportant de nombreuses espèces difficiles à identifier. En général, cela nécessite d'obtenir les autorisations nécessaires. Dans certains pays, la collecte et la mise à mort de spécimens peuvent constituer une infraction pénale.
En raison de leurs chants spécifiques, la majorité des Orthoptères d'Europe tempérée peut être identifiée sur le terrain à leurs émissions

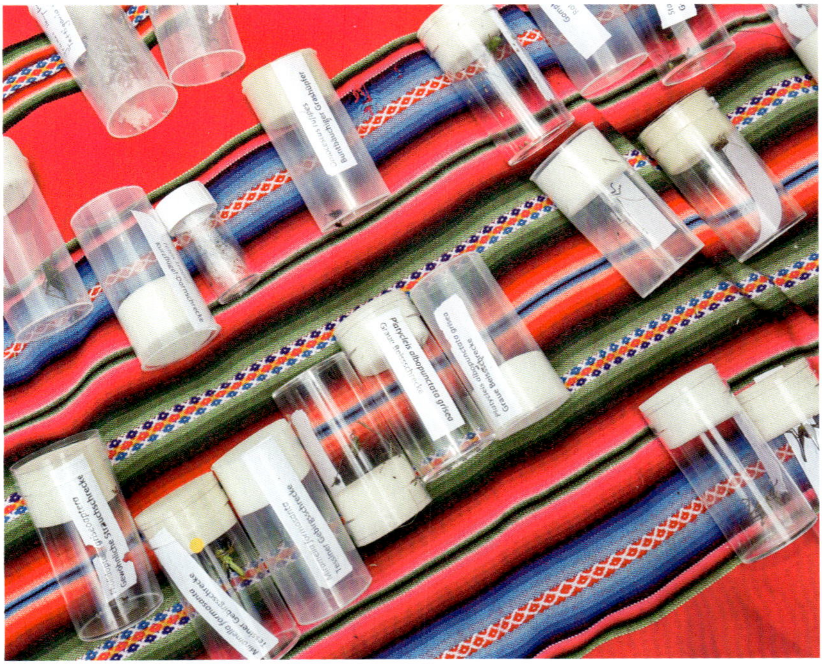

Des récipients transparents (par exemple des tubes d'élevage de drosophile) conviennent bien pour la détermination.

acoustiques. La meilleure façon d'apprendre les chants est d'observer les individus chanteurs dans la nature. Étant donné que chez les Orthoptères les chants sont beaucoup moins variables que chez les oiseaux par exemple, ils sont plus faciles à apprendre. Ceux des espèces les plus courantes peuvent rapidement être appris au cours d'un été, ce qui permet de repérer plus facilement celles à chant inconnu. Pour comparaison et confirmation, des enregistrements audios peuvent aussi être utilisés car ils sont désormais disponibles sur différentes sources (CD, Internet ou application Orthoptera).

L'apprentissage des chants nécessite cependant une certaine répétition et persévérance, comme pour l'apprentissage du vocabulaire. Certaines espèces d'Orthoptères (les Tettigoniidés notamment) ont des chants à très haute fréquence. On peut les percevoir grâce à un détecteur pour chauve-souris. Étant donné que la perception des fréquences les plus élevées par l'homme diminue avec l'âge, cet appareil est particulièrement recommandé pour les personnes d'un certain âge. Certaines espèces (comme les barbitistes) sont en général difficiles à repérer sans détecteur. Désormais, on dispose également de très bonnes possibilités de saisie numérique directe de ses observations sur le terrain grâce à son smartphone ou à sa tablette (par exemple, applications ObsMapp pour Android ou iObs pour iPhone). Ces applications intègrent automatiquement la date et l'heure fournies par le smartphone, de sorte que seul le nom de l'espèce et les informations complémentaires jugées utiles sont à saisir. Grâce à ces applications, on peut facilement transmettre ses observations aux bases de données en ligne telles que observation.org. Sur cette plateforme, les messages transmis sont vérifiés par des experts et confirmés ou corrigés si des photos ont également été ajoutées. Ensuite, elles sont mondialement disponibles pour la protection

de la nature ou la connaissance, et vos propres données sont ainsi durablement sécurisées.
Pour se familiariser avec le comportement ou le chant d'une espèce, il peut être instructif de la détenir provisoirement dans un terrarium. La plupart des espèces étant frugales, elles sont faciles à garder. Un terrarium en plastique recouvert de gaze suffit. Il faut offrir aux animaux quelques plantes à escalader, sur lesquelles ils pourront s'accrocher.
Il faut être prudent lorsque l'on associe plusieurs individus ou des espèces différentes, surtout si leur comportement n'est pas connu, car des actes de cannibalisme peuvent se produire. Les feuilles de pissenlit et de mûre, ou des graminées, peuvent être fournies comme aliments. Des concombres, des fruits en tranches, de l'avoine ou d'autres céréales de muesli sont également consommés. Dans le cas des Ensifères, des aliments en flocons pour poissons ou des vers de farine peuvent également être donnés. Les espèces prédatrices doivent être approvisionnées en insectes. De l'eau doit également être mise à disposition de façon régulière (par exemple en utilisant un vaporisateur).
Pour la préparation scientifique des Orthoptères, vous devez les tuer. Il existe de nombreuses méthodes décrites en détail dans la littérature spécialisée. Une des plus simples est le congélateur, dans lequel les individus sont maintenus pendant 30 min. Il s'agit probablement de la manière la plus naturelle de procéder, car de nombreux Orthoptères meurent de cette façon dans notre pays quand les gelées s'installent en automne. Comme les Orthoptères ne peuvent pas réguler leur température, ils s'engourdissent par temps froid et finissent par geler complètement. Si les individus sont sortis du congélateur trop tôt, ils se remettront étonnamment vite de cette « rigidité hivernale » involontaire. Si l'on n'est pas chez soi, pour cause de voyage ou de terrain, on peut utiliser un pot de confiture hermétique dans lequel on met quelques gouttes d'acétate d'éthyle sur de la cellulose ou du papier hygiénique. Dans ce cas également,

Grâce à iObs ou ObsMapp, les observations d'Orthoptères peuvent être enregistrées directement sur le terrain. La longue numérisation des notes de terrain n'est plus nécessaire, tout comme la recherche des coordonnées géographiques qui sont directement mesurées par le mobile. Les observations peuvent ensuite être consultées sur observation.org et modifiées si nécessaire.

Préparation d'échantillons d'Orthoptères.

les Orthoptères ne doivent pas être retirés avant 20 à 30 min (sinon, ils peuvent de nouveau se réveiller). Pour une préparation idéale, les intestins des Ensifères et des grands Caelifères seront retirés. Pour cela, il convient d'entailler le milieu des flancs de l'abdomen dans le sens longitudinal, à l'aide d'une fine paire de ciseaux à dissection. Les intestins peuvent ensuite être retirés avec une petite pince à travers l'ouverture faite. La cavité est ensuite remplie d'un bouchon de coton. Pour leur prélèvement, les titillateurs sont retirés de l'extrémité de l'abdomen – s'ils sont présents – avec une fine pince à épiler et nettoyés de leurs résidus tissulaires. Les titillateurs peuvent ensuite être collés sur une plaque en carton et fixés avec une aiguille à insectes. Chez les petits Caelifera (de la taille d'un *Chorthippus* mâle), il n'est pas nécessaire de vider l'abdomen. Ensuite, l'Orthoptère est piqué avec une aiguille à insectes appropriée en fonction de sa taille, généralement des aiguilles à insectes de tailles 0 à 2. Il convient de piquer à travers le pronotum, un peu à droite du centre, et de positionner l'insecte dans la moitié supérieure de l'aiguille. Enfin, les pattes et les antennes sont alignées sur un bloc de polystyrène et épinglées jusqu'à ce qu'elles sèchent. Il est recommandé de positionner ces annexes aussi naturellement que possible sur le corps et de s'assurer, par exemple, que les pattes postérieures ne cachent pas d'importantes caractéristiques de l'élytre ou de l'orifice tympanique. Il est utile d'étaler une paire d'ailes pour rendre la nervation alaire visible. De petits morceaux de balsa biseauté (disponibles dans les commerces pour modèles réduits) peuvent être utilisés pour cela, coupés à la longueur appropriée et fixés au bloc de polystyrène près du spécimen (par exemple avec du ruban adhésif ou de la colle), ou encore, des panneaux de tension pour papillons disponibles dans les fournitures d'entomologie. Ensuite, il faut étendre les ailes, les recouvrir de papier transparent et les fixer sur le bois avec une aiguille. Ne pas oublier d'inscrire les données utiles sur une petite étiquette et coller celle-ci sur l'aiguille. Sans ces informations, les insectes collectés n'ont aucune valeur scientifique. En revanche, des collections d'insectes bien entretenues et correctement étiquetées peuvent fournir des informations précieuses pour de futures investigations, car la présence d'espèces peut rétrospectivement être vérifiée même en cas de changements taxonomiques (par exemple lorsqu'une espèce est subdivisée en plusieurs espèces).

Photographies et enregistrements

L'avènement de la photographie numérique a facilité les prises de vue sur les insectes. De très bonnes photos peuvent même parfois être obtenues avec de simples appareils numériques. Dans de nombreux cas, les Orthoptères peuvent être déterminés à partir de photos. À condition de disposer de clichés sous différents angles, permettant de visualiser toutes les caractéristiques importantes pour la détermination.

Pour obtenir des photos de haute qualité, l'utilisation d'un appareil photo reflex est recommandée. La plupart des fabricants proposent des objectifs macros adaptés, avec une focale de 100 mm qui est la plus fréquemment utilisée. Cela permet une échelle d'image de 1:1 et une grande flexibilité lors de la photographie sur le terrain. Dans de bonnes conditions d'éclairage en journée, il est facile de prendre des photos sans trépied. En revanche, l'utilisation de téléobjectifs légers de 150 à 180 mm nécessite l'utilisation d'un trépied. Il existe également des objectifs spéciaux avec lesquels une échelle de 5:1 peut être obtenue. Étant donné que la profondeur de champ des objectifs macros est souvent insuffisante dans des conditions normales d'éclairage, l'utilisation de flashs est recommandée. Les modèles pour la macro sont particulièrement adaptés. Ceux avec deux têtes d'éclairage indépendantes, fixées latéralement, donnent généralement un meilleur résultat que les flashs annulaires. En raison de téguments souvent brillants chez les Orthoptères, l'utilisation de diffuseurs est un net avantage pour atténuer les reflets dus à l'éclairage violent d'une lampe de poche. En général, beaucoup de patience et d'expérience sont nécessaires pour photographier les Orthoptères sur le terrain. Idéalement, il faut les approcher très lentement et se déplacer à partir de la position la plus basse possible, afin de pouvoir les photographier de côté et vers le haut.

La photographie des Orthoptères conduit souvent à se mettre à genoux et à faire une connaissance désagréable avec des pierres anguleuses et des épines acérées.

Photographies et enregistrements

Les ombres projetées sur les côtés du corps sont supprimées grâce à un flash macro et l'utilisation de diffuseurs comme accessoire du flash crée une lumière plus douce et naturelle.

En raison de l'importance des chants pour la détermination de nombreuses espèces d'Orthoptères, les enregistrements vocaux sont également utiles pour les experts. Certaines espèces sont d'ailleurs plus faciles à distinguer par le chant que par la morphologie. Il est cependant assez difficile d'enregistrer des chants sur le terrain, car les bruits parasites tels que le trafic automobile, les avions, le vent, les voix humaines, les cloches des bovins en pâture, les chiens, les oiseaux, les abeilles et les mouches perturbent l'enregistrement ou le rendent inutilisable. Par conséquent, les meilleurs sont ceux réalisés dans de petits terrariums. En général, ils ne posent pas de difficulté particulière. Le microphone doit être placé aussi près que possible des chanteurs. Il est plus difficile d'obtenir de bons enregistrements de Tettigoniidés car ils chantent dans des gammes de très hautes fréquences, qui sont souvent déformées ou saturées lors des enregistrements, surtout si la distance du microphone est trop faible. Ces enregistrements peuvent souvent être restaurés à l'aide d'un égaliseur de fréquences. Avec cet appareil, il est par exemple possible de supprimer toutes les fréquences inférieures à 4 kHz et d'obtenir ainsi des enregistrements très nets dans les gammes de fréquences pertinentes supérieures à 4 kHz. Avec des appareils d'enregistrement numériques, il est important que l'opération soit effectuée au format WAV et non MP3, car les plages de fréquences élevées ne sont pas enregistrées avec MP3. Idéalement, un microphone directionnel et un enregistreur audio numérique sont utilisés. Celui-ci doit produire le moins de bruit possible et également être en mesure d'enregistrer des plages de fréquences élevées.

En tant que photographe, vous attirez toujours des regards curieux lorsque vous poursuivez des Orthoptères à quatre pattes dans un fossé.

Toutes les espèces d'Europe tempérée et du Nord sont décrites dans ce guide de terrain. Elles sont complétées par de nombreuses espèces communes ou spécifiques d'Europe du Sud, en particulier celles du sud-est de l'Europe. Globalement, plus on se dirige vers le sud, moins le nombre d'espèces présentées est exhaustif. Il faut bien garder à l'esprit que la rubrique « espèces similaires » est loin de présenter la totalité des plus de 1 000 espèces européennes qui pourraient y figurer. Pour donner une indication de l'exhaustivité du traitement des espèces, nous avons mentionné le nombre total d'espèces connues dans la brève description introductive des familles et sous-familles. Au sein d'un groupe (famille, sous-famille, genre), les espèces sont classées de façon à ce que celles qui se ressemblent se suivent afin de pouvoir plus facilement les comparer à l'aide des photos, dessins et cartes de répartition. Il a volontairement été décidé de ne pas inclure de clé d'identification. En effet, d'une part, cela aurait pris beaucoup de place dans l'ouvrage et, d'autre part, une clé d'identification partielle n'incluant pas toutes les espèces n'aurait pas été très utile.
Pour la France et la Suisse, des clés d'identification sont disponibles dans les ouvrages suivants : *Sauterelles, grillons et criquets d'Europe occidentale* par Bellmann et Luquet, 2017, et les *Sauterelles, grillons et criquets de Suisse* par Baur et Roesti, 2006.

Quant à l'ouvrage *Die Heuschrecken Österreichs* de Zuna-Kratky, *et al.*, 2017, il constitue un vaste atlas qui présente de nombreuses informations sur l'écologie des espèces. Mais il ne s'agit pas d'un guide d'identification à proprement parler. Des travaux récents sur les Orthoptères sont désormais disponibles dans de nombreux pays européens : une succincte compilation bibliographique figure en fin d'ouvrage (p. 422).

Pour l'Europe, les deux ouvrages ci-dessous de Kurt Harz, en langue allemande, sont toujours les bases les plus complètes et détaillées (incluant une clé d'identification traditionnelle), même s'ils sont quelque peu dépassés dans certains domaines :

Harz K, 1969 : *Die Orthopteren Europas. Vol. I.* Verlag Dr. W. Junk, La Haye.

Harz K, 1975 : *Die Orthopteren Europas. Vol. II.* Verlag Dr. W. Junk, La Haye.

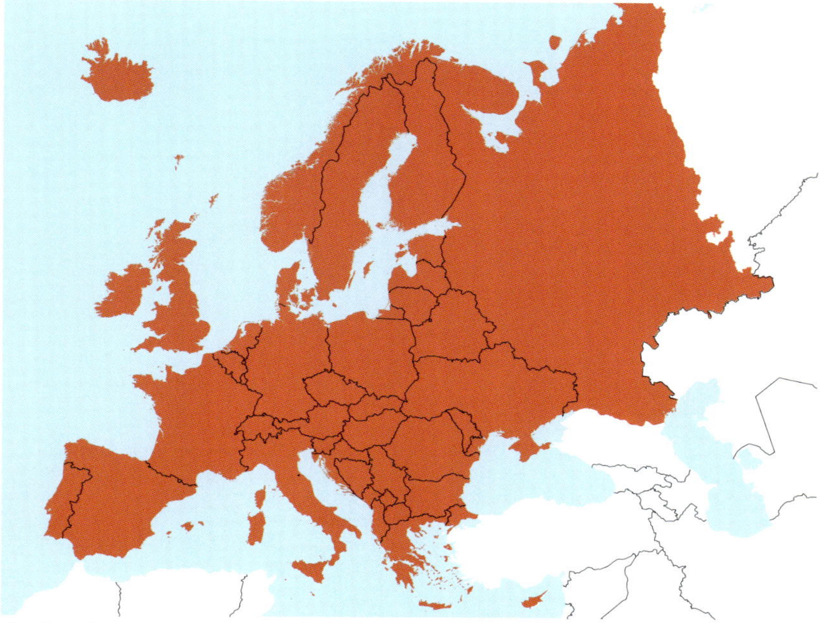

Périmètre pris en compte pour les cartes de répartition.

NOMS FRANÇAIS (note du traducteur)

Les noms communs des espèces animales et végétales ne sont pas toujours aussi codifiés que les noms scientifiques, notamment pour les invertébrés dont beaucoup sont dépourvus de noms communs. Depuis quelques années, le Muséum national d'histoire naturelle de Paris a engagé un travail de référencement des noms de toutes les espèces présentes en France, qu'il s'agisse des noms communs ou scientifiques (inventaire national du patrimoine naturel). Pour cet ouvrage, nous avons utilisé cette source pour l'ensemble des espèces qui sont présentes en France, malgré quelques différences avec des publications récentes sur les Orthoptères. Pour les autres, nous avons consulté les références des pays voisins qui incluent des noms français dans leurs travaux (c'est notamment le cas de la Suisse), ainsi que les sites internet des amateurs spécialisés. Pour les espèces n'étant couvertes par aucune de ces sources, nous avons procédé à une traduction littérale du nom allemand ou anglais, voire latin dans de rares cas.

MENSURATIONS ET MENTION LO

Les tailles indiquées proviennent de la littérature spécialisée et n'ont pas été vérifiées. Généralement, la longueur des sauterelles est mesurée du front jusqu'à l'extrémité de l'abdomen, c'est-à-dire sans les antennes et sans les différents appendices terminaux de l'abdomen. Il convient toutefois de noter que ces mesures corporelles ont surtout été effectuées sur des collections d'échantillons secs. Les animaux frais peuvent être plus grands en raison d'une plus grande teneur en eau. La taille des femelles peut aussi énormément varier, selon qu'elles portent des œufs ou non dans l'abdomen. La mention LO qui vient après les mensurations indique la longueur de l'oviscapte.

DESCRIPTION

Dans la mesure du possible, la description des caractéristiques corporelles a été limitée à celles pouvant être utilisées sur le terrain avec une loupe. La description des organes internes a donc été largement évitée ou tout au plus évoquée. Le terme « aile » dans l'ouvrage désigne en général l'aile antérieure (élytre), car c'est celle qui est visible sur l'animal posé. Lorsqu'il est nécessaire de faire la différence entre les ailes antérieures (élytres) et postérieures, elles sont spécifiquement nommées.

OCCURRENCE (PHÉNOLOGIE ET RÉPARTITION)

Dans le paragraphe « Occurrence », la première phrase se rapporte à la présence saisonnière, principalement en ce qui concerne l'Europe tempérée (dans le Sud, les adultes peuvent apparaître plus tôt chez la plupart des espèces). Suivent quelques informations générales sur la répartition en Europe ou sur des particularités notables en Europe tempérée. Enfin, les habitats préférés et les besoins de l'espèce sont mentionnés.

CARTE DE RÉPARTITION

Les cartes de répartition ont été extraites de la *Liste rouge européenne* publiée récemment, avec quelques ajustements ponctuels. Ces cartes de répartition couvrent presque toute l'Europe (voir périmètre concerné sur la carte de la page précédente), sans les régions situées au nord du Caucase. Les répartitions en Afrique du Nord et en Asie occidentale ne sont pas non plus précisées sur les cartes. En raison de la petite échelle de celles-ci, elles ne comportent pas d'informations détaillées. Les bases de données en ligne (telles que observation.org ou GBIF) peuvent être consultées pour plus de détails. Dans de nombreux pays, il existe également des projets d'atlas dans lesquels la répartition exacte des espèces est présentée. C'est le cas en France, dans différentes régions (informations disponibles sur Internet).

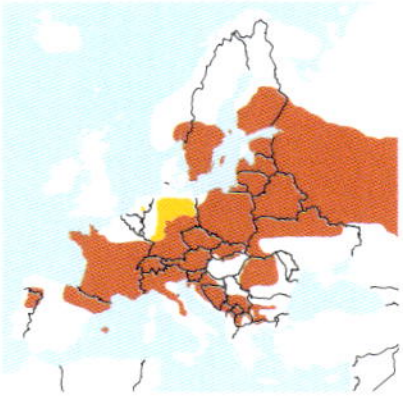

Rouge : présence
Jaune : disparition

CHANT

Le chant étant un critère important pour la détermination de nombreux Orthoptères, nous avons apporté un minimum d'information à ce sujet dans le présent guide de terrain. Les descriptions par onomatopées sont parfois un support utile pour se remémorer les principales caractéristiques. Les enregistrements de la plupart des chants d'Orthoptères sont désormais disponibles sur Internet et peuvent être consultés pour les déterminations.

Dr. Heiko Bellmann

Dr. Heiko Bellmann

Les guides de détermination de Heiko Bellmann constituent une référence incontournable pour les nombreux amateurs de nature qui cherchent à mieux comprendre et connaître les sauterelles, abeilles, guêpes, fourmis et araignées, et qui souhaitent être en mesure de les identifier. À ses textes complets et pédagogiques s'ajoutent de remarquables photos qui incitent le lecteur non seulement à déterminer les espèces rencontrées, mais aussi à approfondir ses connaissances et à s'intéresser à tous les insectes décrits. Pratiquement aucune des photos nécessaires pour les illustrer ne manquait dans l'immense photothèque de l'auteur, qui en compte près de 70 000. Et s'il s'avérait qu'il en manquait une sur telle libellule, araignée rare ou papillon de nuit récemment découvert, il connaissait toujours un collègue prêt à mettre le cliché recherché à sa disposition. Il est vrai que la publication d'une photo dans un ouvrage de Bellmann constitue un véritable adoubement pour la personne concernée.
L'auteur a étudié la biologie à Göttingen. Après avoir obtenu son doctorat, il a rejoint son directeur de thèse à l'université d'Ulm où il est devenu chercheur et enseignant. Toute une génération d'étudiants a connu, apprécié et utilisé ses livres, suivi ses excursions et apprécié ses conférences. En outre, la parfaite complémentarité entre un contenu scientifique rigoureux et des photos d'excellente qualité représentait quelque chose de tout à fait unique pour chaque passionné de nature.
Plusieurs de ses ouvrages ont été publiés dans divers pays d'Europe : Allemagne, France, Espagne, Pologne et Pays-Bas.
Il n'a malheureusement pas pu réviser lui-même cette nouvelle édition de son guide consacré aux Orthoptères, puisqu'il est décédé brusquement en mars 2014.

Christian Roesti

Christian Roesti est né en 1983. Il a étudié la zoologie à Berne et a effectué une thèse sur le comportement du Criquet des iscles. Il est fasciné par la nature depuis son enfance : dessiner, observer et photographier les Orthoptères ont toujours été sa grande passion. Ses archives comprennent désormais plusieurs milliers de dessins d'Orthoptères et autres insectes. En 2006, il a publié le livre *Les Orthoptères de Suisse* comme coauteur.Trois ans plus tard, il a publié *Les Voix des criquets* avec Bruno Keist. Puis en 2015 a été publié le livre *Cahier d'identification des Orthoptères de France, Belgique, Luxembourg et Suisse*, à nouveau comme coauteur. Depuis 2013, il travaille également de façon active sur les Plécoptères de Suisse.

Christian Roesti et Florin Rutschmann

Axel Hochkirch

Florin Rutschmann

Florin Rutschmann, né en 1979, a étudié le génie de l'environnement à l'université des sciences appliquées de Zurich (ZHAW). Grâce à la parution du livre *Les Orthoptères de Suisse*, il s'est initié à ces espèces en 2006 et a commencé une collection photographique. En 2011, il a lancé le site internet orthoptera.ch pour mettre à disposition de tous des informations sur les Orthoptères. Il a été rejoint peu après par Christian Roesti. Tous deux se sont fixés comme objectif commun de rendre accessible au plus grand nombre une documentation pédagogique sur les Orthoptères, ainsi que de proposer des voyages de découverte en région méditerranéenne et de publier ces informations sur leur site internet. Ils ont aussi rapidement eu l'idée de créer une application pour smartphone consacrée à la détermination des Orthoptères. Celle-ci a été publiée en 2015 en collaboration avec la ZHAW (« Orthoptera-spp »). Il est à la fois travailleur indépendant et chef de projet chez Pro Natura, principalement dans la gestion des réserves naturelles.

Axel Hochkirch

Axel Hochkirch est né en 1970 et il a étudié la biologie à Brême. Il a réalisé son doctorat sur l'écologie et l'évolution des Orthoptères d'Afrique de l'Est. Il est actuellement professeur agrégé dans le domaine de la biogéographie à l'université de Trèves. Il y enseigne la biologie de la conservation, l'écologie moléculaire et la génétique des populations. Il travaille sur les Orthoptères depuis 1989 et a mené de nombreuses études sur leur écologie, leur évolution, leur comportement et, plus particulièrement, leur protection. Il est président du Groupe de spécialistes des Orthoptères de l'UICN SSC depuis 2010 et, à ce titre, il coordonne les activités de protection de ces espèces dans le monde. En 2019, il a été élu président de l'Orthopterists' Society, l'organisation professionnelle internationale sur les Orthoptères. Axel Hochkirch a publié de nombreux articles scientifiques à leur sujet et sur d'autres groupes d'espèces. Il a été, entre autres, l'auteur principal de la *Liste rouge européenne des Orthoptères* publiée en 2016.

Ensifères (grillons, fourmigrils et sauterelles) — Ensifera

Famille des Gryllidae – Gryllidés (vrais grillons)

Le corps des grillons est généralement cylindrique, de couleur brun-noir ou jaunâtre – jamais vert. Le pronotum est dépourvu de carènes médianes ou latérales. Les tarses sont composés de trois articles. L'orifice tympanique est visible (absent chez *Myrmecophilus* et *Trigonidium*). Les cerques sont longs, souples et pileux. En Europe, à l'exception des genres *Oecanthus* et *Arachnocephalus*, ce sont des insectes terrestres qui passent principalement l'hiver à l'état juvénile et qui sont pleinement développés au printemps ou au début de l'été. Pour chanter, ils frottent l'aile droite sur l'aile gauche. Environ 3 200 espèces sont actuellement connues dans le monde, dont 72 en Europe.

1 Grillon champêtre
—*Gryllus campestris*

♂ 18-26 mm
♀ 19-27 mm
LO 8-15 mm

ALL – Feldgrille

ANG – Common Field-cricket

DESCRIPTION Le Grillon champêtre est inconfondable à sa couleur noire et à son corps compact. Les post-fémurs sont rouges sur leur bord inférieur, les ailes sont principalement brun foncé avec une nervation noire. La base de l'aile est tachée de jaune. Chez le mâle (**1A**), la nervation des ailes est très visible. La râpe stridulatoire en position transversale divise l'aile en deux : une zone triangulaire basale, la harpe, et l'autre ronde située plus en arrière, le miroir. Harpe et miroir forment la surface de résonance pour amplifier les sons. En revanche, les ailes de la femelle (**1B**) ont une nervation régulière. Vue de dessus, la tête ronde est légèrement plus large que le pronotum. L'oviscapte est presque rectiligne et il est élargi en lancette à l'apex.

OCCURRENCE Le Grillon champêtre est adulte de fin avril à juillet (pic en mai-juin). Lors des années climatiquement favorables, une deuxième génération apparaît en automne. Sa vaste aire de répartition s'étend sur une grande partie de l'Europe. En limite nord, l'espèce atteint le sud de l'Angleterre, le nord de l'Allemagne et le sud des pays baltes, mais elle est absente de Scandinavie. Elle vit dans des espaces prairiaux secs et ensoleillés, pourvus d'une végétation basse, par exemple pelouses sèches et landes à éricacées. Elle s'installe de préférence dans les prairies peu denses en légère pente. Elle a régressé dans le nord de son aire de répartition où elle est devenue assez rare.
En Angleterre, elle a été sauvée par une réintroduction réussie.

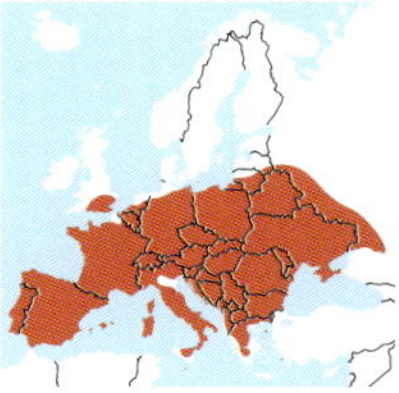

CHANT Les mâles stridulent à l'entrée de leur galerie par temps chaud, surtout en fin d'après-midi et souvent jusque tard dans la nuit. L'activité de chant est particulièrement forte avant les orages. Le chant sonore peut s'entendre à 50-100 m de distance. Il ressemble à « tzri-tzri-tzri » et il est émis sans relâche. Les mâles se battent régulièrement entre eux. Ils émettent alors un chant bégayé composé de phrases de différentes durées. Lors de la parade devant une femelle, le mâle émet des sons particuliers très brefs.

À SAVOIR Les adultes, ainsi que les juvéniles dans leur dernier stade, vivent dans des galeries creusées dans le sol jusqu'à 40 cm de profondeur. Ils se nourrissent d'herbes, de diverses vivaces et parfois d'insectes. Les juvéniles (**1C**) naissent en été et hivernent généralement dans l'un de leurs derniers stades de développement. Le Grillon champêtre est une des rares espèces d'Orthoptères à présenter un comportement territorial et à défendre sa galerie de résidence contre les congénères. Cependant, il peut changer de galerie en cours de saison.

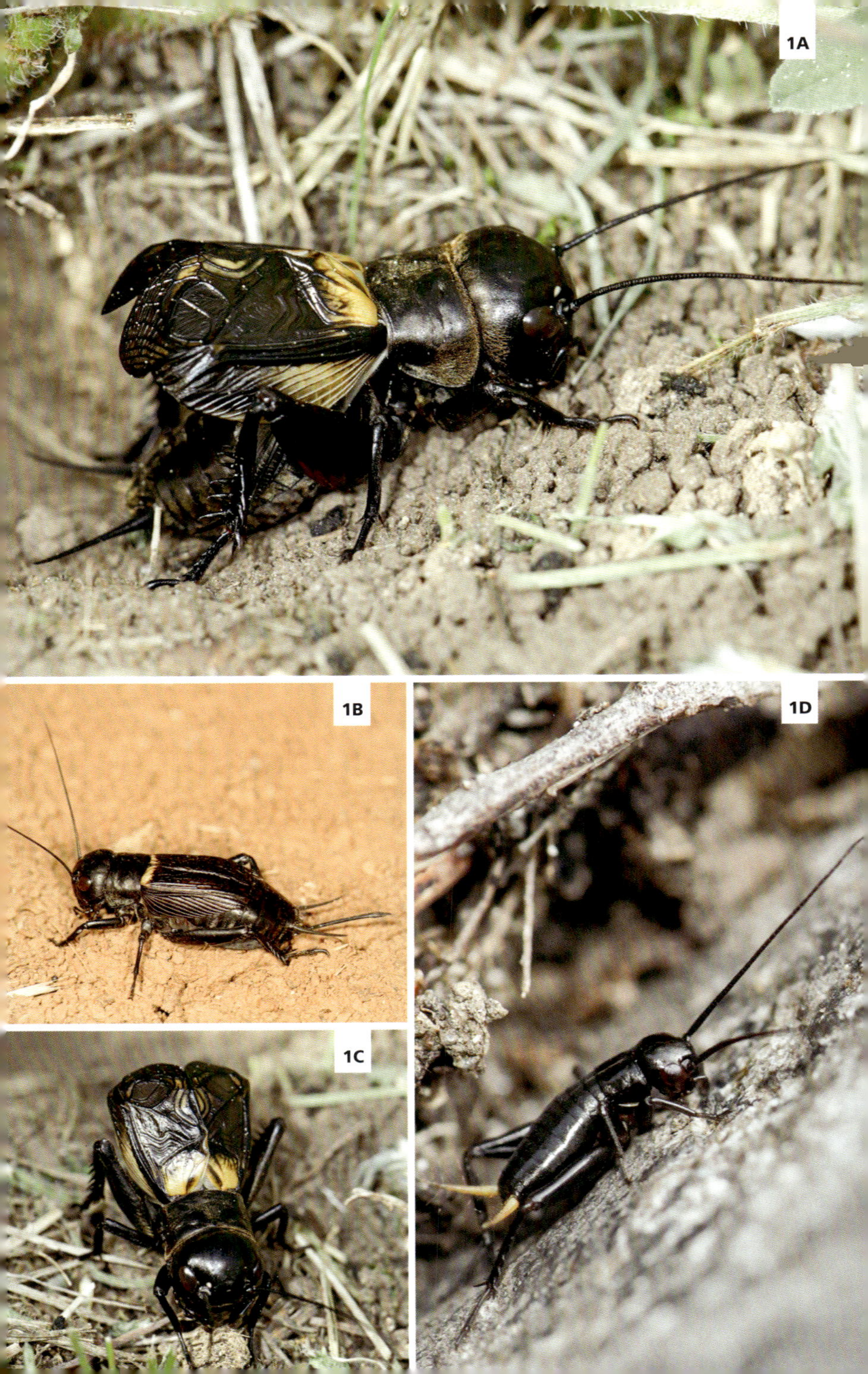
1A
1B
1C
1D

1 Grillon provençal — *Gryllus bimaculatus*

♂ 19-33 mm
♀ 20-33 mm
LO 12-17 mm

ALL – Mittelmeer-Feldgrille

ANG – Two-spotted Field-cricket

DESCRIPTION Le Grillon provençal est légèrement plus grand que le très semblable Grillon champêtre. À l'inverse de celui-ci, il a une tête plus étroite que le pronotum, ce qui le rend plus mince. Sa couleur est d'un noir profond, avec une tache jaune à la base des élytres. Chez les deux sexes, ceux-ci atteignent la pointe de l'abdomen. Les ailes postérieures (**1A**) sont entièrement développées, mais elles sont placées sous les élytres au repos et les dépassent nettement. **OCCURRENCE** Les adultes apparaissent de juillet à octobre, soit bien plus tard que chez l'espèce précédente. Cette espèce est visible toute l'année dans les îles Canaries. On la trouve presque partout en Afrique et jusqu'en Asie orientale. En Europe, elle est présente de la péninsule Ibérique à la Grèce, en passant par l'Italie. Elle vit en plaine et le plus souvent près des côtes. Dans certaines régions, elle est assez fréquente. Au nord de la Méditerranée, elle est régulièrement élevée pour nourrir les NAC élevés en terrarium. Des échappés peuvent survivre longtemps dans des endroits offrant des conditions de chaleur favorables (par exemple dans une décharge à Brême). Cette espèce ne creuse pas de galeries, mais se cache sous la végétation, les pierres, les planches et objets similaires gisant au sol. On la trouve régulièrement dans les zones habitées et à proximité de bâtiments. **CHANT** Le chant est similaire à celui de l'espèce précédente, mais plus fort et surtout, il est émis uniquement le soir ou la nuit.

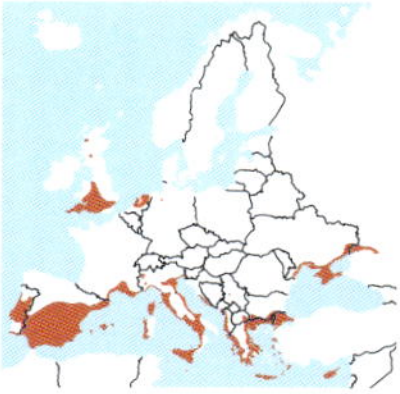

2 Grillon noirâtre — *Melanogryllus desertus*

♂ 12-18 mm
♀ 14-18 mm
LO 10-15 mm

ALL – Steppengrille

ANG – Lesser Field-cricket

DESCRIPTION Ce grillon rappelle un petit Grillon champêtre. Sa couleur de base est le noir ou rarement le brun très foncé. Seuls les ocelles latéraux blancs offrent une touche de couleur. Les ailes du mâle (**2B**) s'étendent un peu au-delà du milieu de l'abdomen, mais chez la femelle (**2A**), elles sont un peu plus courtes. Hormis une raie longitudinale brunâtre, les ailes sont noires. La base des ailes de la femelle est souvent brunâtre clair. L'oviscapte est tout au plus légèrement incurvé vers le bas et légèrement élargi à son apex. **OCCURRENCE** On trouve les adultes de fin avril à juillet, et plus tard de façon sporadique (pic en mai-juin). Cette espèce est présente dans la région méditerranéenne depuis le sud du Portugal jusqu'à la Grèce, en passant par le sud de la France et l'Italie. Plus à l'est, elle atteint la Chine. Elle vit au sol, en des lieux humides ou secs. On la trouve typiquement dans des espaces agricoles avec parcelles extensives, ainsi que dans des prairies et pâturages à végétation clairsemée. **CHANT** Le chant clairement audible se compose de courtes phrases sonores qui sont émises à intervalles réguliers. On peut le transcrire par « schrrrri-schrrri-schrrri ».

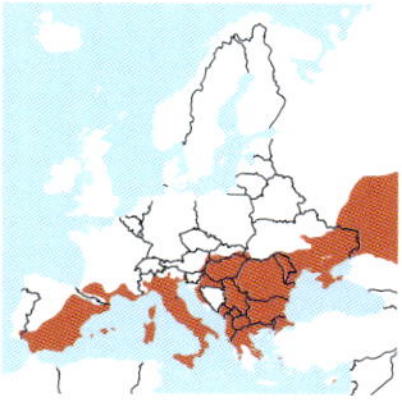

1A

1B

2A

2B

1 | Grillon à front jaune (G. oriental) —*Modicogryllus frontalis*

♂ 11-12 mm
♀ 12-13 mm
LO 6-8 mm

ALL–Östliche Grille

ANG–Eastern Stripe-headed Cricket

DESCRIPTION Cette espèce est de couleur brun-noir avec une bande transversale claire entre les yeux. Le corps est finement pileux, ce qui lui donne un reflet grisâtre. Les élytres atteignent le milieu de l'abdomen ou le dépassent légèrement, les ailes postérieures sont le plus souvent réduites. L'oviscapte est rectiligne et, comme c'est le cas chez de nombreux grillons, typiquement un peu élargi à l'apex.
OCCURRENCE On trouve les adultes de mai à septembre. L'aire de répartition principale s'étend à travers les plaines du nord des Balkans, et de l'est de l'Autriche à l'Asie occidentale. De plus, des petites stations isolées sont connues en Europe centrale, par exemple dans le Bade-Wurtemberg en Allemagne, près de Buggingen et Dörzbach. Cette espèce thermophile fréquente les vignobles, les gravières, les carrières ou les ballasts des voies ferrées. À l'est, dans sa principale zone de présence, elle habite principalement les vastes étendues de steppes.

CHANT Ce grillon ne produit pas de chant spontané, malgré l'existence d'organes de stridulation. Mais il possède néanmoins un chant pour contrer ses rivaux et un chant de séduction.

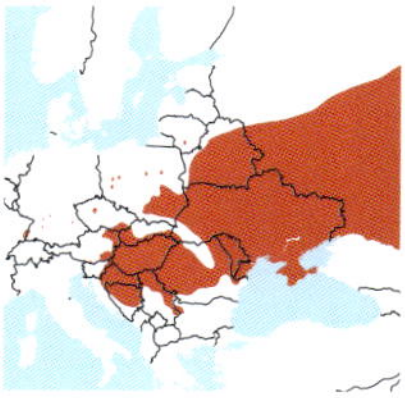

2 | Grillon bordelais —*Eumodicogryllus bordigalensis*

♂ 11-14 mm
♀ 11-15 mm
LO 6-8 mm

ALL–Südliche Grille

ANG–Verge Cricket

DESCRIPTION Ce grillon est à peu près de la même taille que le précédent, mais il a une apparence plus gracile. Sa couleur de base est brun-jaune à presque noire, avec des macules brun foncé plus ou moins prononcées. La tête principalement foncée possède une ligne transversale claire entre les yeux, ainsi que 2 à 4 taches claires et allongées à l'arrière de la tête. Chez les individus foncés, celles-ci peuvent être estompées. Les ailes atteignent presque l'apex de l'abdomen, mais ne le dépassent pas. Parfois cependant, les ailes postérieures pointent au-delà comme deux broches (**2A**), mais elles tombent généralement peu après la mue imaginale. L'oviscapte est rectiligne et légèrement épaissi à son extrémité.
OCCURRENCE Les adultes sont visibles d'avril à septembre (pic de mai à août). L'espèce est répandue dans la région méditerranéenne et parfois très commune. Elle habite également les îles Canaries, Madère, les Açores, l'Afrique du Nord et l'Asie occidentale et centrale. Elle est plus rare dans le nord de l'Europe où elle est présente jusqu'à la hauteur de Paris et dans le sud de la République tchèque. En Allemagne, on la trouve dans le fossé du Rhin supérieur. Elle semble s'être répandue au cours des dernières décennies et a également été introduite par l'homme. Depuis quelques années, elle est également notée aux Pays-Bas. Elle habite principalement les ballasts de voies ferrées, des prairies, des jachères et des friches, ainsi que des steppes et des gravières. On la trouve généralement sous des pierres, des planches ou d'autres objets gisant sur le sol.

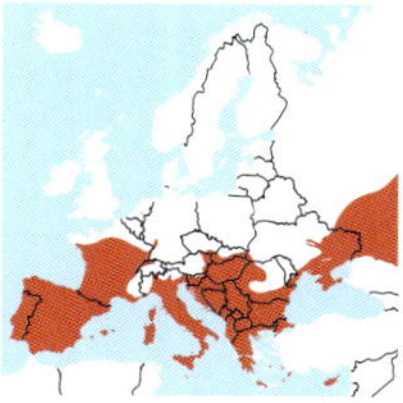

CHANT Le chant clair de ce grillon résonne le soir et la nuit. Par température élevée, les phrases se suivent rapidement et régulièrement. Des phrases incomplètes sont intercalées par moments, ce qui donne un caractère bégayant au chant. Dans les régions steppiques d'Europe de l'Est, les mâles chantent aussi en journée.

1A

1B

2A

2B

1 | Grillon replel (G. tropical)
—*Gryllodes sigillatus*

♂ 13-15 mm
♀ 13-15 mm
LO 12-14 mm

ALL – Kurtzflügelgrille

ANG – Tropical House-cricket

DESCRIPTION En raison de sa couleur brun clair, cette espèce rappelle le Grillon domestique. Mais elle en diffère considérablement par ses ailes courtes, son corps aplati et sa tête beaucoup plus petite. Chez le mâle (**1B**), les ailes se terminent approximativement au milieu de l'abdomen, chez la femelle (**1A**) elles sont réduites à des écailles translucides. Une bande transversale foncée relie les yeux noirs. L'arrière du pronotum est également ourlé de foncé. L'oviscapte est rectiligne et un peu épaissi à son apex.
OCCURRENCE Les adultes sont visibles toute l'année. Cette espèce est élevée de manière intensive pour servir de nourriture aux animaux de terrarium. Aussi a-t-elle été diffusée et introduite hors des tropiques dans le monde entier. Elle est plus ou moins abondante selon les zones qu'elle a colonisées dans toute l'Europe. Elle peut vivre de façon permanente dans des bâtiments chauds et humides, tels que les pépinières ou les jardins zoologiques et botaniques. En été, elle peut également vivre à l'extérieur des installations chauffées. Aux îles Canaries et à Madère, elle est répandue dans les zones habitées où elle fréquente souvent les fissures des murs et des bâtiments.

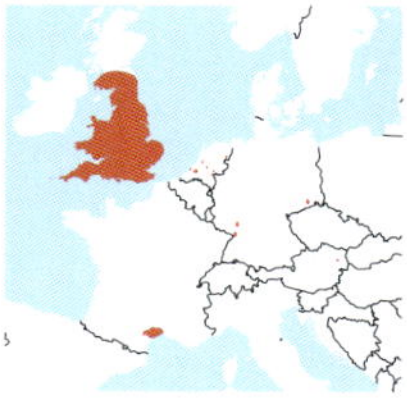

CHANT Le chant modérément fort et stridulé ne peut guère être confondu en Europe. Il se compose de courtes phrases qui sont émises en une longue et rapide succession. Environ 10 phrases sont produites par seconde, ce qui peut être retranscrit par « ti-ti-ti-ti-ti-ti-ti-ti-ti ».

2 | Grillon des bastides
—*Gryllomorpha dalmatina*

♂ 15-18 mm
♀ 16-19 mm
LO 12-17 mm

ALL – Stumme Grille

ANG – Common Crevice-cricket

DESCRIPTION Le Grillon des bastides est l'un des plus grands grillons. Il diffère principalement des autres grandes espèces par l'absence d'ailes. Sa coloration est brun clair, ornée de motifs foncés. Le dessin clair en croix sur le pronotum, délimité par quatre taches foncées rectangulaires, est typique de l'espèce. L'oviscapte de la femelle (**2B**), d'une longueur presque égale au corps, est rectiligne ou légèrement incurvé vers le bas.
OCCURRENCE Les adultes apparaissent en été et en automne (pic de juillet à septembre). Cette espèce est présente à Majorque, en Catalogne, dans le sud-ouest et le sud de la France, en Corse, Sardaigne, Italie et Sicile, puis le long de la côte adriatique jusqu'à la Grèce et à la mer Noire. On la trouve également en Afrique du Nord. En limite nord de répartition, elle est présente dans le sud de la Suisse au Tessin. Elle est nocturne et vit sous des pierres, dans des murs de pierres sèches ou rochers fissurés, ainsi que dans des grottes et des bâtiments.

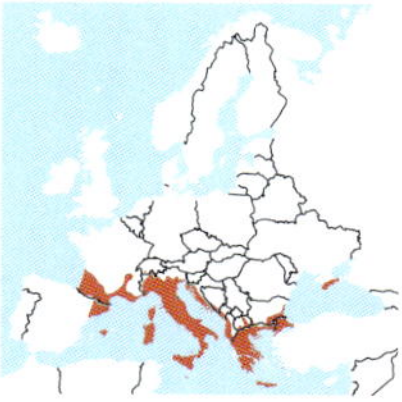

1A

1B

2A

2B

1 | Grillon domestique (Cri-cri)

—Acheta domesticus

♂ 13-20 mm
♀ 14-20 mm
LO 9-14 mm

ALL – Heimchen

ANG – House Cricket

DESCRIPTION Le Grillon domestique est légèrement plus petit que le Grillon champêtre et bien plus mince. Sa couleur de base varie de jaune paille à brun-jaune. Le pronotum et la tête portent des motifs foncés. La tête est ornée de deux bandes transversales claires (**1C**) entre les yeux et vers l'arrière. Le dessin foncé sur le pronotum est composé de cinq points plus ou moins distincts. Les élytres couvrent environ les deux tiers de l'abdomen. Les ailes postérieures sont bien développées. Repliées ensemble au repos, elles font saillie comme deux broches au bout du corps. La femelle (**1B**) possède un oviscapte rectiligne ou légèrement descendant, qui est légèrement épaissi à son apex.

OCCURRENCE Les adultes se montrent toute l'année, mais en Europe tempérée surtout pendant les mois d'été. L'espèce est présente presque partout dans le monde. On suppose qu'elle est originaire de la région méditerranéenne et qu'elle a été introduite très tôt par l'homme en Europe tempérée. De nos jours, ce grillon est souvent utilisé comme source de nourriture pour les animaux de terrarium, ce qui est la source d'une large dissémination. Au nord des Alpes, cette espèce ne peut se maintenir durablement que dans des bâtiments. On la trouve généralement dans les boulangeries, les cuisines de cantine et les usines. En été, elle vit également à l'extérieur, en particulier dans et autour des poubelles. Un déclin de l'espèce a été constaté dans certains pays ces dernières années, car les bâtiments offrent de moins en moins de recoins comme abris pour l'espèce. Et elle est aussi en partie combattue de façon ciblée.

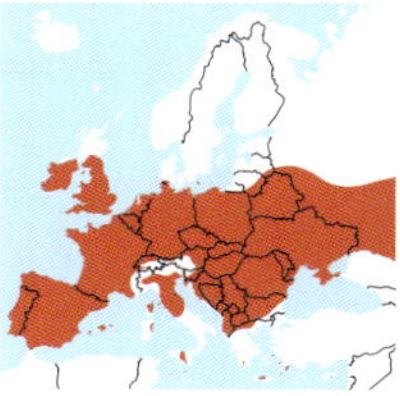

CHANT Le chant puissant et assez mélodieux n'est quasiment émis que le soir et la nuit. Il rappelle beaucoup celui du Grillon champêtre, bien qu'il soit plus doux et composé de phrases lancées irrégulièrement.

À SAVOIR Ce grillon est omnivore. Il se nourrit principalement de déchets, mais aussi parfois d'aliments.

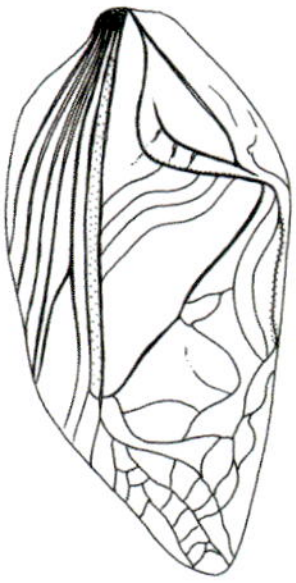

(**1D**) Élytre gauche du ♂

1C

1A
1B

1 | Grillon d'Italie
—Oecanthus pellucens

♂ 10-13 mm
♀ 11-14 mm
LO 6-8 mm

ALL – Europäisches Weinhähnchen

ANG – European Tree-cricket

DESCRIPTION Le Grillon d'Italie est très différent des autres grillons en raison d'une morphologie très fine. Sa couleur de base va du jaunâtre pâle au brun clair. Les élytres translucides dépassent l'abdomen chez les deux sexes. Chez le mâle (**1A** à droite), ils sont élargis à l'extrémité, tandis que chez la femelle (**1A** à gauche), ils sont plus étroits et tenus contre le corps. Ils sont dépassés par les ailes postérieures plus longues. Chez la femelle, les longs cerques sont presque aussi longs que l'oviscapte et sont tenus serrés contre lui.
OCCURRENCE On trouve les adultes de juin à novembre (pic en août-septembre). La vaste aire de répartition s'étend des îles Canaries et des Açores à l'Afrique du Nord, puis de l'Europe du Sud à la Sibérie occidentale. En limite nord de cette aire, le Grillon d'Italie s'est considérablement étendu au cours des dernières décennies et il atteint désormais les Pays-Bas, le sud de l'Angleterre et Berlin. Cette espèce est thermophile et vit principalement dans les zones ouvertes broussailleuses, dans les pelouses moyennement sèches, les jachères à structure diversifiée et les zones viticoles.

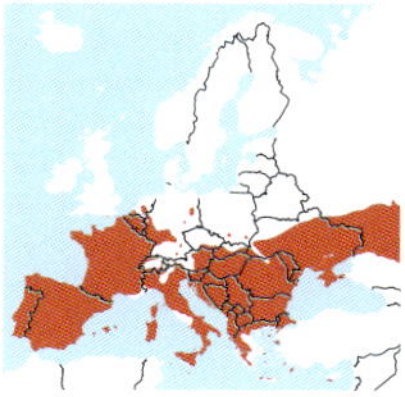

CHANT Le chant fort et mélodieux fait partie intégrante du paysage sonore d'une douce nuit estivale méditerranéenne. Au crépuscule, le chant débute par un « grrüüüü-grrüüüü », qui peut s'entendre à 100 m. La plus grande activité de chant a lieu la nuit.
À SAVOIR Les œufs sont pondus individuellement dans des tiges de plantes, dont les juvéniles émergent en mai de l'année suivante.

2 | Grand Grillon d'Italie
—Oecanthus dulcisonans

♂ 15-17 mm
♀ 14 mm
LO 5-6 mm

ALL – Großes Weinhähnchen

ANG – Large Tree-cricket

DESCRIPTION Ce grillon est très semblable au précédent et semble être passé inaperçu en de nombreux endroits. Il est légèrement plus grand et plus mince. Ses post-fémurs et ses élytres sont plus longs que chez l'espèce précédente, respectivement de 1 et 3 mm environ. Chez le mâle (**2A**), les ailes postérieures dépassent les élytres de plus de 3 mm. Chez la femelle (**2B**), l'oviscapte est par contre un peu plus court que chez l'espèce précédente. Ce grillon semble souvent uniformément pâle et moins tacheté de brun.
OCCURRENCE Les adultes sont visibles de juillet à octobre. On sait peu de choses sur la répartition de cette espèce en Europe, mais il semble qu'elle soit présente des îles Canaries et du Portugal jusqu'à la Grèce le long de la côte méditerranéenne, puis jusqu'au Caucase. Elle utilise les mêmes habitats que l'espèce précédente. Cependant, elle semble préférer les côtes et les berges de lacs.

CHANT Le chant est le meilleur critère de différenciation des deux espèces. Chez celle-ci le chant est émis sans interruption, contrairement à la précédente. La sonorité est similaire, bien qu'un peu plus douce.

1A

1B

2A

2B

Famille des Mogoplistidae – Mogoplistidés (grillons squameux

Les espèces de la famille des Mogoplistidae sont dépourvues d'épines sur les tibias postérieurs, elles sont aptères et sont recouvertes d'écailles plus ou moins distinctes. Onze espèces sont connues en Europe et près de quatre cents dans le monde.

1 Grillon des cistes — *Arachnocephalus vestitus*

♂ 6-7 mm
♀ 7-9 mm
LO 4-6 mm

ALL – Buschgrille

ANG – Hairy Scale-cricket

DESCRIPTION Ce grillon entièrement aptère est sensiblement de la même taille que l'espèce suivante, mais il paraît beaucoup plus mince. Il est principalement brun rougeâtre. Ses pattes sont légèrement pileuses, le reste de son corps étant recouvert d'une robe écailleuse qui est rugueuse, argentée et brillante. La tête est aplatie, avec un front large et saillant. Le pronotum est à peu près aussi long que large. L'oviscapte (**1B**) mesure un peu plus de la moitié de la longueur du corps, mais il est légèrement dépassé par les longs cerques qui sont tenus serrés en position de repos.
OCCURRENCE Les adultes apparaissent de juillet à octobre. Cette espèce est présente presque partout en Afrique du Nord, au Portugal, en Espagne, dans le sud de la France, en Italie, le long de la côte adriatique et dans le sud des Balkans jusqu'au Caucase. Très discrète, elle n'est cependant pas facile à découvrir en raison de son mode de vie caché, bien qu'elle soit bien répartie. On la trouve régulièrement, et souvent en grand nombre, lors de coupes de buissons ou à l'occasion d'échantillonnage par battage des rameaux.

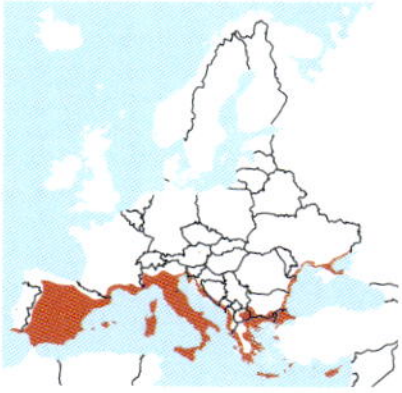

Elle vit principalement sur les buissons et les arbustes en lisière de forêts, dans les bocages et dans les prairies embroussaillées.

2 Grillon écailleux — *Mogoplistes brunneus*

♂ 6-7 mm
♀ 7-8 mm
LO 1-2 mm

ALL – Dunkle Bodengrille

ANG – Brown Scale-cricket

DESCRIPTION Cette espèce apparemment aptère est d'une couleur brun foncé assez uniforme. Les minuscules résidus d'ailes sont cachés sous le pronotum. Le corps, recouvert d'écailles argentées et noires, n'est que légèrement pileux. C'est surtout le cas dans sa partie postérieure. Le front est très proéminent et large (environ 3 à 4 fois plus large que le diamètre de l'antenne). Le pronotum légèrement incurvé est plus long que large. L'oviscapte de la femelle (**2B**) est très court.
OCCURRENCE Les adultes sont visibles de juillet à octobre. Ce grillon est présent en Catalogne, dans le sud de la France, aux Baléares, en Corse, en Sardaigne, en Sicile, en Italie et le long de la côte adriatique jusqu'en Grèce. On le trouve également en Afrique du Nord. Il vit au sol et fréquente les forêts claires de feuillus, les lisières de forêts ou les clairières. Comme il préfère se tenir sous les feuilles mortes, il est difficile à observer.

1A

1B

2A

2B

1 Grillon maritime
—*Pseudomogoplistes squamiger*

♂ 8-10 mm
♀ 9-12 mm
LO 4-6 mm

ALL – Mittelmeer-Küstengrille

ANG – Mediterranean Beach-cricket

DESCRIPTION Cette espèce aptère a une couleur générale qui va du brun clair au gris foncé. Le pronotum est souvent d'un brun rougeâtre plus clair et l'abdomen a une extrémité plus foncée. Le front est projeté en avant et la bordure antérieure du pronotum est pourvue d'un collier pileux dense. La bordure des segments abdominaux forme de fines bandes gris argenté ou brunâtre. Chez le mâle (**1A**), l'abdomen se termine brusquement, avec de longs cerques qui saillent de chaque côté. L'oviscapte est légèrement recourbé vers le haut et il est plus court que les cerques.
OCCURRENCE Les adultes sont visibles toute l'année. Ils sont cependant plus nombreux entre avril et octobre.

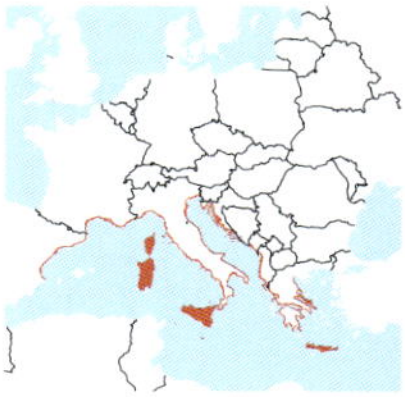

Cette espèce est répartie le long de la côte méditerranéenne, de l'Espagne à la Grèce et à l'Afrique du Nord. Elle habite les côtes pierreuses ou rocheuses, en limite de la zone de battement des vagues. Elle se tient entre les pierres, dans des crevasses humides ou sur la plage.

2 Grillon manchois
—*Pseudomogoplistes vicentae*

♂ 11-13 mm
♀ 12-15 mm
LO 5-6 mm

ALL – Atlantische Küstengrille

ANG – Atlantic Beach-cricket

DESCRIPTION Le Grillon manchois est très similaire au précédent qui est répandu en région méditerranéenne. Cependant, il est un peu plus grand et plus fin. Sa couleur de base est d'un brun rougeâtre à un brun foncé. Une fine et légère couche pileuse sur le dessus du corps lui donne une coloration brun clair à gris mat. L'espèce est entièrement aptère. Contrairement à l'espèce précédente, le dernier segment abdominal du mâle (**2A**) est renflé au milieu vu de dessus et possède sur les côtés de petites touffes de poils implantées sur une bosse légèrement saillante.
OCCURRENCE Les adultes sont visibles toute l'année (pic de juillet à novembre). Les juvéniles éclosent en juillet et hivernent jusqu'à ce qu'ils soient totalement développés l'été suivant. Parfois, les adultes hivernent aussi, mais le risque qu'ils meurent avant l'été suivant n'est pas négligeable. L'espèce est présente le long de la côte atlantique, des îles Canaries au Maroc et de l'Europe occidentale à l'Angleterre. Les milieux

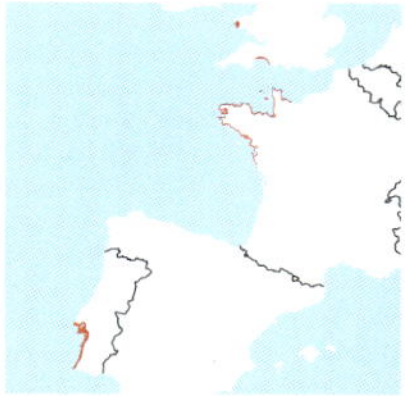

occupés sont les éboulis, galets et parois rocheuses des côtes maritimes. Les zones préférées sont celles qui sont maintenues en permanence humides en raison de la proximité de la ligne d'eau ou de régulières éclaboussures.
À SAVOIR Des découvertes récentes ont révélé que les œufs sont principalement déposés sur du bois flotté échoué sur la côte et non dans le sable. Aussi la colonisation de nouvelles zones par du bois flotté dérivant est-elle possible.

1A

1B

2A

2B

La famille des Trigonidiidés compte près de 1 000 espèces dans le monde et 8 en Europe. Cette famille combine les caractéristiques suivantes : une même morphologie des organes sexuels du mâle, une structure d'aile caractérisée par une seule nervure dans la harpe et la présence d'une pilosité sur le pronotum, ainsi que sur la tête le plus souvent.

1 Grillon des bois (G. forestier)
—*Nemobius sylvestris*

♂ 7-10 mm
♀ 9-11 mm
LO 5-7 mm

ALL–Waldgrille

ANG–Wood Cricket

DESCRIPTION Les élytres du Grillon des bois sont raccourcis. Ils n'atteignent que la moitié de la longueur de l'abdomen environ chez le mâle (**1A**) et ils sont à peine plus longs que le pronotum chez la femelle (**1B**). Les ailes postérieures manquent chez les deux sexes. La couleur générale de l'espèce est brun foncé, avec les pattes et le dessus du pronotum plus clairs. Sur le front, quatre lignes claires forment un pentagone ouvert vers le bas, à la base duquel se trouve l'ocelle médian. Les tibias postérieurs sont munis de trois solides épines à l'extérieur et à l'intérieur. L'oviscapte rectiligne est presque aussi long que le corps, soit 2 à 3 fois plus que chez les espèces similaires de *Pteronemobius*.
OCCURRENCE Les adultes sont visibles toute l'année, même en hiver dans les lieux suffisamment chauds (pic de juillet à octobre). La limite nord de répartition se situe à peu près sur une ligne Londres-Berlin. Vers le sud, l'espèce est présente jusqu'au sud de la péninsule Ibérique et en Afrique du Nord, ainsi que dans le nord de l'Italie et de la Slovénie. Vers l'est, elle ne dépasse pas la Slovaquie occidentale. Elle fréquente les lisières et clairières ensoleillées, ainsi que les pelouses sèches riches en arbustes. Elle préfère les lieux qui ont une litière de feuilles lui offrant un couvert suffisant.

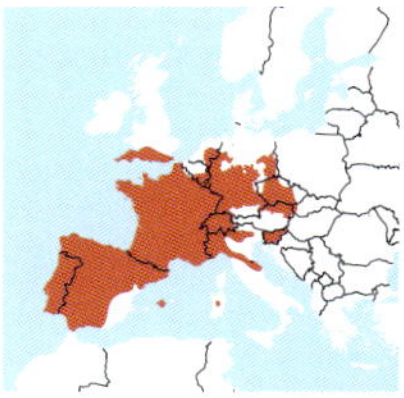

CHANT Le chant faible et grave correspond à un « rürr-rürrrrrrrrrr » très mélodieux et ronronnant. Les phrases sont de longueur très variable, entre 0,2 et 2 secondes. Elles se succèdent en une séquence irrégulière, qui leur donne un caractère bégayant. Le rythme du chant rappelle l'envoi d'un message en morse. Comme chez de nombreuses autres espèces de grillons, il est difficile d'estimer d'où il provient, que ce soit en distance ou en direction. Surtout lorsque de nombreux individus chantent simultanément. Il est alors difficile d'en localiser un.
À SAVOIR Le Grillon des bois est inféodé au sol et il aime particulièrement les litières de feuilles mortes. C'est un insecte très agile pourvu d'une excellente capacité de saut, ce qui le rend très difficile à capturer.

2 Grillon nain
—*Stenonemobius gracilis*

♂ 5-6 mm
♀ 4-7 mm
LO 1-2 mm

ALL–Zwerggrille

ANG–Dwarf Cricket

DESCRIPTION Ce grillon est extrêmement gracile et très bon voilier. Il est brun foncé à noir, avec des reflets brillants, sauf sur les élytres qui sont de couleur brun clair. Le pronotum est pileux. Chez le mâle, les élytres atteignent presque l'extrémité de l'abdomen, tandis que chez la femelle (**2**), ils n'arrivent qu'à la moitié de celui-ci environ. Les longues ailes postérieures les dépassent largement et vont bien au-delà de l'abdomen. L'oviscapte est légèrement recourbé vers le haut, épaissi à l'extrémité, mais non denticulé.
OCCURRENCE Les adultes sont visibles entre juillet et septembre. On sait très peu de choses sur cette espèce présente dans le sud de l'Europe, que ce soit sur sa répartition exacte ou sur son écologie. On suppose qu'elle n'est pas rare en région méditerranéenne. Elle est signalée en Afrique du Nord, au Portugal, en Espagne, en Italie, à Malte et dans le sud des Balkans. Vers l'est, elle est présente jusqu'en Asie centrale.

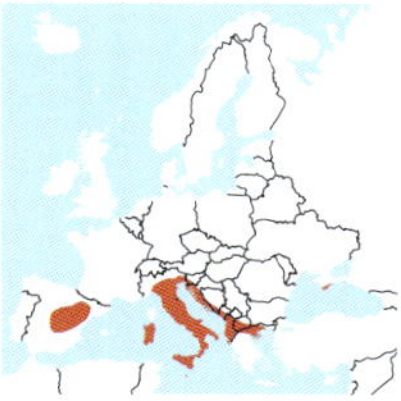

1A

1B

2

1 Grillon des jonchères
—*Trigonidium cicindeloides*

♂ 3-5 mm
♀ 3-5 mm
LO 1-2 mm

ALL–Käfergrille

ANG–Common Trig

DESCRIPTION Par sa morphologie et sa coloration, ce grillon est inconfondable. L'ensemble de son corps est noir brillant. Les antennes sont un peu plus claires, les cerques et les hanches sont brun clair et les pattes postérieures sont brun orangé à leur base, puis roses ou rouge vif près du genou. Les yeux sont gros et bien visibles, ainsi que les longs palpes dont les extrémités sont élargies. Le pronotum est recouvert de poils clairs. Les élytres sont bombés, plaqués sur le corps et aussi longs que l'abdomen. En général, les ailes postérieures sont réduites. Ce grillon est dépourvu d'organe vocal et auditif. Le petit oviscapte est nettement recourbé vers le haut et finement denticulé à son extrémité.
OCCURRENCE Les adultes apparaissent de fin juillet à septembre. Des isolés peuvent être observés toute l'année. Cette espèce est répandue dans toute l'Afrique, à Madagascar, puis du sud-ouest de l'Europe à l'Asie du Sud-Est. En Europe, elle est présente des îles Canaries jusqu'à la Grèce et à Chypre, en passant par le Portugal et la côte méditerranéenne. Elle fréquente des prairies et jachères bien ensoleillées, à humidité variable, près des côtes. Elle ne pénètre que rarement à l'intérieur des terres autour de lacs ou de rivières.

CHANT Le Grillon des jonchères n'émet pas de chant. Cependant, le mâle peut effectuer des mouvements de tambour très rapides avec ses palpes dont les extrémités sont épaissies, qu'il frappe contre le support sur lequel il se tient.

2 Grillon des roseaux
—*Natula averni*

♂ 3-5 mm
♀ 3-5 mm
LO 1-2 mm

ALL–Schilfgrille

ANG–Reed-cricket

DESCRIPTION Cette espèce rappelle la précédente, en particulier les femelles (**2B**), mais elle est de couleur ocre à brun clair. Les yeux arrondis et proéminents ont des reflets verts. Les ailes de la femelle sont collées au corps et atteignent l'extrémité de l'abdomen. L'oviscapte est recourbé vers le haut et faiblement denticulé à son apex. Chez le mâle (**2A**), les ailes sont translucides. Elles sont pourvues d'un organe de chant et atteignent l'extrémité de l'abdomen. Contrairement à l'espèce précédente, un organe auditif est présent sur le tibia antérieur.
OCCURRENCE Les adultes sont visibles toute l'année (pic de mai à octobre). Comme le chant de ce grillon n'est connu que depuis peu, sa répartition est mal appréhendée. On pense qu'elle est distribuée localement dans toute la région méditerranéenne, le long des côtes. Elle habite les prairies humides et la bordure des roselières, le long des eaux.
CHANT Le chant fort se compose de courtes phrases stridulées, sonores et très aigües, qui se succèdent plus ou moins régulièrement en séries rapides.

1A
1B
2A
2B

1 Grillon des marais
—*Pteronemobius heydenii*

♂ 5-6 mm
♀ 5-7 mm
LO 2-3 mm

ALL – Sumpfgrille

ANG – Marsh-cricket

DESCRIPTION Cette espèce rappelle le Grillon des bois, mais il est plus petit et presque uniformément brun foncé à noir. Les seules couleurs claires sont dues à quelques rayures à l'arrière de la tête et à la ponctuation sur les pattes. La tête et les bords du pronotum sont pileux. Les ailes sont un peu plus longues que celles du Grillon des bois. Chez la femelle (**1B**), elles atteignent environ le milieu de l'abdomen et chez le mâle (**1A**), le dernier tiers de celui-ci. L'oviscapte est beaucoup plus court, parfois légèrement recourbé vers le haut à son extrémité qui est épaissie et très finement denticulé.
OCCURRENCE Les adultes sont visibles de début mai à fin août (pic en juin-juillet). La répartition de l'espèce s'étend du Portugal à l'Asie, en passant par le sud de l'Europe. On la trouve également presque partout en Afrique et à Madagascar. Sa limite nord de répartition est atteinte à Paris et à Kiev. En Allemagne, elle n'est présente que dans le sud, dans le Bade-Wurtemberg et en Bavière. Elle vit dans des prairies humides et des bordures végétalisées de toutes sortes, où elle se tient au sol au sein de la végétation. En tant qu'espèce thermophile, elle préfère les zones bien ensoleillées et humides.

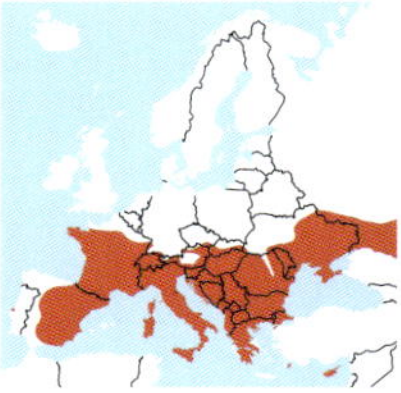

CHANT Les phrases stridulées sont modérément fortes. Elles durent environ 2 secondes et se succèdent à des intervalles relativement courts et réguliers. Le chant est un « sirrrrr » sonore qui augmente de volume en cours de production.

2 Grillon des torrents
—*Pteronemobius lineolatus*

♂ 6-11 mm
♀ 7-11 mm
LO 2-4 mm

ALL – Gestreifte Sumpfgrille

ANG – Striped Marsh-cricket

DESCRIPTION Le Grillon des torrents est légèrement plus grand que l'espèce précédente. Il apparaît également plus clair et plus contrasté. L'arrière brun de la tête porte quatre rayures claires. Les ailes foncées, qui recouvrent environ les deux tiers de l'abdomen chez le mâle (**2B**), sont ourlées d'une étroite bande jaunâtre à leur extrémité. Les post-tibias sont hérissés de trois pointes sur leur côté externe. L'oviscapte est légèrement plus long et fin que chez l'espèce précédente, mais plus nettement denticulé à son extrémité épaissie.
OCCURRENCE Les adultes sont visibles de fin juillet à septembre. Cette espèce est présente au Portugal, en Espagne, dans l'ouest et le sud de la France jusqu'à Paris, dans l'extrême sud de la Suisse (Tessin) et dans le nord-ouest de l'Italie. Elle est partout rare, mais aussi difficile à trouver en raison de son mode de vie caché. Elle habite les berges humides à végétation très peu dense, où elle se tient de préférence sous des pierres ou du bois mort.

CHANT Le chant est similaire à celui de l'espèce précédente. Les phrases, d'une durée de 3 à 30 secondes, sont significativement plus longues et sont généralement bégayées au démarrage. Par température élevée, les phrases sont plus courtes (3 à 7 secondes).

1A

1B

2A

2B

Les Courtilières sont facilement reconnaissables à leurs puissantes pattes antérieures, qui sont transformées en pelles fouisseuses. Elles n'ont aucune aptitude au saut et n'ont pas d'oviscapte visible. Les antennes ne mesurent que la moitié de la longueur du pronotum. À ce jour, 14 espèces sont connues en Europe (125 dans le monde), bien que l'on sache peu de choses sur elles, en particulier dans les Balkans et en Italie, où l'affiliation des différentes espèces est très mal connue. Plusieurs espèces ne peuvent être distinguées les unes des autres que par analyse génétique.

1 | Courtilière commune — *Gryllotalpa gryllotalpa*

♂ 35-45 mm
♀ 40-50 mm

ALL – Gewöhnliche Maulwurfsgrille

ANG – European Mole-cricket

DESCRIPTION La couleur générale est brun foncé dessus et plus claire sur le ventre. Les deux sexes sont difficiles à distinguer par leur morphologie, car l'oviscapte de la femelle est tellement réduit qu'il n'est pas visible extérieurement. Le mâle (**1A**) présente, à peu près au milieu de l'aile, un croisement de nervures en forme de diapason (**1D**) qui manque chez la femelle (**1B**). Les élytres sont légèrement plus longs que le pronotum et sont dépassés de l'équivalent de leur longueur au moins par les ailes postérieures qui sont arquées vers le bas.
OCCURRENCE On trouve les adultes toute l'année. La phase juvénile dure deux ans et la maturité sexuelle est atteinte dès la troisième année. Cette espèce est commune dans une grande partie de l'Europe jusqu'en Asie occidentale. Vers le nord, elle est présente jusqu'au Danemark et au sud de la Suède, puis presque jusqu'à la frontière grecque au sud-est. Elle vit de préférence sur des sols meubles et humides, pourvus d'une végétation herbacée basse. Mais on la trouve aussi sur des sols argileux. Comme elle fréquente également les jardins et les terres cultivées, elle a été combattue avec acharnement, ce qui l'a fait disparaître de nombreuses régions. Elle est particulièrement menacée dans le nord de son aire de répartition.
CHANT Pour la stridulation, les ailes droite et gauche se chevauchent alternativement l'une après l'autre. Le chant modérément fort est un bourdonnement strident de longue durée (« rrrrr »), qui retentit surtout en soirée, de fin avril à juin. Les phrases qui se succèdent sont brièvement interrompues à intervalles variables. Le chant peut rappeler les appels lointains des Crapauds vert et calamite, qui émettent leurs chants aux mêmes époques.
À SAVOIR La courtilière vit principalement dans le sol, au sein duquel elle creuse des galeries. Si celles-ci se trouvent directement sous la surface du sol, elles forment des bourrelets légèrement surélevés (**1C**) facilement repérables. Mais elles peuvent également s'enfoncer jusqu'à 1 m de profondeur. L'eau n'est pas un obstacle pour la courtilière : elle peut rapidement traverser un étang à la nage. La nourriture se compose à la fois d'invertébrés, en particulier des larves d'insectes, et de racines de plantes. La femelle s'occupe de ses œufs et de ses juvéniles en les surveillant dans une chambre à couvain spéciale, ce qui est un cas unique parmi les Orthoptères.

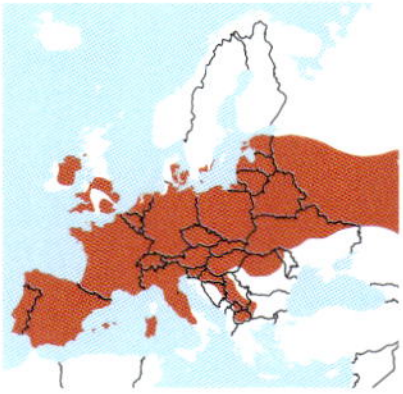

ESPÈCES SIMILAIRES Au sud des Alpes, la détermination des courtilières est un vrai défi à cause de l'imprécision qui entoure les différentes espèces présentes, notamment dans les Balkans et en Italie.

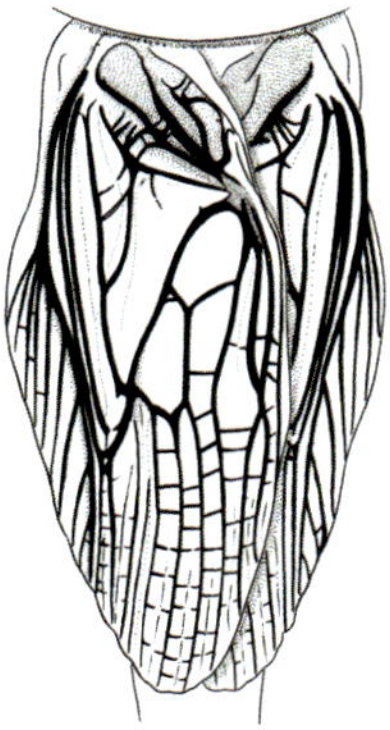

(**1D**) Élytre gauche du ♂

1A

1B

1C

Famille des Myrmecophilidae – Myrmécophilidés

Il existe actuellement 11 espèces connues de Fourmigrils en Europe. Elles sont très similaires entre elles et ne peuvent généralement être déterminées qu'en s'appuyant sur des animaux de collection pris en référence. Environ 80 espèces sont décrites dans le monde. En plus de leur petite taille, elles sont aptères et ont un corps ovale. Leurs antennes sont fermes et presque de la longueur du corps.

1 Fourmigril commun
— *Myrmecophilus acervorum*

♀ 2-4 mm
LO 1-2 mm

ALL – Gewöhnliche Ameisengrille

ANG – Common Ant-cricket

DESCRIPTION Avec une longueur maximale de 4 mm, le Fourmigril commun est l'un des plus petits Orthoptères d'Europe. Sa couleur est toujours brun foncé, avec deux nettes bandes transversales claires : sur le bord postérieur du pronotum et sur le segment médian du thorax. Il est aptère et dépourvu d'organes auditifs. Ses yeux sont également très réduits. En revanche, les cerques redressés vers le haut sont bien développés. On ne connaît que la femelle (**1A**, **1B**), qui est reconnaissable à son oviscapte court.

OCCURRENCE On trouve des adultes et des juvéniles toute l'année. Cette espèce est présente des Pyrénées espagnoles à la Lituanie vers le nord, puis à la Bulgarie vers le sud. Sa distribution plus à l'est est mal connue, mais on peut supposer qu'elle est également présente dans le sud-ouest de la Russie. Fait surprenant, elle n'a pas encore été signalée en Suisse.

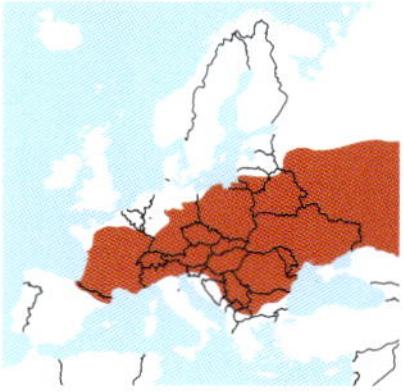

2 Fourmigril méridional
— *Myrmecophilus myrmecophilus*

♂ 2-3 mm
♀ 2-4 mm
LO 1-2 mm

ALL – Mittelmeer-Ameisengrille

ANG – Mediterranean Ant-cricket

DESCRIPTION Cette espèce est semblable à la précédente, mais d'un brun rougeâtre plus clair et sans les deux bandes claires transversales sur le pronotum et le segment médian du thorax. Les bords des segments abdominaux sont au mieux un peu éclaircis. Le dos est légèrement recouvert de poils qui sont relativement longs et dirigés en diagonale, d'où une impression d'insecte quelque peu hirsute. Chez cette espèce, contrairement à la précédente, les deux sexes (mâle **2B**, et femelle **2A**) sont connus.

OCCURRENCE Il n'y a *a priori* pas de différence phénologique avec l'espèce précédente. Sa répartition s'étend du sud de la France jusqu'à la Crête, en passant par l'Italie et la côte adriatique.

1A

1B

2A

2B

Les Gryllacrides n'ont ni ailes ni organes auditifs. Les antennes, les pattes et les tarses, ainsi que les palpes maxillaires et labiaux sont très allongés. La plupart des espèces vivent dans des grottes, dans la litière des forêts et dans d'autres endroits sombres et humides, en région méditerranéenne et sous les tropiques. En Europe, une soixantaine d'espèces sont connues et de nouvelles sont régulièrement décrites. Dans le monde, 745 espèces sont décrites à ce jour. Elles évitent la lumière du jour et ne sortent de leurs abris sombres que la nuit.

1 | Troglophile cavicole

—Troglophilus cavicola

♂ 14-20 mm
♀ 14-22 mm
LO 9-12 mm

ALL – Kollars Höhlenschrecke

ANG – Common Cave-cricket

DESCRIPTION Comme chez la plupart des troglophiles, l'apparence générale de cette espèce est compacte et voûtée. Sa couleur est brun jaunâtre pâle, avec de fines marbrures foncées. Une fine ligne jaunâtre parcourt le milieu du dos. Le ventre est pâle. Chez le mâle (**1C**), le 10e segment abdominal est pourvu de deux longues extensions lobées, tandis que chez la femelle (**1B**) il est légèrement en V (**1D**). L'oviscapte est effilé à l'apex et légèrement incurvé vers le haut.

OCCURRENCE Adultes et juvéniles sont visibles toute l'année. L'espèce est présente du nord-est de l'Italie à l'est de l'Autriche, puis à travers l'ensemble des Balkans jusqu'au nord de la Grèce. Elle habite les grottes, les crevasses, les tas de pierres, les parois de carrières rocheuses, les caves ou même la litière et les racines des arbres en forêt.

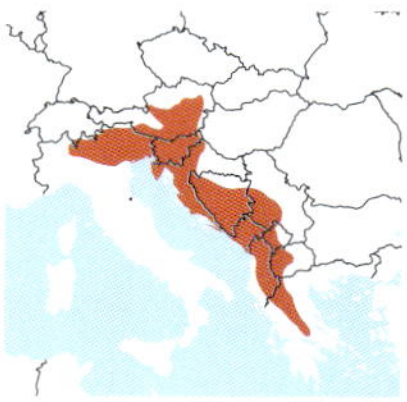

(**1D**) Extrémité de l'abdomen de la ♀

1B

1C

1 Troglophile négligé
— *Troglophilus neglectus*

♂ 15-25 mm
♀ 16-25 mm
LO 8-10 mm

ALL – Bedornte Höhlenschrecke

ANG – Neglected Cave-cricket

DESCRIPTION D'apparence générale, cette espèce ressemble beaucoup à la précédente. Les taches foncées sont bien marquées et la teinte brune est légèrement rougeâtre. Vers l'abdomen, les zones claires ont des reflets vert jaunâtre. L'oviscapte est épais à la base. Il est légèrement recourbé vers le haut et se termine par une pointe fine en forme d'épine. Le 10e tergite de la femelle (**1B**) est arrondi au milieu et il est délimité par deux saillies en forme d'épine sur les côtés. Chez le mâle (**1A**), le 10e tergite possède deux appendices triangulaires divergents. En revanche, ceux de l'espèce précédente sont arrondis et lobés.
OCCURRENCE Les adultes et les juvéniles sont visibles toute l'année. L'aire de répartition principale s'étend du nord-est de l'Italie et du sud de l'Autriche jusqu'au centre des Balkans. Cependant, la répartition dans les Balkans est mal connue, car on y trouve d'autres espèces très similaires. Au nord des Alpes, ce troglophile a probablement été introduit en divers endroits en Allemagne, en Suisse, en Autriche et en République tchèque. Il vit dans les cavités, grottes, crevasses, tas de pierres, caves ou autres lieux sombres qui offrent une protection suffisante contre la déshydratation.

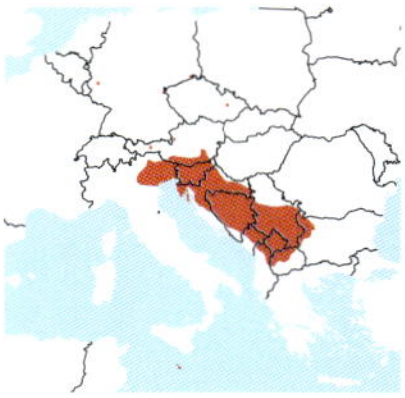

ESPÈCES SIMILAIRES *Troglophilus ovuliformis* est une espèce très semblable qui est présente le long de la côte adriatique, de l'Istrie à l'Albanie. Cinq autres espèces du genre *Troglophilus* vivent dans le sud des Balkans, dont certaines sont très difficiles à distinguer.

2 Sauterelle des serres
— *Tachycines asynamorus*

♂ 13-19 mm
♀ 13-19 mm
LO 11-12 mm

ALL – Gewächshausschrecke

ANG – Greenhouse Camel Cricket

DESCRIPTION La couleur générale de la Sauterelle des serres est brun-jaune ou gris-brun avec des taches brun foncé. Les longues pattes gris-brun sont annelées de sombre. Le corps dodu a un profil arrondi, ce qui lui donne une apparence bossue. Les antennes atteignent environ quatre fois la longueur du corps. L'oviscapte est presque rectiligne et n'est que légèrement recourbé vers le haut à son extrémité. Les cerques sont identiques chez les deux sexes : ils mesurent environ 10 mm et sont flexibles et poilus.
OCCURRENCE Les adultes sont visibles toute l'année. Cette espèce est originaire de l'Extrême-Orient, vraisemblablement de Chine. Elle a été introduite dans le monde entier. Dans nos régions, elle ne peut se maintenir que dans les serres des jardineries et jardins botaniques.
À SAVOIR En journée, l'espèce reste immobile entre des pots de fleurs, sous des planches ou en des endroits similaires. Elle ne devient active que dans l'obscurité totale. Elle est extrêmement agile et peut sauter à plus de 1 m. Sa nourriture consiste en fruits, semis et divers insectes, par exemple des pucerons. En cas de pullulation, elle peut devenir nuisible. Pour l'accouplement, le mâle (**2B**) court devant la femelle (**2A**), imprimant des mouvements oscillants silencieux à l'ensemble de son corps. La femelle dépose ses nombreux œufs dans des pots de fleurs, de sorte que l'espèce peut facilement être transportée.
Le développement des juvéniles passe par une dizaine de mues.

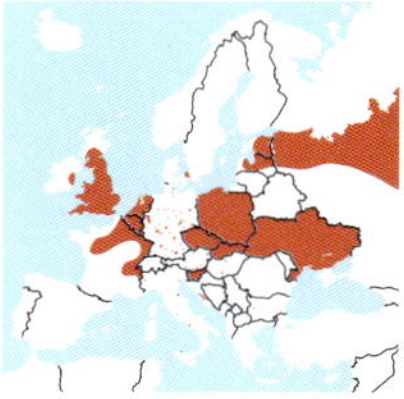

1A

1B

2A

2B

DOLICHOPODA – Sauterelles cavernicoles

Le genre *Dolichopoda* comprend plus de 40 espèces en Europe (56 dans le monde), qui sont toutes très similaires. Par ailleurs, beaucoup de nouvelles espèces ont été décrites récemment. La majorité sont des endémiques très localisées dans des zones restreintes, comme une île ou même une seule grotte. Le lieu d'observation est donc très important pour la détermination. Différentes cavités sombres et humides, hors d'atteinte de la lumière du jour, sont habitées. L'exigence en humidité est plus grande que chez les espèces du genre *Troglophilus*.
De nuit, les Sauterelles cavernicoles restent à proximité de leurs cantonnements diurnes. Avec leurs longues pattes, elles courent extrêmement vite et peuvent parcourir très rapidement de grandes distances. Malgré ces longs appendices, elles peuvent ramper en un éclair dans de petites fissures ou trous en cas de danger. Elles consomment des végétaux ainsi que des insectes morts.

1 | Dolichopode romain

—Dolichopoda geniculata

♂ 20-22 mm
♀ 21-23 mm
LO 13-15 mm

ALL – Süditalienische Langbein-Höhlenschrecke

ANG – Bended Cave-cricket

DESCRIPTION Comme c'est la règle chez toutes les Sauterelles cavernicoles, cette espèce a des pattes et antennes extrêmement longues. Ces dernières sont environ quatre fois plus longues que le corps. Quant aux pattes, elles font ressembler l'espèce à une araignée. La coloration générale est brun rougeâtre, avec une bordure beaucoup plus foncée sur les segments abdominaux et le pronotum. Le corps est pâle dessous et dépourvu de marbrure sombre. Les yeux sont noirs. Les deux sexes ont de longs cerques pileux et courbés. La plaque sous-génitale du mâle (**1B**) est épaissie à sa base et profondément incisée en son milieu. Elle porte deux petits styles. L'oviscapte, fin dans l'ensemble (**1A**), n'est que légèrement épaissi à sa base et un peu incurvé vers le haut à son extrémité, qui est pointue.

OCCURRENCE

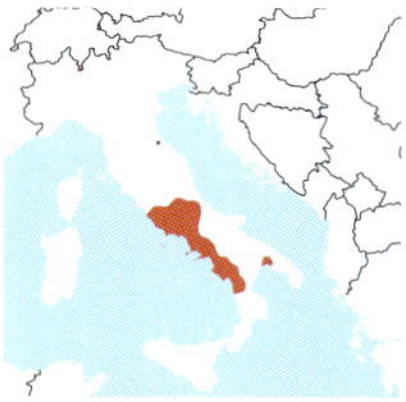

Les adultes et les juvéniles sont visibles toute l'année. L'aire de répartition couvre la moitié ouest de l'Italie, depuis Rome jusqu'au sud du pays. L'espèce a été découverte en 2010 dans le sud de la Suisse, près de Mendrisio (Tessin), où elle a probablement été introduite. Elle occupe des grottes et des voûtes de cave.

2 | Dolichopode de Laetitia

—Dolichopoda laetitiae

♂ 18-22 mm
♀ 18-22 mm
LO 13-16 mm

ALL – Norditalienische Langbein-Höhlenschrecke

ANG – Laetitia's Cave-cricket

DESCRIPTION On ne peut distinguer cette espèce de la précédente que par l'analyse des organes sexuels du mâle. Toutes deux se ressemblent en taille, en corpulence générale et en couleur. Mais la présente espèce est plus brun jaunâtre que brun rougeâtre.
OCCURRENCE On peut voir les adultes toute l'année. L'aire de présence de l'espèce est limitée aux Apennins et aux Abruzzes, de Parme à Rome. Une autre station est connue à Vérone, en bordure sud des Alpes. Cette espèce habite les grottes et les crevasses rocheuses plongées dans une obscurité permanente et une humidité élevée. La nuit, l'espèce peut parfois être observée en assez grand nombre hors des cavités, sur le sol en forêt.

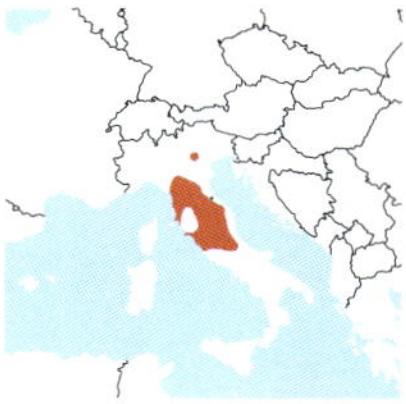

1A

1B

2A

2B

Avec environ 7600 espèces décrites à ce jour dans le monde et environ 500 en Europe, les sauterelles forment une famille très riche en formes et en espèces parmi les Ensifères. Elles ont en commun des tarses à quatre articles. Leur organe auditif est situé sur le tibia antérieur, sous le genou. À l'exception des Méconèmes (*Meconematinae*), la stridulation est produite par frottement de l'aile gauche sur l'aile droite. Les ailes ont une longueur très variable selon les espèces. La femelle se distingue du mâle par son oviscapte bien développé.

SOUS-FAMILLE DES BRADYPORINAE (BRADYPORINÉS) – Éphippigères

La sous-famille des Bradyporinés comprend les genres *Ephippiger* et *Bradyporus*, qui comportent des espèces incapables de voler en raison de leurs ailes très courtes. Les éphippigères de taille moyenne sont reconnaissables à leur pronotum en forme d'entonnoir évasé. Il est positionné horizontalement dans sa partie antérieure (prozone) et se redresse brusquement en étendard dans sa partie postérieure (métazone), de sorte qu'il y a généralement une nette cassure entre les deux. De plus, les *Bradyporus* sont énormes, dodus et très lourds : leur poids corporel atteint jusqu'à 20 g. Ils ont des antennes et des pattes postérieures remarquablement courtes. Leur coloration est très foncée à noire.

1 | Éphippigère des vignes

—Ephippiger diurnus

♂ 20-23 mm
♀ 20-35 mm
LO 18-23 mm

ALL–Westliche Sattelschrecke

ANG–Western Saddle Bush-cricket

DESCRIPTION Cette espèce est principalement verte, mais certains individus sont grisâtres ou presque noirs. Les segments clairs de l'abdomen sont bien visibles, notamment chez les individus les plus foncés. La coloration noire de l'arrière de la tête est également frappante. C'est particulièrement visible lorsque cette dernière est baissée. Le pronotum est fortement redressé en forme de selle sur son bord postérieur, caractéristique commune à tout le genre. Les courts cerques coniques du mâle (**1A**, **1C**) sont dentelés au milieu. Chez la femelle (**1B**), l'oviscapte est presque aussi long que le corps et légèrement recourbé vers le haut.
OCCURRENCE Les adultes sont visibles de juillet à octobre (pic en août). Cette espèce d'Europe occidentale est présente du sud-ouest de l'Allemagne et de l'ouest de la Suisse jusqu'au nord de l'Espagne, en passant par la France. Des stations isolées sont connues aux Pays-Bas et en Belgique. L'espèce habite des secteurs chauds et secs tels que des pelouses sèches, des zones viticoles avec buissons et haies, des friches et des lisières de forêts bien ensoleillées. Elle préfère se tenir sur les arbustes, les buissons et les petits arbres.
CHANT Le chant fort est très semblable à celui de nombreuses espèces du genre *Ephippiger*. Il consiste en une séquence d'accents simples qui peuvent se transcrire en « dswi ».

À SAVOIR
Les éphippigères consomment de la nourriture végétale, comme les feuilles de mûre et les pissenlits, mais aussi de la nourriture animale, comme les mouches et les chenilles.

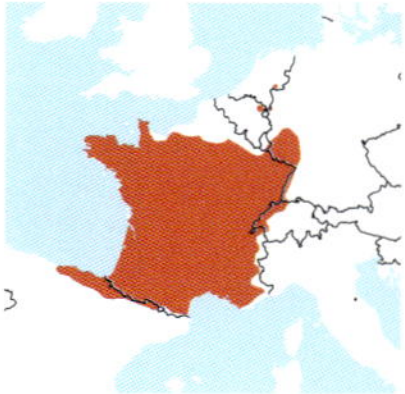

3

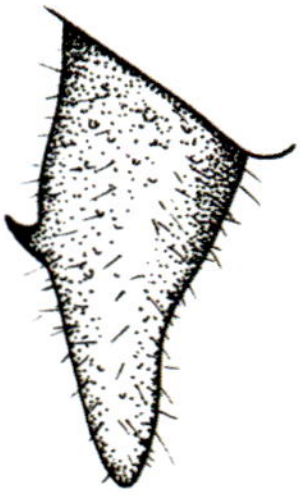

(**1C**) Cerque du ♂

1A

1B

1 Éphippigère orientale
—*Ephippiger ephippiger*

♂ 20-28 mm
♀ 20-30 mm
LO 15-21 mm

ALL – Östliche Sattelschrecke

ANG – Saddle-backed Bush-cricket

DESCRIPTION Cette espèce est de couleur assez variable, principalement de vert clair à vert olive, parfois jaunâtre à brunâtre, avec l'arrière de la tête noir. L'oviscapte est légèrement incurvé vers le haut et presque de la longueur du corps. Le mâle (**1A**) a des cerques courts et coniques, munis d'une petite dent intérieure au-delà de leur milieu. Morphologiquement, cette espèce est indistinguable avec certitude de la précédente. La caractéristique la plus évidente concerne l'absence de bordure claire sur les segments abdominaux. Cependant, les aires de répartition étant disjointes, une confusion est exclue.
OCCURRENCE On peut observer les adultes de juillet à octobre (pic en août-septembre). Il s'agit d'une espèce orientale que l'on rencontre depuis la République tchèque, la Slovaquie et l'Ukraine au nord jusqu'à la Grèce au sud. En Autriche, elle est présente dans l'est et le sud-est du pays. En tant qu'espèce thermophile, dans la partie nord de son aire, elle ne fréquente que les sites climatiquement les plus favorables tels que les steppes rocheuses ou les vignobles, ainsi que les clairières forestières bien ensoleillées. Elle se tient volontiers sur les pentes en exposition sud entrecoupées de buissons. Dans le Sud, elle occupe aussi des forêts claires.

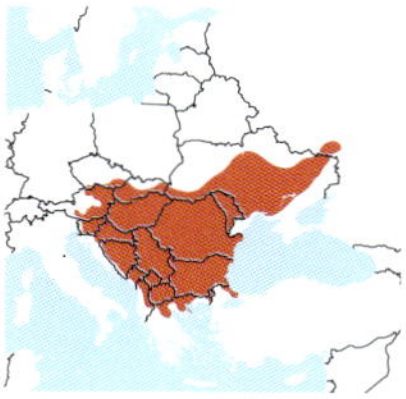

CHANT Le chant fort se compose d'une séquence plus ou moins régulière d'accents simples et doubles. Ceux-ci sont émis de jour comme de nuit.

2 Éphippigère insubrique
—*Ephippiger persicarius*

♂ 21-27 mm
♀ 22-27 mm
LO 18-22 mm

ALL – Strauch-Sattelschrecke

ANG – Swiss Saddle Bush-cricket

DESCRIPTION L'Éphippigère insubrique est souvent de couleur verte à beige ou plus rarement gris-vert. L'arrière de la tête est de couleur noire, comme c'est le cas chez de nombreuses espèces du genre. La moitié arrière du pronotum est redressée en forme de selle. Chez le mâle (**2B**), les ailes réduites à de simples écailles dépassent de quelques millimètres sous le pronotum, tandis que chez la femelle, seuls leurs bords sont visibles en général. Les cerques coniques du mâle (**2C**) portent une dent intérieure dans leur dernier tiers. Chez la femelle (**2A**), l'oviscapte atteint presque la longueur du corps et il est légèrement incurvé vers le haut.
OCCURRENCE Les adultes apparaissent d'août à octobre (pic en août-septembre). L'aire de répartition est plus ou moins limitée à la région insubrienne et s'étend du Piémont aux environs du lac de Garde, en passant par le sud de la Suisse (Tessin). L'espèce habite les prairies et pâturages riches en buissons, les prairies à hautes herbes, les lisières de forêts ou les clairières, jusqu'à une altitude d'environ 1 600 m.

CHANT Le chant fort est identique à celui des autres éphippigères. Mais contrairement à l'Éphippigère des vignes, les phrases composées de 2 accents (ou plus rarement 3) sont toujours liées.

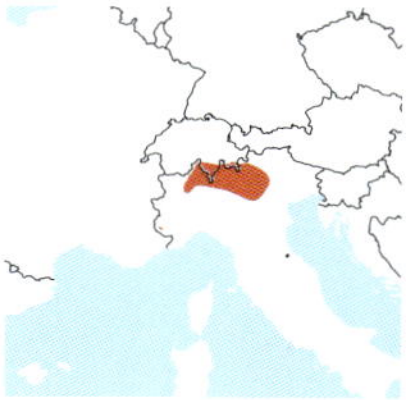

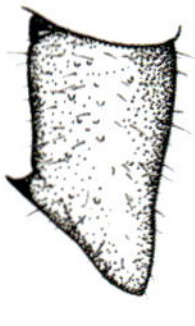

(**2C**) Cerque du ♂

1A

1B

2A

2B

1 Éphippigère terrestre
— Ephippiger terrestris

♂ 23-28 mm
♀ 28-32 mm
LO 25-28 mm

ALL – Alpen-Sattelschrecke

ANG – Alpine Saddle Bush-cricket

DESCRIPTION Cette espèce constitue une *Ephippiger* typique. Le mâle (**1B**) diffère surtout des autres espèces par ses cerques relativement grands, cylindriques et denticulés juste avant l'apex (**1C**). L'oviscapte de la femelle (**1A**) est à peu près aussi long que le corps et légèrement incurvé vers le haut. La couleur d'ensemble varie entre le vert, le beige et le brun. L'abdomen est généralement maculé de clair et de foncé. Le dos est pourvu de deux lignes longitudinales claires.
OCCURRENCE Les adultes apparaissent de juillet à octobre (pic en août-septembre). L'aire de répartition longe les contreforts sud des Alpes, en France, en Italie (jusqu'au lac d'Iseo en Lombardie) et en Suisse (Tessin). L'espèce vit dans les alpages et zones arbustives, principalement entre 1 000 et 2 000 m d'altitude.
CHANT Comme chez de nombreuses espèces appartenant à ce genre, le chant fort se compose principalement d'accents simples émis régulièrement. Ils sont produits à intervalles de 1 à 2 secondes. Cette espèce émet rarement des accents doubles, à la différence de l'espèce précédente.

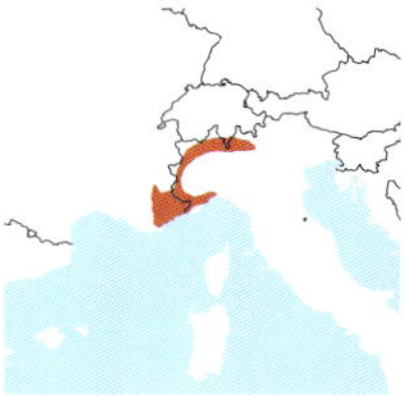

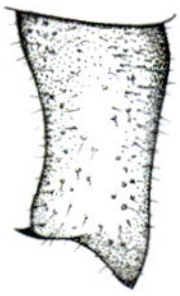

(**1C**) Cerque du ♂

2 Éphippigère dalmate
— Ephippiger discoidalis

♂ 20-30 mm
♀ 23-34 mm
LO 22-32 mm

ALL – Balkan-Sattelschrecke

ANG – Dalmatian Saddle Bush-cricket

DESCRIPTION L'Éphippigère dalmate est l'une des rares éphippigères inconfondables. Les courts moignons d'ailes sont principalement noirs, contrairement à toutes les autres *Ephippiger*. Elles sont bordées d'une tache jaune blanchâtre allongée. De plus, l'arrière de la tête est rouge et non noir comme c'est le cas des autres espèces. La couleur de base est assez variable, de vert clair à olive ou jaunâtre, avec des marques noires et jaunes plus ou moins prononcées, surtout sur l'abdomen. Chez le mâle (**2A**), la dent intérieure des cerques allongés se trouve près de l'extrémité tronquée de ceux-ci, dont elle saille à peine. Le long et mince oviscapte (**2B**) est légèrement recourbé vers le haut et atteint la longueur du corps.
OCCURRENCE Les adultes sont visibles de fin juin à septembre (pic en juillet-août). Cette espèce est répandue depuis le nord-est de l'Italie jusqu'à l'Albanie, en passant par la côte adriatique et les Alpes dinariques. Elle est localement assez fréquente. Elle vit principalement dans les friches sèches envahies par des arbustes et des hautes herbes. Elle se tient souvent sur des plantes qui dépassent nettement de la végétation environnante.

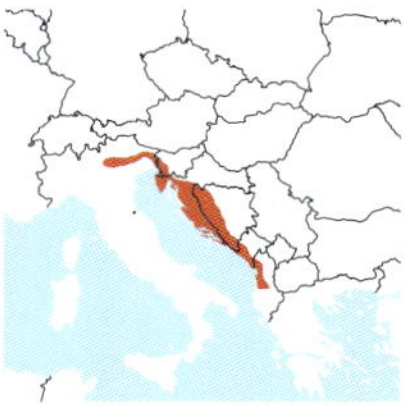

CHANT Le chant fort se compose de phrases constituées d'une série de 3 à 7 accents simples se succédant rapidement.
ESPÈCES SIMILAIRES *Ephippiger ephippiger* est une espèce semblable à l'Éphippigère dalmate, mais elle n'est présente que sur la bordure orientale de son aire de répartition. Elle s'en distingue par la coloration noire de l'arrière de la tête et des cerques coniques.

1A

1B

2A

2B

1 | Éphippigère élégante — *Uromenus elegans*

♂ 25-33 mm
♀ 25-36 mm
LO 17-20 mm

ALL – Elegante Kantige Sattelschrecke

ANG – Elegant Saddle

DESCRIPTION Le genre *Uromenus* diffère du genre *Ephippiger* par des carènes latérales saillantes et bombées sur le pronotum. La couleur générale de la présente espèce est verte ou brune, agrémentée de taches claires plus ou moins prononcées sur les bords des segments de l'abdomen et d'une bande longitudinale sur la face inférieure de celui-ci. La couleur de l'arrière de la tête va du bleuâtre au noir. Le pronotum en forme de selle est très grumeleux dans l'ensemble et les carènes latérales sont saillantes. Il y a également, en général, une fine carène médiane sur l'arrière du pronotum. Les ailes, dont la bordure est noire, ne dépassent que légèrement du pronotum. Les longs cerques du mâle (**1A**) sont dotés d'une solide dent intérieure en forme de crochet. L'oviscapte de la femelle (**1B**) est nettement plus court que le corps et légèrement arqué vers le haut.
OCCURRENCE Les adultes peuvent être observés de la mi-juin à septembre (pic en juillet-août). L'aire de répartition en Europe est limitée à la région côtière de l'ouest et du sud de l'Italie, ainsi qu'au sud-ouest du Péloponnèse et de la Crète en Grèce. Une station a été découverte dans le nord de la Sardaigne. L'écologie de l'espèce est peu connue. La plupart du temps, elle se trouve près de la côte et en plaine sur des jachères sèches. Elle se tient généralement sur des plantes dominantes et des buissons bas.

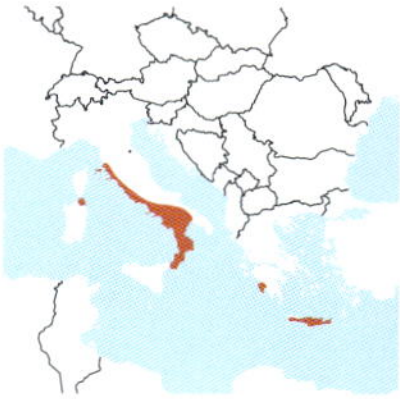

CHANT Le chant fort est produit par le lent mouvement de fermeture des ailes et se compose d'accents d'environ 0,8 seconde. Les impulsions individuelles donnent au chant un caractère râpeux. Les accents relativement longs se succèdent rapidement.

2 | Éphippigère carénée — *Uromenus rugosicollis*

♂ 25-30 mm
♀ 26-31 mm
LO 17-20 mm

ALL – Westliche Kantige Sattelschrecke

ANG – Rough Saddle Bush-cricket

DESCRIPTION Cette espèce est semblable à la précédente, mais plus uniformément verte, brune ou ocre, avec une bande jaunâtre sur les côtés de l'abdomen. Les yeux toujours gris-bleu sont frappants. Les ailes sont brun-jaune, avec de petites taches noires sur leur bordure. Les cerques du mâle sont nettement plus courts que chez l'espèce précédente. Ils portent une dent intérieure forte et pointue, située après leur milieu. L'oviscapte (**2B**) est fortement arqué vers le haut et significativement plus court que chez les espèces du genre *Ephippiger*. La plaque sous-génitale est profondément incisée chez la femelle, de sorte que des extensions pointues en forme d'épine se forment sur les côtés.
OCCURRENCE On trouve les adultes de fin juin à octobre (pic en août). L'espèce est connue du nord de l'Espagne (Catalogne) et de la moitié sud-ouest de la France, où elle atteint la Normandie au nord et la région de Marseille à l'est. Elle vit principalement dans des endroits un peu humides, mais aussi dans des jachères sèches. Elle se tient généralement cachée sur des plantes dominantes où elle est très difficile à découvrir.

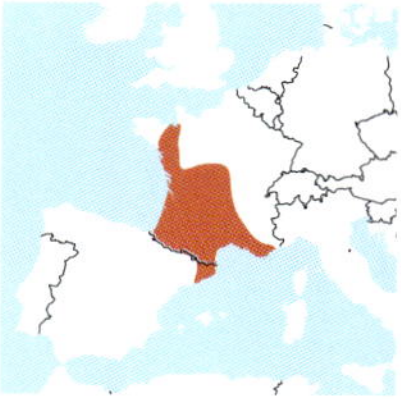

CHANT Le chant est très semblable à celui de l'espèce précédente.
À SAVOIR Occasionnellement, cette espèce peut être amenée à pulluler localement. Elle est alors omniprésente.
ESPÈCES SIMILAIRES Dans le sud de la France, de l'Espagne et du Portugal, il existe de nombreuses espèces similaires appartenant à des genres différents, mais qui possèdent également des carènes de pronotum bombées et qui sont parfois très difficiles à distinguer.

1A

1B

2A

2B

1 Éphippigère bronze

— Bradyporus dasypus

♂ 47-57 mm
♀ 46-60 mm
LO 29-35 mm

ALL – Bronzefarbene Kartoffelschrecke

ANG – Bronze Glandular Bush-cricket

DESCRIPTION L'apparence imposante et gauche de cette éphippigère la rend inconfondable. Elle est très foncée à presque noire, avec un reflet bronze. Les côtés du corps et les carènes latérales du pronotum, très anguleuses, sont souvent brunâtre clair. Le ventre est rougeâtre. Les antennes fermes sont assez courtes, mais plus longues que le pronotum, sans être de la longueur de l'abdomen. Deux callosités longitudinales peuvent être présentes sur le bord postérieur légèrement bombé du pronotum, de part et d'autre de la carène médiane et en plus des carènes latérales. Dans l'ensemble, le pronotum est grumeleux et il cache entièrement les ailes chez les deux sexes. L'abdomen rebondi évoque un ballon. Les cerques du mâle, très courts et coniques (**1A**), sont situés près du corps. En leur milieu, ils sont munis d'une solide dent intérieure en forme de crochet, qui est arrondie à l'apex. Vus de dessus, les cerques sont recouverts par le dernier segment abdominal. L'oviscapte (**1B**) est remarquablement long, mince et légèrement arqué vers le haut. Les deux espèces suivantes ont un oviscapte beaucoup plus court et plus puissant.
OCCURRENCE Les adultes peuvent être observés de début juin à août pour quelques-uns (pic en juillet). L'aire de répartition s'étend du centre des Balkans à celui de la Grèce, et jusqu'aux rives de la mer Noire vers l'est. Les stations de Hongrie seraient éteintes. Cette espèce fréquente les prairies enfrichées, les jachères, les chênaies claires et les broussailles.

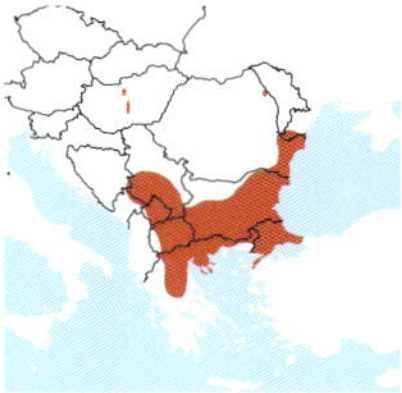

CHANT Bien que les petites ailes soient entièrement cachées sous le pronotum, le chant est très fort. Lors de celui-ci, le mâle incline le pronotum vers l'avant, ce qui le fait ressembler à une cloche. Le chant lui-même consiste en une stridulation qui peut durer jusqu'à une minute. Lorsqu'il s'arrête, il le fait progressivement, comme dans le cas d'un engin remonté avec un ressort.
À SAVOIR Cette espèce peut atteindre de fortes densités certaines années. Les individus se déplacent alors au sol. Au cours des années normales, ils vivent extrêmement bien cachés dans des buissons bas ou sur des vivaces denses. Pour le chant, les mâles aiment grimper jusqu'à une position légèrement surélevée dans la végétation. Bien que leur chant sonore les signale de très loin, ils sont si bien cachés dans la végétation qu'ils sont souvent difficiles à repérer. En cas de dérangement, ils se taisent immédiatement et peuvent également se laisser choir au sol. Malgré son corps massif et son poids élevé, cette éphippigère se déplace rapidement dans la végétation avec ses pattes courtes et trapues.

1A

1B

1 | Éphippigère corpulente

—Bradyporus macrogaster

♂ 48-50 mm
♀ 53-55 mm
LO 15-18 mm

ALL – Dickbauchige Kartoffelschrecke

ANG – Big-Bellied Glandular Bush-cricket

DESCRIPTION L'Éphippigère corpulente est similaire aux autres espèces du genre. Les carènes latérales du pronotum sont étroites et nettement saillantes. Celui-ci est généralement de couleur verdâtre ou brunâtre clair, avec des coins foncés à l'avant. Le court oviscapte a une base épaisse. Il est légèrement incurvé et denticulé à son apex. La plaque sous-génitale de la femelle présente quatre saillies en forme d'épine. Les cerques du mâle sont coniques et tronqués à leur extrémité. Ils sont pourvus d'une dent intérieure émoussée à double face.

OCCURRENCE Les adultes sont visibles de juin à août (pic en juillet). L'aire de répartition couvre l'est de la Moldavie, l'est de la Roumanie, la Bulgarie et l'est de la Grèce jusqu'à la Turquie. L'espèce serait éteinte dans de nombreuses régions de Roumanie et de Serbie. Cependant, il existe d'importantes lacunes de connaissance, tant sur sa distribution que son écologie. Comme les autres espèces de *Bradyporus*, elle occupe les prairies enfrichées, les jachères et les broussailles.

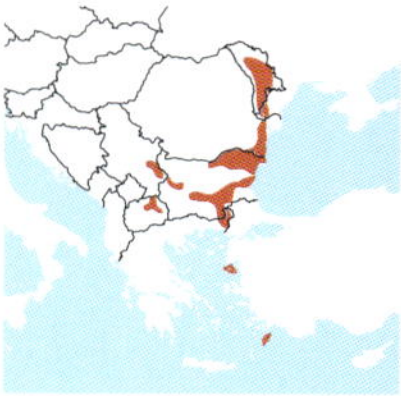

CHANT Le chant stridulé est similaire à celui de l'espèce précédente. Il peut être émis pendant plusieurs minutes et s'achève généralement brusquement.

2 | Éphippigère tachetée

—Bradyporus oniscus

♂ 48-68 mm
♀ 43-66 mm
LO 17-21 mm

ALL – Gefleckte Kartoffelschrecke

ANG – Wood-louse Glandular Bush-cricket

DESCRIPTION Cette espèce ressemble à l'Éphippigère bronze. Mais elle est encore plus grande et de coloration le plus souvent claire ou verte, en particulier sur les côtés du corps. Le pronotum de couleur brunâtre ou verdâtre est également clair, au moins sur les lobes latéraux. Près de la tête, le pronotum est marqué de taches foncées plus ou moins nettes. Souvent, deux lignes longitudinales vertes ou brunâtres courent sur l'abdomen. Le solide et court oviscapte (**2B**) est recourbé vers le haut à son apex. Ce dernier est nettement denticulé. Les cerques courts et coniques du mâle (**2A**) sont dentés dans leur dernier tiers et pointus à l'apex.

OCCURRENCE Les adultes apparaissent de juin à août (pic en juillet). L'aire de répartition s'étend de la Macédoine jusqu'au sud du Péloponnèse. L'espèce fréquente les prairies enfrichées, les jachères, les lisières de forêts et les broussailles.

CHANT Le chant est identique à celui de l'espèce précédente.

1A

2A

2B

SOUS-FAMILLE DES CONOCEPHALINAE (CONOCÉPHALINÉS) – Conocéphales

Les Conocéphales sont caractérisés par leur corps mince et leur vertex céphalique pointu. L'ouverture de l'orifice tympanique est étroite, en forme de fente. En Europe, 10 espèces du genre *Conocephalus* et 1 du genre *Ruspolia* sont connues, dont la majorité fréquente des habitats humides ou à humidité fluctuante, qui sont pourvus d'une végétation dense et haute à base de graminées, laîches et joncs. À ce jour, environ 1 340 espèces ont été décrites dans le monde.

1 Conocéphale bigarré —*Conocephalus fuscus*

♂ 12-18 mm
♀ 13-18 mm
LO 10-17 mm

ALL – Langflügelige Schwertschrecke

ANG – Long-winged Conehead

DESCRIPTION Le Conocéphale bigarré a une forme élancée et une couleur vert clair uniforme. Les individus de couleur jaune paille sont rares. Une bande brune légèrement ourlée parcourt tout le dos. Les ailes translucides et fumées de brun sont très étroites. Elles dépassent légèrement les genoux postérieurs, de beaucoup dans le cas d'individus macroptères. Après leur milieu, les cerques du mâle (**1C**) possèdent une solide dent intérieure. L'oviscapte (**1D**) est légèrement incurvé à sa base, puis il est presque rectiligne jusqu'à la pointe. Sa longueur égale presque celle du corps.
OCCURRENCE Les adultes sont visibles de juin à octobre, occasionnellement jusqu'en novembre (pic en août). Cette espèce habite presque toute l'Europe, jusqu'à 1 000 m d'altitude environ, mais elle est absente de Fennoscandie, d'Irlande et du nord des États baltes. L'actuelle limite nord de répartition passe le long des côtes de la Baltique en Allemagne et en Pologne, puis au sud des États baltes. L'espèce s'est rapidement propagée vers le nord ces dernières années. Elle fréquente les prairies humides à hautes herbes, les buissons le long des rivières, les rives de lacs, les jachères et les zones rudérales. Le point commun de ses habitats est une végétation herbacée d'une hauteur minimale de 30 à 60 cm.
CHANT Le faible chant passe facilement inaperçu sur le terrain. Il est souvent émis en continu pendant de longues minutes, avec une sonorité tremblante et cliquetante. Le moyen le plus facile pour détecter les mâles qui chantent est d'utiliser un détecteur d'ultrasons.

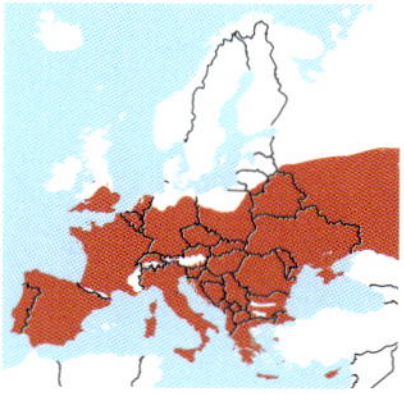

À SAVOIR Sa nourriture se compose d'herbes et autres plantes, ainsi que de petits insectes, tels que pucerons et chenilles. La femelle (**1B**) pond ses œufs étroits et blanchâtres dans les tiges de diverses plantes : scirpes, roseaux, chardons ou laîches. Parfois, elle fait un trou avec ses mandibules, au travers duquel elle insère dans la plante son oviscapte faisant office de foret. Les juvéniles éclosent l'année suivante, vers le mois de mai, et en plus de la tête pointue typique de la famille, ils possèdent une bande noire fortement contrastée sur le dos. Toutefois, ces caractéristiques ne suffisent pas à les distinguer des autres espèces de *Conocephalus*. En cas de danger, les individus se cachent souvent derrière un brin d'herbe en se positionnant sur son axe.

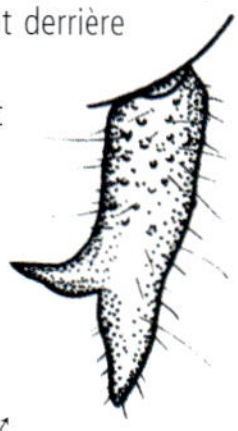

(**1C**) Cerque du ♂

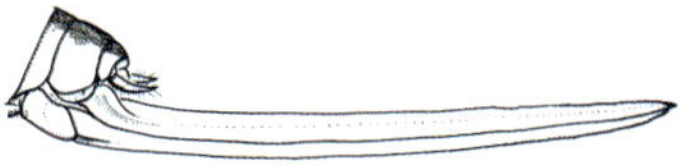

(**1D**) Extrémité de l'abdomen de la ♀

1A

1B

1 Conocéphale des roseaux
— Conocephalus dorsalis

♂ 13-16 mm
♀ 14-18 mm
LO 8-11 mm

ALL – Kurzflügelige Schwertschrecke

ANG – Short-winged Conehead

DESCRIPTION Le Conocéphale des roseaux est similaire à l'espèce précédente, mais il a des ailes nettement plus courtes, qui recouvrent environ les trois quarts de l'abdomen chez le mâle (**1A**) et la moitié chez la femelle (**1B**). Les individus macroptères sont rares, mais ils rappellent beaucoup l'espèce précédente par leur aspect. Contrairement à cette espèce, l'oviscapte de la femelle est nettement arqué vers le haut et ne mesure que la moitié de la longueur du corps environ. Les cerques du mâle ont une solide dent intérieure positionnée juste après leur milieu. Les juvéniles du Conocéphale des roseaux ont également une bande verticale foncée sur le dos.
OCCURRENCE Les adultes apparaissent de juillet à octobre (pic en août). Cette espèce est répandue en Europe centrale, mais elle n'est souvent présente que localement. En Scandinavie, on la trouve le long des côtes, jusqu'à Vaasa en Finlande. Au sud-est, elle atteint la Bulgarie et au sud-ouest, le Portugal (Lisbonne). Elle recherche de préférence les scirpaies et cariçaies, ainsi que les prairies humides à hautes herbes et les bordures humides. Les lieux fortement débroussaillés sont évités. Et ce n'est qu'occasionnellement qu'on rencontre l'espèce dans des prairies sèches. Sur les côtes de la mer du Nord, elle fréquente également les peuplements d'oyat des dunes et les prés salés. Ce sont les œufs qui imposent un taux d'humidité élevé dans l'habitat de l'espèce. Les juvéniles sont moins sensibles à cet égard et peuvent supporter des conditions plus sèches.

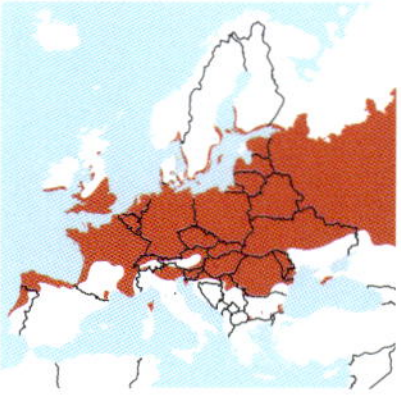

CHANT Le faible chant émis pendant de longues minutes est composé de deux phases différentes : toutes les 2 à 10 secondes, le son stridulé composé de 4 accents est remplacé par un faible monoaccent stridulant bégayé. Le chant rappelle le volant d'inertie d'une machine qui s'accélère toujours un peu plus.
À SAVOIR Comme l'espèce précédente, le Conocéphale des roseaux pond ses œufs dans la tige des plantes et le bois mort. Il se cache également derrière des brins d'herbe lorsqu'il est menacé. Ses œufs sont tolérants au sel, ce qui signifie qu'ils peuvent probablement dériver en mer sur des végétaux flottants.

2 Conocéphale africain
— Conocephalus conocephalus

♂ 14-16 mm
♀ 15-18 mm
LO 8-10 mm

ALL – Afrikanische Schwertschrecke

ANG – African Cone-head

DESCRIPTION Cette espèce est très semblable au Conocéphale bigarré, bien que les individus de couleur jaune pâle à jaune paille soient plus fréquents. Les ailes étroites sont très longues et vont nettement au-delà des genoux postérieurs, ce qui donne à l'espèce une allure générale fine. Contrairement au Conocéphale bigarré, la solide dent intérieure des cerques du mâle est située avant leur milieu. En avant de cette dent intérieure, les cerques sont épaissis. L'oviscapte est rectiligne (**2B**) et ce n'est qu'à sa base qu'il est légèrement recourbé vers le haut. Il est d'une longueur plus courte que le corps, soit plus court que celui du Conocéphale bigarré.
OCCURRENCE Les adultes sont visibles de juillet à septembre (pic en août). Comme son nom l'indique, ce conocéphale est répandu en Afrique. En Europe, il est surtout présent dans les régions côtières de la Méditerranée. Son aire de distribution s'étend du Portugal à la Catalogne. On le trouve également aux îles Baléares, en Corse, en Sardaigne et dans le sud de l'Italie, y compris en Sicile. Enfin, il est présent du Monténégro au Péloponnèse. Ses besoins en habitat sont proches de ceux des autres espèces du genre. Il recherche les prairies humides denses et à hautes herbes qui sont proches de l'eau, souvent sur sols sablonneux.

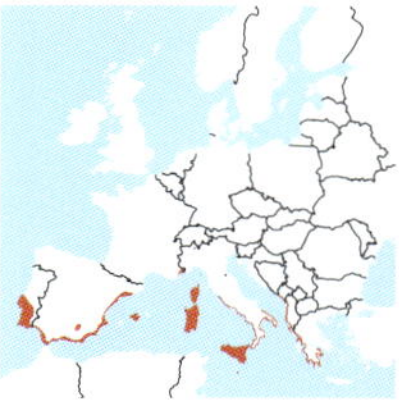

CHANT Le faible chant se compose d'une série d'accents raclés, suivis d'une série dense de 3 à 9 accents non raclés. Ces deux types d'accents se succèdent d'une façon apparemment irrégulière et aléatoire.

1A

1B

2A

2B

1 | Conocéphale élancé —*Conocephalus hastatus*

♂ 13-15 mm
♀ 16-18 mm
LO 26-28 mm

ALL – Schlanke Schwertschrecke

ANG – Slender Cone-head

DESCRIPTION Par ses ailes courtes, l'adulte de cette espèce rappelle un stade juvénile. Sa couleur de base est le vert clair, mais des individus jaunâtres à jaune paille ne sont pas rares. Une bande brune, légèrement ourlée de foncé sur les côtés, parcourt tout l'axe du dos. Les ailes translucides sont réduites à des écailles chez les deux sexes. Les cerques du mâle sont larges à la base, ainsi que pileux, aplatis vers l'intérieur et munis d'une dent basale intérieure qui est recouverte par l'épiprocte. Au-delà de leur milieu, ils deviennent cylindriques et se terminent par une dent tournée vers l'intérieur. Le mince oviscapte (**1A**) est rectiligine et, surtout, extrêmement long, bien plus que le corps.
OCCURRENCE Les adultes sont visibles de début juillet à octobre (pic en août). L'aire de répartition s'étend de la Serbie jusqu'à la mer Noire vers l'est, *via* la Roumanie et la Moldavie. Au sud, l'espèce est présente dans une grande partie de la Bulgarie et au nord-est de la Grèce. On la trouve également en Anatolie et en Syrie. En plus de fréquenter des prairies humides et drues à proximité de l'eau, l'espèce n'est pas rare dans les friches sèches et les prairies à végétation éparse.

ESPÈCE SIMILAIRE En Grèce, *Conocephalus kisi* est un conocéphale similaire, également à ailes courtes, qui diffère par les cerques du mâle.

2 | Conocéphale gracieux —*Ruspolia nitidula*

♂ 20-30 mm
♀ 24-33 mm
LO 17-26 mm

ALL – Große Schiefkopfschrecke

ANG – Large Conehead

DESCRIPTION La plupart du temps, ce conocéphale est de couleur verte et moins souvent, jaune pâle, brune ou rose. La tête est très étonnamment cunéiforme. Les ailes étroites sont bien plus longues que les genoux postérieurs, atteignant même l'extrémité de l'oviscapte chez la femelle (**2B**). Ce dernier est rectiligne ou légèrement incurvé vers le bas. Il est presque de la longueur du corps. Les courts et solides cerques du mâle (**2A**) sont courbés à angle droit vers l'intérieur. Ils se terminent par deux dents griffues.
OCCURRENCE Les adultes apparaissent de juillet à octobre (pic en août). Cette espèce est particulièrement répandue dans le sud de l'Europe : on la trouve du Portugal à la mer Noire. C'est également le cas dans une grande partie de l'Afrique et de l'Asie, ainsi qu'aux îles Canaries et aux Açores. Elle s'étend actuellement vers le nord, avec les Pays-Bas comme limite provisoire. En Allemagne, elle est pour l'instant présente dans le fossé du Rhin supérieur (jusqu'au Palatinat) et en Sarre. On peut s'attendre à ce qu'elle effectue de nouvelles colonisations ailleurs. Dans la partie nord de son aire, on la trouve principalement dans des dépressions topographiques couvertes de prairies humides drues et bien ensoleillées. Dans le Sud, elle occupe également des habitats secs, dès lors que la strate herbacée est suffisamment haute.

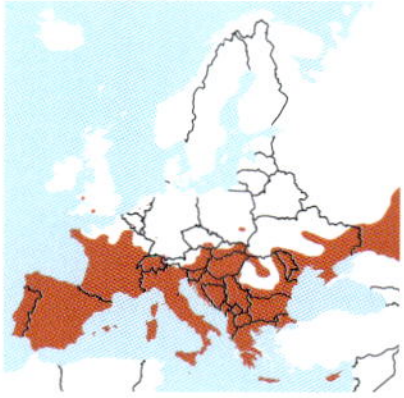

CHANT Son chant est l'un des plus puissants parmi ceux des criquets européens. Cependant, il a un spectre de fréquences très élevées et n'est donc pas toujours audible pour les personnes d'un certain âge. La stridulation forte et régulière, qui peut se prolonger plusieurs minutes, rappelle la fraiseuse d'un dentiste. Ce criquet chante au crépuscule et jusque tard dans la nuit, mais rarement en journée.

1A

1B

2A

2B

SOUS-FAMILLE DES MECONEMATINAE (MÉCONÉMATINÉS) – Méconèmes

Il existe 10 espèces de cette sous-famille en Europe et environ 900 dans le monde, dont 4 espèces du genre *Canariola*, qui sont des endémiques du sud de l'Espagne et des îles Canaries. Deux espèces appartiennent chacune aux genres *Meconema* et *Cyrtaspis*. Deux espèces vraisemblablement introduites (*Phlugiola dahlemica* et *Phlugiolopsis henryi*), qui ont été observées dans des serres à Berlin et à Londres, n'ont pas été revues depuis en Europe. Les Méconèmes se caractérisent par leur faible taille et leur orifice tympanique ovale. Le genre *Meconema* ne possède pas d'organe de stridulation. Les adultes vivent principalement sur les arbres et les arbustes.

1 | Méconème tambourinaire
—Meconema thalassinum

♂ 12-15 mm
♀ 11-15 mm
LO 9-11 mm

ALL – Gemeine Eichenschrecke

ANG – Oak Bush-cricket

DESCRIPTION Le Méconème tambourinaire est de constitution délicate. Il est de couleur vert clair à vert jaunâtre. Une ligne jaune s'étend du vertex au pronotum et se poursuit sur l'abdomen ou sur la face interne des ailes. Deux taches rougeâtres bordées de noir ornent le bord postérieur du pronotum. Les ailes régulièrement réticulées sont plus longues que l'abdomen. Les cerques du mâle (**1C**) sont longs et minces, légèrement incurvés à la fois vers l'intérieur et vers le haut. Chez la femelle (**1D**), l'oviscapte falciforme est légèrement recourbé vers le haut et il devient de plus en plus fin jusqu'à son apex.
OCCURRENCE Les adultes peuvent apparaître à partir de juin. Parfois, les femelles sont observées jusqu'en novembre (pic en août). Cette espèce possède une vaste répartition qui s'étend de la côte du Portugal et du nord de l'Espagne jusqu'au sud de la Norvège et de l'Estonie, puis jusqu'au nord de la Grèce vers le sud et en Russie occidentale à l'est. Elle vit dans les forêts de feuillus, en lisière de forêts, dans les arbres des allées et dans des lieux ouverts riches en buissons près des forêts. On la trouve même dans les parcs et jardins.
CHANT Sa production sonore est unique parmi les Orthoptères européens. Le mâle ne possède pas d'organes de stridulation sur les ailes. À la place, il effectue un tambourinage caractéristique avec ses pattes postérieures. L'une d'elles tapote 30 à 60 fois par seconde un support (par exemple une feuille), ce qui produit un discret bruit de tambour. Celui-ci est composé de phrases de différentes longueurs, dont la série ressemble à « trrr-trrr-trrr-trrrrrrrr-trrrrrrrr ».

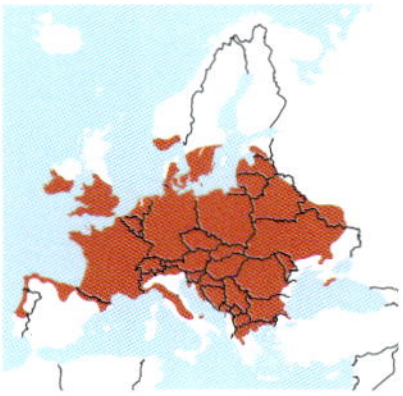

Ce tambourinage n'est effectué que la nuit et il s'entend à environ 1 m de distance.
À SAVOIR Cette espèce est nocturne et prédatrice. Elle se nourrit uniquement d'autres petits insectes tels que des pucerons. Étant nocturne, elle est difficile à découvrir pendant la journée. En plus de l'utilisation d'un drap de capture par tapotage, l'éclairage des troncs d'arbres et du feuillage la nuit est une bonne méthode de détection. Les œufs sont pondus dans les crevasses des écorces de divers arbres à feuilles caduques (**1A**). L'espèce est attirée par la lumière et elle s'égare donc aussi dans les appartements, bien que beaucoup moins fréquemment que son espèce sosie, le Méconème fragile. Les pièges à appâts (par exemple, un chiffon imbibé de sucre) attirent bien l'espèce.

1A
1B
1C
1D

1 Méconème fragile
—*Meconema meridionale*

♂ 11-13 mm
♀ 12-16 mm
LO 7-8 mm

ALL–Südliche Eichenschrecke

ANG–Southern Oak Bush-cricket

DESCRIPTION Ce méconème est identique au précédent en couleur et en taille. Il s'en distingue facilement par ses ailes réduites à des écailles. Par contre, il peut être confondu avec les juvéniles de cette espèce (**1B**, p. 129). Mais les cerques du mâle (**1A**) sont un peu plus longs, avec une fine dent à l'apex.
OCCURRENCE Les adultes sont actifs de juillet à novembre (pic en août), bien que des isolés puissent encore être observés en décembre. La région méditerranéenne est certainement la patrie d'origine de cette espèce (des Pyrénées au sud de la France, puis de la Corse et de l'Italie à la Bosnie-Herzégovine). Depuis, elle s'est également établie au nord des Alpes où elle s'est rapidement développée. Au nord, elle s'étend jusqu'au Schleswig-Holstein et en Angleterre. Entre les deux, la plupart des régions sont désormais occupées. L'habitat fréquenté au nord des Alpes consiste surtout en jardins avec haies, arbres et arbustes. Mais l'espèce fréquente de plus en plus des habitats naturels, comme c'est le cas dans son aire originelle au sud des Alpes, où elle habite des forêts claires, des lisières de forêts et des espaces ouverts broussailleux.

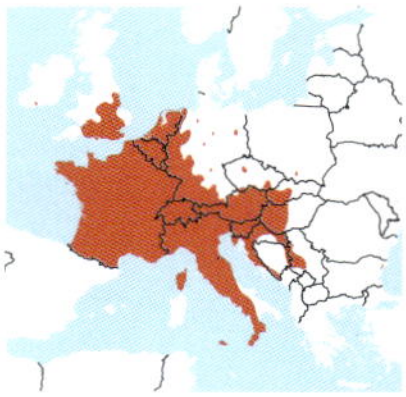

CHANT Comme l'espèce précédente, ce méconème produit un très faible tambourinage avec ses pattes postérieures. Une phrase se compose de 4 à 7 coups simples ou doubles qui se succèdent. Cependant, il n'y a pas de tambourinages en série comme chez l'espèce précédente.
À SAVOIR Ce méconème est souvent emportée à distance par des véhicules, sur lesquels il est par exemple caché derrière les essuie-glaces ou les rétroviseurs extérieurs. Il existe des preuves de tels déplacements. Comme il s'agit d'une espèce nocturne, il est plus facile de la trouver en illuminant les arbres la nuit au cours de l'automne.

2 Méconème scutigère (Sauterelle de Noël)
—*Cyrtaspis scutata*

♂ 10-12 mm
♀ 10-15 mm
LO 6-8 mm

ALL–Schildförmige Eichenschrecke

ANG–Shielded Oak Bush-cricket

DESCRIPTION En raison de son apparence, le Méconème scutigère est peu confondable. Il est d'une couleur vert clair à jaunâtre et il est ponctué de nombreux points jaunes. Les individus roses sont rares. Son corps est large et son dos arqué lui donne une apparence accroupie. Le pronotum ovale évoque un bouclier et il présente un arrondi régulier sur son bord postérieur. Chez les deux sexes, les ailes sont totalement cachées par le pronotum. Elles sont entièrement réduites chez la femelle (**2B**). Les cerques allongés du mâle (**2A**) sont légèrement recourbés, à la fois vers l'intérieur et vers le haut, et ils se croisent à leurs extrémités au repos. L'oviscapte est légèrement arqué vers le haut.
OCCURRENCE Cette espèce a un développement extrêmement tardif. Les adultes ne sont visibles qu'à partir du mois d'août et jusqu'au printemps de l'année suivante. L'aire de distribution de l'espèce longe la côte atlantique dans le sud de l'Espagne, au Portugal, dans le nord de l'Espagne, puis en France jusqu'à la Bretagne. En Méditerranée, elle couvre les Pyrénées, le sud de la France, toute l'Italie et la Bosnie-Herzégovine. L'espèce a probablement été introduite aux Açores. En général, elle n'est pas rare dans son habitat, qui consiste en divers types de forêts, en lisières, haies et prairies broussailleuses.

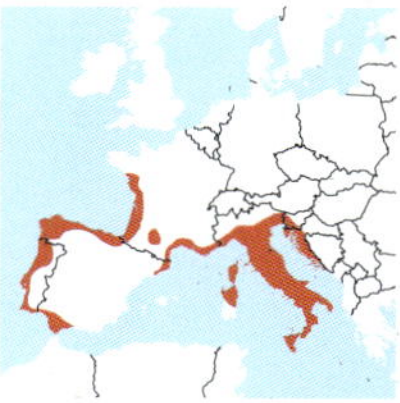

CHANT Contrairement aux méconèmes du genre *Meconema*, les mâles de cette espèce ont des organes de stridulation, qui se situent sur les ailes, comme dans le cas des sauterelles. Mais ils sont cachés par le pronotum. Le faible chant se perd facilement dans l'ambiance sonore nocturne, mais il peut être entendu si l'on se tient à quelques mètres. Il consiste en une série de brefs « tic » qui sont émis à intervalles irréguliers. Le chant peut durer plusieurs minutes.
À SAVOIR Cette espèce est nocturne. La meilleure façon de la détecter est d'utiliser un détecteur d'ultrasons ou de tapoter des branches pour la faire tomber dans un drap.

1A

1B

2A

2B

SOUS-FAMILLE DES PHANEROPTERINAE (PHANÉROPTÉRINÉS) – Phanéroptères et barbitistes
Il existe environ 160 espèces de Phanéroptères en Europe et 2650 dans le monde. À quelques exceptions près, les teintes vertes prédominent dans leur coloration. La majorité des espèces a des ailes réduites et est inapte au vol. L'oviscapte des femelles est arqué vers le haut et souvent nettement denticulé à son apex. Les mâles sont dépourvus de titillateurs.

1 | Phanéroptère commun
—Phaneroptera falcata

♂ 12-17 mm
♀ 15-18 mm
LO 5-6 mm

ALL – Gemeine Sichelschrecke

ANG – Common Sickle Bush-cricket

DESCRIPTION Cette espèce est un phanéroptère mince et délicat, pourvu d'ailes et de pattes postérieures remarquablement longues. Les élytres raccourcis atteignent à peine les genoux postérieurs, tandis que les ailes postérieures les dépassent largement. La couleur de base de l'espèce est un vert vif uniforme. Le dessus des yeux est fortement rougeâtre, les tibias et le dos peuvent être teintés de rouge rouille. Le mâle (**1A**) possède deux taches sombres partiellement délavées à l'arrière du pronotum. Vu de profil, celui-ci est plus long que haut (**1D**). Les minces cerques du mâle sont recourbés vers l'intérieur en arc de cercle et ils s'élargissent juste avant la dent terminale pointue. La plaque sous-génitale (**1C**) du mâle s'élargit également vers son extrémité. Le court et large oviscapte est arqué vers le haut en arc de cercle et son apex est arrondi. À la base de l'oviscapte, la lamelle est sinueuse.
OCCURRENCE Les adultes peuvent être observés de juillet à novembre (pic en août). Cette espèce est répandue en Europe, à partir du nord du Portugal et de l'Espagne. À ce jour, elle est encore absente en Angleterre et en Scandinavie, mais elle se propage rapidement vers le nord. Elle fait également défaut dans une grande partie de l'Italie et de la Grèce. Elle recherche aussi bien des endroits humides que secs, mais suffisamment chauds, de la plaine jusqu'à près de 1 000 m. Ses sites de prédilection sont les prairies et pâturages à hautes herbes, les jachères, les forêts claires et les lisières forestières, ainsi que les zones rudérales. Il lui faut une bonne diversité dans les structures végétales, que ce soit dans les boisements ou les prairies.

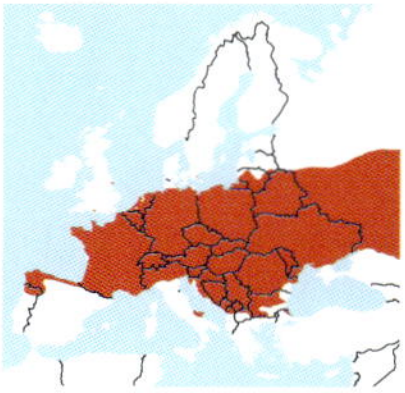

CHANT Le faible chant est de préférence produit au crépuscule ou la nuit. Les très courts accents sont enchaînés à intervalles réguliers et sont bien audibles avec le détecteur d'ultrasons.
À SAVOIR Avec ses longues ailes, le Phanéroptère commun a une grande vagilité par temps chaud. Le plus souvent, on repère cette espèce discrète lorsqu'elle vole et que l'on reconnaît son allure papillonnante. Quand elle est dérangée, elle part en vol à une grande distance. La femelle pond ses œufs entre les épidermes supérieur et inférieur des feuilles. Les juvéniles sont identifiables en tant que *Phaneroptera* dès leur premier stade de développement grâce à leur allure générale typique, mais l'espèce n'est déterminable qu'à partir des derniers stades.

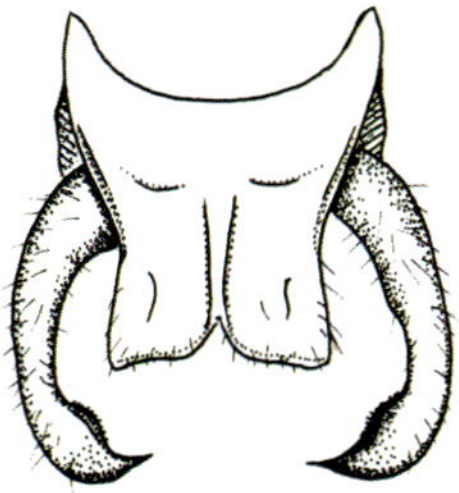

(**1C**) Plaque sous-génitale et cerques du ♂ (vus de dessous)

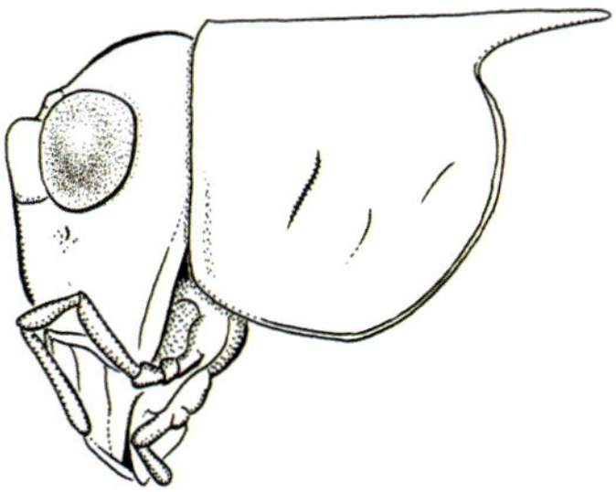

(**1D**)

1A

1B

1 Phanéroptère méridional

— Phaneroptera nana

♂ 12-15 mm
♀ 15-18 mm
LO 5-6 mm

ALL – Vierpunktige Sichelschrecke

ANG – Southern Sickle Bush-cricket

DESCRIPTION Ce phanéroptère ressemble beaucoup à l'espèce précédente, mais il donne une impression trapue due à son aspect « voûté ». Sa couleur de base est un vert mat plutôt bleuâtre, fortement et densément ponctué de foncé sur tout le corps. Le dessus des yeux est généralement rougeâtre. Le mâle (**1A**) possède le plus souvent quatre taches foncées à la base des ailes, à l'arrière du pronotum (**1C**). Vu de côté, celui-ci est aussi haut que long ou un peu plus (**1F**). Les élytres dépassent légèrement les genoux postérieurs, mais sont plus courts que l'abdomen. La nervation claire et réticulée des ailes est plus grossière et plus visible que chez l'espèce précédente. Les minces cerques du mâle sont recourbés vers l'intérieur et se terminent par une dent pointue. La plaque sous-génitale se rétrécit régulièrement vers son apex, où elle est découpée en V (**1E**). L'oviscapte est identique à celui de l'espèce précédente, mais sa face inférieure est arquée de façon régulière vers le haut et la lamelle est rectiligne à la base.

OCCURRENCE Les adultes apparaissent de juin à novembre (pic en août). Au sud des Alpes, l'espèce est plus commune que le Phanéroptère commun. De plus, elle est en expansion vers le nord depuis le début du millénaire et on la trouve désormais au nord des Alpes dans les régions suffisamment chaudes, telles que le fossé du Rhin supérieur. À ces latitudes, on la trouve principalement sur les arbustes des jardins. Les étés chauds et secs lui ont permis de se propager rapidement ces dernières années. En région méditerranéenne, elle n'est pas très exigeante vis-à-vis de son habitat : on la trouve presque partout dans les paysages semi-ouverts à ouverts.

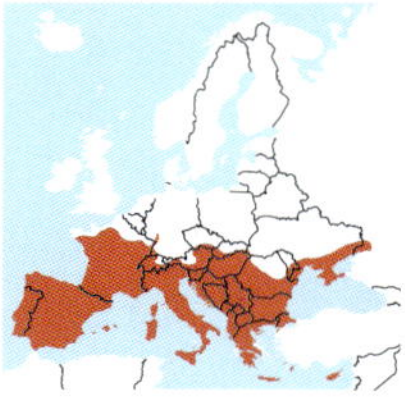

CHANT Le chant est similaire à celui de l'espèce précédente, mais un peu plus fort et râpeux, avec des accents légèrement plus longs, qui sont enchaînés en séquences plus brèves.

ESPÈCES SIMILAIRES En Europe, il n'existe que deux autres espèces de *Phaneroptera*, en plus des deux présentées ici : l'une, *P. sparsa*, est présente sur la côte méditerranéenne du sud-est de l'Espagne et dans les îles Canaries, tandis que l'autre, *P. spinosa*, se trouve aux abords de la mer Noire.

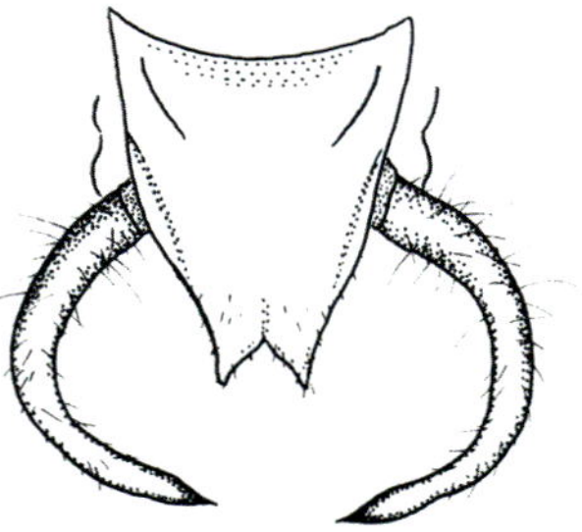

(**1E**) Plaque sous-génitale et cerques du ♂ (vus de dessous)

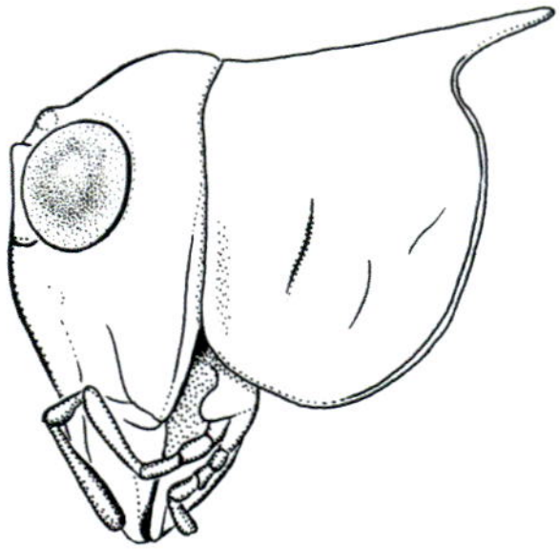

(**1F**)

1A
1B
1C
1D

1 Phanéroptère liliacé
— *Tylopsis lilifolia*

♂ 12-17 mm
♀ 13-21 mm
LO 4-6 mm

ALL – Lilienblatt-Sichelschrecke

ANG – White Sickle Bush-cricket

DESCRIPTION Le Phanéroptère liliacé rappelle une espèce délicate du genre *Phaneroptera*, notamment en raison de ses pattes et de ses longues ailes fines. La tête semble un peu détachée du corps à cause du pronotum étroit. Celui-ci possède généralement des motifs contrastés et une coloration très variable : verte, brune ou rarement grisâtre. Les yeux ovales sont striés de blanc et de brun, les antennes sont toujours blanchâtres. Une ligne longitudinale blanche part de l'œil jusqu'à l'aile antérieure, en passant par le pronotum. Celui-ci est approximativement rectangulaire en vue de profil et il est tronqué à la base des ailes. Celles-ci sont étroites et peuvent aussi bien être de couleur uniforme que très contrastées. Les postérieures s'étendent bien au-delà des élytres. Les cerques du mâle (**1A**) sont incurvés vers l'intérieur (**1D**) et se terminent par une dent en forme de griffe. Le large et court oviscapte est fortement arqué vers le haut.
OCCURRENCE On observe les adultes de juin à octobre (pic en juillet-août). L'espèce, très apte au vol, est largement répandue en région méditerranéenne et commune presque partout. Elle préfère les prairies et les pâturages ensoleillés envahis d'arbustes, les zones rudérales, les cultures extensives, les bordures de chemins et les lisières de forêts.

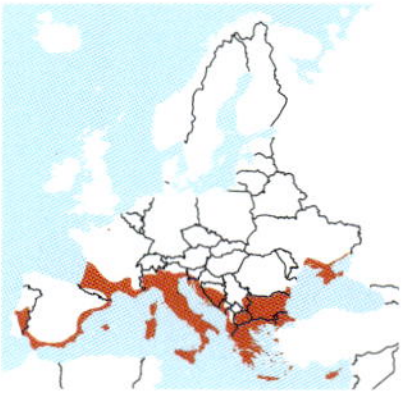

CHANT Le chant spontané plutôt faible se compose de « tic » appuyés, émis par groupes de 3 à 5 accents, suivis d'une longue pause. Le chant est également produit en journée.

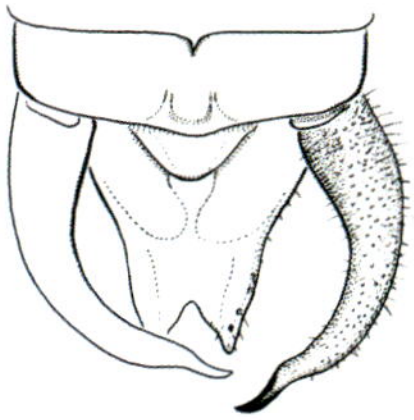

(**1D**) Extrémité de l'abdomen du ♂

1C

1A

1B

1 Phanéroptère macropode
—*Acrometopa macropoda*

♂ 21-24 mm
♀ 29-31 mm
LO 8-9 mm

ALL – Langbeinige Sichelschrecke

ANG – Common Long-legged Bush-cricket

DESCRIPTION Le Phanéroptère macropode a une apparence impressionnante avec ses pattes et antennes extrêmement longues. Sa couleur de base est un vert uniforme, le mâle (**1A**, **1B**) étant plus vert-jaune et la femelle (**1D**) plus vert bleuâtre. Les antennes claires et fermes mesurent trois fois la longueur du corps. Une ligne claire part de la base de l'antenne, passe sur l'œil, puis sur le bord inférieur du lobe latéral du pronotum. La base des antennes ainsi que les pattes antérieures et médianes sont plus ou moins rouge vineux. Le pronotum est légèrement en forme de selle et il est tronqué vers la base de l'aile. Chez le mâle, l'organe de stridulation est brun, les larges ailes dépassent les genoux postérieurs et les ailes postérieures sont plus longues que les élytres. La femelle possède des ailes nettement plus courtes qui n'atteignent pas les genoux postérieurs et dont les deux paires, élytres et ailes postérieures, sont de longueur équivalente. Le large oviscapte est fortement recourbé vers le haut, arrondi à l'extrémité qui est râpeuse et finement denticulée. Les minces cerques du mâle sont longs et repliés vers l'intérieur dans leur dernier tiers. La plaque sous-génitale est profondément incisée, formant deux longs lobes oblongs.

OCCURRENCE Les adultes apparaissent de début juin à août. Les femelles vivent parfois jusqu'en septembre. L'aire exacte de répartition de l'espèce n'est pas totalement connue en raison des incertitudes taxonomiques. Ce qui est certain, c'est qu'elle s'étend le long de la côte adriatique du nord-est de l'Italie jusqu'à la Grèce. À l'intérieur des terres, elle atteint les Alpes dinariques. Elle vit dans les prairies sèches, les terrains vagues, les haies et les lisières de forêts, où elle se tient généralement sur des arbustes et de hautes herbes.

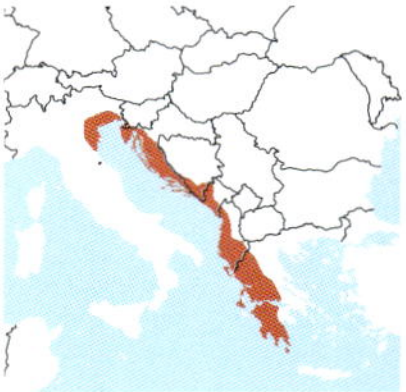

CHANT Le chant modérément fort est composé de phrases stridulées de plus de 1 seconde, qui s'achèvent par un court « zick » nettement plus net et fort. Le chant peut être retranscrit par « schrrrrrrrrrrrrrrrrr-tzick ».

ESPÈCES SIMILAIRES En raison des très grandes similitudes qui existent avec d'autres espèces du genre *Acrometopa*, l'affiliation des divers taxons en Italie et dans les Balkans reste incertaine. Plusieurs auteurs considèrent que *A. macropoda* et *A. italica* sont des sous-espèces d'*A. servillea*. Elles diffèrent par les particularités morphologiques des cerques du mâle et de l'oviscapte. *A. italica* est présente en Italie, en Sardaigne et en Corse, alors que *A. servillea* se trouve dans le sud-est des Balkans. Les deux aires de répartition se chevauchent à la fois en Italie et dans les Balkans. C'est la raison pour laquelle nous avons décidé de conserver la nomenclature d'origine. Dans l'est de la Grèce, *A. syriaca* est une espèce semblable, que l'on identifie à ses antennes rayées de foncé. *A. cretensis* est une autre espèce que l'on trouve en Crète et dans certaines îles grecques.

1A

1B

1C

1D

1 | Barbitiste des bois
— *Barbitistes serricauda*

♂ 15-20 mm
♀ 17-24 mm
LO 8-11 mm

ALL – Laubholz-Säbelschrecke

ANG – Common Saw Bush-cricket

DESCRIPTION Cette espèce peut être très bariolée et intensément colorée. Sa couleur de base est le vert clair, avec une ponctuation foncée plus ou moins marquée. On observe régulièrement des individus plus foncés qui possèdent de grandes marques noires et des surfaces intensément rouges sur les pattes et la tête. Une nette strie jaune, ourlée de foncé en bas, va de l'arrière de l'œil jusqu'à l'aile en passant par le pronotum. Parfois, elle se poursuit sous la forme d'une ligne claire sur l'abdomen, jusqu'à la base des cerques. Chez le mâle (**1A**), la bordure postérieure du pronotum est légèrement surélevée et les ailes qui sont réduites à des écailles ont une couleur brun-rouge, à l'exception du bord inférieur qui est jaunâtre. Les longs cerques rouges (**1C**) sont caractéristiques du mâle : ils sont incurvés en forme de S et ils s'affinent vers l'apex où ils se terminent par une dent pointue. Les ailes très courtes de la femelle (**1B**) sont principalement vertes, mais elles peuvent présenter la même combinaison de couleurs que chez le mâle. L'oviscapte est typique du genre *Barbitistes* : rectiligne sur sa face inférieure, recourbé à l'extrémité et clairement denticulé. Cela distingue les *Barbitistes* des espèces semblables du genre *Isophya* par exemple, chez lesquelles la face inférieure de l'oviscapte est incurvée de façon régulière.

OCCURRENCE Les adultes apparaissent de fin juin à octobre (pic en juillet-août). L'aire de répartition s'étend des Pyrénées au nord de l'Allemagne, et du nord de l'Italie jusqu'au centre des Balkans. On rencontre les juvéniles à partir de mai, dans la strate herbacée le long des lisières de forêts ou sur des buissons bas. Les adultes sont rarement observés, car ils sont parfaitement cachés et se tiennent principalement à la cime des arbres. Ce n'est qu'après un orage estival ou de forts vents que des individus tombés peuvent être trouvés près du sol, sur des buissons et arbustes. Cette espèce fréquente des forêts de feuillus bien ensoleillées, des haies, des prairies riches en buissons et des clairières. Elle a même été trouvée en des lieux un peu plus frais et dans des plantations d'épicéas.

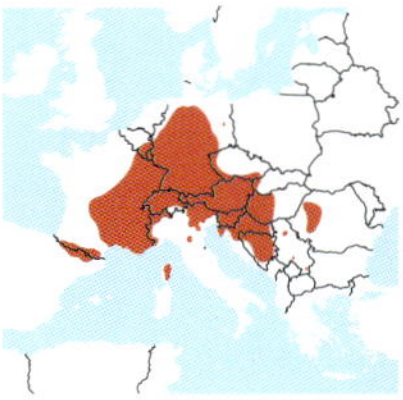

CHANT Le faible et doux chant est émis en fin d'après-midi et la nuit. Dans des conditions idéales, il peut être entendu à plusieurs mètres. Avec un détecteur d'ultrasons, le chant unique de l'espèce est facilement détecté. Les phrases se composent de 2 à 5 groupes de 1 à 7 accents simples qui ressemblent à un « t-t-t-t » aigu. Les phrases sont séparées par des pauses de durée variable.

À SAVOIR Le Barbitiste des bois se nourrit presque exclusivement de feuilles de plantes ligneuses, par exemple d'Érable sycomore, de Noisetier ou de Framboisier. Après l'accouplement, la femelle pond ses œufs dans les écorces des chênes, pins, bouleaux et autres arbres, ou dans du bois vermoulu.

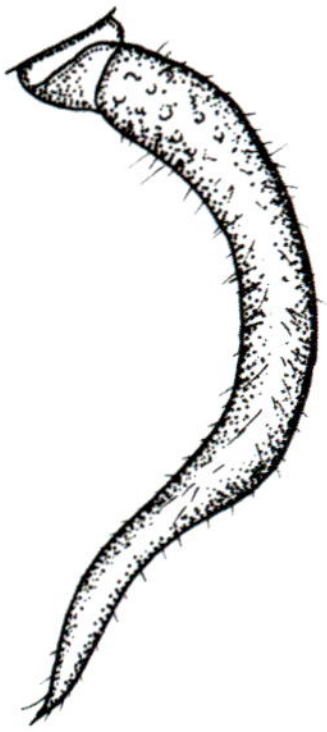

(**1C**) Cerque du ♂

1A

1B

1 | Barbitiste des pessières

— Barbitistes constrictus

♂ 18-23 mm
♀ 23-25 mm
LO 9-11 mm

ALL – Nadelholz-Säbelschrecke

ANG – Eastern Saw Bush-cricket

DESCRIPTION Le Barbitiste des pessières est très semblable à l'espèce précédente, le Barbitiste des bois. Mais sa couleur de base est plus turquoise et il est fréquemment ponctué de noir, ce qui le rend plus foncé dans l'ensemble. C'est notamment le cas du mâle (**1A**), qui est souvent très foncé avec seulement la bordure des segments dorsaux plus claire. Vue de dessus, la tête est un peu plus large que le pronotum. Celui-ci est étonnamment court et nettement bombé sur son bord postérieur. Comme chez l'espèce précédente, les cerques rouges (**1C**) du mâle sont courbés en S, mais plus courts, plus puissants et élargis en leur milieu. Chez la femelle (**1B**), le pronotum n'est que légèrement relevé à l'arrière et l'oviscapte est similaire à celui de l'espèce précédente.

OCCURRENCE La période d'observation des adultes s'étend de juillet à octobre (pic en août). Cette espèce d'Europe orientale est présente du sud-est de l'Allemagne et du nord de l'Autriche jusqu'en Carélie dans le nord-ouest de la Russie et jusqu'en Bulgarie au sud. On ne connaît pas précisément sa limite orientale en Russie.

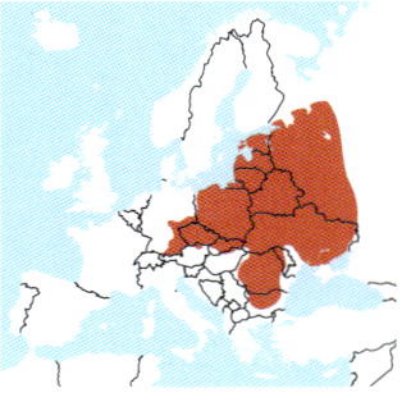

Comme son nom l'indique, elle préfère les forêts de conifères et on la trouve plus rarement dans les forêts de feuillus. Comme chez l'espèce précédente, les juvéniles se tiennent dans la strate herbacée et dans les buissons, près du sol. Quant aux adultes, ils grimpent dans la cime des arbres et sont donc rarement vus.

CHANT Le faible chant est identique à celui de l'espèce précédente. Cependant, les phrases se composent de 3 à 10 groupes d'accents, qui à leur tour sont composés de 6 à 16 accents simples. De 1 à 3 accents simples plus forts et clairement audibles précèdent chaque groupe d'accents.

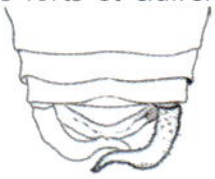

(**1C**) Extrémité de l'abdomen du ♂

2 | Barbitiste empourpré

— Barbitistes obtusus

♂ 18-20 mm
♀ 20-21 mm
LO 8-11 mm

ALL – Südalpen-Säbelschrecke

ANG – Alpine Saw Bush-cricket

DESCRIPTION Cette espèce a une coloration très proche de celle du Barbitiste des bois, mais offre une variabilité encore plus grande. Le mâle (**2B**) en particulier a souvent une couleur très foncée, tandis que la tête et les pattes sont intensément rouges. Le meilleur critère distinctif entre les deux sont les cerques du mâle (**2C**). Chez la présente espèce, ils ont aussi une forme sinueuse, mais leur apex est arrondi. La fine dent terminale est légèrement inclinée vers l'intérieur.

OCCURRENCE Les adultes apparaissent de juillet à fin septembre (pic en août). L'aire de répartition s'étend des Abruzzes aux Apennins en Italie et des Alpes franco-italiennes jusqu'au sud de la Suisse (Tessin). De là, la Carinthie en Autriche et le nord de la Slovénie sont atteints par les Alpes du Sud. Contrairement au Barbitiste des bois et à l'espèce précédente, le Barbitiste empourpré préfère vivre dans la strate arbustive, où il se tient dans les buissons et sur les plantes herbacées. Localement, il peut être très abondant.

CHANT Le chant est un peu plus fort que celui du Barbitiste des bois. Les phrases se composent de 2 à 5 groupes d'accents et s'entendent comme un « trrr-t ».

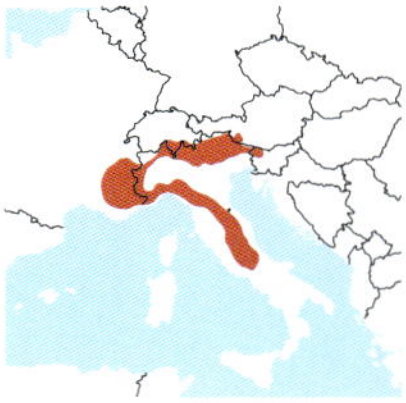

(**2C**) Cerques du ♂

1A

1B

2A

2B

1 Barbitiste languedocien
— Barbitistes fischeri

♂ 19-21 mm
♀ 18-25 mm
LO 9-11 mm

ALL – Südfranzösische Säbelschrecke

ANG – Iberian Saw Bush-cricket

DESCRIPTION La couleur dominante de ce barbitiste est le vert jaunâtre, souvent pointillé de foncé. Comme chez les autres espèces de *Barbitistes*, les individus foncés sont plus fréquents chez le mâle (**1A**) que chez la femelle (**1B**). La tête, les tibias et les genoux ainsi que la surface des ailes sont d'une couleur orange pâle à rouge intense. Les ailes du mâle et de la femelle sont réduites à des écailles et sont jaunâtres sur les faces interne et externe. Pour différencier le mâle de ceux des autres *Barbitistes*, les cerques (**1C**) et la plaque sous-génitale sont des critères importants. Chez cette espèce, les cerques du mâle ne sont que légèrement sinueux un peu avant la dent terminale pointue. Quant à la plaque sous-génitale, elle porte une extension arrondie qui est hérissée d'épines râpeuses.
OCCURRENCE On trouve des adultes entre fin mai et septembre (pic en juillet). Cette espèce du sud-ouest de l'Europe est présente localement depuis l'Espagne jusqu'aux Alpes italiennes, *via* le sud de la France. Elle habite des forêts clairsemées, des lisières, des prairies riches en buissons ou bien la garrigue typique du sud de la France. On la trouve jusqu'à 1 500 m d'altitude.

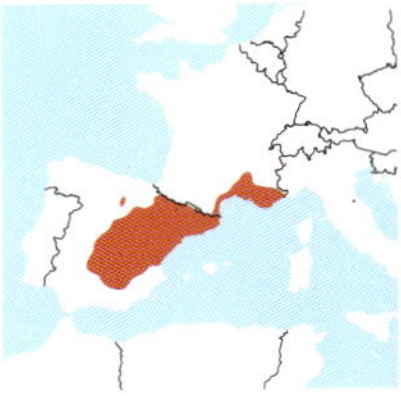

CHANT Le chant très variable consiste en accents simples et doubles, émis en séries irrégulières. Il peut durer plusieurs minutes.

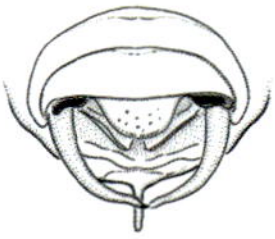

(**1C**) Extrémité de l'abdomen du ♂

2 Barbitiste noir
— Barbitistes ocskayi

♂ 18-21 mm
♀ 18-24 mm
LO 11-13 mm

ALL – Dunkle Säbelschrecke

ANG – Black Saw Bush-cricket

DESCRIPTION Le Barbitiste noir est l'une des sauterelles les plus attrayantes d'Europe en raison de sa coloration et de son apparence. Le petit pronotum semble resserré derrière la grosse tête. Il est en forme de selle, en particulier chez le mâle. L'abdomen de celui-ci (**2A**) est souvent dodu et il semble comme gonflé. La couleur de base est vert grisâtre, mais on observe souvent aussi, surtout lors de pullulations, des individus noirs et très brillants. La tête, les pattes, les ailes et les cerques sont parfois d'un intense rouge vif, en particulier chez les individus foncés. Une ligne longitudinale étonnamment claire s'étend de l'œil jusqu'à l'extrémité de l'abdomen où elle s'estompe, à travers le pronotum et le bord inférieur de l'aile. Chez les individus foncés, elle est souvent blanche. Les ailes réduites à des écailles sont bordées de blanc sur les bords inférieurs et au centre. Les solides cerques sont en S et se terminent par une dent pointue. Le meilleur critère distinctif chez le mâle est l'extension nasiforme de la plaque sous-génitale, dont la moitié supérieure est de couleur foncée.
OCCURRENCE Les adultes apparaissent de juin à août (pic en juillet). L'aire de distribution s'étend du nord-est de l'Italie à l'Istrie et au nord de la côte dalmate. Plus au sud, l'espèce semble être largement absente de la côte croate. Elle ne se reproduit qu'au sud de Mostar, sur la côte et dans le centre des Balkans. Elle habite des broussailles sèches à humides, des forêts claires et même des jardins. Elle cohabite souvent avec l'espèce suivante qui est un peu plus grande.

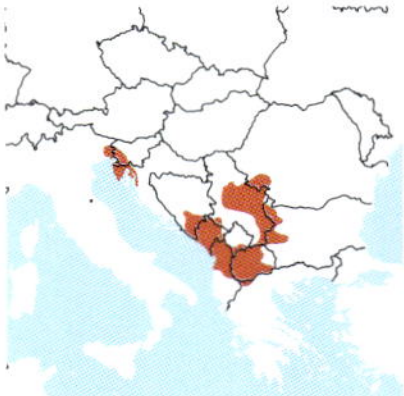

CHANT Le chant est similaire à celui de l'espèce suivante. Cependant, les phrases s'achèvent par un accent simple et s'entendent un peu comme « brrr-t--brrr-t--brrr-t ».
À SAVOIR Cette espèce peut pulluler lors des années favorables. Il en résulte de nombreux buissons et arbres effeuillés à nu, ainsi que des milliers d'individus écrasés sur les routes. Lors de ces densités exceptionnelles, ils sont tous très foncés.

1A

1B

2A

2B

1 Barbitiste gris-vert
—*Barbitistes yersini*

♂ 20-27 mm
♀ 18-29 mm
LO 11-14 mm

ALL–Graugrüne Säbelschrecke

ANG–Balkan Saw Bush-cricket

DESCRIPTION Ce barbitiste est le plus grand du genre *Barbitistes* et il ressemble beaucoup au Barbitiste empourpré. Comme son nom l'indique, sa couleur de base est un vert mat grisâtre. Mais on rencontre également des individus sombres ou colorés. La teinte du corps n'est toutefois jamais aussi brillante que chez le Barbitiste noir. Lors des années à forte densité de population, les individus sont très sombres. La tête, les pattes, les ailes et les cerques sont souvent rougeâtres, bien qu'il y ait aussi des individus presque uniformément verts. Le pronotum n'a pas la forme d'une selle. Les ailes brun rougeâtre sont plus claires à l'extérieur et à l'intérieur, surtout jaunâtres, parfois verdâtres. Les cerques du mâle (**1A**) sont similaires à ceux du Barbitiste des bois. Ils forment un S, mais ils sont plus émoussés à leur apex. La plaque sous-génitale est uniformément jaunâtre, sans projection saillante comme c'est le cas chez le Barbitiste noir.

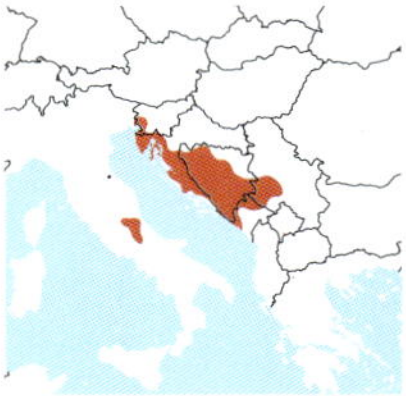

OCCURRENCE Les adultes apparaissent de fin mai à fin juillet, occasionnellement en août (pic en juillet). L'espèce est présente depuis le nord-est de l'Italie jusqu'au Monténégro et à la Serbie, en passant par la Slovénie et l'Istrie. En Italie, une station isolée se trouve dans les Abruzzes. Cette espèce vit principalement sur les buissons bas, dans des zones ouvertes et en lisière de forêts.
CHANT Le chant est faible, mais toujours audible. Les phrases se composent de groupes d'accents individuels qui s'entendent comme « brrrt-brrrt-brrrt ».
À SAVOIR Les années climatiquement favorables peuvent entraîner, comme dans le cas du Barbitiste noir, une pullulation. Il peut en résulter une défoliation totale des arbres.

2 Barbitiste à ailes noires
—*Ancistrura nigrovittata*

♂ 14-18 mm
♀ 18-20 mm
LO 9-10 mm

ALL–Schwarzfleckige Säbelschrecke

ANG–Blackwinged Saw Bush-cricket

DESCRIPTION Ce barbitiste qui appartient au genre *Ancistrura* ressemble beaucoup aux espèces du genre *Barbitistes*. Sa couleur de base est le vert clair, avec un ventre jaunâtre et une large bande brun-rouge plus ou moins continue sur le dos, qui peut être très sombre par endroits. Les antennes, l'arrière de la tête, les genoux et les tarses sont rouges. Les femelles (**2A**) peuvent être d'un vert assez uniforme. Une fine ligne jaunâtre traverse les yeux et le pronotum, puis elle s'élargit sur le bord inférieur des ailes. Chez le mâle (**2B**), le pronotum est légèrement arqué sur sa bordure postérieure. Les courtes ailes sont bien visibles chez les deux sexes et d'une couleur typique de l'espèce : deux bandes centrales noir et rouge encadrées de jaunâtre. Les cerques du mâle, d'une couleur rouge intense, ont une forme conique allongée et ils sont inclinés vers le bas. Ce qui frappe, c'est une épine en forme de crochet sur la plaque sous-génitale, qui est redressée vers le haut. L'oviscapte est rectiligne sur sa face inférieure, puis arqué vers le haut à son apex qui est nettement denticulé.
OCCURRENCE On trouve les adultes de mi-juin à août, mais seulement quelques-uns au cours de ce mois (pic en juillet). Cette espèce est endémique dans le sud des Balkans. Elle est présente depuis le sud de la Serbie jusqu'au nord de la Grèce. À l'ouest, l'aire de répartition s'étend de l'Albanie jusqu'à l'est de la Thrace, en passant par la Bulgarie. Localement, l'espèce peut être présente en grand nombre, surtout sur des écotones et des broussailles. Les individus se tiennent sur les vivaces, les buissons et les arbres bas, le long des lisières forestières, des sentiers ou des haies.

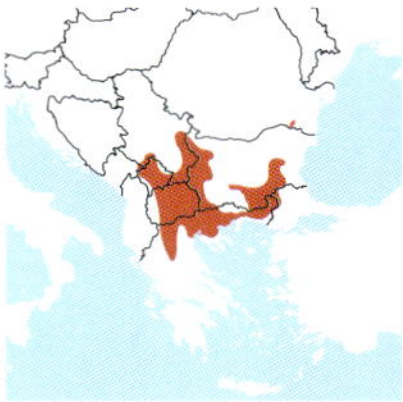

CHANT Le faible chant est comparable à celui des espèces du genre *Barbitistes*. Sans détecteur d'ultrasons, il n'est perceptible qu'à quelques mètres. La phrase consiste en une succession rapide de 5 à 12 « tic », suivie d'un accent isolé après une courte interruption. De sorte qu'elle s'entend comme un « t-r-r-r-r-r-r---t ». Les phrases sont émises à intervalles réguliers et peuvent être produites pendant plusieurs minutes.

1A

1B

2A

2B

1 Barbitiste orné
—*Metaplastes ornatus*

♂ 16-21 mm
♀ 20-22 mm
LO 7-9 mm

ALL – Balkan-Buntsäbelschrecke

ANG – Balkan Ornate Bush-cricket

DESCRIPTION Ce très beau barbitiste rappelle les espèces des genres *Barbitistes* et *Ancistrura*. Il est très variable en couleur, en particulier le mâle (**1A**). Celui-ci est souvent d'un noir brillant plus ou moins prononcé sur le dessus du corps et vert sur les côtés. La tête, les yeux, les ailes, les genoux, les tarses et le dernier segment abdominal sont généralement d'un rouge intense. La femelle (**1B**) peut être uniformément verte. Les organes sexuels du mâle (**1A**) sont visibles et inconfondables. Les cerques clairs sont arqués vers l'intérieur et ont une extrémité bifide, dont la partie externe forme une dent solide. La plaque sous-génitale est pourvue d'une extension nasiforme qui fait saillie vers le haut, entre les cerques. Son bord supérieur est tronqué et porte une paire d'appendices en crochet. Le solide et court oviscapte est rectiligne sur sa face inférieure, recourbé à son extrémité et denticulé. Il a pour caractéristiques de présenter une dépression en forme de fente sur la lamelle et une sclérite conique, claire à sa base, ce qui distingue bien cette femelle de celles semblables des genres *Barbitistes* et *Ancistrura*.

OCCURRENCE Les adultes apparaissent de mi-mai à août (pic en juin). L'aire de répartition de l'espèce est limitée au sud des Balkans, depuis la Serbie et le sud-ouest de la Bulgarie au nord jusqu'à la Grèce au sud. Elle vit dans les broussailles, en lisière de forêts et le long des haies.

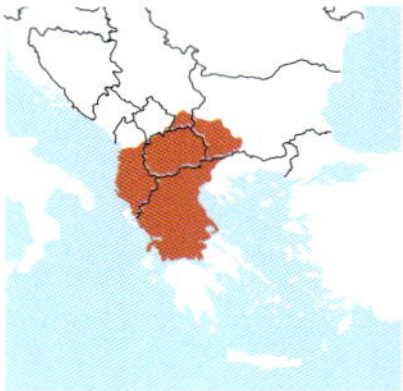

CHANT Le chant se compose de faibles accents irréguliers. Les phrases se composent de 2 à 7 accents séparés et ne sont répétées qu'après une pause plus longue qu'une phrase.

2 Barbitiste d'Italie
—*Metaplastes pulchripennis*

♂ 16-19 mm
♀ 18-22 mm
LO 8-9 mm

ALL – Italienische Buntsäbelschrecke

ANG – Italian Ornate Bush-cricket

DESCRIPTION Le Barbitiste d'Italie est moins coloré que l'espèce précédente. La couleur verte domine. La tête et le dos sont de couleur plus ou moins brunâtre et souvent maculés de taches noires. Une ligne claire va de l'arrière de l'œil jusque sur le bord extérieur des ailes réduites à des écailles, en passant par le pronotum. Contrairement à l'espèce précédente, les ailes sont pourvues d'une ligne longitudinale foncée chez les deux sexes. Le pronotum du mâle (**2B**) a légèrement la forme d'une selle. Les cerques du mâle sont arqués à la fois vers l'intérieur et vers le haut, et ils finissent par une dent. La plaque sous-génitale possède une carène médiane saillante sur sa face inférieure, pourvue de petites épines à son extrémité. Elle dépasse les cerques et se termine de façon trifide. L'oviscapte de la femelle (**2A**) est rectiligne sur sa face inférieure et il n'est recourbé vers le haut qu'à son extrémité, qui est dentelée.

OCCURRENCE On trouve les adultes de mai à août (pic de mai à juillet). Une grande partie de l'Italie au sud de la vallée du Pô est occupée par l'espèce, notamment dans la moitié ouest. Elle est également présente en Corse, dans le nord de la Sardaigne et en Catalogne, dans la région de Barcelone. Son habitat est représenté par les lisières de forêts, les clairières et les broussailles.

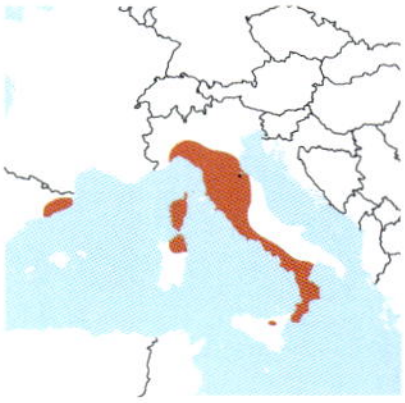

CHANT Le chant très faible se compose d'accents qui sont émis à grands intervalles, toutes les 5 à 10 secondes, et qui sont à peine audibles sur le terrain sans détecteur d'ultrasons.

1A

1B

2A

2B

1 | Leptophye ponctuée —*Leptophyes punctatissima*

♂ 10-14 mm
♀ 13-17 mm
LO 7-8 mm

ALL – Punktierte Zartschrecke

ANG – Speckled Bush-cricket

DESCRIPTION La Leptophye ponctuée est verte avec des points foncés plus ou moins prononcés. Chez les deux sexes, les bords antérieur et postérieur du pronotum, ou au moins leurs coins postérieurs, sont de couleur brun rougeâtre (**1C**), ce qui distingue cette espèce de la suivante.
Chez le mâle (**1D**), une bande brun rougeâtre traverse souvent le dos. Les courtes ailes brunes ont la longueur du pronotum chez le mâle. Une ligne noire sur les ailes qui délimite une zone verte extérieure est typique de l'espèce. Chez la femelle (**1A**), les ailes de couleur verte mesurent environ la moitié de la longueur du pronotum et elles sont de couleur brune vers l'intérieur. Les cerques (**1E**) du mâle sont presque pliés à angle droit vers l'intérieur et pourvus d'une dent à l'extrémité. La plaque sous-génitale allongée (**1F**) fait saillie entre les cerques. L'oviscapte est arqué vers le haut et s'achève par une pointe finement denticulée.
OCCURRENCE Les adultes sont visibles de juin à octobre (pic en août). Cette espèce répandue est présente du Portugal à la Scandinavie vers le nord, puis à la mer Noire vers l'est et à la Grèce vers le sud. En Allemagne, elle est bien plus commune à l'ouest qu'à l'est. Elle s'est bien étendue dans le nord de la Suisse ces dernières années. Il s'agit de l'une des rares espèces que l'on trouve fréquemment dans les zones urbanisées où elle occupe les parcs et jardins. Elle est thermophile et vit sur les lisières de forêts bien ensoleillées, les forêts claires, les haies et les prairies broussailleuses. Elle se tient souvent sur les ronces ou les orties.
CHANT Le chant très faible est constitué de courts sons « tsp ». La plupart sont régulièrement émis à intervalles de 2 à 10 secondes. Les femelles prêtes à s'accoupler répondent au chant du mâle par un chant de réponse spécifique, qui est audible avec un détecteur d'ultrasons à 30 kHz. Cependant, il y a risque de confusion avec le Phanéroptère commun.

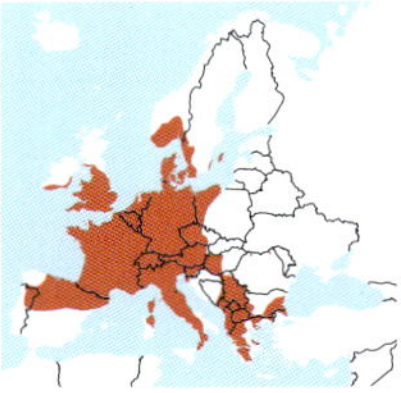

À SAVOIR Les œufs sont déposés dans les fissures des écorces d'arbres et sur des buissons. Par conséquent, ils sont souvent transportés dans les jardins avec les déchets verts. En conditions climatiques normales, les juvéniles naissent en mai de l'année suivante. Des rassemblements de minuscules juvéniles fortement ponctués (**1B**) peuvent alors être observés le long des haies ou des lisières de forêts. Ils partagent souvent leur habitat avec les juvéniles de Barbitiste des bois. Les deux espèces sont très semblables aux premiers stades juvéniles.

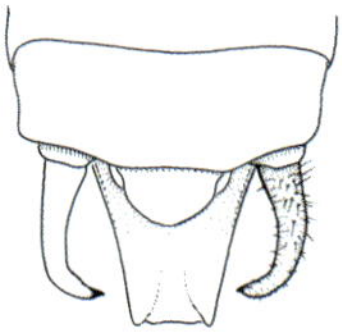

(**1E**) Extrémité de l'abdomen du ♂

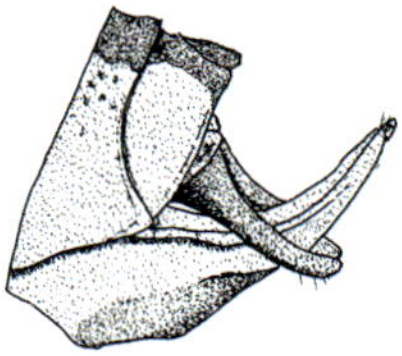

(**1F**) Vue latérale de l'extrémité de l'abdomen du ♂

1A

1B

1C

1D

1 Leptophye provençale
—Leptophyes laticauda

♂ 16-20 mm
♀ 16-22 mm
LO 10-13 mm

ALL – Südliche Zartschrecke

ANG – Long-tailed Speckled Bush-cricket

DESCRIPTION La Leptophye provençale est une grande leptophye. Elle est très semblable à l'espèce précédente. Le pronotum est de couleur verte, si l'on excepte la ligne latérale claire. Elle ne possède pas le dessin brun rougeâtre typique de l'espèce précédente. Les solides cerques (**1D**) sont recourbés vers l'intérieur en leur milieu, presque à angle droit. Leur extrémité est émoussée, avec une fine barre sur le dessus. L'oviscapte arqué (**1A**) est relativement grand par rapport au corps et finement denticulé à l'extrémité.
OCCURRENCE Les adultes apparaissent de fin juin à septembre (pic en juillet). L'espèce est présente en Italie, le long des Alpes du Sud, puis le long de la côte adriatique jusqu'au nord de l'Albanie. Elle vit en lisière de forêts, dans les forêts claires, dans les haies et dans les broussailles. On la trouve aussi souvent dans les massifs de fougères ou sur les vivaces dans les prairies extensives.

CHANT Le faible chant se compose d'accents émis régulièrement toutes les 1 à 3 secondes et qui évoquent un court « tsri ». Le chant peut durer de longues minutes, jusqu'à ce qu'une pause encore plus longue survienne.

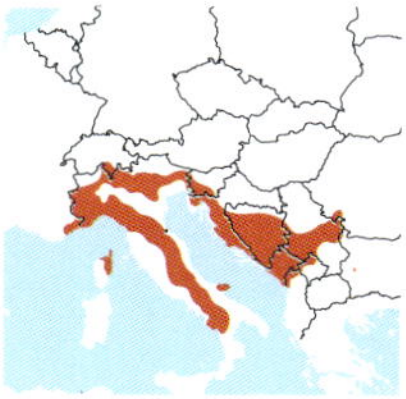

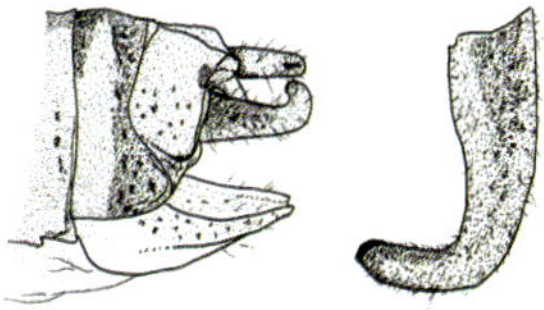

(**1D**) Cerque du ♂

2 Leptophye sarmate (L. orientale)
—Leptophyes boscii

♂ 13-18 m
♀ 16-20 mm
LO 7-8 mm

ALL – Boscis Zartschrecke

ANG – Balkan Speckled Bush-cricket

DESCRIPTION Cette espèce a la même apparence que la Leptophye rayée, en légèrement plus grande. Sa couleur de base est vert jaunâtre, hormis une bande latérale jaunâtre claire qui court du bord inférieur du pronotum jusqu'à la base des cerques et qui est ourlé de foncé sur l'abdomen. Chez la femelle (**2A**), cette bande latérale est plus discrète ou absente. Les très courtes ailes, qui sont presque entièrement dissimulées sous le pronotum chez la femelle, sont pourvues de deux bandes noires. Les cerques clairs (**2C**) du mâle (**2B**) sont un peu aplatis avant leur extrémité émoussée, avec une fine dent foncée à l'intérieur.
OCCURRENCE Les adultes peuvent être observés de fin juin à début octobre (pic en juillet). L'aire de répartition principale s'étend du nord-est de l'Italie jusqu'au Monténégro, en passant par le sud et l'est de l'Autriche et la Hongrie. Des stations isolées sont connues dans les Alpes italo-françaises, dans les Apennins et en Grèce. L'espèce recherche une végétation dense dans des lieux qui sont humides ou à humidité fluctuante. Elle occupe des bordures herbeuses en lisière de forêts, dans les clairières et le long de l'eau, ainsi que des prairies de montagne à hautes herbes.

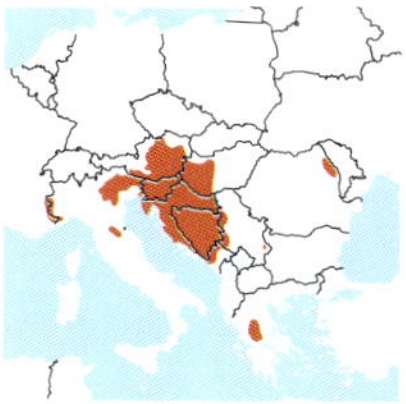

CHANT Le chant très faible se compose d'accents émis à grands intervalles toutes les 5 à 10 secondes et qui sont à peine audibles sur le terrain sans détecteur d'ultrasons.

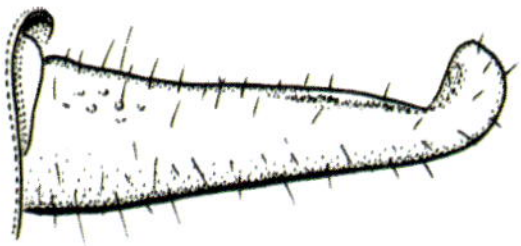

(**2C**) Cerque du ♂ (en vue latérale)

1A

1B

2A

2B

1 Leptophye rayée

—Leptophyes albovittata

♂ 10-14 mm
♀ 12-16 mm
LO 5-6 mm

ALL–Gestreifte Zartschrecke

ANG–Striped Bush-cricket

DESCRIPTION La couleur de base de la Leptophye rayée est verte, avec des macules brun rougeâtre et foncées. Le mâle (**1B**) possède en général une large bande dorsale brune. Le pronotum en forme de selle est arqué sur sa bordure postérieure. Il possède deux lignes blanches coudées vers l'intérieur qui ressemblent à des carènes latérales. Elles sont typiques de l'espèce et sont déjà visibles chez les juvéniles. Chez le mâle, les courtes ailes mesurent environ la moitié de la longueur du pronotum, tandis que chez la femelle (**1A**) elles dépassent à peine le bord du pronotum. Une bande latérale blanche souligne le bord inférieur du pronotum et s'étend sur le côté de l'abdomen jusqu'à la base des cerques. Une autre bande similaire s'étend de la base des pattes postérieures vers le ventre. Les cerques rougeâtres (**1C**) du mâle sont rectilignes et se terminent par une dent fine tournée vers l'intérieur. L'oviscapte est court, large et arqué en croissant. Il est brun à l'extrémité et très finement denticulé sur les bords.

OCCURRENCE La Leptophye rayée est entièrement développée en adulte de juin à octobre (pic en juillet). Cette espèce d'Europe orientale se rencontre du sud de la Russie jusqu'au sud-est de la Suisse (basse Engadine) et jusqu'à l'ouest de l'Allemagne. Là, elle est principalement présente le long de l'Elbe jusqu'à Hambourg, dans le Frankenalb et à Mainfranken. Des populations isolées (éventuellement introduites) existent également au niveau du Rhin moyen et en Westphalie. Au sud, l'aire s'étend jusqu'au Péloponnèse. La Leptophye rayée est une espèce thermophile qui habite les jachères, les lisières de forêts, les bocages, les prairies riches en arbustes, les zones de steppe et les corridors végétaux frais le long des eaux.

CHANT Le chant est si faible qu'il n'est pas audible sur le terrain, sauf en utilisant un détecteur d'ultrasons. Il se compose de courts accents émis toutes les 4 à 8 secondes.

À SAVOIR Cette espèce se nourrit exclusivement de plantes et de leurs fleurs. Elle aime particulièrement les espèces tendres et molles, telles que le Mouron des oiseaux, le Lotier des prés et le pissenlit. En outre, elle aurait une préférence particulière pour les plantes fortement parfumées. La copulation est assez facile à observer chez cette espèce. Il suffit de garder temporairement en captivité et de façon séparée les deux sexes, puis de les réunir au crépuscule. Devant la femelle, le mâle arque le dos comme un chat et lui monte dessus, à condition qu'elle soit prête à l'accouplement. Après environ une minute, le spermatophore quasi sphérique et d'environ 2 mm de diamètre seulement émerge de l'orifice génital du mâle. Peu après qu'il a été fixé à l'abdomen de la femelle, les deux partenaires se séparent. La femelle entreprend alors de consommer le spermatophore, ce qui lui prend environ deux heures et laisse le temps aux spermatozoïdes de la féconder. Les œufs sont pondus dans des fissures d'écorce ou dans des tiges de plantes.

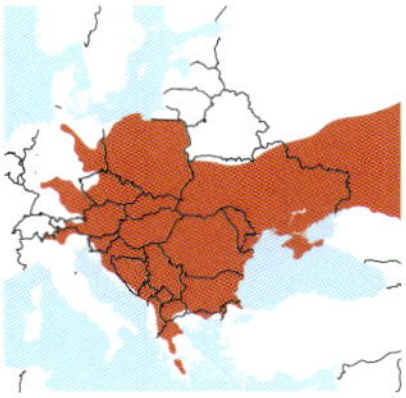

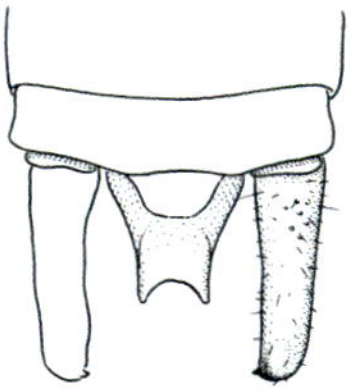

(**1C**) Extrémité de l'abdomen du ♂

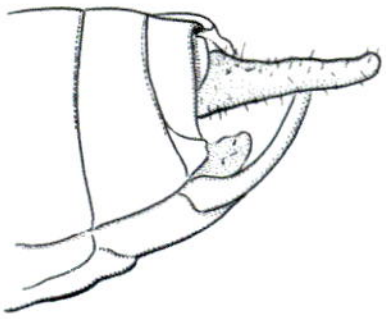

(**1D**) Extrémité de l'abdomen du ♂ (vue latérale)

1A

1B

1 Barbitiste splendide

—*Andreiniimon nuptialis*

♂ 16-19 mm
♀ 17-19 mm
LO 10-11 mm

ALL – Prächtige Zartschrecke

ANG – Splendid Bush-cricket

DESCRIPTION À première vue, le Barbitiste splendide ressemble aux espèces du genre *Leptophyes*, en particulier la femelle (**1C**). La couleur de base est un vert brillant, nettement ponctué de noir. Les lignes longitudinales blanches sur le pronotum donnent l'impression de carènes latérales coudées, mais il ne s'agit que d'un dessin. Les dessus de la tête, du pronotum et du dos sont brunâtres, voire presque noirs chez les individus les plus contrastés. Les yeux sont grisâtres et la ligne claire du pronotum se poursuit sous forme d'une bande sur l'abdomen. Les limites des segments de l'abdomen sont plus ou moins éclaircies. Chez les deux sexes, les courtes ailes dépassent légèrement du pronotum. L'épiprocte foncé et fortement allongé du mâle (**1B**) est frappant : il est caractéristique de l'espèce. Sa longueur est à peu près la même que les cerques rouge-brun. À la base, ceux-ci ont le bord intérieur largement aplati et ils se terminent par une dent incurvée vers l'intérieur. Le grand oviscapte en croissant est régulièrement arqué vers le haut, notamment sa bordure inférieure. Son extrémité est finement denticulée.

OCCURRENCE

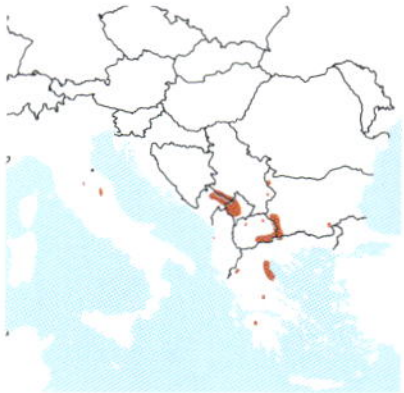

Les adultes sont visibles de mi-mai à août (pic en juin-juillet). L'aire de répartition de l'espèce est très fragmentée. À ce jour, celle-ci n'est connue que de quelques stations isolées en Italie, en Istrie, dans le centre des Balkans et en Grèce. Elle vit dans les buissons, en forêt ou en lisière, dans les haies et dans les ripisylves. Les lieux semi-ombragés proches de l'eau sont préférés. Ce barbitiste se tient souvent sur l'Arbre à perruques (*Cotinus coggygria*). La plupart du temps, il n'est présent qu'en petit nombre, c'est pourquoi il est souvent ignoré. Il n'est donc pas impossible que l'espèce soit plus répandue que ne le suggère sa répartition actuelle.

CHANT Le faible chant est composé de « tzb » similaires à ceux de la Leptophye ponctuée. Ces courts accents sont émis à de longs intervalles de 8 à 15 secondes.

1A

1B

1C

GENRE ISOPHYA

Le genre *Isophya* est riche en espèces et il est originaire du sud-est de l'Europe. *I. pyrenaea* est l'une des seules espèces d'Europe occidentale parmi une cinquantaine au total en Europe. Les caractéristiques du genre sont une apparence souvent gauche et le bord inférieur de l'oviscapte de la femelle régulièrement incurvé vers le haut, avec une extrémité nettement denticulée. La couleur de base de la plupart des espèces est un riche vert uniforme. Des espèces colorées comme *I. speciosa* sont présentes en Europe de l'Est. En règle générale, une ligne latérale blanche part des yeux jusqu'au bord inférieur de l'aile, en passant par le pronotum. Cette ligne peut se poursuivre sur l'abdomen jusqu'aux cerques. Sur la partie postérieure du pronotum, elle est généralement ourlée de brun-rouge vers l'intérieur. De nombreuses espèces du genre *Isophya* sont morphologiquement très semblables et sont donc difficiles à identifier. Le chant est souvent le critère distinctif le plus facile et le plus sûr. La répartition géographique est un autre critère important pour réduire le champ des espèces possibles.

1 Barbitiste souabe
—*Isophya kraussii*

♂ 19-22 mm
♀ 19-25 mm
LO 8-13 mm

ALL – Gemeine Plumpschrecke

ANG – Krauss's Bush-cricket

DESCRIPTION La couleur de base est verte avec une fine ponctuation foncée. Une ligne claire traverse l'œil et le pronotum jusqu'au bord inférieur de l'aile. Sur la partie postérieure du pronotum, elle est doublée d'une tache rouge-brun vers l'intérieur. Les antennes mesurent environ 1,5 fois la longueur du corps. Les élytres réduits à des lobes sont un peu plus courts que la longueur du pronotum chez le mâle (**1B**) et ils ne sortent qu'à peine de celui-ci chez la femelle (**1A**), avec une ligne presque droite sur leur bord postérieur. Chez les deux sexes, ils sont principalement verts avec une tache brune, en particulier chez le mâle. L'oviscapte (**1C**) est nettement denticulé à son extrémité, avec des bords parallèles, et il est régulièrement recourbé vers le haut. Les cerques du mâle sont incurvés vers l'intérieur à leur extrémité, de sorte que les deux extrémités pointent l'une vers l'autre.

OCCURRENCE Les adultes apparaissent de mi-juin à mi-septembre, occasionnellement ce dernier mois (pic en juin). L'aire de répartition de l'espèce s'étend du sud-ouest de l'Allemagne jusqu'à la Roumanie à l'est et à la Slovénie au sud, en contournant les Alpes. Elle vit dans des pelouses sèches riches en herbacées, des lisières forestières ensoleillées et des prairies denses légèrement humides.

CHANT Le faible chant ne retentit que le soir et la nuit. Il se compose d'accents émis en séries régulières qui se terminent par le son « tick ». Ils peuvent être retranscrits en « pf-t--pf-t--pf-t », qui peuvent durer plusieurs minutes.

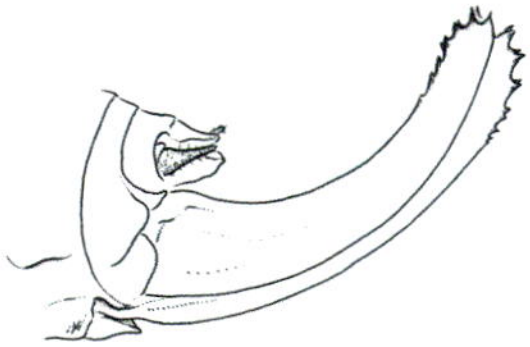

(**1C**) Oviscapte de la ♀

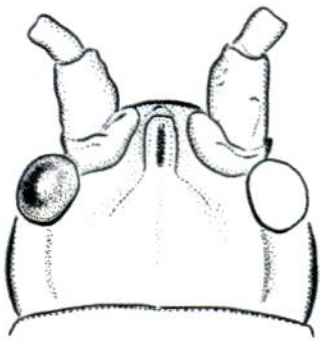

(**1D**) Tête

1A
1B

1 | Barbitiste à queue courte —*Isophya brevicauda*

♂ 19-22 mm
♀ 19-25 mm
LO 7-8 mm

ALL – Kurzschwänzige Plumpschrecke

ANG – Short-tailed Plump Bush-cricket

DESCRIPTION Ce barbitiste est un petit représentant du genre *Isophya*. Comme son nom l'indique, son oviscapte (**1A**) de 7-8 mm, qui est fortement recourbé vers le haut, est très court par rapport à ceux des autres barbitistes. Le bord postérieur du pronotum est un peu surélevé chez le mâle (**1B**). Chez ce dernier, la partie visible des élytres verts est à peu près de la même longueur que le pronotum, avec en général une large tache brune ou presque noire. Les fins cerques s'amincissent continuellement jusqu'à la dent finale. Dans leur dernier tiers, ils sont repliés presque à angle droit. La couleur est celle des espèces du genre *Isophya* (voir Barbitiste souabe).
OCCURRENCE Les adultes apparaissent de mi-juin à août (pic en juillet). Cette espèce a une petite aire de répartition : les États autrichiens de Salzbourg, de Carinthie et de Styrie, ainsi que la Slovénie et la région frontalière avec la Croatie au nord-ouest de Zagreb. Elle habite d'une part des prairies de montagne et d'autre part des prairies denses à humidité changeante, ainsi que des associations végétales d'ourlet en plaine et des mégaphorbiaies en forêt.

CHANT Le chant se compose d'une longue série d'accents de longueur moyenne, qui s'achèvent par un léger « tick ». Cela est perçu comme un « pfff-t---pfff-t---pfff-t... ». En comparaison du Barbitiste souabe, les accents individuels sont significativement plus longs et les séries plus courtes.

2 | Barbitiste à queue courbée —*Isophya camptoxypha*

♂ 19-22 mm
♀ 19-25 mm
LO 8-11 mm

ALL – Fiebers-Plumpschrecke

ANG – Curve-tailed Plump Bush-cricket

DESCRIPTION Le Barbitiste à queue courbée a longtemps été confondu avec le très ressemblant Barbitiste des Pyrénées, qui se trouve dans le sud-ouest de l'Europe. Chez la présente espèce, il existe des individus très colorés, surtout dans les populations de l'est de l'aire de répartition. Les nervures cubitales, nettement séparées (Cubitus 2 et 2A) (**2C**) des ailes brun rougeâtre du mâle, sont caractéristiques (**2A**). Les forts cerques sont recourbés vers l'intérieur à leur extrémité et ils se terminent plus ou moins brutalement par une dent. L'oviscapte est de longueur moyenne (**2B**), approximativement deux fois la longueur du pronotum.
OCCURRENCE Les adultes sont visibles de fin mai à septembre, isolément en ce dernier mois (pic en juillet). L'aire de répartition de l'espèce s'étend du sud-est de l'Autriche (sud de la Styrie, Burgenland et Basse-Autriche) jusqu'aux Carpates roumaines, en passant par la Slovénie et l'ouest de la Hongrie. Les habitats préférés sont les zones de transition entre la prairie et la forêt, les clairières, les prairies denses et embroussaillées.

CHANT Le faible chant se compose d'une séquence rapide et uniforme de courts accents qui se terminent par un sonore « tick » fin. Cela ressemble à « pf--pf-t--pf-t--pf-t--pf-t ». Les accents sont plus courts, nettement plus forts et moins grattants que chez le Barbitiste souabe. Les séries d'accents sont également moins longues.

(**2C**) Pronotum et ailes du ♂

1A

1B

2A

2B

1 Barbitiste à large front
—*Isophya costata*

♂ 19-24 mm
♀ 22-26 mm
LO 14-16 mm

ALL – Breitstirnige Plumpschrecke

ANG – Keeled Plump Bush-cricket

DESCRIPTION Le Barbitiste à large front est l'une des plus grandes espèces parmi les barbitistes. Il peut être reconnu à son large vertex (**1C**), qui est environ aussi large que le premier élément des antennes. Les ailes du mâle (**1B**) sont presque aussi longues que le pronotum, qui s'élargit en entonnoir à l'arrière. Vu de dessus, le bord droit de l'aile fait saillie dans la zone de la râpe stridulatoire (nervure cubitale) (**1C**) et dépasse même un peu du pronotum latéralement. Les antennes relativement fortes sont jaunes chez les deux sexes, ce qui distingue cette espèce et le Barbitiste modeste des espèces ressemblantes. L'oviscapte long et mince n'est que légèrement recourbé vers le haut.
OCCURRENCE Ce barbitiste est l'une des espèces d'Orthoptères les plus précoces. Il est adulte de mai à juillet (pic en juin). Son aire de répartition couvre l'est de l'Autriche, la Hongrie et le bassin des Carpates en Roumanie. Il habite un large éventail de prairies denses, depuis les sites les plus humides jusqu'à ceux moyennement secs.

CHANT Le chant est beaucoup plus fort que celui de nombreuses autres espèces d'*Isophya*. Il se compose d'une série de longs accents qui s'achèvent par plusieurs « clic » diminuant d'intensité. On peut retranscrire la série par « cost-ta-ta-ta-ta ».

(**1C**) Tête, pronotum et ailes du ♂

2 Barbitiste royal
—*Isophya modesta*

♂ 23-26 mm
♀ 23-27 mm
LO 16-18 mm

ALL – Königs-Plumpschrecke

ANG – Modest Plump Bush-cricket

DESCRIPTION Ce barbitiste est remarquablement grand. Son vertex est bien plus étroit que celui de l'espèce précédente. Chez le mâle, les ailes sont plus longues que le pronotum, qui n'est que légèrement relevé sur son bord postérieur. Les ailes en forme de rein ont une couleur brune dessus et verte sur les bords. Chez le mâle (**2A**), les forts cerques sont nettement recourbés vers l'intérieur peu après leur milieu et se terminent par une fine dent. La plaque sous-génitale est profondément incisée sur son bord externe. L'oviscapte mince et allongé (**2B**) est plus recourbé vers le haut que chez l'espèce précédente.
OCCURRENCE Les adultes sont visibles de début juin à juillet (pic fin juin). L'aire de répartition de l'espèce est fragmentée en stations dispersées. La plus occidentale d'entre elles a été découverte dans l'est de l'Autriche (Burgenland) en 2014. Les autres sont réparties jusqu'au sud de la Russie. Ce barbitiste habite des prairies à végétation herbacée haute, qu'elles soient sèches ou fraîches.

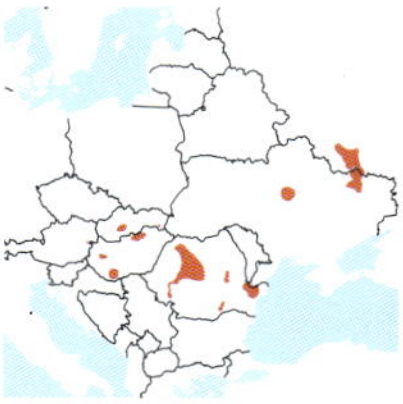

CHANT Le chant est inconfondable. Il est émis le soir et la nuit. Il se compose d'un court accent, puis d'une longue pause suivie d'une série d'impulsions qui rappellent le grincement d'une vieille porte qu'on ferme. De longues pauses sont marquées entre les accents, ce qui rend difficile la localisation du chanteur.

1A

1B

2A

2B

1 | Barbitiste modeste
—*Isophya modestior*

♂ 18-24 mm
♀ 18-24 mm
LO 11-15 mm

ALL–Große Plumpschrecke

ANG–More-modest Plump Bush-cricket

DESCRIPTION Ce barbitiste est mince, avec une coloration typique du genre *Isophya*. Les ailes du mâle (**1B**) sont à peu près de la longueur du pronotum, et vues de dessus, elles sont plus larges que le bord postérieur de celui-ci (**1C**). Les ailes sont majoritairement vertes. Une tache brune en triangle les départage en deux moitiés. Les cerques du mâle sont typiques du genre, bien qu'un peu plus minces que ceux des espèces apparentées. L'oviscapte est également mince et de longueur moyenne (**1A**). Il est nettement recourbé vers le haut.
OCCURRENCE Les adultes apparaissent de début juin à août (pic en juin). L'aire de répartition de l'espèce s'étend du nord-est de l'Italie à l'est de l'Autriche, puis jusqu'au centre des Balkans. L'espèce habite des prairies sèches à fraîches, avec une végétation luxuriante et des buissons isolés.
CHANT Le chant se compose d'une série de longs accents, sans le « tick » final produit avec les ailes ou alors seulement sporadiquement ou encore à la fin des séries. L'espacement entre les accents est significativement plus grand que chez les Barbitistes souabe et de Fibers. Le chant est perçu comme un « psri---psri---psri---psri-t---psri-t ».

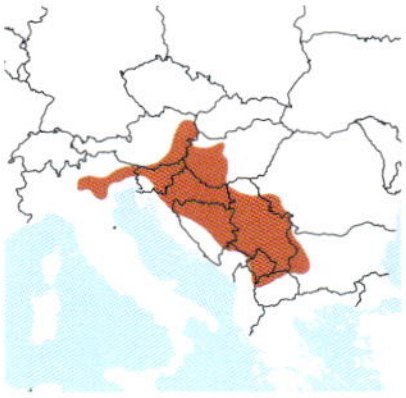

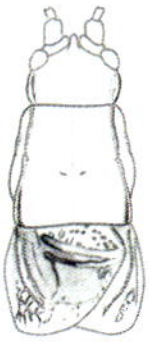

(**1C**) Tête, pronotum et ailes du ♂

2 | Barbitiste des Piénines
—*Isophya pienensis*

♂ 19-22 mm
♀ 19-25 mm
LO 9-11 mm

ALL–Pieniner Plumpschrecke

ANG–Pieninsky' Plump Bush-cricket

DESCRIPTION Cet *Isophya* est petit et mince. De par sa coloration, il est semblable aux autres espèces du genre. Mais son apparence rappelle celle des espèces du genre *Poecilimon* (par exemple *P. schmidti*). Chez le mâle (**2A**), la partie visible des ailes est sensiblement de la longueur du court pronotum, qui est légèrement relevé sur son bord postérieur et élargi en entonnoir. La tache brune sur la face supérieure de l'aile a une bordure floue et les zones les plus foncées sont localisées sur les deux nervures les plus fortes de l'aile. Les nervures cubitales sont peu prononcées. Les cerques du mâle sont épaissis à la base et se rétrécissent continuellement pour s'achever brusquement par une fine dent tournée vers l'intérieur. Chez la femelle (**2B**), les ailes mesurent environ la moitié de la longueur du pronotum. Le solide oviscapte est de taille moyenne et il est fortement arqué vers le haut.
OCCURRENCE Les adultes apparaissent de juin à juillet. Au-delà, seules quelques femelles peuvent encore être observées. L'aire de répartition principale couvre les Carpates, de la Slovaquie à la Roumanie jusqu'à Braşov. À l'ouest de cette aire, des stations isolées sont connues en Basse-Autriche et en République tchèque. L'espèce occupe des forêts claires, des lisières et des clairières pourvues d'une strate herbacée bien développée, des mégaphorbiaies et des bandes enherbées.

CHANT Le très faible chant se compose de longs accents, qui sont enchaînés en séries de 1 à 4, suivis d'une courte pause de longueur variable. Cette espèce non plus ne produit pas le « tic » dû aux ailes parmi les accents, comme c'est le cas chez d'autres espèces d'*Isophya*. Le chant est perçu comme un « Pffiuuu-pfiuuu-pfiuuu ».

1A

1B

2A

2B

1 Barbitiste des Pyrénées —*Isophya pyrenaea*

♂ 19-22 mm
♀ 19-25 mm
LO 8-13 mm

ALL – Pyrenäen-Plumpschrecke

ANG – Pyrenean Plump Bush-cricket

DESCRIPTION Morphologiquement, le Barbitiste des Pyrénées ne se distingue guère du Barbitiste souabe. C'est pourquoi les deux espèces ont longtemps été considérées comme conspécifiques. Pour une distinction sûre, il faut s'appuyer sur l'aire de répartition et sur le chant.
OCCURRENCE Les adultes peuvent être observés entre mi-juin et mi-septembre (pic en juin). L'aire de répartition de cette espèce d'Europe occidentale va des Pyrénées à la Touraine et à la Bourgogne. Bien que l'espèce soit présente dans le Jura, tout près de la frontière suisse, elle manque dans ce pays. Son aire de répartition ne chevauche pas celle du Barbitiste souabe. Elle habite des prairies à hautes herbes, des bordures herbeuses et des zones riches en arbustes.
CHANT Le faible chant est proche de celui du Barbitiste souabe, mais il est émis en séries de 3 à 10 accents plus courts, qui sont séparés les uns des autres par une longue pause.

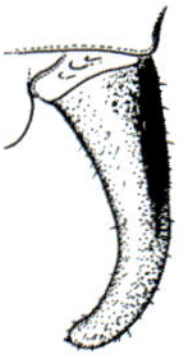

(**1C**) Cerque du ♂

2 Barbitiste bigarré —*Isophya speciosa*

♂ 17-24 mm
♀ 19-22 mm
LO 6-9 mm

ALL – Bunte Plumpschrecke

ANG – Showy Plump Bush-cricket

DESCRIPTION En Europe, ce barbitiste est l'un des rares à pouvoir être déterminé facilement et de manière fiable. Le mâle, qui est magnifiquement coloré (**2B**), est frappant : les antennes, les yeux, le bord postérieur du pronotum, les ailes, les genoux et les cerques sont d'une couleur brun-rouge vif. Le dos est parcouru de deux bandes longitudinales jaune clair, qui peuvent être surlignées de noir de chaque côté. Le ventre est jaune vif. Les ailes du mâle sont légèrement plus longues que le pronotum. Ce dernier est légèrement en forme de selle. Les cerques du mâle (**2C**), longs et minces, sont recourbés vers l'intérieur dans leur quart postérieur et se terminent par une pointe noire. La femelle (**2A**) est moins visible que le mâle. Elle est en majorité verte. Son oviscapte relativement court (**2D**) est robuste et fortement arqué vers le haut.
OCCURRENCE Les adultes apparaissent de fin avril à juillet (pic en juin). Cette espèce est répartie de la Bosnie-Herzégovine jusqu'à la mer Noire, à travers le centre des Balkans. Elle habite les prairies et les pâturages, les landes avec arbustes nains, les jachères et les forêts clairsemées, de la plaine à la montagne.

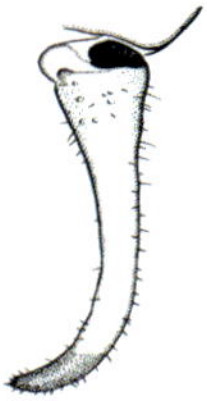

(**2C**) Cerque du ♂

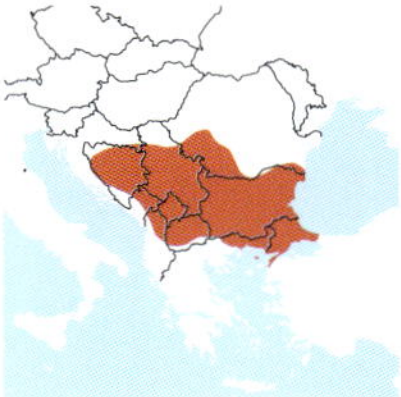

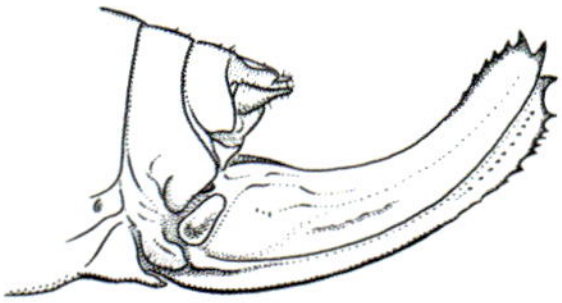

(**2D**) Extrémité de l'abdomen de la ♀

1A

1B

2A

2B

GENRE *POECILIMON*

Le genre *Poecilimon* atteint une diversité unique dans le sud-est de l'Europe : avec environ 70 espèces connues (142 dans le monde) et d'innombrables sous-espèces, c'est le genre le plus riche en espèces d'Europe. Parmi celles-ci figure un très grand nombre d'endémiques qui ne sont présentes que dans des secteurs limités. Vers le nord, l'aire de répartition de quelques espèces s'étend jusqu'au nord-est de l'Italie et au sud de l'Autriche. Le genre est totalement absent de Suisse et du sud-ouest de l'Europe. La détermination des espèces pose des difficultés même aux spécialistes, en raison des fortes similitudes avec certaines espèces des genres *Isophya* ou *Barbitistes*, notamment en ce qui concerne les femelles. Outre les aires de répartition respectives de chaque espèce, la forme des cerques des mâles, leur chant et l'oviscapte des femelles sont particulièrement importants pour la détermination. Contrairement aux espèces appartenant au genre *Isophya*, l'oviscapte des femelles du genre *Poecilimon* est droit sur sa face inférieure et n'est recourbé vers le haut que près de l'extrémité.

1 | Grand Barbitiste

—Poecilimon ornatus

♂ 21-33 mm
♀ 23-30 mm
LO 13-21 mm

ALL–Große Buntschrecke

ANG–Ornate Bright Bush-cricket

DESCRIPTION Le Grand Barbitiste donne son nom au complexe *Poecilimon ornatus*, qui comprend à ce jour treize grands barbitistes. Les espèces de ce groupe sont en partie très semblables et se distinguent principalement par le chant et les cerques du mâle. La couleur du Grand Barbitiste est très variable, principalement entre le vert clair et le vert foncé, avec une proportion variable de jaune et de noir. Les individus les plus colorés ont souvent quatre taches jaunes sur le pronotum. Le bord postérieur de celui-ci est nettement relevé en forme de selle chez le mâle (**1B**, **1C**). Chez lui, les ailes sont visibles, tandis que chez la femelle (**1A**, **1D**), elles ne dépassent presque pas du pronotum. Les cerques clairs (**1C**) du mâle ont une base épaisse, ils sont longs et nettement incurvés vers l'intérieur au-delà de leur milieu et ils se terminent par une dent pointue. L'oviscapte de la femelle est remarquablement long. Il est mince au milieu et recourbé vers le haut à la fin.
OCCURRENCE Les adultes sont visibles de fin mai à septembre (pic en juin-juillet). Cette espèce possède l'une des plus vastes aires de répartition parmi les barbitistes, depuis le nord-est de l'Italie et le sud de l'Autriche (Carinthie) jusqu'au nord de la Grèce, *via* les Balkans occidentaux. Elle occupe des prairies denses et légèrement humides, des pâturages, des mégaphorbiaies, des clairières forestières et des lisières, de la plaine jusqu'à 2 000 m en montagne.

CHANT Le chant se compose de courts accents d'une durée de 10 à 20 ms, qui sont émis à longs intervalles irréguliers. Les accents sont sonores et audibles à environ 10 m. Ils sont perçus comme un bref « tststsp ». Cette espèce ne peut être distinguée du très semblable Barbitiste des Balkans que par le chant (voir p. 170).

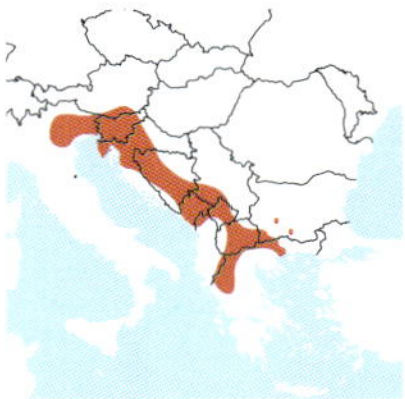

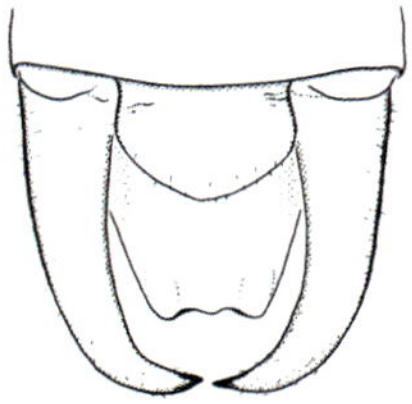

(**1C**) Extrémité de l'abdomen du ♂

1A
1B
1C
1D

1 Barbitiste des Balkans
—*Poecilimon affinis*

♂ 20-29 mm
♀ 19-35 mm
LO 18-25 mm

ALL – Balkan-Buntschrecke

ANG – Balkan Bright Bush-cricket

DESCRIPTION D'apparence et de forme, le Barbitiste des Balkans ressemble beaucoup à l'espèce précédente. Certains individus sont colorés et d'autres sont uniformément verts. Les critères d'identification basés sur les cerques du mâle et les ailes ne sont guère utilisables sur le terrain. Pour une distinction sûre, il faut s'appuyer sur le chant.
OCCURRENCE Les adultes apparaissent de fin juin à août (pic en juillet). L'aire de répartition est comprise entre Kiev à l'est, le nord de la Grèce au sud et le sud de la Croatie au nord. L'espèce fréquente les prairies de montagne, les prairies à hautes herbes, les lisières de forêts et les clairières. Elle préfère demeurer cachée dans la végétation dense et son observation demande beaucoup de patience, malgré son chant bien audible. Mais il lui arrive malgré tout assez souvent de s'installer sur de grandes feuilles de vivaces.

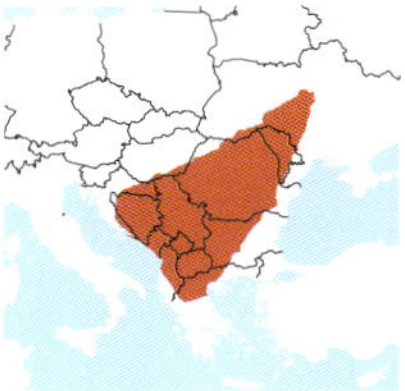

CHANT Les séries d'accents de 100 à 500 ms commencent par un bref crescendo, atteignent leur volume maximal dans la seconde moitié et s'achèvent brusquement. Elles sont fortes et sont perçues comme un « tstststststsp » appuyé. Le chant permet facilement de distinguer cette espèce de la précédente. Chez cette dernière, les accents sont significativement plus courts, d'une durée de 10 à 20 ms seulement.

2 Barbitiste de Soulion
—*Poecilimon soulion*

♂ 21-24 mm
♀ 20-22 mm
LO 10 mm

ALL – Soulion-Buntschrecke

ANG – Soulion Bright Bush-cricket

DESCRIPTION Cette espèce est une petite représentante du complexe *Poecilimon ornatus*. Sa couleur de base est verte, parfois vert jaunâtre, avec une ponctuation foncée. Comme pour le Grand Barbitiste et pour l'espèce précédente, les individus colorés ont souvent des taches jaunes sur le pronotum, ainsi que deux bandes longitudinales jaunes plus ou moins larges, bordées de foncé, qui traversent le dos jusqu'aux cerques. La femelle (**2A**) est rarement colorée, et la plupart du temps, les bandes longitudinales jaunes sur le dos sont estompées. Les épais cerques du mâle (**2B**) sont de couleur jaune et sont pliés presque à angle droit vers l'intérieur dans leur seconde moitié, dont l'extrémité est pourvue d'une petite dent. Les cerques sont beaucoup plus courts que chez le Grand Barbitiste et que chez l'espèce précédente. L'oviscapte est plus court et plus solide que chez ces deux espèces, mais denticulé comme chez toutes les espèces du genre *Poecilimon*.
OCCURRENCE Les adultes sont visibles de mi-juin à août (pic en juillet). Ce barbitiste est endémique du sud des Balkans. À ce jour, il n'est connu que de quelques sites du nord-ouest de la Grèce. Il occupe des prairies de montagne parsemées d'arbustes nains, entre 1 000 et 1 900 m d'altitude.

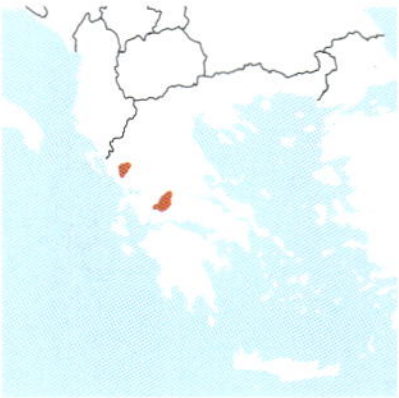

CHANT Le chant est assez faible et il se compose principalement d'accents de même durée que chez l'espèce précédente, émis à des intervalles irréguliers.

1A

1B

2A

2B

1 Barbitiste menu
—Poecilimon gracilis

♂ 17-20 mm
♀ 15-23 mm
LO 8-10 mm

ALL–Zierliche Buntschrecke

ANG–Slender Bright Bush-cricket

DESCRIPTION Le Barbitiste menu est également un petit représentant du complexe *Poecilimon ornatus*. Une de ses caractéristiques frappantes est son pronotum très relevé à l'arrière, dont le bord postérieur est encadré d'une couleur généralement rouge intense à brun-rouge. La couleur de base de cette espèce est vert brillant clair. Une bande blanche traverse les yeux et le pronotum, de même que souvent aussi l'abdomen jusqu'à la base des cerques. Le mâle (**1A**) peut être très bigarré, bien que certains individus soient uniformément verts et discrets comme la femelle (**1B**). Les cerques du mâle sont forts et très recourbés vers l'intérieur à leur extrémité, et ils sont de couleur jaunâtre à orange. L'oviscapte est court par rapport aux autres espèces du complexe *Poecilimon ornatus*.
OCCURRENCE Les adultes apparaissent de fin juin à début septembre (pic en juillet). L'aire de répartition s'étend de la Carinthie en Autriche au nord de la Grèce, le long de la côte adriatique. À l'intérieur des terres, l'espèce atteint l'ouest de la Serbie. Elle préfère les lieux quelque peu humides, comme les prairies denses de montagne, les mégaphorbiaies, les lisières et les clairières forestières.

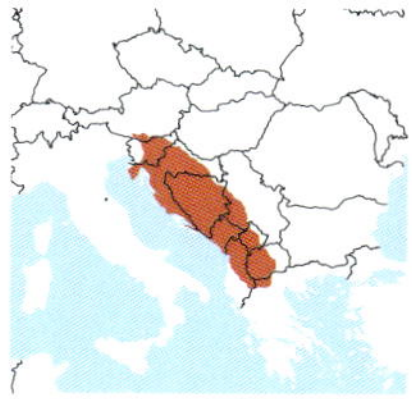

CHANT Le faible chant consiste en accents râpeux, qui sont exécutés à des intervalles irréguliers de 1 à 2 secondes. Ils sont perçus comme un « sssssss-schiop ». La plupart des accents sont émis en longues séries, suivies d'une pause encore plus longue.

2 Barbitiste de Schmidt
—Poecilimon schmidtii

♂ 15-21 mm
♀ 18-23 mm
LO 9-10 mm

ALL–Schmidts Buntschrecke

ANG–Schmidt's Bright Bush-cricket

DESCRIPTION Ce barbitiste n'a pas de traits marquants. Il est de couleur vert mat et délicatement pointillé de foncé. La couleur de base mate et la tête ronde lui donnent un aspect caractéristique. Le bord postérieur du pronotum est arqué en forme de selle, généralement avec une bordure rougeâtre et, vu de dessus, il est légèrement tronqué. Les ailes brunâtres dépassent de quelques millimètres du pronotum. Les pattes sont étonnamment roses ou jaunâtres. Les longs cerques du mâle (**2B**) sont de couleur jaunâtre à orange. Ils sont recourbés en forme de crochet vers l'intérieur avant leur extrémité, qui possède une dent pointue. Chez la femelle (**2A**), les ailes ne s'étendent qu'environ 1 mm au-delà du bord postérieur du pronotum.
OCCURRENCE Les adultes peuvent être vus de mi-juin à la fin septembre (pic en juillet). L'espèce a une aire de répartition qui s'étend de la Slovénie à la mer Noire, en passant par les Balkans. Elle fréquente les lisières de forêts, les clairières et les prairies ou pâturages embroussaillés à humidité fluctuante. Les habitats très secs sont évités. Comme *Leptophyes boscii*, le Barbitiste de Schmidt se tient souvent sur la Sauge glutineuse (*Salvia glutinosa*).

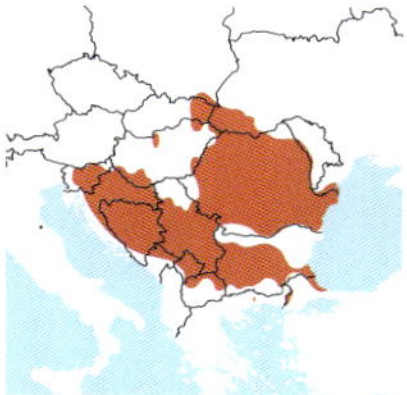

CHANT Le chant se compose d'accents courts et appuyés qui sonnent comme un « tzik ». Ils se succèdent à intervalles irréguliers de 1 à 2 secondes. Parfois, certains accents sont regroupés et séparés du groupe suivant par une pause plus longue. D'autres fois, de longues séries d'accents sont produites, l'intervalle entre les accents étant variable.

1A

1B

2A

2B

1 Barbitiste élégant —*Poecilimon elegans*

♂ 14-16 mm
♀ 17-20 mm
LO 7-9 mm

ALL–Elegante Buntschrecke

ANG–Elegant Bright Bush-cricket

DESCRIPTION Le Barbitiste élégant représente une petite espèce plutôt discrète du genre, notamment la femelle (**1B**), qui est uniformément colorée en vert et qui ne possède qu'une bande longitudinale blanchâtre depuis l'œil jusqu'à la base des cerques, en passant par le pronotum et l'abdomen. Le mâle (**1A**) peut également apparaître assez uniformément vert, avec une bande longitudinale plus marquée et plus large que la femelle. Il n'est pas rare de voir des mâles plus colorés. Ceux-ci ont généralement plusieurs bandes longitudinales sur le dos, à la fois claires et foncées, ainsi qu'une coloration orange à rougeâtre aux angles postérieurs du pronotum, sur les tibias et sur les cerques. Le bord inférieur du pronotum est ourlé de blanc chez les deux sexes et son bord postérieur est légèrement surélevé chez le mâle. Chez ce dernier, les ailes saillent de quelques millimètres du pronotum. Elles sont bordées de blanchâtre et sont tachées de noir. Chez la femelle, les ailes sont entièrement dissimulées par le pronotum. Les cerques du mâle sont fortement recourbés vers l'intérieur dans leur dernier tiers et se terminent par une dent à bout pointu.

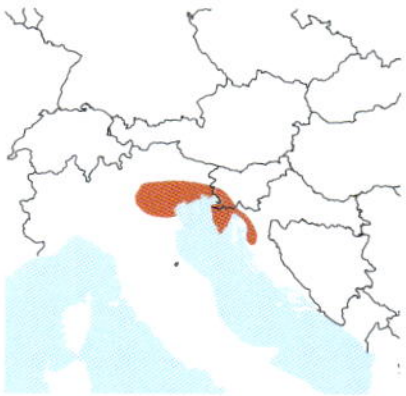

OCCURRENCE Les adultes sont visibles de mi-juin à occasionnellement août (pic en juillet). L'aire de répartition de l'espèce couvre le nord-est de l'Italie, l'Istrie et jusqu'à la région de Velebit le long de la côte croate. L'espèce est la plus commune sur les prairies et pâturages denses, où elle se tient indifféremment près du sol, sur les herbes, sur les arbustes et sur les buissons bas.

CHANT Le chant se compose d'accents très courts et très sonores qui tintent comme des « clic » et qui s'enchaînent à intervalles plus ou moins réguliers.

2 Barbitiste à cuspides —*Poecilimon ampliatus*

♂ 14-17 mm
♀ 15-18 mm
LO 8-10 mm

ALL–Gehöckerte Buntschrecke

ANG–Enlarged Bright Bush-cricket

DESCRIPTION La coloration de cette espèce est uniformément d'un gris-vert mat avec une nette ponctuation foncée. Le bord arrière du pronotum du mâle (**2B**) est nettement convexe en forme de selle, tandis qu'il est presque droit chez la femelle. Le pronotum est ourlé de blanc sur le bord inférieur. Deux raies claires s'étendent de l'œil et du pronotum jusqu'à l'abdomen. Chez la femelle (**2A**), elles s'estompent souvent progressivement. Chez le mâle, elles peuvent s'élargir en bandes plus ou moins épaisses sur le dos. Une très fine ligne médiane court du vertex au dos, en passant par la tête et le pronotum. Sur cet axe dorsal, la bordure des premiers segments abdominaux est légèrement saillante chez les deux sexes. Ce qui frappe chez le mâle, c'est une grosse protubérance sur le premier segment abdominal, partiellement couverte par les ailes. De plus, il a typiquement trois taches rouge vineux triangulaires sur le pronotum, ainsi que des cerques de couleur rose, qui ont une forme caractéristique. Leur extrémité est recourbée vers l'intérieur comme un bec et se termine par une dent pointue. La plaque sous-génitale en forme de gouttière saille vers le haut entre les cerques.

OCCURRENCE Les adultes apparaissent de mi-juin à août (pic en juillet). L'aire de répartition de l'espèce s'étend de la région de Ljubljana en Slovénie jusqu'au nord de l'Albanie, le long de la côte adriatique. À l'intérieur des terres, des stations ponctuelles sont connues jusqu'au nord-ouest de la Bulgarie et de la Roumanie. L'espèce occupe des prairies de montagne drues.

CHANT Le faible chant est très complexe dans le détail. Il se compose d'environ 5 à 10 secondes de phrases râpeuses exécutées à intervalles irréguliers. Cela évoque un rapide « chidä-chidä-chidä-chidä ». Le chant est émis en journée. Dans le fond sonore, ce faible chant est souvent couvert par des espèces à chant plus sonore.

1A
1B
2A
2B

1 Barbitiste d'Ebner
—*Poecilimon ebneri*

♂ 13-15 mm
♀ 13-15 mm
LO 8-10 mm

ALL–Ebners Buntschrecke

ANG–Ebner's Bright Bush-cricket

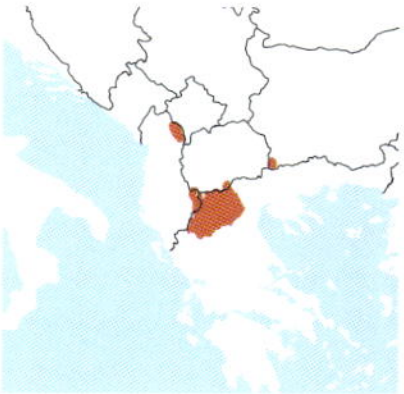

DESCRIPTION Le Barbitiste d'Ebner rappelle fortement l'espèce précédente. Il en diffère principalement par l'absence de cuspides sur le premier segment de l'abdomen. Il est aussi un peu plus petit et de couleur plus pâle.
OCCURRENCE Les adultes apparaissent de fin juin à fin juillet (pic à mi-juillet). La répartition de l'espèce est restreinte à une petite aire dans le sud de l'Albanie et de la Macédoine, ainsi que du nord de la Grèce. Elle occupe des prairies et pâturages de montagne, de 1 000 m à environ 2 000 m d'altitude. Parfois, l'espèce est présente en grand nombre. Dans ce cas, il est fréquent que plusieurs individus s'exposent au soleil ensemble sur des plantes à grandes feuilles.

2 Barbitiste intermédiaire
—*Poecilimon intermedius*

♀ 14-20 mm
LO 7-9 mm

ALL–Mittlere Buntschrecke

ANG–Intermediate Bright Bush-cricket

DESCRIPTION Jusqu'à ce jour, seules des femelles de cette espèce ont été observées en Europe : elles se reproduisent de façon parthénogénétique. Leur couleur est vert clair, avec une fine ponctuation foncée. Une ligne latérale blanche traverse l'œil, le pronotum et l'abdomen, le plus souvent jusqu'à la base des cerques coniques. Une troisième ligne claire très fine va du haut de la tête au dos sur l'axe central. Le milieu des segments dorsaux est légèrement en relief, comme une carène. La bordure inférieure du pronotum est légèrement ourlée de clair. Sur les angles postérieurs du pronotum, les lignes blanches peuvent être surlignées de rayures rouge vineux plus ou moins nettes. Les brèves ailes sont entièrement dissimulées par le pronotum. L'oviscapte (**2B**) mince est typique du genre *Poecilimon*.
OCCURRENCE Les adultes sont visibles de mi-juin à fin juillet (pic en juillet). Sur sa limite de répartition ouest, l'espèce a été découverte en Autriche orientale en 2008 où elle n'est connue que d'un endroit dans le Burgenland et d'un autre en Basse-Autriche. De là, l'espèce est présente en République tchèque, Hongrie, Roumanie, Moldavie et jusqu'à la Russie. Elle colonise les prairies fraîches, à longues herbes et à humidité fluctuante.

Elle s'expose souvent au soleil sur des fleurs ou elle se tient sur des brins d'herbe.

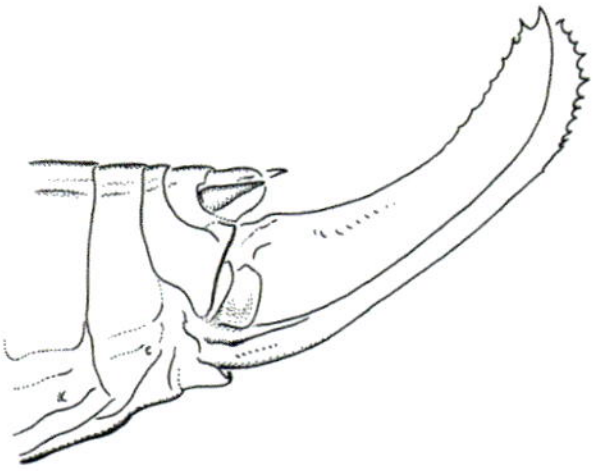

(**2B**) Extrémité de l'abdomen de la ♀

1A

1B

1C

2A

1 | Barbitiste de Chopard
—Poecilimon chopardi

♂ 15-19 mm
♀ 17-20 mm
LO 7-8 mm

ALL – Chopards Buntschrecke

ANG – Chopard's Bright Bush-cricket

DESCRIPTION Ce barbitiste a une taille moyenne et une couleur de base gris-vert, mouchetée de points foncés. Une ligne latérale blanche s'étend de l'œil au pronotum, et se poursuit généralement sur l'abdomen jusqu'aux cerques. Chez le mâle (**1A**), le pronotum délavé est légèrement relevé dans sa moitié postérieure. Il est bordé de jaunâtre ou de clair et est pourvu de deux taches intensément rouge-brun en forme de coin. Chez le mâle, la partie visible des ailes, qui sont de couleur jaune paille, correspond à environ la moitié de la longueur du pronotum. Les ailes très réduites de la femelle (**1B**) sont complètement recouvertes par le pronotum. Chez le mâle, les cerques (**1C**) sont recourbés vers l'intérieur après leur milieu et se terminent par une dent noire striée qui est finement denticulée.
OCCURRENCE Les adultes sont visibles de mi-mai jusqu'à fin juillet, mais occasionnellement au cours de ce mois (pic en juin). Dans le sud des Balkans, l'espèce est répandue depuis le lac Prespa à cheval entre la Grèce, la Macédoine et l'Albanie, jusqu'au centre de la Grèce continentale. Elle est très commune localement. Elle occupe les bordures herbeuses des routes, les prairies et pâturages humides ou secs, les prairies de montagne et les jachères.

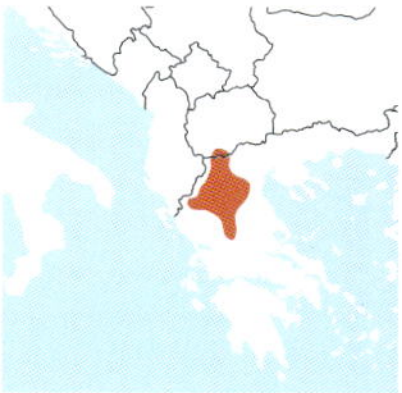

CHANT Le faible chant se compose de versets de 3 à 4 accents qui évoquent un faible coup de feu. Les différentes phrases sont répétées à intervalles irréguliers de 3 à 6 secondes.

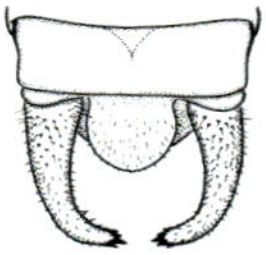

(**1C**) Extrémité de l'abdomen du ♂

2 | Barbitiste d'Ionie
—Poecilimon jonicus

♂ 14-20 mm
♀ 15-25 mm
LO 8-10 mm

ALL – Ionische Buntschrecke

ANG – Ionan Bright Bush-cricket

DESCRIPTION Le Barbitiste d'Ionie, qui aime se tenir en évidence sur la végétation, a une coloration surprenante. Les côtés du corps sont vert clair avec une moucheture noire plus ou moins forte et le ventre est de blanc à rose. Le dos est coloré et riche en contrastes. Le dessus de la tête et le pronotum sont brun rougeâtre. Des lignes latérales claires passent sur l'œil et le pronotum et se poursuivent sous la forme de larges bandes jaunâtres le long de l'abdomen, jusqu'à la base des cerques. Une large bande noire parcourt le milieu du dos. Les bords des segments abdominaux sont jaunes. Les pattes sont frêles et les genoux sont brun rougeâtre. Les deux lignes noires sur les faces externes et internes des pattes postérieures sont typiques. Les ailes du mâle (**2B**) s'étendent juste au-delà du bord arrière du pronotum, tandis que chez la femelle (**2A**), elles peuvent être entièrement recouvertes par le pronotum. La forme de l'oviscapte est typique du genre. Une tache foncée à la base est frappante. Les minces cerques des mâles sont recourbés vers l'intérieur dans leur dernier tiers et se terminent par une dent pointue. La couleur des cerques est typique de l'espèce, avec la base jaunâtre et le dernier tiers sombre.
OCCURRENCE Les adultes sont observés de mai à juillet, et occasionnellement jusqu'en automne (pic en juin). L'aire de répartition va du Monténégro au Péloponnèse, le long de la côte méditerranéenne. Plusieurs sous-espèces y sont connues, mais leur statut n'a pas encore été définitivement clarifié. En Italie, il existe une autre sous-espèce, *Poecilimon jonicus superbus*, qui est parfois reconnue comme une espèce à part entière. Ce barbitiste vit dans les buissons et les grandes vivaces, le long des lisières de forêts, dans les friches, les prairies ou sur les bords de route. L'espèce est localement très commune.

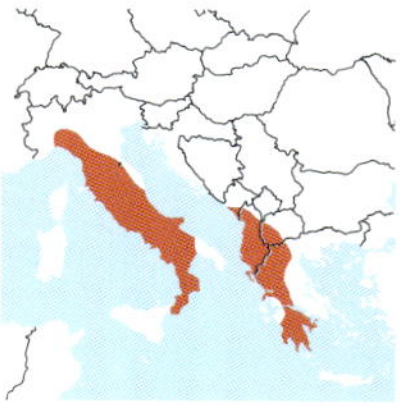

CHANT Le chant est très faible et se compose d'accents séparés qui sont émis à intervalles irréguliers.

1A

1B

2A

2B

1 | Barbitiste tardif
—*Poecilimon fussii*

♂ 14-15 mm
♀ 13-18 mm
LO 6-8 mm

ALL–Fuss' Buntschrecke

ANG–Fuss' Bright Bush-cricket

DESCRIPTION La couleur de base de cette espèce est verte à vert jaunâtre, avec des mouchetures foncées. Le dos porte des dessins colorés, surtout chez le mâle (**1A**). Une bande claire s'étend de l'œil jusqu'à l'abdomen *via* le pronotum. Elle s'estompe à la base des cerques. Le pronotum est de couleur orange jaunâtre sur son bord antérieur et près des angles postérieurs. En vue de dessus, la bordure postérieure de celui-ci est légèrement découpée en V chez le mâle. Les ailes dépassent à peine du dessous du pronotum chez le mâle et sont entièrement dissimulées chez la femelle (**1B**). Les cerques du mâle sont de couleur jaunâtre à rouge vif et ont une forme particulière : en leur milieu, ils sont épaissis et recourbés vers l'intérieur en forme de crochet ; de là, ils se rétrécissent progressivement jusqu'à une dent terminale sombre et émoussée ; au repos, les extrémités des deux cerques se croisent. L'oviscapte des femelles est fort.
OCCURRENCE Cette espèce est assez tardive par rapport aux autres espèces de *Poecilimon*. Les adultes apparaissent de juillet à fin septembre (pic en août). Sa répartition va du nord de la Hongrie au centre de la Bulgarie, avec de nombreuses lacunes. La Croatie orientale et la Serbie occidentale sont également atteintes à l'ouest. L'espèce vit dans des prairies, depuis des types steppiques jusqu'à légèrement humides, dans des clairières et en lisière de forêts.

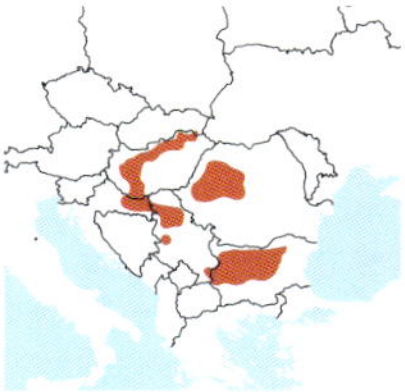

CHANT Le faible chant est émis pendant la journée et se compose d'un groupe d'accents irréguliers et bégayés, suivi d'une dense série de courts accents individuels.

2 | Barbitiste de Brunner
—*Poecilimon brunneri*

♂ 13-19 mm
♀ 14-20 mm
LO 6-8 mm

ALL–Brunners Buntschrecke

ANG–Brunner's Bright Bush-cricket

DESCRIPTION Ce barbitiste est petit et délicat. Sa couleur de base est un vert clair intense, rarement jaune clair, avec des mouchetures foncées. À partir des yeux, deux lignes blanches ou jaunâtres traversent le pronotum et s'étendent jusqu'aux cerques. Sur l'abdomen, elles s'élargissent et sont soulignées de foncé. Chez le mâle (**2B**), le pronotum est légèrement surélevé dans sa moitié postérieure qui est généralement de couleur brun clair. Chez le mâle toujours, les ailes bicolores clair-foncé dépassent un peu du pronotum, alors que chez la femelle (**2A**), elles sont généralement entièrement dissimulées. Les cerques rouges du mâle sont bien visibles. Ils sont coudés à angle droit vers le bas, en leur milieu, et ils sont effilés et aplatis à leur extrémité qui est noire.
OCCURRENCE Les adultes sont visibles de juin à août (pic en juillet). L'espèce est présente depuis la Serbie et la Macédoine jusqu'en Ukraine, *via* le nord de la Grèce, la Bulgarie et l'est de la Roumanie. Elle habite des ensembles de steppe sèche, mais aussi des prairies et pâturages denses à humidité fluctuante, jusqu'à une altitude d'environ 1 300 m.

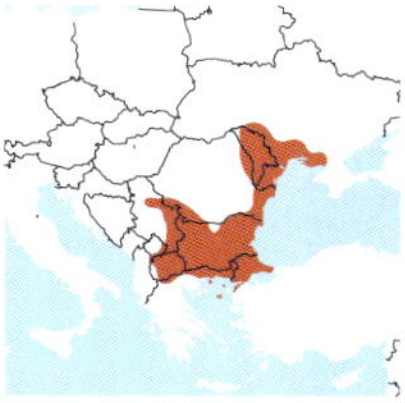

CHANT Le faible chant est similaire à celui du Barbitiste élégant. Il se compose d'accents émis à intervalles de 2 à 10 secondes et qui sonnent double. Ils peuvent être transcrits en « si-sit ».
ESPÈCE SIMILAIRE *Poecilimon macedonicus* est une espèce similaire du sud-est des Balkans, qui diffère par la forme des cerques du mâle, mais surtout, par ses émissions sonores.

1A

1B

2A

2B

1 Barbitiste à crochets
— Poecilimon hamatus

♂ 19-28 mm
♀ 22-28 mm
LO 12-15 mm

ALL – Haken-Buntschrecke

ANG – Hooked Bright Bush-cricket

DESCRIPTION Le mâle (**1A**) du Barbitiste à crochets est inconfondable en Europe avec sa coloration foncée et ses cerques en forme de « bottes ». Sa coloration d'un noir brillant s'estompe en mouchetures foncées sur les flancs, tandis que le dos est couvert de grandes taches blanches formant deux bandes longitudinales. De plus, la base des antennes, les yeux et le bord postérieur du pronotum au moins sont colorés en rouge intense. Le ventre est jaune vif chez les deux sexes. Chez le mâle, les ailes noir et blanc dépassent un peu du pronotum. Les cerques rouges possèdent une protubérance émoussée à leur extrémité, dirigée vers l'extérieur, qui est pourvue d'une fine dent terminale et d'une autre un peu avant qui est allongée vers l'intérieur. Vus de dessus, les cerques ont la forme de bottes. L'oviscapte de couleur verte à base noire (**1B**) contraste avec la couleur foncée du corps.
OCCURRENCE Les adultes apparaissent d'avril à juin (pic en mai). La très petite aire de répartition est limitée à certaines îles de la mer Égée (par exemple Lesbos, Rhodes, Samos) et à l'ouest de la Turquie. L'habitat est représenté par les broussailles et les prairies de montagne. Cette espèce est présente de la plaine à la montagne, jusqu'à environ 1 200 m.

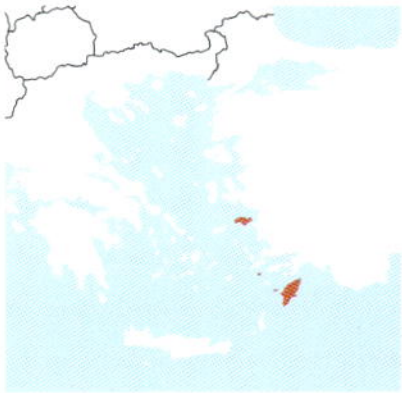

CHANT Le faible chant se compose de courtes phrases répétées toutes les 1 à 5 secondes.

2 Barbitiste magnifique
— Poecilimon thoracicus

♂ 15-20 mm
♀ 16-20 mm
LO 7-9 mm

ALL – Prächtige Buntschrecke

ANG – Bellied Bright Bush-cricket

DESCRIPTION Ce barbitiste est l'un des plus attrayants du point de vue coloration. Sa couleur de base consiste en un lumineux vert brillant ponctué de noir. Ce qui frappe également, c'est la coloration intensément rouge à brunâtre des bords antérieur et postérieur du pronotum, du dernier segment abdominal et des cerques. La coloration de la femelle (**2A**) est souvent moins intense, parfois uniformément verte. Le pronotum a la forme d'une selle encastrée, à bord postérieur tronqué. Les brèves ailes sont colorées en noir et blanc chez les deux sexes. L'arrière de la tête et l'axe médian du pronotum sont de couleur noire. Des taches triangulaires forment une bande longitudinale sur le dessus des segments de l'abdomen. Les forts cerques du mâle (**2B**) sont très incurvés vers l'intérieur dans leur moitié finale et ils se terminent par une dent foncée.
OCCURRENCE Les adultes peuvent être observés de mi-juin à fin septembre (pic en juillet). Cette espèce est présente dans le sud des Balkans, en Bosnie-Herzégovine, en Serbie et dans le nord de la Grèce. À l'est, elle atteint la mer Noire. En plaine, l'espèce préfère les biotopes de bordure le long de l'eau. En altitude, elle s'élève jusqu'à 2 000 m, où elle occupe des prairies denses, des lisières de forêts, des clairières et des mégaphorbiaies.

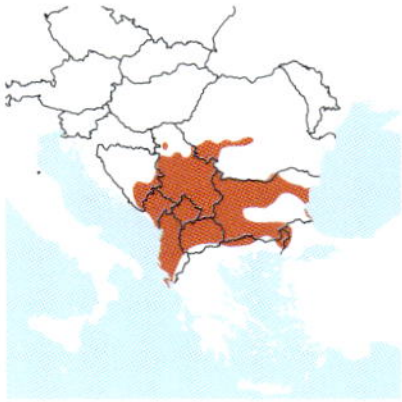

1A

1B

2A

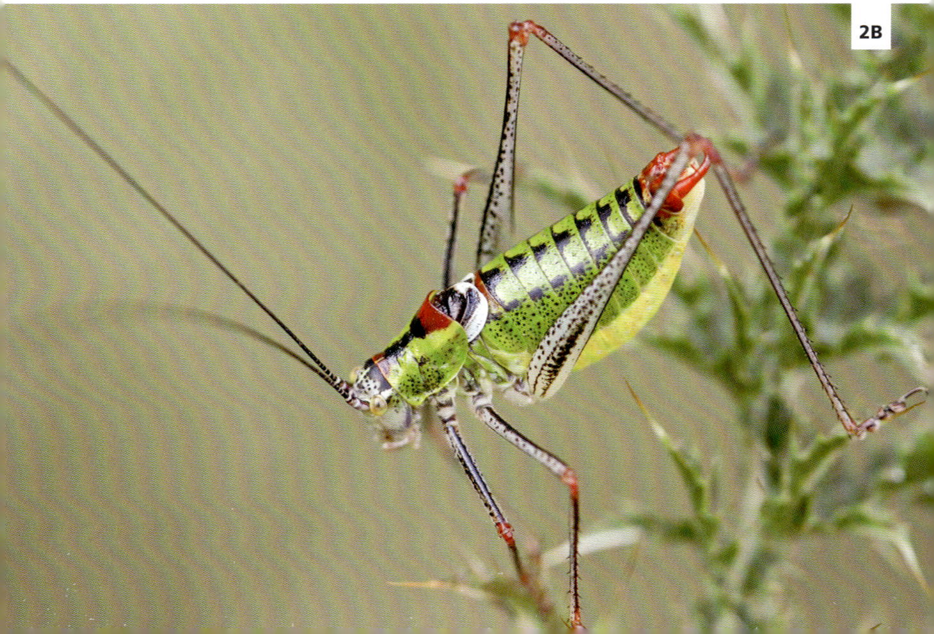
2B

1 | Barbitiste à bouclier
— *Polysarcus scutatus*

♂ 27-47 mm
♀ 28-45 mm
LO 15-25 mm

ALL – Kurzschwänzige Wanstschrecke

ANG – Short-tailed Bull Bush-cricket

DESCRIPTION Cette espèce ressemble en grande partie à la suivante, le Barbitiste ventru. Le mâle (**1A**) est souvent de coloration sombre, avec de grandes plages noires et des zones roses sur le pronotum et les pattes. Le sommet de la tête est environ deux fois plus large que le premier article des antennes, soit nettement plus étroit que chez le Barbitiste ventru. De plus, les robustes cerques (**1C**) sont moins longs et significativement plus épais que chez celui-ci, tandis que la plaque sous-génitale allongée est plus courte, puisqu'elle s'étend à peine au-delà des cerques.
OCCURRENCE Les adultes sont actifs de fin juin à août (pic en juillet). L'aire de répartition principale de cette espèce se trouve dans les Pyrénées. Cependant, certaines stations réduites sont également connues dans les Cévennes, les Alpes françaises et les Balkans (Macédoine, Serbie et Grèce du Nord). Certaines d'entre elles sont très isolées, mais elles peuvent néanmoins abriter des populations importantes. En raison de son aire de répartition très fragmentée et de ses fortes fluctuations démographiques, l'espèce est considérée comme menacée en Europe. Elle occupe surtout les prairies de montagne denses et les zones de pâturage au-dessus de 800 m.

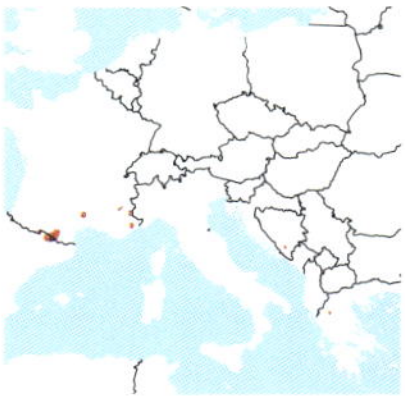

CHANT Le chant assez fort se compose de deux phases différentes. Dans la première, un bourdonnement strident et persistant est produit, qui devient ensuite plus lent avec de courtes et régulières interruptions.

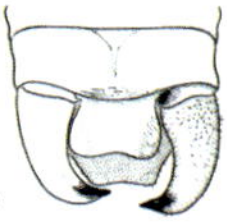

(**1C**) Extrémité de l'abdomen du ♂

2 | Barbitiste ventru
— *Polysarcus denticauda*

♂ 27-47 mm
♀ 28-45 mm
LO 15-25 mm

ALL – Gewöhnliche Wanstschrecke

ANG – Bull Bush-cricket

DESCRIPTION Le Barbististe ventru est l'un des plus gros phanéroptères d'Europe. Il est d'une coloration claire à gris-vert, souvent pigmentée de foncé. En cas de fortes densités de population, des individus très foncés parfois presque noirs apparaissent fréquemment. De temps en temps, deux lignes claires bordent l'abdomen. Le pronotum, relativement long, est plus ou moins largement ourlé de clair sur son bord inférieur. Il est légèrement en forme de selle chez le mâle. Les ailes jaunâtres sont bien visibles chez celui-ci (**2B**), mais sont presque entièrement dissimulées sous le pronotum chez la femelle (**2A**). Le deuxième segment dorsal des mâles est pourvu d'une bosse brune ressemblant à une verrue. Ce qui frappe, c'est la très longue plaque sous-génitale du mâle, qui fait une longue saillie entre les puissants cerques (**2B**). Ces derniers sont longs, incurvés vers l'intérieur dans leur tiers postérieur et terminés par une dent foncée. L'oviscapte est droit sur sa face inférieure et recourbé vers le haut à l'extrémité, celle-ci étant par ailleurs clairement denticulée.

OCCURRENCE Il s'agit d'une espèce précoce qui est pleinement développée à partir de mi-mai. On l'observe occasionnellement jusqu'en septembre (pic en juin-juillet). La principale aire de répartition est représentée par les Balkans, mais elle s'étend jusqu'au sud de la Pologne au nord. Vers l'ouest, elle est morcelée en différentes stations isolées jusqu'aux Pyrénées espagnoles. L'espèce fréquente les prairies et les pâturages à hautes herbes denses, principalement dans les collines et les montagnes.

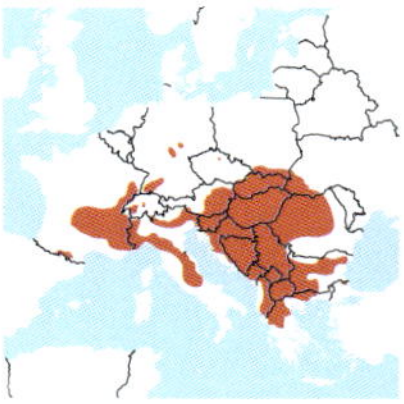

CHANT Le chant assez puissant peut être entendu jusqu'à 50 m de distance. C'est l'un des chants de sauterelle les plus complexes d'Europe. Il dure en général plusieurs minutes et se subdivise en plusieurs phases. Au démarrage, on entend des sons stridulés bégayants, puis ils se transforment en un bourdonnement régulier qui prend de l'ampleur et qui s'achève par un ou plusieurs « tsik ».

1A

1B

2A

2B

SOUS-FAMILLE DES SAGINAE (SAGINÉS) – Magiciennes

La sous-famille des Magiciennes, pauvre en espèces, rassemble les plus grands représentants européens de toutes les sauterelles et plus généralement de tous les insectes d'Europe. Quarante-trois espèces sont actuellement décrites dans le monde, dont 6 en Europe. Le corps des magiciennes est étonnamment étiré, avec de longues pattes postérieures à peine épaissies. De plus, la tête conique, les antennes presque de la longueur du corps et les pattes antérieures et médianes fortement épineuses sur leur face interne sont particulièrement frappantes.

1 Magicienne dentelée — *Saga pedo*

♂ 53 mm
♀ 53-75 mm
LO 31-41 mm

ALL – Europäische Sägeschrecke

ANG – Common Predatory Bush-cricket

DESCRIPTION Cette sauterelle imposante, mais très mimétique, est la plus grande parmi les espèces de sauterelles d'Europe tempérée. À cette latitude, on ne trouve pratiquement que des femelles (**1A**, **1B**). À ce jour, la seule preuve d'un mâle provient du Valais en Suisse en 2005. L'espèce est pratiquement aptère : elle n'a que de minuscules rudiments d'ailes lobés. Le long oviscapte mesure plus de la moitié de la longueur du corps, il est légèrement recourbé vers le haut et finement denticulé à son extrémité pointue. La couleur varie entre le vert clair et le vert-gris, rarement le brun clair. Une ligne latérale claire longe tout le corps, de la base des antennes jusqu'à l'oviscapte, par les bords inférieurs du pronotum et les flancs de l'abdomen. Les individus fortement contrastés ont deux bandes dorsales claires surlignées de triangles noirs (**1B**).
OCCURRENCE Les adultes sont visibles de fin juin à octobre (pic en juillet-août). Cette espèce est largement répandue en région méditerranéenne, depuis l'Espagne jusqu'à la Sibérie occidentale, *via* le sud de la France, la Suisse, l'Italie, l'Autriche et les Balkans. Cette vaste surface est ponctuée de nombreuses lacunes de présence. En Suisse, l'espèce n'est connue que dans la région de Coire et dans le Valais. Elle occupe des lieux chauds, notamment des pelouses herbeuses en partie denses, parsemées de buissons bas. Elle se tient généralement tranquille dans la végétation où il est extrêmement difficile de la découvrir.

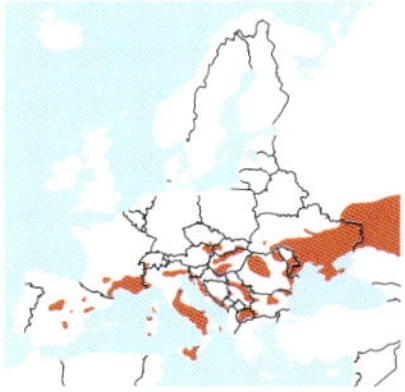

À SAVOIR La Magicienne dentelée est un prédateur d'autres petits animaux. Et en tant que chasseur à l'affût, elle saisit avec ses pattes fortement épineuses ceux qui passent près d'elle, en particulier les sauterelles. Elle domine sans difficulté même des espèces aussi combatives que le Dectique verrucivore, les sauterelles vertes ou les mantes religieuses. La disponibilité en insectes comme ressource alimentaire est donc cruciale pour la présence de cette espèce. Par rapport aux autres espèces du genre *Saga*, la Magicienne dentelée présente la particularité d'avoir un nombre double de chromosomes. On pense donc qu'elle résulte d'une hybridation entre deux espèces de magiciennes.
ESPÈCES SIMILAIRES Dans le sud des Balkans, il existe d'autres espèces du genre *Saga*, dont certaines sont très semblables. Il s'agit notamment de *Saga campbelli* et de *S. rammei*.

1A

1B

1 Magicienne grecque
—*Saga hellenica*

♂ 48-78 mm
♀ 48-78 mm
LO 26-37 mm

ALL – Griechische Sägeschrecke

ANG – Greek Predatory Bush-cricket

DESCRIPTION Cette espèce est semblable à la précédente. Sa taille est variable, mais elle peut être considérable. À côté d'individus uniformément verts, il en existe d'autres assez colorés. Souvent la tête est claire ou rougeâtre. Le bord postérieur du pronotum est fortement relevé vers le haut chez le mâle (**1A**). Les ailes, jaunâtres à vertes, sont brunâtres sur le dessus et sont presque aussi longues que le pronotum. Vu de côté, le bout de l'aile est convexe et déborde généralement de la bordure supérieure de l'aile. Les cerques du mâle sont épais et aplatis à la base. Ils possèdent une extrémité fortement incurvée vers l'intérieur, de laquelle saille également vers l'intérieur une dent terminale en forme de crochet. L'oviscapte est similaire à celui de la Magicienne dentelée, en un peu plus fort dans l'ensemble.
OCCURRENCE Les adultes apparaissent de fin mai à septembre (pic en juin-juillet). La limite nord de répartition n'est pas très bien connue. L'espèce est probablement présente jusqu'au Monténégro. En direction du sud, elle est répandue jusqu'au Péloponnèse. Elle habite les prairies et pâturages, ainsi que les mégaphorbiaies, les friches et les broussailles.

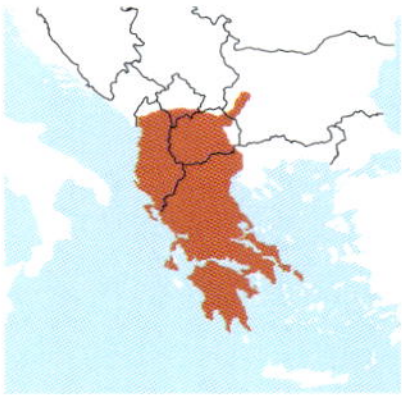

CHANT Le chant consiste en une forte phrase stridulée et elle est généralement émise d'un site surélevé. Lors des fortes activités de chant, les phrases d'une durée de 2 à 4 secondes se succèdent à intervalles réguliers. Elles débutent faiblement, prennent rapidement de l'ampleur et se terminent brusquement.

2 Magicienne des Balkans
—*Saga natoliae*

♂ 52-89 mm
♀ 52-89 mm
LO 31-45 mm

ALL – Balkan-Sägeschrecke

ANG – Anatolian Predatory Bush-cricket

DESCRIPTION La Magicienne des Balkans est probablement l'insecte le plus impressionnant d'Europe ! En plus de sa taille énorme, elle est souvent très colorée et contrastée. La tête est principalement brun foncé à noir sur le dessus et brun rougeâtre sous les yeux. Le bord postérieur du pronotum est relevé et presque toujours ourlé de noir. Les ailes du mâle (**2A**) sont claires, sauf leur base qui est noirâtre, et elles sont nettement plus courtes que le pronotum. Vu de côté, le bord supérieur de l'aile est convexe. Chez le mâle, les cerques coniques sont légèrement incurvés vers l'intérieur et vers le bas. Ils se terminent par une dent pointue. Le puissant oviscapte (**2B**) mesure environ la moitié de la longueur du corps et n'est que légèrement recourbé vers l'extrémité.
OCCURRENCE Les adultes apparaissent de fin juin à septembre (pic en juillet). L'aire de cette espèce couvre les côtes monténégrine et albanaise, le nord-est de la Grèce, la Macédoine, le sud de la Bulgarie et l'Anatolie jusqu'en Syrie. Son habitat est représenté par les broussailles, les champs en jachère, les friches parsemées de buissons isolés ou les mégaphorbiaies.

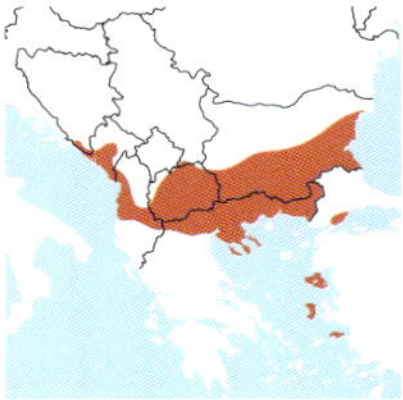

CHANT Le chant est similaire à celui de l'espèce précédente.

1A
1B
2A
2B

SOUS-FAMILLE DES TETTIGONIINAE (TETTIGONIINÉS) – Grandes sauterelles et sauterelles vraies

Environ 900 espèces de cette sous-famille diversifiée sont connues dans le monde à ce jour. En Europe, on en compte environ 230. Les Tettigoniinés ont des orifices tympanaux en forme de fente. Les antennes atteignent environ 1,5 à 2 fois la longueur du corps chez toutes les espèces. Les sauterelles vertes sont de grands et forts insectes, dont la couleur générale est principalement verte. Les ailes sont d'un vert uni ou teinté de brun sur le dessus, mais elles ne sont jamais pourvues de marques quadrangulaires foncées. Quant aux dectiques (Decticinae), la plupart sont bruns ou gris. Seuls quelques-uns sont de couleur verte. Ce sont des sauterelles de taille petite à moyenne et leurs ailes ont souvent des motifs quadrangulaires foncés. Par le passé, ils étaient considérés comme une sous-famille distincte. C'est toujours le cas pour certains auteurs.

1 | Grande Sauterelle verte — *Tettigonia viridissima*

♂ 28-34 mm
♀ 27-38 mm
LO 23-32 mm

ALL – Grünes Heupferd

ANG – Great Green Bush-cricket

DESCRIPTION Cette espèce a une couleur uniformément verte, avec un dos brun. Parfois, les pattes sont jaunâtres. Il est rare d'observer des individus de couleur ocre. Les ailes très longues s'étendent bien au-delà des genoux postérieurs et recouvrent complètement l'oviscapte de la femelle (**1A**). Celui-ci est rectiligne ou légèrement incurvé vers le bas. Il est presque aussi long que le corps (**1C**). Les cerques du mâle (**1D**) sont longs et digitiformes, avec une base épaisse. Ils sont légèrement incurvés vers l'intérieur et leur extrémité est émoussée. Ils sont pourvus d'une petite dent intérieure dans leur premier tiers.
OCCURRENCE Les adultes sont visibles de mi-mai à fin octobre (pic en août). L'aire de répartition s'étend à travers l'Europe jusqu'au sud de l'Angleterre et au sud de la Scandinavie. L'espèce est plutôt thermophile, mais est par ailleurs peu exigeante et se rencontre dans les villes, les jardins, les terres arables, les forêts, les lisières et les prairies. Elle fréquente des habitats aussi bien secs qu'humides. Elle atteint des densités particulièrement élevées dans les jachères humides. Aux altitudes plus élevées des moyennes montagnes, des pré-Alpes et des Alpes, l'espèce est souvent remplacée par la Sauterelle cymbalière. Elle est rarement trouvée au-dessus de 1 500 m d'altitude dans les Alpes. Au printemps, on observe souvent les juvéniles sur les fleurs de pissenlit, tandis que les adultes préfèrent se tenir sur des végétaux plus élevés tels que des vivaces, des arbustes, des arbres, ainsi que des maisons.
CHANT Le chant fort peut porter jusqu'à environ 100 m et consiste en un cliquetis aigu. Il débute brusquement et se termine de la même façon. Les strophes sont brièvement interrompues toutes les 1 à 2 secondes, ce qui lui donne un rythme saccadé qui est typique de l'ambiance sonore d'une nuit d'été.

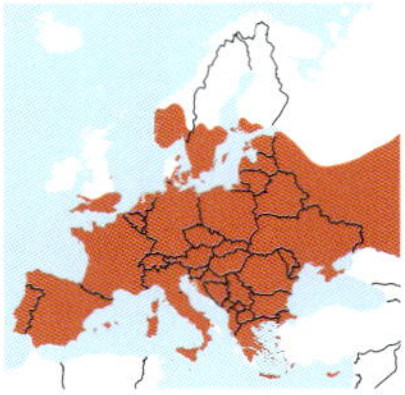

À SAVOIR La Grande Sauterelle verte est un excellent voilier. Jusqu'au début du XXe siècle, des essaims entiers étaient parfois observés après les récoltes de céréales. Elle se nourrit en prédatant d'autres insectes, mais aussi de végétaux. Les œufs sont pondus dans le sol et peuvent y demeurer jusqu'à cinq ans. Les juvéniles éclosent au plus tôt après le deuxième hivernage. On peut les observer tôt dans l'année et ils se nourrissent fréquemment de pollen de pissenlit. Dans le passé, cette sauterelle était parfois commercialisée dans des cages en Allemagne pour bénéficier du fond sonore produit par son chant persistant.

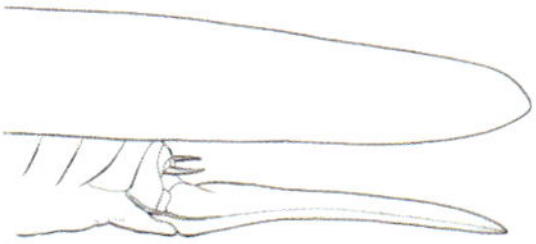

(**1C**) Extrémité de l'abdomen de la ♀

(**1D**) Cerque du ♂

1A

1B

1 Sauterelle cymbalière
— *Tettigonia cantans*

♂ 21-31 mm
♀ 29-33 mm
LO 20-25 mm

ALL – Zwitscher-Heupferd

ANG – Upland Green Bush-cricket

DESCRIPTION Les ailes courtes permettent facilement de distinguer cette espèce de la précédente. Elles sont larges et ne dépassent que légèrement les genoux postérieurs. L'oviscapte (**1C**) est droit ou légèrement recourbé vers le haut. Il s'étend bien au-delà de l'extrémité des ailes. Les cerques du mâle (**1D**) sont plus courts que chez l'espèce précédente et ils sont épais à la base, avec une dent intérieure dans leur premier tiers. À leur extrémité, ils sont légèrement incurvés vers l'intérieur et sont émoussés au bout. La couleur de base de cette espèce est verte à jaune paille, plus rarement jaunâtre délavé (**1A**). Une bande longitudinale brune parcourt le dos, de la tête jusqu'aux ailes, en passant par le pronotum. L'organe sonore est généralement de couleur brun foncé.
OCCURRENCE Les adultes sont visibles de fin juin à octobre (pic en août). L'aire de répartition s'étend des Pyrénées au Danemark et au sud de la Finlande, à travers l'Europe centrale. À l'est, elle s'étend loin vers la région asiatique, par les Balkans du nord. En tant qu'espèce à tendance hygrophile, elle occupe les lieux humides, que ce soit des bandes herbeuses, des prairies, des landes, des jachères, des sites rudéraux ou des lisières de forêts. Parfois, elle cohabite avec l'espèce précédente, bien qu'elle fréquente des habitats plus humides et plus frais que cette dernière.
CHANT Le chant est fort : il est audible jusqu'à environ 100 m. En journée, il consiste en phrases stridulées et ascendantes d'une durée de 1 à 3 secondes, intercalées de pauses de même durée. À basse température, autour de 10 °C, le chant se transforme en une sonorité râpeuse persistante comparable à une machine, dont les accents individuels deviennent clairement audibles et qui sont émis sans interruption pendant de longues minutes.

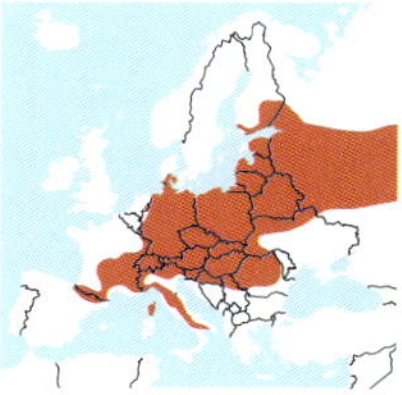

À SAVOIR Avec sa coloration verte, cette espèce est parfaitement camouflée dans la végétation, que ce soit dans les arbustes ou les buissons. Si l'on s'approche d'un chanteur (**1B**), il se tait immédiatement et on ne peut alors le repérer qu'avec difficulté et persévérance.

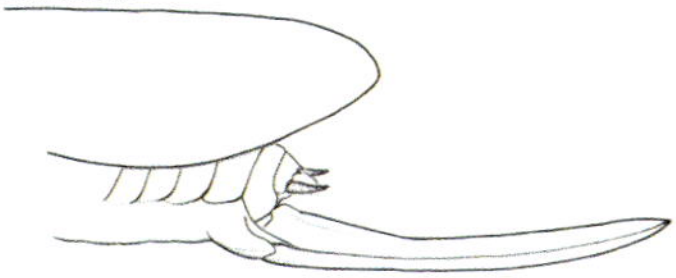

(**1C**) Extrémité de l'abdomen de la ♀

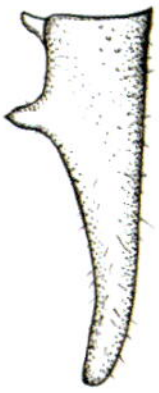

(**1D**) Cerque du ♂

1A

1B

1 Sauterelle verte orientale (S. des Grisons) —*Tettigonia caudata*

♂ 25-30 mm
♀ 27-35 mm
LO 33-38 mm

ALL – Östliches Heupferd

ANG – Eastern Green Bush-cricket

DESCRIPTION Par rapport aux autres espèces de *Tettigonia*, celle-ci est uniformément vert clair. Chez le mâle (**1B**), seul l'organe sonore des élytres est brun. Les épines noires du dessous des pattes postérieures et les yeux gris-blanc sont caractéristiques. Les ailes s'étendent bien au-delà des genoux postérieurs et chez la femelle, contrairement à la Grande Sauterelle verte, elles ne couvrent pas complètement l'oviscapte (**1A**). Celui-ci est nettement plus long que chez l'espèce précitée et légèrement incurvé vers le bas. Les cerques du mâle sont épaissis à leur base, ils sont pourvus d'une solide dent intérieure près de celle-ci et sont tout au plus légèrement incurvés vers l'intérieur. Leur extrémité est émoussée.
OCCURRENCE Les adultes sont visibles de mi-juillet à octobre en Europe tempérée et de mi-mai à août (individus sporadiques au cours de ce mois) dans le sud de leur aire de répartition. Cette sauterelle est une espèce orientale dont la limite ouest se trouve en Saxe-Anhalt (Allemagne) et en basse Engadine (Suisse). Comme son nom l'indique, elle est répandue dans toute l'Europe de l'Est. Elle occupe principalement les espaces cultivés, tels que les jachères, les champs de céréales, les pâturages, les friches ou les bordures herbeuses de route.

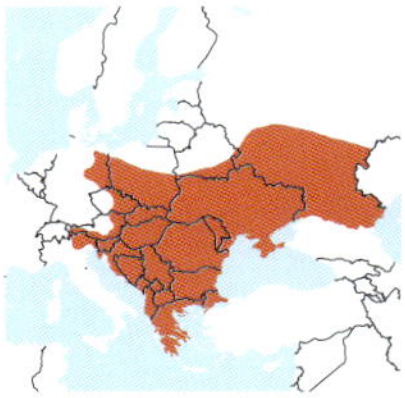

CHANT Le chant rappelle celui de la Sauterelle cymbalière, mais il est un peu plus faible et ne porte que jusqu'à 50 m environ. Les phrases stridulées durent de 2 à 4 secondes et sont émises à intervalles réguliers de 1 à 2 secondes. Le chant est exécuté de jour comme de nuit, les phrases étant beaucoup plus longues la nuit. Mais contrairement à la Sauterelle cymbalière, le chant est identique jour et nuit.

2 Sauterelle verte des Balkans —*Tettigonia balcanica*

♂ 21-31 mm
♀ 29-33 mm
LO 25-32 mm

ALL – Balkan-Heupferd

ANG – Balkan Green Bush-cricket

DESCRIPTION La Sauterelle verte des Balkans rappelle la Sauterelle cymbalière, aussi bien par son apparence que par son chant. Cependant, elle est un peu plus menue. Ses larges ailes dépassent de peu les genoux postérieurs et deviennent progressivement plus étroites à partir de leur milieu. Par rapport à l'espèce précitée, elles sont tout au plus légèrement plus larges au milieu, mais ensuite plus étroites que celles de cette espèce. L'oviscapte (**2B**) atteint la longueur du corps et il est légèrement incurvé vers le bas. La couleur de base de cette espèce est verte, parfois jaunâtre à brunâtre. Une bande longitudinale brune parcourt le dos de la tête aux ailes.
OCCURRENCE On observe les adultes de fin juin à août (pic en juillet). L'aire de répartition de l'espèce s'étend du sud de la Croatie au nord jusqu'à la Grèce au sud. À l'est, elle atteint presque la mer Noire, par la Bulgarie. En tant qu'espèce montagnarde, elle vit jusqu'à une altitude de 2 000 m environ. Elle occupe des alpages denses, des zones herbeuses riches en buissons, des mégaphorbiaies, des lisières de forêts et des clairières forestières.

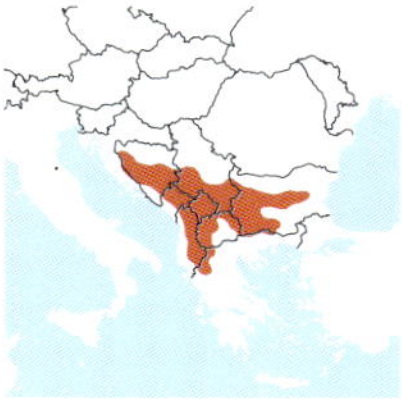

CHANT Son chant est similaire à celui de la Sauterelle cymbalière, mais beaucoup plus fort, et il se compose de phrases plus courtes. Celles-ci sont généralement séparées par des pauses plus longues et se suivent à intervalles réguliers. Le chant commence vers midi et se déroule surtout au crépuscule et de nuit.
À SAVOIR Cette espèce vit très cachée dans les buissons et sur les arbres, et parfois aussi dans une végétation herbacée dense, dans lesquels elle est difficile à repérer.

1A

1B

2A

2B

1 | Dectique verrucivore —*Decticus verrucivorus*

♂ 26-34 mm
♀ 27-42 mm
LO 19-25 mm

ALL–Warzenbeißer

ANG–Common Wart-biter

DESCRIPTION Chez cette espèce de forte stature, la tête et le pronotum sont larges. Elle est de coloration verte, avec parfois des zones plus foncées sur le pronotum et une ligne de taches noires sur l'abdomen. Mais il existe également des individus bruns ou gris. Les yeux sont foncés et les antennes aussi longues que le corps. La fine carène médiane du pronotum s'étend sur toute la longueur de celui-ci. Les ailes sont de longueur variable selon les régions : en Europe centrale, elles n'atteignent pas les genoux postérieurs et sont marquées de carrés noirs, tandis qu'en Europe de l'Est et du Sud-Est, elles sont significativement plus longues, dépassant les genoux postérieurs. Le long et puissant oviscapte (**1B**) est légèrement arqué vers le haut. Les cerques du mâle (**1C**) sont pourvus d'une solide dent intérieure implantée au-delà de leur milieu.

OCCURRENCE Les adultes peuvent être observés de juin à octobre (pic en juillet-août). La vaste aire de répartition de l'espèce s'étend du centre du Portugal et du centre de l'Espagne jusqu'en Scandinavie, où elle pénètre presque jusqu'au cercle polaire. Elle est répandue dans les Balkans. Son habitat consiste en prairies et pâturages secs bien ensoleillés, ainsi qu'en prairies humides avec une végétation de densité variable. Pour la ponte, ce sont les zones de sol nu qui sont utilisées.

CHANT Une fois que le fort chant a pris de la vitesse, il consiste en une succession rapide et régulière de « tzrick » aigus qui rappelle un arroseur de pelouse. En début d'activité de chant, les « tzrick » sont émis isolément et avec hésitation, puis ils se succèdent de plus en plus rapidement au fil du temps, jusqu'à production du chant continu.

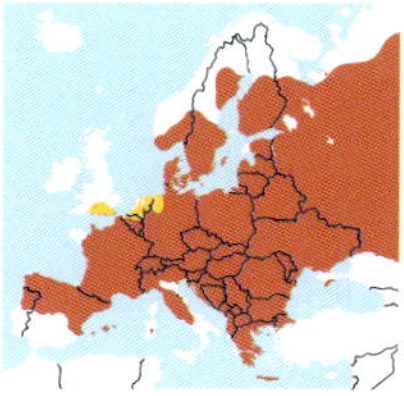

À SAVOIR Le lourd et maladroit Dectique verrucivore évoque une grenouille lors de ses sauts. Il est sensible aux changements qui affectent son habitat. L'intensification de l'exploitation des prairies est la dégradation la plus fréquente et elle conduit rapidement à sa disparition. Les œufs sont pondus dans le sol en des sites dépourvus de végétation et peuvent y survivre jusqu'à sept années lorsque les conditions environnementales sont défavorables. En conditions normales, les juvéniles éclosent l'année suivante. Le qualificatif « verrucivore » provient de l'utilisation ancienne de cet insecte pour combattre les verrues. Les individus capturés se défendent en éjectant avec leurs puissantes mandibules un liquide intestinal à effet légèrement caustique. Ce remède domestique a dû rendre bien des services par le passé.

(**1C**) Cerque du ♂

1A

1B

1 Dectique à front blanc
—*Decticus albifrons*

♂ 29-41 mm
♀ 32-39 mm
LO 22-28 mm

ALL–Südlicher Warzenbeißer

ANG–Mediterranean Wart-biter

DESCRIPTION Le Dectique à front blanc est semblable à un grand Dectique verrucivore à longues ailes. Le risque de confusion est particulièrement élevé dans le sud-est de l'Europe, où celui-ci a des ailes plus longues. La coloration est grise à brunâtre et parfois très foncée. Les lobes latéraux du pronotum sont largement soulignés de clair, leur bord inférieur étant le plus souvent marbré de grisâtre. Les ailes extrêmement longues dépassent nettement les genoux postérieurs et sont mouchetées de noir et blanc. La caractéristique la plus sûre pour différencier cette espèce du Dectique verrucivore sont les cerques du mâle, qui sont pourvus d'une solide dent intérieure à leur base. L'oviscapte (**1B**) est légèrement recourbé vers le haut et faiblement denticulé à son extrémité.

OCCURRENCE Les adultes sont visibles de juillet à octobre (pic en juillet). L'aire de répartition de l'espèce est limitée à l'Europe du Sud (y compris les îles Canaries et Madère), où elle est répandue et parfois très commune. Elle ne manque que dans le centre des Balkans. De temps à autre, des égarés atteignent le sud de la Suisse. Cette espèce fréquente les terrains en friche et les broussailles de toutes sortes. En montagne, on la trouve également dans des prairies et pâturages plus denses, en compagnie du Dectique verrucivore.

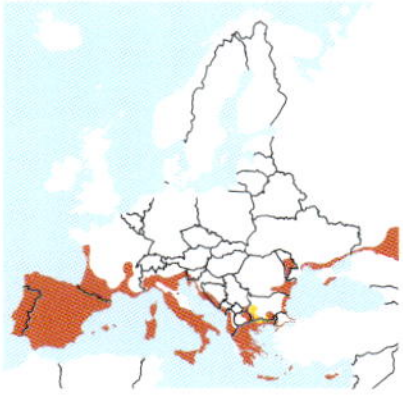

CHANT Le chant est similaire à celui du Dectique verrucivore, en plus fort et avec des sons « tzick » encore plus nets et monosyllabiques. Le chant est audible jusqu'à 30 à 50 m.

À SAVOIR Contrairement au Dectique verrucivore, cette espèce pourvue de longues ailes est très apte au vol. Elle atteint des densités très élevées par endroits et elle se tient non seulement sur le sol, mais aussi sur les buissons et parfois sur les arbres. À l'inverse, le Dectique verrucivore se tient toujours près du sol et ne grimpe que sur des vivaces, qu'il utilise comme emplacement de chant.

2 Dectique à front rouge
—*Bucephaloptera bucephala*

♂ 17-25 mm
♀ 17-25 mm
LO 13-17 mm

ALL–Bullige Beißschrecke

ANG–Red-headed Bush-cricket

DESCRIPTION Par la partie antérieure de son corps large et compacte, cette espèce rappelle un juvénile de l'espèce précédente. Sa couleur de base est de brun-gris à brun rougeâtre, avec des marbrures. Le front, et parfois la tête toute entière, ainsi que le pronotum peuvent être rougeâtres à rouge orangé intense. La bordure des lobes latéraux du pronotum est légèrement éclaircie. Deux lignes claires, surlignées de foncé notamment à l'extérieur, bordent l'abdomen. Les petites ailes ne couvrent que le premier ou les deux premiers segments abdominaux chez le mâle (**2A**) et seulement le premier chez la femelle (**2B**). Le mince oviscapte est légèrement recourbé vers le haut à partir du milieu. Ce qui frappe chez le mâle, c'est le 10e tergite, qui porte deux appendices recourbés vers le bas et hérissés d'épines sur leurs bords. La base des cerques courts et coniques est pourvue d'une longue dent intérieure en forme de crochet.

OCCURRENCE Les adultes apparaissent de fin juin à septembre (pic en juillet-août). L'aire de répartition de l'espèce s'étend du sud de l'Albanie à la Grèce continentale, puis vers la Bulgarie et la Turquie. L'espèce habite des prairies et pâturages secs à végétation lacunaire, des friches, des jachères et des bordures sèches.

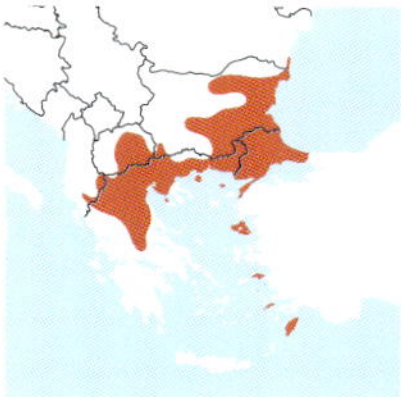

CHANT Le faible chant à haute fréquence est produit le soir et la nuit. Il se compose d'accents qui sonnent comme « ssst » et qui sont émis toutes les 2 à 4 secondes.

1A

1B

2A

2B

1 Decticelle des brandes — *Gampsocleis glabra*

♂ 22-27 mm
♀ 20-26 mm
LO 18-23 mm

ALL – Heideschrecke

ANG – Steppe Spiny Bush-cricket

DESCRIPTION Cette espèce rappelle un Dectique verrucivore gracile ayant des ailes étroites. La couleur de base est le vert, le brun ou le grisâtre. La bordure des lobes latéraux du pronotum est ourlée d'une ligne claire bien définie. Les ailes tachées de foncé couvrent l'abdomen, mais n'atteignent pas les genoux postérieurs. Les cerques du mâle (**1A**), épaissis à la base, sont légèrement aplatis sur leur bord interne. Ils possèdent une dent intérieure tournée vers le bas en leur milieu. L'oviscapte (**1B**) est presque de la longueur du corps, de forme rectiligne ou légèrement incurvé vers le bas et biseauté en haut.
OCCURRENCE Les adultes apparaissent de mi-juin à octobre (pic en juillet-août). L'aire de répartition de cette espèce est très vaste, des Pyrénées à la Mongolie, mais elle est très fragmentée en Europe. L'espèce est éteinte en de nombreux endroits. Elle figure sur la liste de préalerte des espèces menacées en Europe. Les populations les plus importantes se trouvent dans les vastes zones steppiques d'Europe de l'Est. Mais l'espèce est encore relativement commune dans les Cévennes en France. En Europe centrale, la plupart des stations ne subsistent que dans les terrains d'entraînement militaire. En tant qu'espèce thermophile, la Decticelle des brandes habite des prairies à longues herbes et à strate herbacée pas trop dense et lacunaire. Dans le nord de l'Allemagne et aux Pays-Bas, l'espèce est également connue dans les landes à éricacées. Les habitats sont bien ensoleillés et secs. Ce n'est que rarement que des bordures humides de surfaces en eau sont également occupées.

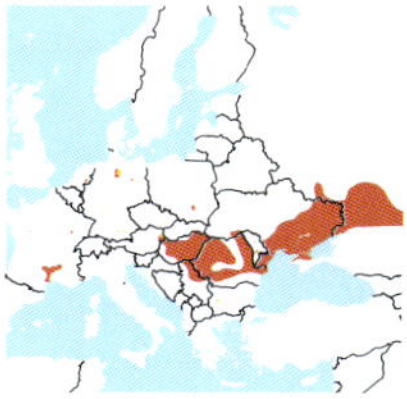

CHANT Le chant bourdonnant et persistant est sonore. Il est audible jusqu'à 50 m. Il est un peu similaire à celui de la Decticelle bariolée, mais avec une sonorité plus grossière et cliquetante.

2 Decticelle à courtes ailes — *Gampsocleis abbreviata*

♂ 23-28 mm
♀ 24-38 mm
LO 17-27 mm

ALL – Kurzflügelige Heideschrecke

ANG – Short-winged Spiny Bush-cricket

DESCRIPTION Cette decticelle est de couleur brunâtre à grisâtre. Les individus verts sont rares. Le corps présente des motifs très contrastés, les zones claires étant souvent teintées de rose. La bordure des lobes latéraux du pronotum est ourlée de clair, les post-fémurs de couleur claire possèdent deux rayures longitudinales foncées sur leur face externe. Cette espèce se distingue bien de la précédente par ses ailes courtes. Chez le mâle (**2A**), les ailes sont à peu près de la même longueur que le pronotum, tandis qu'elles sont plus courtes chez la femelle (**2B**). Les ailes sont ornées de motifs contrastés, avec des nervures longitudinales foncées, d'autres transversales claires et des marques carrées. Le champ costal alaire est traversé par une rayure verticale claire. Les cerques du mâle sont pourvus à leur base d'une dent intérieure épaisse. Le mince oviscapte est légèrement recourbé vers le bas, un peu élargi vers l'extrémité et biseauté en haut.

OCCURRENCE Les adultes peuvent être observés de mi-juin à août (pic en juillet). Au nord, l'aire de répartition atteint presque Zagreb en Croatie. De là, elle s'étend à travers les Balkans occidentaux jusqu'à la Grèce orientale et au Péloponnèse. L'espèce occupe les friches, jachères, bordures herbeuses et prairies de montagne. La plupart du temps, les individus restent dans la strate herbeuse près du sol. Mais les mâles chanteurs aiment se tenir sur des postes de chant surélevés dans la végétation.

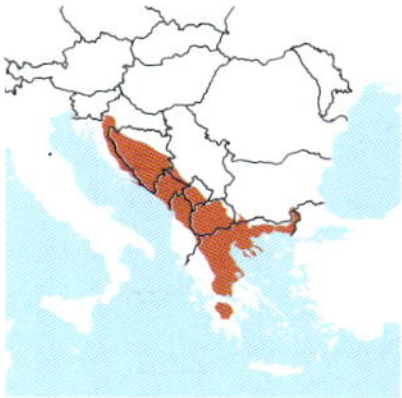

CHANT Le chant fort peut être décrit comme un bourdonnement retentissant. Il est émis pendant de nombreuses minutes et il est audible à 30 à 50 m.

1A

1B

2A

2B

1 Decticelle chagrinée
—*Platycleis albopunctata*

♂ 15-22 mm
♀ 20-24 mm
LO 9-12 mm

ALL–Westliche Beißschrecke

ANG–Common Grey Bush-cricket

DESCRIPTION Les couleurs grises ou brunâtres dominent chez cette espèce. Parfois, la tête et le dessus du pronotum sont brun rougeâtre, ou plus rarement colorés en vert. La fine carène médiane du pronotum n'est apparente que dans la partie postérieure. Les bords latéraux de celui-ci sont ornés d'un motif marbré clair. Les longues ailes atteignent les genoux postérieurs ou les dépassent légèrement. Les macules foncées du champ alaire médian alternent avec des nervures transversales blanches. Les cerques clairs du mâle (**1B**) ont une dent intérieure implantée au-delà de leur milieu. Les organes sexuels de la femelle (**1A**) sont particulièrement importants pour la détermination des espèces du genre *Platycleis*. L'oviscapte foncé est recourbé vers le haut. La plaque sous-génitale (**1C**) est rétrécie vers le bord postérieur, qui est ourlé. La fine sclérite latérale est séparée de la base de la plaque sous-génitale, ce qui distingue cette espèce de la suivante.
OCCURRENCE Les adultes sont visibles de juin à octobre. La Decticelle chagrinée est répandue en Europe occidentale, où la limite est de répartition passe par les Alpes. L'espèce est xérothermophile. Elle peuple des prairies et pâturages bien ensoleillés, souvent exposés au sud, pourvus d'une strate herbacée richement structurée, c'est-à-dire comprenant à la fois des zones denses et d'autres exemptes de végétation. On trouve l'espèce dans les steppes rocheuses, les friches, les vignobles, les pentes pierreuses, les carrières, les talus de route secs et les bordures de champs extensifs.

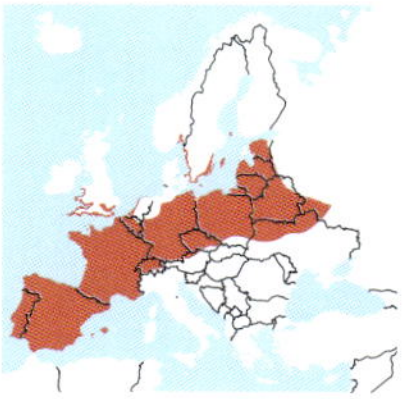

CHANT Le chant plutôt faible ressemble à un « ssrrb-ssrrb-ssrrb » raclé qui peut durer plusieurs minutes. Par température estivale, 2 à 4 phrases par seconde sont émises, chacune composée de 4 à 5 accents. Le chant, de haute fréquence, n'est pas perçu par les personnes d'un certain âge. Mais grâce à un détecteur d'ultrasons, il est perceptible à grande distance.

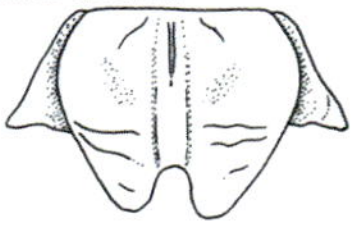

1C Plaque sous-génitale de la ♀

2 Decticelle grisâtre
—*Platycleis grisea*

♂ 15-22 mm
♀ 20-24 mm
LO 9-12 mm

ALL–Graue Beißschrecke

ANG–Eastern Grey Bush-cricket

DESCRIPTION La Decticelle intermédiaire est très semblable à l'espèce précédente, dont elle est parfois considérée comme une sous-espèce. Les deux peuvent être distinguées par les titillateurs du mâle et la plaque sous-génitale de la femelle. Chez la présente espèce, les titillateurs sont plus minces que chez l'autre. D'autre part, les bords de la plaque sous-génitale de la femelle (**2C**) sont approximativement parallèles ou tout au plus légèrement resserrés. Son extrémité est convexe. La variabilité morphologique est cependant considérable, avec un fort chevauchement des caractéristiques dans la zone de contact des deux espèces. Enfin, chez la présente espèce, contrairement à la précédente, la sclérite latérale en forme de lobe se confond avec la base de la plaque sous-génitale. En cas d'incertitude, il convient d'étudier plusieurs individus pour la détermination.
OCCURRENCE L'espèce est distribuée dans les Alpes du Sud, en Italie et en Europe de l'Est. La phénologie et les habitats sont les mêmes que chez l'espèce précédente.
CHANT Il n'est pas distinguable de celui de l'espèce précédente.

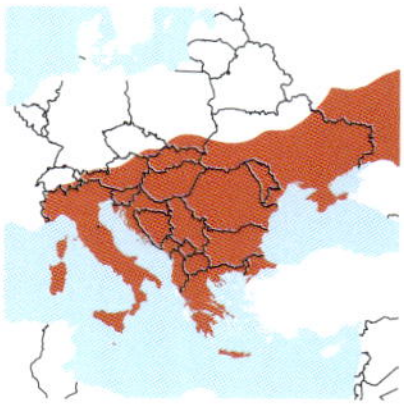

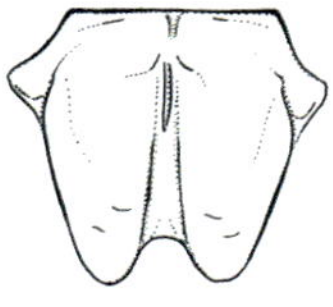

2C Plaque sous-génitale de la ♀

1A

1B

2A

2B

1 | Decticelle côtière
—*Platycleis affinis*

♂ 18-25 mm
♀ 20-26 mm
LO 11-14 mm

ALL–Südliche Beißschrecke

ANG–Tuberous Grey Bush-cricket

DESCRIPTION La Decticelle côtière est une grande et mince espèce de *Platycleis*, munie de longues ailes qui dépassent généralement de manière très nette les genoux postérieurs. Sa couleur de base est le gris-brun. Les ailes sont typiques du genre *Platycleis*, avec des taches noires et des nervures transversales blanches. La coloration offre un contraste plus important que chez les autres espèces de ce genre. Les minces cerques de couleur claire du mâle (**1B**) sont pourvus d'une dent intérieure sombre au-delà du milieu. En vue latérale, la nette cuspide de la 7e plaque abdominale de la femelle (**1A**) est frappante, ce qui permet de distinguer facilement cette espèce de *Platycleis albopunctata* et de *Platycleis grisea*. L'oviscapte est légèrement plus long, et moins recourbé vers le haut, que chez les espèces de *Platycleis* similaires. La couleur est généralement d'un bronze plus prononcé.
OCCURRENCE Les adultes apparaissent de fin juin à mi-octobre (pic en août). L'aire de répartition de l'espèce est divisée en deux parties séparées, au sud-ouest et au sud-est de l'Europe, en raison de son absence dans tout le nord de l'Italie. Au nord-est, l'espèce se rencontre jusqu'à la région pannonienne en Autriche. Elle est répandue et parfois commune dans les Balkans. En tant qu'espèce très xérothermophile, la Decticelle côtière habite les jachères et les terrains vagues, les steppes rocheuses et les prairies ou pâturages à végétation lacunaire. Il est moins courant de la trouver dans des habitats humides, principalement dans des secteurs qui s'assèchent en été.

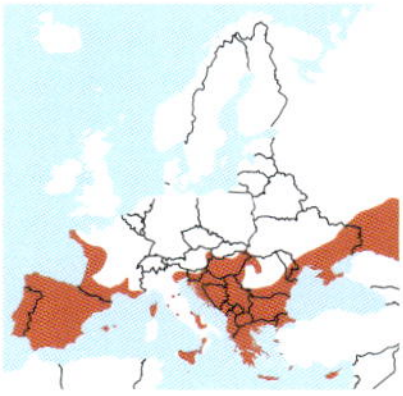

CHANT C'est par le chant qu'il est le plus aisé d'identifier cette espèce et de la distinguer des autres *Platycleis* semblables. Les microaccents émis en début et en fin de phrase sont caractéristiques. Le chant peut être retranscrit en « rtrtrtrt-sisisisisisisi-trtrtrt ». Cependant, les microaccents sont livrés de façon variable : seulement à la fin, que quelques-uns ou aucun…
ESPÈCES SIMILAIRES *Platycleis escalerai*, espèce très semblable, est présente dans le sud des Balkans et localement en Italie. Elle est un peu plus grande. Par ailleurs, chez la femelle, la bosse du 7e sternite est légèrement plus ronde et le 6e sternite est légèrement courbé vers l'extérieur.

2 | Decticelle intermédiaire
—*Platycleis intermedia*

♂ 16-23 mm
♀ 18-27 mm
LO 8-13 mm

ALL–Mittlere Beißschrecke

ANG–Intermediate Grey Bush-cricket

DESCRIPTION Cette espèce rappelle une *Platycleis albopunctata* mince et à longues ailes. Elle est d'une couleur gris-brun peu contrastée et souvent légèrement teintée de rose. Les ailes sont très longues et vont au-delà des genoux postérieurs. Typiquement, une tache brune marque l'apex. Les cerques du mâle possèdent une dent intérieure au-delà de leur milieu. Chez la femelle (**2B**), l'oviscapte noir est plus robuste, plus court et plus recourbé vers le haut que chez l'espèce précédente. Les critères les plus importants se rapportent aux derniers sternites de la femelle : le 6e est légèrement recourbé vers l'extérieur et le 7e (**2C**) porte deux fines saillies transversales.
OCCURRENCE Les adultes sont visibles de juin à octobre (pic en juillet-août). Cette espèce est répandue en Europe méridionale, en Afrique du Nord et en Asie occidentale. En Europe, on la trouve depuis le Portugal jusqu'à la Grèce et à l'Iran, par l'Espagne, l'Italie et les Balkans occidentaux. Elle occupe des prairies ou pâturages secs et bien ensoleillés, avec une végétation lacunaire, ainsi que des friches et jachères.

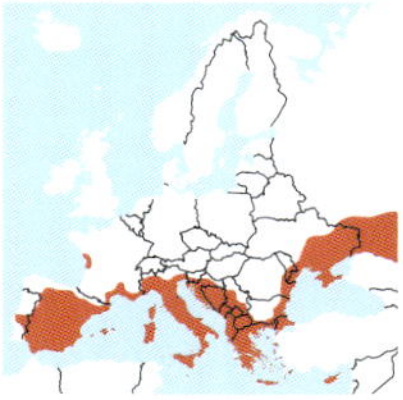

CHANT Le chant râpeux est exécuté le soir et la nuit. Il rappelle celui de la Decticelle échassière. Il se compose de phrases de 2 accents qui sont régulièrement enchaînées. Cela ressemble à un « tztz-tztz-tztz-tztz-tztz… » et c'est le meilleur critère de différenciation des espèces affines de *Platycleis*.

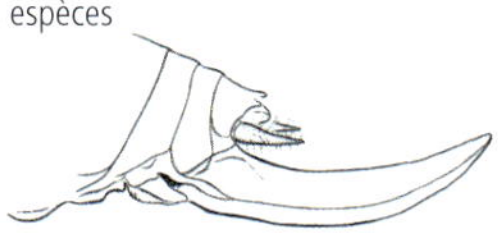

2C Extrémité de l'abdomen de la ♀

1A

1B

2A

2B

1 | Decticelle italienne
—*Platycleis romana*

♂ 21-22 mm
♀ 20-26 mm
LO 10-11 mm

ALL–Italienische Beißschrecke

ANG–Italian Grey Bush-cricket

DESCRIPTION Cette espèce est semblable à la précédente et à la Decticelle intermédiaire, mais elle est d'une coloration plus foncée et contrastée qui évoque une petite Decticelle côtière. Elle diffère de cette dernière par une cuspide beaucoup plus faible sur le 7ᵉ sternite de la femelle (**1A**). La plaque sous-génitale est très large et elle est fusionnée à sa base avec les forts sclérites latéraux. Comparé à la Decticelle côtière, l'oviscapte foncé est plus court et plus recourbé vers le haut. Les cerques du mâle ont une dent intérieure positionnée après leur milieu.

OCCURRENCE Les adultes peuvent être vus de mi-juillet à octobre. L'espèce est répandue du sud de l'Italie jusqu'à l'Istrie, à travers l'Italie et la zone côtière slovène. Sont fréquentées des prairies denses assez drues et un peu fraîches.

CHANT Le chant de l'espèce rappelle celui de la Decticelle côtière. Les phrases stridulées, d'une durée de 0,5 à 3 secondes, sont émises à intervalles irréguliers. Presque toujours, 2 à 9 microaccents suivent une phrase stridulée, parfois ils la précèdent.

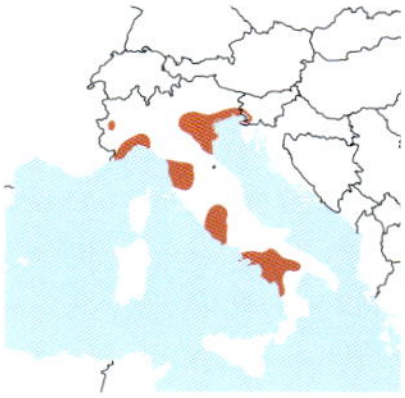

2 | Decticelle carroyée
—*Tessellana tessellata*

♂ 13-16 mm
♀ 15-17 mm
LO 4-5 mm

ALL–Braunfleckige Beißschrecke

ANG–Common Slender Bush-cricket

DESCRIPTION En raison de ses longues ailes étroites, cette espèce apparaît très mince et délicate. Sa couleur de base va du brun-jaune au brun, avec des marques foncées contrastées. Les macules noires sur les ailes sont traversées par des nervures transversales blanches. Le court oviscapte de la femelle (**2B**) est brun foncé et nettement recourbé vers le haut à sa base. Le 7ᵉ sternite possède une cuspide longitudinale (**2C**) dont le bord arrière est abrupt. Les cerques minces du mâle sont légèrement incurvés vers l'intérieur et sont pourvus d'une dent intérieure positionnée avant le dernier tiers.

OCCURRENCE Les adultes apparaissent de juillet à octobre (pic en août). Cette espèce est répandue en Afrique du Nord, dans la péninsule Ibérique, en France et en Italie, ainsi qu'aux îles Canaries. On la trouve également du nord-est de l'Italie jusqu'au Monténégro, le long de la côte adriatique croate. À l'est, elle est répandue dans le sud de l'Ukraine et le sud de la Russie. Dans le sud-ouest de l'Allemagne, l'espèce n'existe qu'en petites populations dans quelques sites de la vallée du Rhin supérieur. Cette decticelle est très thermophile : elle habite des prairies et pâturages secs, des jachères et des friches. Dans le sud de l'Europe, elle peut également être trouvée en montagne, dans des prairies présentant des touffes d'herbes denses. Dans son habitat, la strate herbacée est principalement rase et entrecoupée de zones dépourvues de végétation.

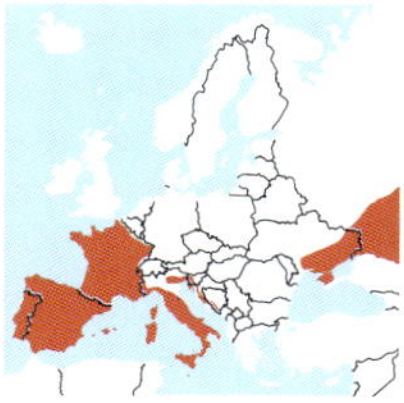

CHANT Le chant consiste en accents raclés émis à intervalles réguliers.

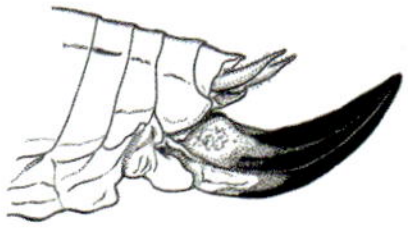

2C Extrémité de l'abdomen de la ♀

1A

1B

2A

2B

1 Decticelle de Veysel
— *Tessellana veyseli*

♂ 13-17 mm
♀ 14-16 mm
LO 5-6 mm

ALL – Kleine Beißschrecke

ANG – Veysel's Slender Bush-cricket

DESCRIPTION Avec ses ailes courtes, la Decticelle de Veysel se distingue facilement de l'espèce précédente qui lui ressemble. C'est nettement plus difficile avec l'espèce suivante, la Decticelle urineuse. Cependant, les ailes de la présente espèce sont un peu plus longues, dépassent le milieu du corps et sont étroites et pointues à leur apex. Chez le mâle (**1B**), les cerques sont denticulés à partir de leur milieu. L'oviscapte de la femelle est court, foncé et recourbé vers le haut à la base (**1A**). Une cuspide longitudinale (**1C**) est présente sur le 7e sternite, dont la marge postérieure s'étend jusqu'à la plaque sous-génitale.
OCCURRENCE Les adultes apparaissent de fin juin à fin septembre (pic en août). L'aire de répartition de cette espèce d'Europe de l'Est s'étend de l'Autriche orientale à la Bulgarie, puis au sud de la Russie. Elle occupe les prairies et pâturages chauds et secs, ainsi que les friches. La strate herbacée est lacunaire ou modérément dense, mais toujours haute.

CHANT Le faible chant consiste en accents raclés et râpeux, qui se succèdent à intervalles irréguliers, contrairement à ceux de la Decticelle carroyée. Trois à 5 accents sont émis par seconde.

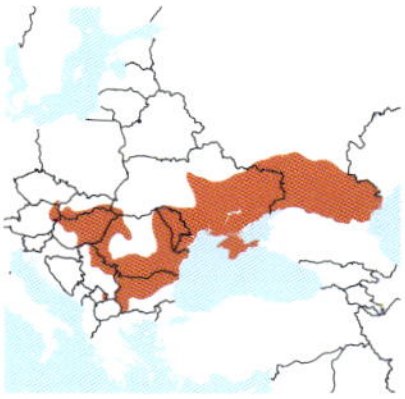

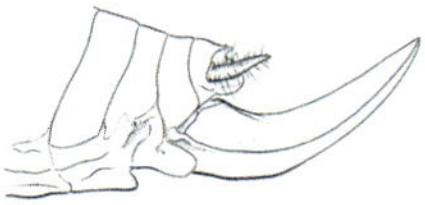

1C Extrémité de l'abdomen de la ♀

2 Decticelle urineuse
— *Tessellana orina*

♂ 12-19 mm
♀ 13-19 mm
LO 5-7 mm

ALL – Orina-Beißschrecke

ANG – Orina Slender Bush-cricket

DESCRIPTION Cette espèce a une forte constitution. Elle est plutôt de couleur gris foncé à brunâtre. Les bords des lobes latéraux du pronotum sont clairs. Les courtes ailes couvrent environ la moitié de l'abdomen et sont marquées de grandes macules noires qui sont séparées par des nervures transversales blanches. Les cerques du mâle sont légèrement incurvés et ont une forte dent intérieure dans leur dernier tiers. L'oviscapte est court et modérément recourbé vers le haut. Ce qui est frappant, c'est le 7e sternite de la femelle (**2B**) qui est muni d'une cuspide longitudinale très visible, à bord postérieur abrupt comme chez la Decticelle carroyée.
OCCURRENCE Les adultes sont visibles de fin juin à octobre (pic en août). L'aire de l'espèce va du sud de la Croatie jusqu'au Péloponnèse, à travers les Balkans occidentaux. Les milieux fréquentés sont des friches à végétation éparse, ainsi que des prairies et pâturages lacunaires et pierreux. Les habitats sont toujours très secs et ensoleillés.

ESPÈCE SIMILAIRE Dans le sud des Balkans et en Grèce, il existe une espèce très semblable : *Tessellana carinata* qui est plus délicate. Elle est de couleur jaune pâle, jaune paille ou brunâtre, avec une ligne longitudinale foncée sur le dos de certains individus. Une fine carène centrale est non seulement présente dans la moitié postérieure du pronotum, mais également faiblement prononcée dans sa moitié antérieure.

1A

1B

2A

2B

1 | Decticelle énigmatique
—Incertana incerta

♂ 15-22 mm
♀ 18-21 mm
LO 57 mm

ALL–Rätselhafte Beißschrecke

ANG–Uncertain Decorated Bush-cricket

DESCRIPTION Cette espèce est d'une couleur gris-brun, avec le dos parcouru d'une large bande longitudinale brun clair depuis la tête jusqu'à l'extrémité de l'abdomen. Les courtes ailes atteignent presque le milieu de l'abdomen et sont finement ornées de macules quadrangulaires noires. Chez le mâle (**1B**), le 10e tergite est pourvu de deux saillies épineuses bien visibles. Les minces cerques ont une forte dent intérieure qui est incurvée vers le bas dans son dernier tiers. L'oviscapte est semblable à celui des autres espèces du genre *Tessellana* : il est foncé (**1A**) et nettement recourbé vers le haut à sa base.
OCCURRENCE Les adultes apparaissent de fin juin à septembre (pic en août). L'aire de répartition de cette espèce s'étend du sud de l'Albanie à la côte bulgare de la mer Noire, puis de la Grèce à la Syrie. Sont fréquentés les ourlets des lisières de forêts et des haies, les prairies et les pâturages secs, ainsi que les jachères et les friches.

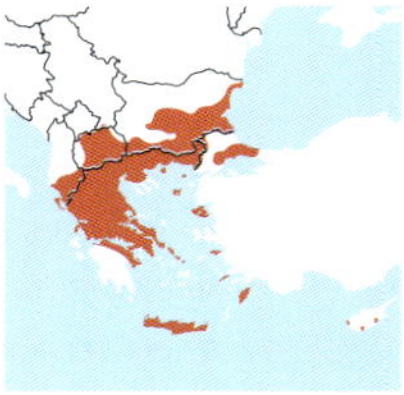

CHANT Le faible chant rappelle un peu celui de la Decticelle de Veysel, mais il se compose d'accents doubles qui sont émis à des intervalles plus grands et irréguliers.

2 | Decticelle des steppes
—Montana montana

♂ 13-15 mm
♀ 16-18 mm
LO 9-11 mm

ALL–Steppen-Beißschrecke

ANG–Steppe Bush-cricket

DESCRIPTION Cette decticelle de taille moyenne est souvent de couleur grise ou brune. On observe régulièrement des individus de couleur verte sur la tête, le pronotum et les pattes postérieures. Les bords des lobes latéraux du pronotum sont soulignés d'une large bande claire. Les étroites ailes sont tachetées de noir et s'étendent jusqu'à l'extrémité de l'abdomen, mais sans atteindre les genoux postérieurs. Chez le mâle (**2A**), une dent intérieure en forme de crochet (**2C**) est située près de l'épaisse base des courts cerques. L'oviscapte assez long (**2B**) est légèrement et uniformément recourbé vers le haut. De couleur brun clair, il est tout au plus bordé de noir sur les côtés externes et à l'extrémité. La plaque sous-génitale de la femelle présente une bordure rectiligne ou légèrement convexe.
OCCURRENCE Les adultes sont visibles de mi-juin à octobre (pic en juillet). La Decticelle des steppes est une espèce d'Europe orientale, dont l'aire principale s'étend des États baltes au sud de la Russie, puis jusqu'à la région asiatique. En Allemagne, elle est considérée comme éteinte. Une station isolée a été redécouverte dans l'Uckermark en 1994, mais elle a disparu depuis. Sa présence est plus importante de l'est de l'Autriche jusqu'au bassin des Carpates roumaines, *via* la Hongrie. Comme son nom l'indique, elle se trouve principalement dans les zones steppiques. Son habitat est caractérisé par une couverture végétale lacunaire et de nombreuses zones de sol nu.

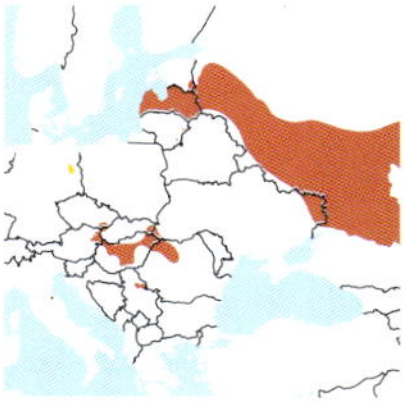

CHANT Le faible chant se compose de phrases stridulées d'une durée de 1 à 4 secondes, qui tintent comme « ssrrrrrrr ». Elles sont interrompues par de courtes pauses pouvant aller jusqu'à 4 secondes.

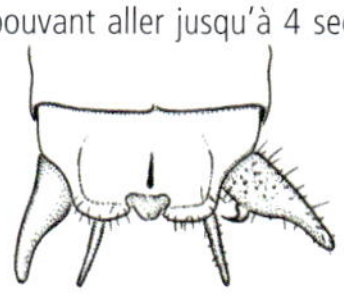

2C Extrémité de l'abdomen du ♂

1A

1B

2A

2B

1 Decticelle serrée

—*Montana stricta*

♂ 12-16 mm
♀ 15-17 mm
LO 10-12 mm

ALL–Südöstliche Beißschrecke

ANG–Italien Bush-cricket

DESCRIPTION La Decticelle serrée est très similaire à l'espèce précédente. Elle est également de couleur grise ou brunâtre, mais plus foncée, avec des motifs très contrastés. Elle ne présente aucune teinte verte. Ses longs élytres, particulièrement étroits à l'apex, atteignent l'extrémité de l'abdomen. Une longue dent intérieure en forme de crochet se trouve sur le milieu des petits cerques du mâle (**1B**). L'oviscapte est mince (**1A**) et il est légèrement recourbé vers le haut. Il est de couleur claire, avec une pointe foncée. La plaque sous-génitale de la femelle est rétrécie et renflée sur sa bordure postérieure. Sa base est pourvue de forts sclérites latéraux le plus souvent foncés.
OCCURRENCE Les adultes apparaissent entre juillet et octobre (pic en août). Cette espèce est commune dans le centre et le sud de l'Italie et depuis le nord-est de l'Italie jusqu'au Monténégro, le long de la côte dalmate. L'espèce est présente de la plaine jusqu'à 2 000 m d'altitude. Elle fréquente des friches steppiques, ainsi que des prairies sèches et pierreuses de montagne.

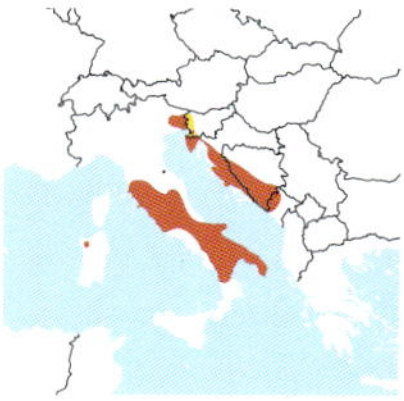

CHANT Le chant est très différent de celui de l'espèce précédente. Il se compose de courtes phrases, qui évoquent un « brtt », répétées 4 à 7 fois jusqu'à se conclure par une phrase vrombissante de 1 à 2 secondes. Le chant peut être produit sans interruption pendant plusieurs minutes.

2 Decticelle modeste

—*Modestana modesta*

♂ 16-22 mm
♀ 18-20 mm
LO 10-12 mm

ALL–Veränderte Beißschrecke

ANG–Common Modest Bush-cricket

DESCRIPTION Cette espèce est verte, brun clair ou brun foncé. Une bande longitudinale brunâtre s'étend de la tête à l'extrémité de l'abdomen. Cette caractéristique fait que l'espèce rappelle un peu la Decticelle bicolore ou la Decticelle bariolée. Les lobes latéraux du pronotum sont bordés de clair. Les ailes sont réduites et à peu près de la longueur du pronotum. Elles sont maculées de motifs noirs. Les cerques du mâle (**2B**) sont minces, légèrement incurvés vers l'intérieur et portent une dent intérieure dans leur dernier tiers. Les 6e et 7e sternites de la femelle (**2A**) possèdent une légère bosse. La plaque sous-génitale est coupée en V à son extrémité et possède ainsi deux extensions pointues. L'oviscapte est légèrement et régulièrement recourbé vers le haut.
OCCURRENCE Les adultes sont visibles de fin juin à fin septembre (pic en juillet). L'espèce est répandue du nord-est de l'Italie jusqu'à l'Albanie, le long de la côte adriatique. Elle se trouve souvent dans des prairies et pâturages embroussaillés, qui peuvent être denses et secs ou à humidité fluctuante.

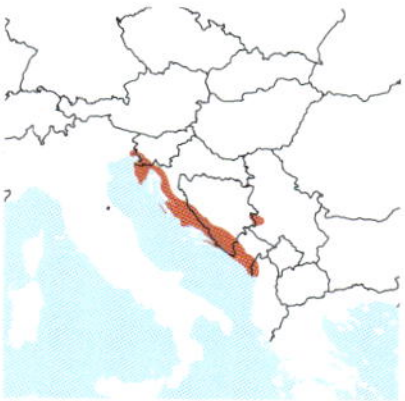

CHANT Le faible chant se compose de phrases d'une durée de 1 à 2 secondes, émises à intervalles irréguliers et qui évoquent un peu une machine à coudre.

1A

1B

2A

2B

1 Decticelle échassière (D. des haies)
—*Sepiana sepium*

♂ 20-26 mm
♀ 21-27 mm
LO 12-14 mm

ALL – Zaunschrecke

ANG – Red-faced Bush-cricket

DESCRIPTION Cette espèce se distingue à sa tête rougeâtre et à la fine bordure claire des lobes latéraux du pronotum. Pour le reste, elle est de couleur brune, rarement verte. Les lobes latéraux du pronotum et la tête à la hauteur des yeux sont brun foncé. La longueur des pattes saltatoires est frappante. Les ailes atteignent le milieu de l'abdomen et sont ornées de fines macules noires. Les longs et minces cerques des mâles (**1B**) portent après leur milieu une dent intérieure émoussée. Chez la femelle (**1A**), les 6e et 7e sternites sont chacun pourvus de deux protubérances proches. L'oviscapte est foncé et légèrement recourbé vers le haut, avec la partie la plus large après son milieu.
OCCURRENCE Les adultes apparaissent de mi-juin à octobre (pic en juillet-août). L'aire de répartition s'étend de la côte catalane à la région de Nantes dans l'ouest de la France, et du sud de la France jusqu'en Italie. À l'est, elle s'étend du nord-est de l'Italie jusqu'à la Grèce, le long de la côte adriatique. Et plus à l'est encore, jusqu'à la mer Noire et à la péninsule de Crimée. L'espèce habite les lisières de forêts, les espaces ouverts riches en broussailles, les prairies à hautes herbes et les biotopes de transition.

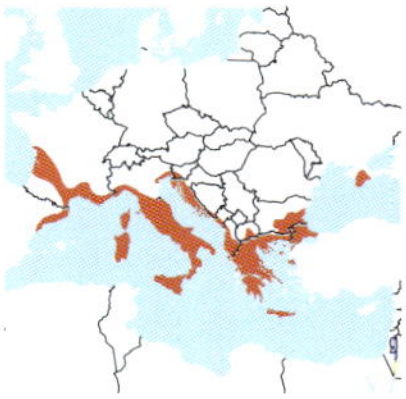

CHANT Le chant, clairement audible, est composé de doubles accents qui se succèdent régulièrement. Cela ressemble à « dz-dz-dz-dz-dz-dz » et rappelle le chant de la Grande Sauterelle verte.

2 Decticelle bariolée
—*Roeseliana roeselii*

♂ 15-18 mm
♀ 15-20 mm
LO 6-8 mm

ALL – Roesels Beißschrecke

ANG – Roesel's Meadow Bush-cricket

DESCRIPTION La couleur de la Decticelle bariolée va du brun au vert jaunâtre, avec une nette et large bordure claire autour des lobes latéraux du pronotum. Ceux-ci sont tachés de foncé, ce qui souligne un peu plus la bordure claire. Les ailes du mâle (**2A**) s'étendent bien au-delà du milieu de l'abdomen et sont arrondies à leur extrémité, tandis qu'elles sont plus courtes chez la femelle (**2B**) et se terminent avant le milieu de l'abdomen. On observe régulièrement – en particulier lors des années chaudes – des individus à longues ailes (macroptères), chez lesquels celles-ci vont bien au-delà des genoux postérieurs. Ces individus sont de bons voiliers qui peuvent couvrir de plus grandes distances que les autres. Les post-fémurs présentent un frappant dessin pectiné. L'oviscapte est court et de couleur foncée. Il est nettement recourbé vers le haut à sa base. Les minces cerques des mâles sont pourvus, après leur milieu, d'une dent intérieure forte et pointue.
OCCURRENCE Les adultes sont visibles de juillet à octobre (pic en juillet-août). L'espèce est l'une des sauterelles les plus communes et les plus répandues en Europe. Elle se rencontre presque partout du nord de l'Espagne au golfe de Botnie vers le nord et au centre des Balkans vers le sud. À l'est, elle est présente jusqu'en Asie. Au cours des dernières décennies, elle s'est étendue vers le nord. Il s'agit d'une espèce typique des prairies et pâturages légèrement humides et denses. Cependant, on peut également la trouver dans les prairies sèches ou dans les jachères. Ce qui importe, c'est une strate herbacée bien développée, qui peut être très dense localement. Cette espèce adaptable peut même être trouvée dans des prairies intensives.

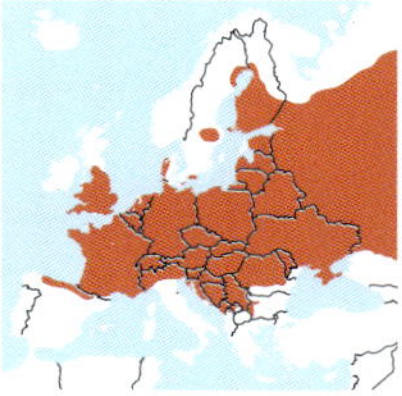

CHANT Le chant est assez fort et peut être entendu à une cinquantaine de mètres. Il consiste en un bourdonnement uniforme qui évoque le grésillement d'une ligne électrique. De plus, il atteint de hautes fréquences et il est à peine perçu par les personnes d'un certain âge sans l'aide d'un détecteur d'ultrasons. Le chant peut être interrompu par de courtes pauses à intervalles irréguliers. La nuit et par basse température, il devient beaucoup plus lent, avec des interruptions à courts intervalles. Le chant des individus macroptères peut être distingué de celui des individus à ailes normales par sa touche plus frictionnée et son intensité qui paraît un peu plus forte.

1A

1B

2A

2B

1 | Decticelle des ruisseaux
—Roeseliana azami

♂ 15-18 mm
♀ 15-20 mm
LO 6-8 mm

ALL – Bachufer-Beißschrecke

ANG – French Meadow Bush-cricket

DESCRIPTION Cette espèce rappelle beaucoup la précédente. Sa couleur de base varie entre le brun, le vert grisâtre et le vert jaunâtre. La tête au-dessus de l'œil et les lobes latéraux du pronotum sont foncés à presque noirs, avec une bordure claire très contrastée. Chez le mâle (**1B**), les ailes vont un peu au-delà du milieu de l'abdomen, chez la femelle (**1A**), elles l'atteignent à peine. L'oviscapte est foncé et recourbé vers le haut à sa base. Sur les cerques du mâle, la dent intérieure se trouve dans le dernier quart. Cette dent est plus petite que chez l'espèce précédente, elle est aussi moins pointue et plus proche de l'extrémité des cerques. **OCCURRENCE** Les adultes sont visibles de juin à octobre (pic en juillet-août). L'aire de répartition s'étend du sud de la France au nord-ouest de l'Italie et jusqu'au sud de la Suisse, où la limite orientale de répartition est atteinte. L'espèce habite des prairies fraîches à humides. Elle préfère celles à hautes herbes.

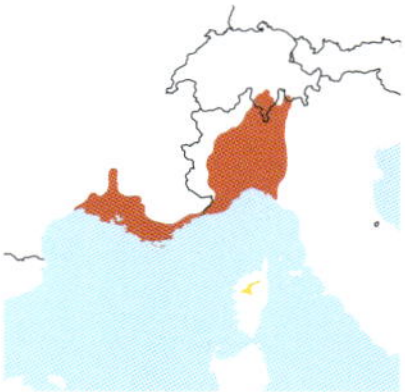

CHANT Le chant ne peut pas être distingué de celui de l'espèce précédente.
À SAVOIR Les populations présentes dans le sud de la Suisse appartiennent à la sous-espèce *Roeseliana azami minor*, également dénommée *R. fedtschenkoi minor*. Mais des découvertes récentes indiquent que l'espèce *R. fedtschenkoi* n'est présente qu'à l'est du Caucase.

2 | Decticelle de l'Adriatique
—Roeseliana brunneri

♂ 19-22 mm
♀ 17-25 mm
LO 7-8 mm

ALL – Adriatische Beißschrecke

ANG – Giant Meadow Bush-cricket

DESCRIPTION Cette espèce est très semblable aux deux *Roeseliana* précédentes. Elle est légèrement plus grande qu'elles, la bordure claire des lobes latéraux de son pronotum est fine et elle contraste avec la couleur foncée de celui-ci. Les cerques du mâle (**2B**) sont semblables à ceux de l'espèce précédente, tandis que la dent intérieure qui se trouve dans leur dernier quart est moins longue et pointue que chez la Decticelle bariolée. Chez la femelle (**2A**), la plaque sous-génitale présente une coupure large et profonde à son extrémité, dont les bords sont arrondis, ce qui distingue nettement cette espèce de la Decticelle bariolée, chez laquelle la plaque sous-génitale se termine par deux pointes. **OCCURRENCE** Les adultes apparaissent de juillet à octobre (pic en août). L'espèce est une endémique du nord de l'Italie : elle se rencontre le long de la côte, depuis le delta du Pô jusqu'à Monfalcone. Elle fréquente des surfaces humides de salines à proximité de la côte et des prairies humides plus loin dans les terres.

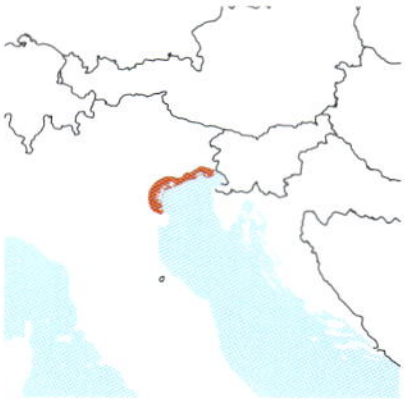

CHANT Le chant est similaire à celui des autres espèces de *Roeseliana*. Il est fort et consiste en un vrombissement persistant, qui dure plusieurs minutes, comme chez la Decticelle bariolée.

1A

1B

2A

2B

1 | Decticelle bicolore
—Bicolorana bicolor

♂ 14-17 mm
♀ 15-18 mm
LO 5-7 mm

ALL – Zweifarbige Beißschrecke

ANG – Bicolour Meadow Bush-cricket

DESCRIPTION Comme son nom l'indique, cette espèce est toujours bicolore, dès le premier stade juvénile. Sa couleur de base est un vert dense et uniforme, rarement jaunâtre, avec une large bande longitudinale brune sur le haut du corps, s'étendant de la tête à l'extrémité de l'abdomen. Chez le mâle (**1B**), les ailes dépassent le milieu de l'abdomen, tandis que chez la femelle (**1A**), elles sont plus courtes et ne l'atteignent pas. Les longs et minces cerques du mâle sont légèrement incurvés vers l'intérieur et, un peu avant leur extrémité, ils possèdent une petite dent intérieure. L'oviscapte est court, sombre et fortement recourbé vers le haut à sa base. Des formes à longues ailes se rencontrent chez les deux sexes.
OCCURRENCE Les adultes apparaissent de mi-juin à octobre (pic en juillet-août). L'aire de répartition de l'espèce couvre la moitié est de la France, à partir des Pyrénées-Orientales, et s'étend de l'Italie jusqu'au sud de la Suède et à la Bulgarie où la limite sud est atteinte dans les environs de Sofia. Plus vers l'est, elle s'étend jusqu'en Russie orientale. Au cours des dernières décennies, l'espèce a quelque peu étendu son aire vers le nord en Allemagne, mais elle semble actuellement de nouveau en recul. Elle occupe les prairies semi-sèches à sèches pourvues de hautes herbes.

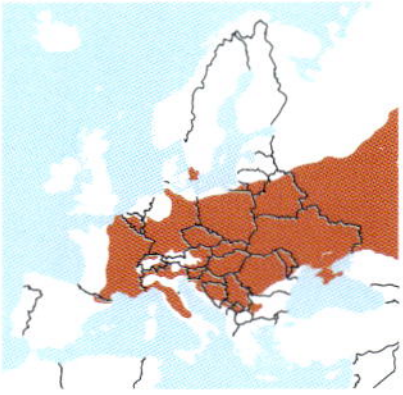

CHANT Son chant plutôt fort résonne comme un cliquetis mécanique. Au début, ce sont souvent de courtes strophes de quelques phrases, qui s'allongent rapidement et qui sont finalement émises pendant plusieurs minutes. De courtes pauses peuvent être marquées à intervalles irréguliers. Au détecteur d'ultrasons, le chant rappelle celui du Conocéphale bigarré.

2 | Decticelle de Croatie
—Bicolorana kraussi (anciennement *Metrioptera kuntzeni*)

♂ 17-18 mm
♀ 16-19 mm
LO 7-9 mm

ALL – Istrische-Beißschrecke

ANG – Croatian Meadow Bush-cricket

DESCRIPTION La Decticelle de Croatie est très similaire à l'espèce précédente. Elle est cependant de coloration un peu plus variable. Les individus brunâtres sont plus fréquents et le dos brun est souvent entrecoupé de macules sombres ou surligné de foncé sur les bords. Chez le mâle (**2A**), le 10ᵉ tergite est profondément découpé, de sorte que deux appendices pointus se forment. En comparaison de l'espèce précédente, la dent intérieure des cerques du mâle est un peu plus épaisse, quant à l'oviscapte de la femelle (**2B**), il est légèrement plus long. La plaque sous-génitale de celle-ci est pourvue d'un sillon longitudinal médian.
OCCURRENCE Les adultes sont visibles de juillet à septembre (pic en juillet-août). Cette espèce a une aire de répartition restreinte, qui s'étend en une bande étroite de Monfalcone dans le nord-est de l'Italie jusqu'à la région de Senj sur la côte adriatique, en passant par la Slovénie et l'Istrie. Elle occupe des prairies de montagne à hautes herbes, pour partie drues. L'espèce est considérée comme potentiellement menacée d'extinction sur la Liste rouge européenne.

1A

1B

2A

2B

1 | Decticelle des bruyères —*Metrioptera brachyptera*

♂ 13-17 mm
♀ 17-21 mm
LO 9-12 mm

ALL–Kurzflügelige Beißschrecke

ANG–Bog Meadow Bush-cricket

DESCRIPTION La couleur de base de cette decticelle est le brun foncé, parfois le presque noir. Le dessus de la tête et du pronotum, ainsi que certaines parties des ailes, principalement leur bord inférieur, sont vert vif ou, moins souvent, brun ocre. Parfois, l'espèce peut être assez brune et ressemble alors beaucoup à la suivante. Chez les deux sexes, les ailes dépassent légèrement le milieu de l'abdomen et sont arrondies à leur apex. Les lobes latéraux du pronotum ont souvent un ourlet clair sur leur bord postérieur. L'oviscapte (**1A**) est recourbé de façon régulière vers le haut. Les robustes cerques du mâle (**1B**) sont dentés avant leur milieu. Chez l'espèce suivante, les cerques sont plus épais à la base, avec une dent intérieure plus grande et en forme de crochet.

OCCURRENCE Les adultes apparaissent de juin à novembre (pic en août). L'aire de répartition de l'espèce s'étend des Pyrénées à l'Angleterre et loin vers le nord de la Scandinavie. À l'est, elle atteint le centre des Balkans et, plus loin encore, l'Asie. Au sud de son aire, on la trouve surtout en montagne. Elle colonise les tourbières, les landes, les molinaies, ainsi que les prairies humides drues et les pâturages à végétation moyennement haute. Les prairies sèches sont aussi partiellement fréquentées, mais ce sont pour la plupart des habitats desséchés en été. L'espèce exige de l'humidité, en particulier pendant le développement des œufs et des juvéniles.

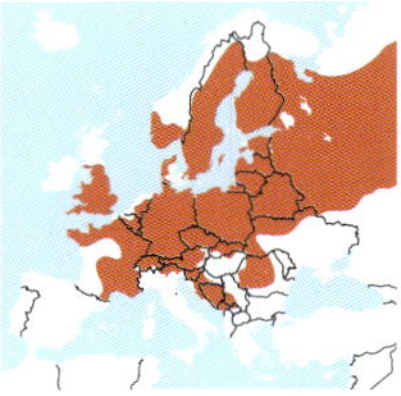

CHANT Le chant se compose de phrases de 4 accents que l'on peut transcrire par « tsri » et qui peuvent être émises rapidement pendant plusieurs minutes. Le chant rappelle un peu celui de la Decticelle chagrinée, mais la répétition des phrases est plus rapide que chez cette espèce par temps chaud, avec une cadence d'environ 6 à 7 séries par seconde. De plus, il est plus faible et plus râpeux.

2 | Decticelle des alpages —*Metrioptera saussuriana*

♂ 16-18 mm
♀ 16-24 mm
LO 9-11 mm

ALL–Gebirgs-Beißschrecke

ANG–Purple Meadow Bush-cricket

DESCRIPTION La Decticelle des alpages a une couleur brune uniforme et présente peu de variabilité. La tête est sombre à presque noire au-dessus des yeux, tout comme les lobes latéraux du pronotum, qui sont souvent légèrement ourlés de clair sur leur bord postérieur. Chez les deux sexes, les ailes atteignent le milieu de l'abdomen et sont largement arrondies à leur apex. Contrairement à l'espèce précédente, les post-fémurs qui sont souvent violacés ne possèdent que rarement une raie noire sur leur face externe. L'oviscapte est foncé (**2B**) et il est légèrement recourbé vers le haut de façon régulière. Chez le mâle (**2A**), les forts cerques possèdent en leur milieu une dent intérieure bien visible en forme de crochet.

OCCURRENCE Les adultes sont visibles de juillet à novembre (pic en août). L'aire de répartition de cette espèce est très fragmentée. En France, elle est présente dans l'Ouest, dans les Vosges, dans le Massif central, dans les Pyrénées et dans les Alpes. Dans ce massif, elle est aussi présente en Suisse et jusqu'en Autriche, dans le Steinmark. Elle occupe des prairies et des pâturages humides à légèrement secs offrant une végétation dense, ainsi que des landes à éricacées. La dense strate herbacée est souvent entrecoupée de roches et de sol nu.

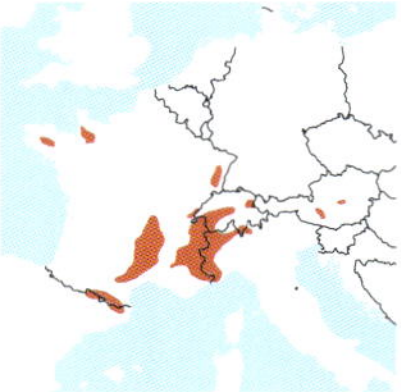

CHANT Le chant se compose de 2 à 5 phrases par seconde et résonne comme un « ssrrt-ssrrt-ssrrt ». Il rappelle celui de la Decticelle chagrinée, mais à tonalité plus dure. À intervalles réguliers, quelques microaccents sont ajoutés aux séries normales, ce qui entraîne leur allongement. C'est un critère de distinction par rapport au chant de l'espèce précédente.

1A

1B

2A

2B

1 | Decticelle adriatique

—Zeuneriana marmorata

♂ 16-20 mm
♀ 17-21 mm
LO 8-9 mm

ALL–Adriatische Sumpf-Beißschrecke

ANG–Adriatic Wide-winged Bush-cricket

DESCRIPTION La Decticelle adriatique est uniformément d'un brun foncé brillant, avec des reflets rougeâtres. Les post-fémurs et le pronotum sont pourvus de taches foncées et les côtés du corps sont irrégulièrement marbrés de clair. De par son apparence, cette espèce rappelle la précédente, mais elle est de constitution nettement plus robuste et trapue. Les ailes brunes sont remarquablement larges chez le mâle (**1C**), elles atteignent l'extrémité de l'abdomen et sont disposées en dièdre sur le corps. Chez la femelle (**1B**), les ailes s'étendent au-delà du milieu de l'abdomen. Chez le mâle, l'abdomen est élargi vers son extrémité et le 10e tergite cache l'épaisse base des cerques (**1A**), ainsi que leur dent intérieure. Cette dernière forme un long appendice, recourbé tel un crochet à l'extrémité. Le bout des cerques est mince et incurvé vers l'extérieur. Chez la femelle, le court oviscapte noir est beaucoup plus robuste que chez les espèces du genre *Metrioptera*. Il a la forme d'une ligne courbe régulière sur le dessous et d'une ligne rectiligne sur le dessus. La plaque sous-génitale de la femelle est plus large que longue, a un bord postérieur semi-circulaire et porte de chaque côté deux projections allongées.

OCCURRENCE Les adultes sont visibles de juillet à septembre (pic en juillet). L'aire limitée de cette espèce très rare va du nord de l'Italie à la Slovénie. Elle n'est connue que de quelques zones entre le delta du Pô, le long de la côte italienne de l'Adriatique, jusqu'à Monfalcone, ainsi que dans des tourbières au sud de Ljubljana. En Italie, elle occupe les roselières lâches des zones côtières influencées par les marées ; en Slovénie, ce sont les prairies humides à hautes herbes, telles que reines-des-prés et grandes laîches. L'espèce est considérée comme menacée en Europe.

CHANT Le chant sonore se compose de phrases régulièrement émises et entrecoupées de temps en temps de phrases plus longues et râpeuses. Le chant peut être retranscrit en « schri-schri-schri-rrrrrrrrrrrrrrr-schri ». Une écoute des chants dans les habitats potentiellement favorables est la meilleure méthode de détection de cette espèce discrète.

À SAVOIR Les mâles attirent l'attention par leur chant bruyant. Cependant, il est extrêmement difficile de réussir à les observer : ils se laissent choir au sol lorsqu'on les approche et s'éclipsent rapidement. Leur coloration sombre les rend difficiles à repérer.

ESPÈCES SIMILAIRES En Europe, il existe deux autres espèces de *Zeuneriana* en plus des deux présentées dans cet ouvrage : *Z. burriana* dans le nord de l'Espagne et *Z. amplipennis* dans les plaines inondables du Danube et de la Save en Serbie et en Roumanie.

1B

1C

1 Decticelle aquitaine
—*Zeuneriana abbreviata*

♂ 15-17 mm
♀ 18-20 mm
LO 8-9 mm

ALL–Atlantische Sumpf-Beißschrecke

ANG–Basque Wide-winged Bush-cricket

DESCRIPTION Cette espèce ressemble beaucoup à la précédente. À côté d'individus sombres, on en trouve de plus clairs teintés de brun rougeâtre. La femelle (**1A**) est régulièrement verte sur les ailes, le dessus du pronotum et l'arrière de la tête, tandis que chez le mâle (**1B**), seules les ailes sont légèrement de cette couleur. L'extrémité des cerques est courte, contrairement à l'espèce précédente, ce qui leur confère une apparence conique. Le plus souvent, le bout de la longue et robuste dent intérieure est rectiligne et dépasse du dernier segment abdominal, alors que chez l'espèce précédente, elle a la forme d'un crochet et est entièrement cachée. Les femelles se distinguent l'une de l'autre par leur plaque sous-génitale : chez la précédente, elle est plus longue que large et se termine par deux longs appendices ressemblant à des épines.
OCCURRENCE Les adultes apparaissent de juillet à octobre (pic en août). L'aire de répartition est comprise entre la frontière pyrénéenne franco-espagnole et la Gironde à l'ouest de Bordeaux. L'espèce fréquente des lieux humides ou à humidité fluctuante dans des prairies drues, des bandes herbeuses, des landes et des tourbières, du niveau de la mer jusqu'à environ 2 000 m d'altitude.

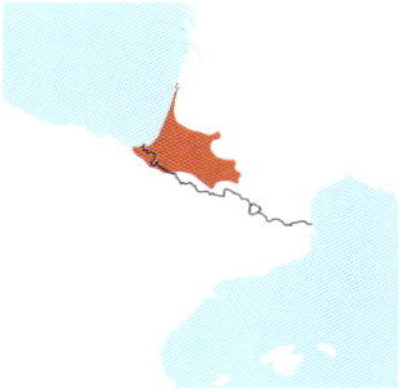

CHANT Le chant sonore est semblable à celui de l'espèce précédente dans sa structure. Les phrases sont cependant émises à un rythme nettement plus rapide.

2 Decticelle serbe
—*Anterastes serbicus*

♂ 12-15 mm
♀ 13-16 mm
LO 11-16 mm

ALL–Serbische Zwerg-Bergschrecke

ANG–Serbian Pygmy Bush-cricket

DESCRIPTION La Decticelle serbe est de coloration brun-gris à brun rougeâtre, avec des motifs plus foncés. Les jeunes adultes qui ne sont pas encore totalement colorés sont le plus souvent verdâtres sur les flancs. Les lobes latéraux du pronotum sont noirs et cette coloration évolue parfois en taches ; la bordure inférieure est toujours claire. La face dorsale brune ou grisâtre est plus claire, au moins sur le pronotum et l'abdomen, et en général aussi sur la tête, ainsi qu'en bordure des segments de l'abdomen. Les courtes ailes translucides du mâle (**2A**) sont toujours brun clair et mesurent environ trois quarts de la longueur du pronotum. Les cerques du mâle sont courts, minces et faiblement arqués vers l'intérieur. Ils sont pourvus d'une dent intérieure triangulaire. Dans le cas de la femelle (**2B**), les ailes sont réduites à des écailles et ne sont qu'à peine visibles sur le bord postérieur du pronotum. L'oviscapte est clair, bordé de noir. Il est fin, long et légèrement recourbé vers le haut.
OCCURRENCE Les adultes sont visibles de juillet à septembre (pic en août). Cette belle espèce est présente du Monténégro au nord de la Grèce et à l'ouest de la Bulgarie. C'est une stricte espèce de montagne, qui est présente dans les alpages au-dessus de 1 300 m. Elle fréquente de préférence les strates herbacées denses parsemées de buissons et de plages ouvertes, sur lesquelles elle s'expose volontiers au soleil.

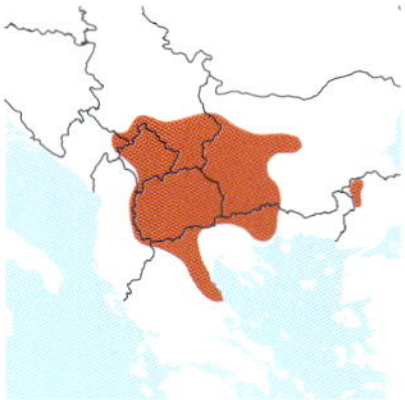

CHANT Le chant est très faible et consiste en phrases stridulées d'une durée de 1 à 3 secondes. Chaque phrase comporte 100 à 300 accents. Avec un détecteur d'ultrasons, le chant est bien audible.

1A

1B

2A

2B

1 | Decticelle montagnarde (Analote des Alpes)
—Anonconotus alpinus

♂ 16-21 mm
♀ 18-23 mm
LO 14-16 mm

ALL – Alpenschrecke

ANG – Small Alpine Bush-cricket

DESCRIPTION Avec ses courtes et vigoureuses pattes saltatoires, ainsi que ses brèves antennes ne dépassant pas la longueur du corps, cette espèce semble dodue. Elle est très variable de coloration et paraît souvent bigarrée. Mais dans la plupart des cas, le vert est la couleur dominante. On trouve cependant aussi des individus brunâtres ou grisâtres. Une large bande latérale noire traverse les yeux, les lobes latéraux du pronotum et l'abdomen où elle s'estompe généralement. Le pronotum est allongé vers l'arrière et ourlé de clair sur le bord inférieur. Les ailes sont blanc jaunâtre. Chez le mâle (**1B**), elles dépassent de quelques millimètres du pronotum, tandis que chez la femelle (**1A**) elles sont réduites à des moignons à peine visibles. Les post-fémurs sont souvent rosacés et les post-tibias souvent noirs. Les courts cerques du mâle (**1C**) sont arqués vers l'intérieur à leur extrémité et se terminent par une solide dent. L'oviscapte est légèrement recourbé vers le haut. Il est beige et un peu plus foncé à son extrémité.
OCCURRENCE Les adultes sont visibles de fin juillet à octobre (pic en août). La principale aire de répartition de l'espèce est comprise entre les Alpes cottiennes et les Alpes bernoises. Une station isolée se trouve dans le Vorarlberg autrichien. On trouve cette espèce entre 1 000 et 2 400 m d'altitude. Elle fréquente des alpages bien ensoleillés à végétation rase et des landes à éricacées, dans lesquelles se trouvent souvent des pierres, roches ou éboulis.

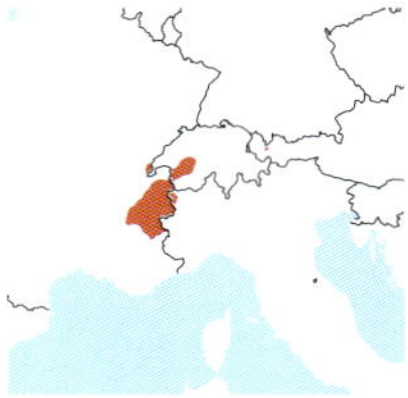

CHANT Le chant est composé de phrases de longueur variable, de 1 à 6 secondes, qui sont surtout produites après l'accouplement. La fréquence des accents est presque entièrement située dans la gamme des ultrasons, ce qui fait que le chant n'est audible qu'à faible distance.

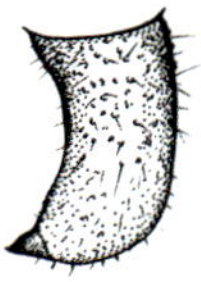

(**1C**) Cerque du ♂

2 | Decticelle du Tyrol
—Anonconotus italoaustriacus

♂ 16-21 mm
♀ 18-23 mm
LO 14-16 mm

ALL – Nadigs Alpenschrecke

ANG – Eastern Alpine Bush-cricket

DESCRIPTION Cette espèce est extérieurement identique à la précédente. Toutes deux ne sont distinguables que par l'analyse des organes génitaux du mâle, plus précisément les titillateurs. Il n'est donc pas encore définitivement établi s'il s'agit réellement d'une espèce à part entière ou non.
OCCURRENCE Le cycle annuel de l'espèce et ses exigences d'habitat sont les mêmes que ceux de l'espèce précédente. Elle est exclusivement présente au Tyrol (frontière italo-autrichienne), en Carinthie du Nord et au sud de Salzbourg. Quelques stations isolées se trouvent également dans le nord-est de l'Italie. Elle est considérée comme fortement menacée.
ESPÈCES SIMILAIRES Il existe dans les Alpes françaises et italiennes de nombreuses espèces du genre *Anonconotus* qui lui sont très ressemblantes et qui sont de ce fait difficiles à distinguer les unes des autres.

1A
1B
2A
2B

1 Decticelle d'Illyrie
— Psorodonotus illyricus

♂ 26-32 mm
♀ 27-35 mm
LO 26-31 mm

ALL – Illyrische Balkan-Bergschrecke

ANG – Illyrican Walking Bush-cricket

DESCRIPTION Les espèces appartenant au genre *Psorodonotus* sont grandes et d'une constitution forte et dodue. Leur coloration varie entre le vert olive et le brun foncé. Le dessous de l'abdomen est jaune. Le pronotum est très allongé vers l'arrière et arrondi sur cette bordure postérieure. Chez le mâle (**1B**), les ailes brun clair dépassent nettement de dessous le pronotum, tandis que chez la femelle (**1C**) elles sont entièrement dissimulées ou seulement à peine visibles. En comparaison de ceux des autres *Psorodonotus*, les cerques du mâle de la présente espèce (**1A**) sont assez courts et portent une longue dent intérieure près de leur base épaisse. L'oviscapte est légèrement recourbé vers le haut et atteint presque la longueur du corps.
OCCURRENCE Les adultes sont visibles de fin juin à septembre (pic en juillet). L'aire de répartition de l'espèce couvre la région de Trieste, les Alpes dinariques et le Monténégro. Cette espèce dodue et terrestre vit surtout dans des prairies de montagne denses et parsemées de buissons, le plus souvent entre 1 000 et 2 200 m d'altitude. En Europe, elle est inscrite sur la liste des espèces en danger.
CHANT Le puissant chant consiste en accents appuyés, émis à courts intervalles de quelques secondes. Ils sonnent comme un « dzzwii » froissé. Les chants des trois espèces européennes de *Psorodonotus* sont difficilement différenciables.

ESPÈCES SIMILAIRES Le statut de ces trois espèces de *Psorodonotus* a longtemps fait l'objet de discussions. Par moments, ces trois taxons ont été considérés soit comme des sous-espèces d'une même espèce très variable, soit comme deux espèces et une sous-espèce. Des études taxinomiques récentes ont montré que les trois espèces sont bien distinguables morphologiquement. Elles vivent presque toujours bien camouflées dans une épaisse strate herbacée ou dans des arbustes nains, et elles ne se remarquent que par leur chant insistant. De temps en temps, on parvient à observer un individu, par exemple en train de prendre un bain de soleil sur une pierre. Ce n'est que par forte densité que les observations sont plus aisées, car les individus se déplacent alors très activement dans la végétation et sans plus guère manifester leur crainte habituelle.

1A

1B

1C

1 | Decticelle de Fiebers
—Psorodonotus fieberi

♂ 27-32 mm
♀ 30-40 mm
LO 23-32 mm

ALL–Fiebers Balkan-Bergschrecke

ANG–Fieber's Walking Bush-cricket

DESCRIPTION La Decticelle de Fiebers ressemble à toutes les espèces du genre *Psorodonotus*, notamment à la suivante. Pour les différencier, il faut s'appuyer sur la répartition géographique et sur la morphologie des cerques du mâle (**1B**). Chez la présente espèce, ces derniers-ci sont un peu plus minces à leur base et moins longs que ceux de l'espèce suivante. De plus, peu après leur base se trouve une dent intérieure qui est un peu plus petite que chez l'espèce suivante. En comparaison des autres espèces de *Psorodonotus*, l'oviscapte (**1A**) est en général un peu plus court, presque rectiligne et assez fort à la base.
OCCURRENCE Les adultes apparaissent de fin juin à août (pic en juillet). Cette decticelle est présente du sud de la Serbie à la Bulgarie. Il y a encore une incertitude sur sa présence en Grèce. Comme les deux autres espèces de *Psorodonotus*, elle vit dans des prairies denses de montagne, parsemées de buissons et de plages de sol nu.
CHANT Le chant est identique à celui de la Decticelle d'Illyrie et ne peut en être distingué.

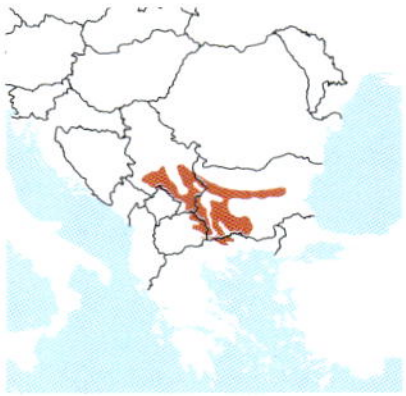

2 | Decticelle des Balkans
—Psorodonotus macedonicus

♂ 27-33 mm
♀ 27-31 mm
LO 23-27 mm

ALL–Mazedonische Balkan-Bergschrecke

ANG–Macedonian Walking Bush-cricket

DESCRIPTION La Decticelle des Balkans se distingue principalement des deux autres espèces de *Psorodonotus* par sa répartition et les cerques du mâle (**2A**) (voir description générale ci-dessous). Chez la présente espèce, ceux-ci possèdent à leur solide base une dent intérieure nettement plus courte que chez la Decticelle d'Illyrie, mais un peu plus forte que celle de la Decticelle de Fiebers. Les caractéristiques de cette dent intérieure sont donc intermédiaires. Les longues extrémités des cerques sont quant à elles digitiformes et fortement recourbées vers le haut. Des trois *Psorodonotus* européens, c'est la présente espèce qui possède les cerques les plus longs. La plaque sous-génitale de la femelle (**2B**) est plus courte que celle de la Decticelle de Fiebers et elle est plus profondément entaillée en son milieu.

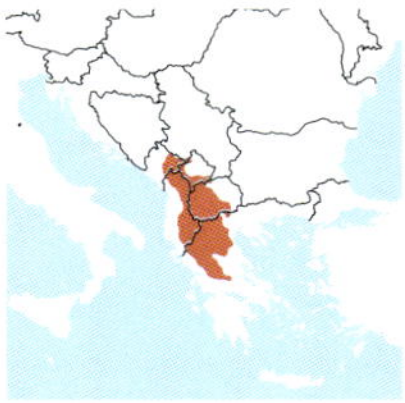

OCCURRENCE Les adultes sont visibles de fin juin à septembre pour quelques isolés (pic en juillet). L'espèce est inféodée aux Balkans, depuis le Monténégro jusqu'au sud de la Grèce continentale. Elle fréquente les prairies et pâturages de montagne, généralement au-dessus de 1 500 m.
CHANT Le chant est identique à celui de la Decticelle d'Illyrie. Une différenciation des trois espèces de *Psorodonotus* par le chant est impossible.

1A

1B

2A

2B

1 Decticelle splendide
—*Eupholidoptera chabrieri*

♂ 20-29 mm
♀ 20-30 mm
LO 18-24 mm

ALL–Grüne Strauchschrecke

ANG–Chabrier's Marbled Bush-cricket

DESCRIPTION Avec sa couleur d'un vert intense, la Decticelle splendide se distingue facilement des nombreuses autres decticelles similaires. Depuis la base des antennes, un bandeau noir traverse les yeux et les lobes latéraux du pronotum, dont le bord inférieur est largement ourlé de vert. L'arrière du pronotum est allongé, arrondi et surligné de noir. Les ailes, les premier et dernier tergites de l'abdomen, ainsi que les cerques sont brun foncé ou presque noirs. Les tarses et les tibias sont plus ou moins couverts de motifs noirs. Le ventre est d'un rouge clair frappant. Chez le mâle (**1B**), les ailes arrondies recouvrent les deux ou trois premiers segments abdominaux. Les cerques (**1C**) du mâle sont légèrement courbés vers l'intérieur et munis à leur base d'une dent intérieure en forme de crochet, qui est entièrement masquée par le 10ᵉ tergite. Le long oviscapte (**1A**) est légèrement arqué vers le haut et bruni à sa pointe.

OCCURRENCE Les adultes apparaissent de juillet à octobre (pic en août). Cette decticelle est une espèce du Sud-Est européen. Elle est présente du sud de l'Italie au sud de la Suisse (Tessin) et au sud de la France, où la limite nord se trouve dans la région de Grenoble. Elle vit en lisière de forêts, dans les clairières, les broussailles et les bocages. Elle se tient dans des épineux ou de petits arbres.

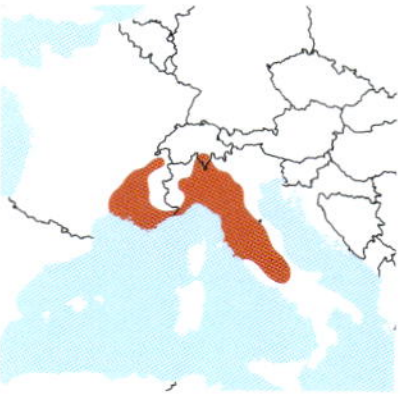

CHANT Le chant d'intensité moyenne consiste en séquences d'accents qui ressemblent à un « chwiii » aigu et froissé. Elles sont émises en séries de différentes durées, à intervalles plus ou moins réguliers de 1 à 3 secondes. Souvent aussi, des accents isolés sont produits à intervalles très irréguliers. Le chant retentit de l'après-midi jusqu'au cœur de la nuit.

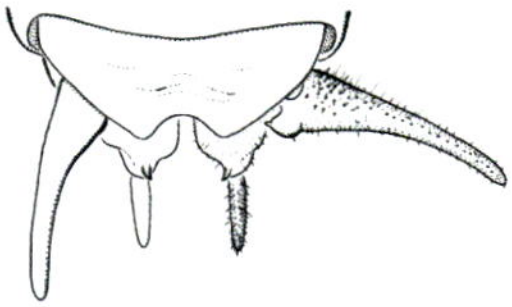

(**1C**) Extrémité de l'abdomen de la ♀

2 Decticelle de Schmidt
—*Eupholidoptera schmidti*

♂ 23-26 mm
♀ 26-28 mm
LO 21-22 mm

ALL–Schmidt's Grüne Strauchschrecke

ANG–Schmidt's Marbled Bush-cricket

DESCRIPTION Cette espèce ressemble à la précédente, mais sa coloration verte présente plus souvent des teintes brunâtres ou jaunâtres. Les lobes latéraux du pronotum sont bordés d'une large bande claire qui est souvent ourlée d'orange sur le bord extérieur. Néanmoins, le seul moyen fiable de la différencier de l'espèce précédente est l'analyse des organes génitaux : les extrémités paires des titillateurs sont très courbées vers le haut.

OCCURRENCE Les adultes sont visibles de juin à septembre (pic en juillet-août). Cette espèce est présente du nord-est de l'Italie jusqu'au centre des Balkans, où elle atteint l'est de la Bulgarie et le nord de la Grèce. Comme toutes les espèces d'*Eupholidoptera*, elle occupe des habitats riches en buissons ou de denses bandes enherbées.

CHANT Le chant d'intensité moyenne est surtout émis au crépuscule et la nuit. Il ressemble beaucoup à celui de l'espèce précédente, au point que ces deux espèces ne peuvent pas être distinguées sur cette base.

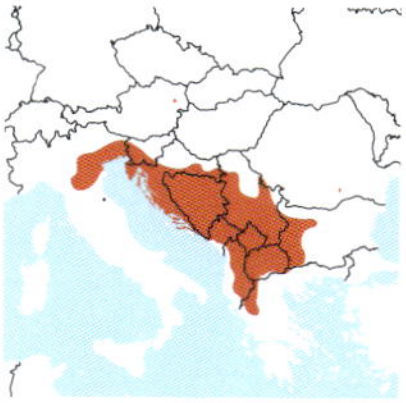

ESPÈCES SIMILAIRES En Italie, dans l'aire de répartition de la Decticelle splendide, on trouve beaucoup d'espèces d'*Eupholidoptera* qui ne peuvent en être différenciées que par l'analyse des organes génitaux du mâle. On observe la même situation pour la présente espèce dans les Balkans. Toutefois, en prenant en compte les répartitions respectives des espèces, cela réduit souvent beaucoup le nombre de celles pouvant porter à confusion. En Crète toutefois, il y a 11 espèces appartenant au genre *Eupholidoptera*.

1A

1B

2A

2B

1 Decticelle cendrée

—*Pholidoptera griseoaptera*

♂ 15-20 mm
♀ 16-20 mm
LO 8-11 mm

ALL – Gewöhnliche Strauchschrecke

ANG – Common Dark Bush-cricket

DESCRIPTION La Decticelle cendrée est brune ou brun-gris, avec un ventre jaune et une bande oculaire foncée qui court depuis la tête jusqu'au début de l'abdomen, en passant par le pronotum. Les lobes latéraux du pronotum sont entièrement bordés d'une fine ligne claire. Chez le mâle (**1B**), les ailes sont à peu près de la longueur du pronotum et principalement de couleur brun ocre. Les cerques sont dentés dans leur premier tiers. Chez la femelle (**1C**), les ailes sont fortement réduites et ne dépassent que légèrement du pronotum. En comparaison des autres espèces appartenant au genre *Pholidoptera*, l'oviscapte est court et assez fortement arqué vers le haut.

OCCURRENCE Les adultes apparaissent de juin à novembre (pic en août). Cette espèce compte parmi les plus répandues et abondantes en Europe. Son aire de répartition s'étend du nord de l'Espagne jusqu'à l'Angleterre et au sud de la Scandinavie vers le nord. En direction du sud, elle atteint les Balkans et la Grèce, puis vers l'est la Russie et le Caucase. L'espèce est peu exigeante pour son habitat : elle vit dans les jardins et les parcs, ainsi qu'en lisière de forêts, dans les clairières, les broussailles, les jachères, les bandes herbeuses et les prairies à hautes herbes.

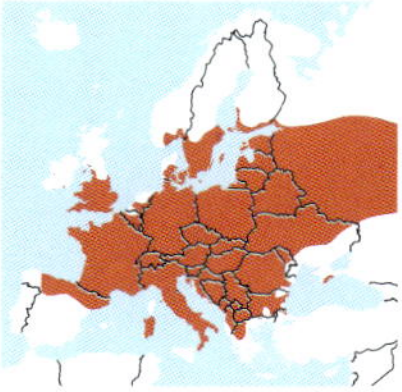

CHANT Au nord des Alpes, le « tzrit » incisif de cette espèce est inconfondable. On l'entend de jour et plus particulièrement de nuit. La plupart du temps, le chant est émis à intervalles irréguliers et se compose de 3 accents qui ne sont perçus qu'à basse température. À température plus élevée, on n'entend plus qu'un seul son. Au sud des Alpes, le chant est à peine différent de celui de la Decticelle trompeuse. Même à des températures de 5 °C, on peut encore entendre quelques mâles chanter à la fin de l'automne dans les zones de forte présence.

ESPÈCES SIMILAIRES Au nord des Alpes, les juvéniles (**1A**) de cette espèce comptent parmi les premiers que l'on puisse observer au printemps. Ils sont aisément reconnaissables aux flancs noirs de leur corps, à leur dos brun clair et à l'anneau brun clair sous leur genou postérieur.

1A

1B

1C

1 Decticelle aptère

—Pholidoptera aptera

♂ 20-24 mm
♀ 21-25 mm
LO 18-22 mm

ALL – Alpen-Strauchschrecke

ANG – Alpine Dark Bush-cricket

DESCRIPTION Chez cette espèce, la coloration des sexes diffère souvent. Tandis que le mâle (**1A**) est très foncé, le plus souvent noir, la femelle (**1B**) est plus claire, brunâtre à presque noire. Chez les deux sexes, le dos est plus clair, la tête et le cou sont bruns à rougeâtres, les ailes sont teintées d'ocre et les côtés du ventre sont jaunes. La bande claire très nette qui souligne le bord postérieur des côtés du pronotum est frappante. La face inférieure des post-fémurs comporte également une raie longitudinale claire. Les ailes du mâle sont presque aussi longues que le pronotum et atteignent le milieu de l'abdomen. Chez la femelle, elles sont réduites à de petits moignons et ne sont visibles que sur le bord du pronotum. Le long oviscapte (**1D**) est légèrement recourbé vers le haut près de son extrémité. Les cerques du mâle (**1C**) ont une base épaisse, sont légèrement arqués vers l'intérieur et possèdent une dent sur leur face interne, avant leur milieu.

OCCURRENCE Les adultes apparaissent de juin à octobre (pic en août). L'aire de répartition de l'espèce s'étend des Abruzzes en Italie à la mer Noire, en passant par les Apennins, l'arc alpin et les Balkans. Plusieurs sous-espèces se sont différenciées au sein de cette aire. Le statut exact de certaines d'entre elles reste à préciser. L'espèce est principalement présente dans les zones collinéenne et montagnarde, jusqu'à un peu plus de 2 000 m d'altitude. Mais on la trouve aussi en petit nombre jusqu'en plaine. Elle habite les clairières forestières, les lisières, les bandes enherbées et les prairies de montagne. La variabilité du degré d'humidité des lieux qu'elle fréquente, en fonction de sa répartition, est remarquable. Dans les Alpes, elle occupe des lieux frais et moyennement secs pourvus d'une strate herbacée bien développée, tandis que dans le Sud, on la trouve également dans des lieux très secs et peu végétalisés.

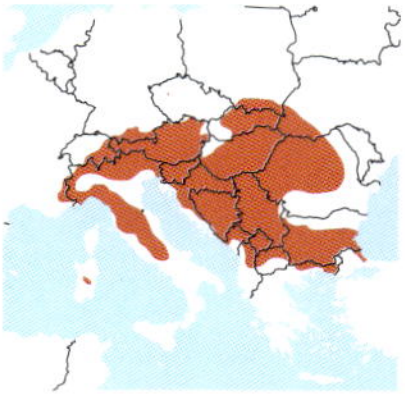

CHANT Le chant bruyant est audible à plus de 50 m et rappelle un chant d'oiseau. Il consiste en séquences de durées variables, entre lesquelles des pauses plus longues sont faites. On peut les retranscrire par « schri-schri-schri-schri-schri ». Lors des périodes de chant intense, les mâles se stimulent mutuellement et créent une ambiance sonore prédominante. À cette occasion, on observe le plus souvent une succession des chants, un mâle donné chantant pendant la pause d'un autre.

ESPÈCES SIMILAIRES Dans les Balkans, on trouve diverses autres espèces difficiles à différencier, dont les statuts spécifiques ne sont pas tous clairement établis. Parmi elles, on peut citer *Pholidoptera macedonica*, *P. rhodopensis*, *P. stankoi* et *P. transsylvanica*.

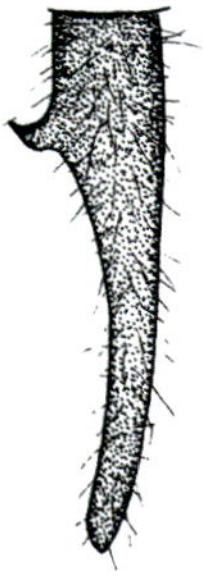

(**1C**) Cerque du ♂

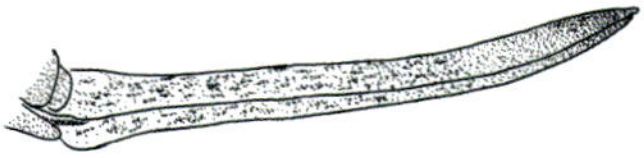

(**1D**) Oviscapte de la ♀

1A

1B

1 | Decticelle trompeuse
—Pholidoptera fallax

♂ 15-18 mm
♀ 17-23 mm
LO 11-13 mm

ALL–Südliche Strauchschrecke

ANG–Meadow Dark Bush-cricket

DESCRIPTION Cette espèce a une corpulence forte et trapue. Elle est brun clair à gris-brun, généralement un peu plus foncée sur les côtés. Le ventre est jaune. Les lobes latéraux du pronotum sont foncés avec un large ourlet blanc bien délimité. Les courtes ailes du mâle (**1B**), de couleur brun clair, n'atteignent pas le milieu de l'abdomen et mesurent presque la moitié de la longueur du pronotum. Les cerques (**1C**) sont minces, un peu arqués vers l'intérieur en leur milieu et pourvus d'une fine dent intérieure à cet endroit. Chez la femelle (**1A**), les ailes sont tellement réduites qu'elles sont complètement masquées par le pronotum. L'oviscapte est nettement arqué vers le haut.
OCCURRENCE Les adultes sont visibles de juillet à novembre (pic en août). En Italie, l'espèce est largement répandue, mais principalement limitée aux chaînes de montagnes. Depuis les Alpes-Maritimes, elle est répandue le long des Alpes du Sud, en passant par le sud de la Suisse (Tessin) et les Balkans, jusqu'au nord de la Grèce et à la mer Noire. Elle habite des prairies et des pâturages particuliers, au moins partiellement denses et entremêlés. Les individus se tiennent souvent dans l'épaisse couche de végétation et sont difficiles à découvrir.

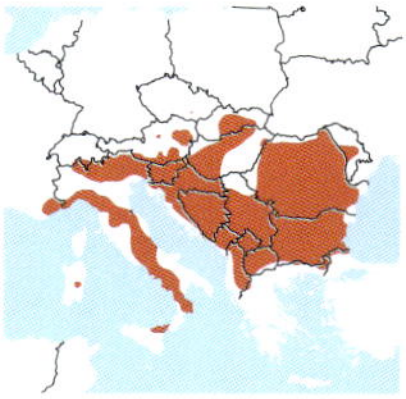

CHANT Le faible chant rappelle beaucoup celui de la Decticelle cendrée. Les séquences sont composées de 3 accents sonores et sont émises à intervalles irréguliers. Elles peuvent être retranscrites en « tzzrrtt ».

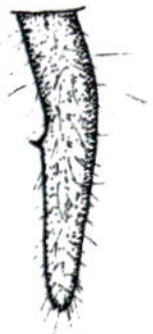

(**1C**) Cerque du ♂

2 | Decticelle des roselières (D. des friches)
—Pholidoptera femorata

♂ 20-25 mm
♀ 22-33 mm
LO 17-23 mm

ALL–Mittelmeer-Strauchschrecke

ANG–Large Dark Bush-cricket

DESCRIPTION La Decticelle des roselières ressemble beaucoup à l'espèce précédente, mais elle est un peu plus grande. Les ailes du mâle sont plus courtes et leur partie visible mesure environ un quart de la longueur du pronotum. Le bord postérieur de celui-ci est marqué d'une tache claire médiane. Les cerques minces du mâle (**2A**) sont légèrement recourbés vers l'intérieur, avec une fine dent intérieure dans leur premier tiers. En main, la femelle (**2B**) est facilement distinguable des espèces semblables appartenant au même genre. Le 7e sternite est pourvu d'une fine bosse (**2C**), qui n'est cependant bien visible que de dessous. En comparaison de l'espèce précédente, l'oviscapte est plus long et moins arqué vers le haut.
OCCURRENCE Les adultes peuvent déjà être présents dès mi-mai et jusqu'à fin octobre (pic en juillet-août). La répartition couvre le sud de la France jusqu'aux environs de Bordeaux, une bonne partie de l'Italie et de l'ouest de la Slovénie jusqu'au Péloponnèse et à l'Anatolie. Elle occupe des prairies et pâturages à végétation dense, des bandes enherbées, des broussailles et des lisières de forêts.

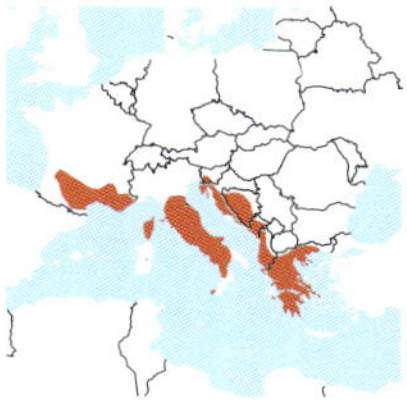

CHANT Le chant est identique à celui de l'espèce précédente et se compose également de 3 accents. Il est principalement émis le soir et la nuit.

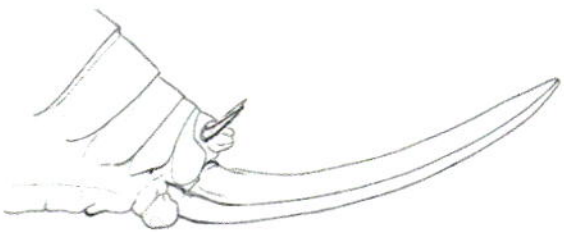

(**2C**) Abdomen de la ♀

1A

1B

2A

2B

1 Decticelle insubrique (D. littorale)

—*Pholidoptera littoralis*

♂ 20-25 mm
♀ 22-28 mm
LO 22-29 mm

ALL – Küsten-Strauchschrecke

ANG – Littoral Dark Bush-cricket

DESCRIPTION La Decticelle insubrique est une decticelle de grande taille. Sa couleur va du brun châtaigne au gris ou au vert clair. Même chez les individus verts, une large bande brune longitudinale recouvre toujours le haut du corps. Les lobes latéraux du pronotum sont bruns à presque noirs, avec une large bordure claire. Chez le mâle (**1B**), les ailes brunes ont presque la même longueur que le pronotum. Contrairement à celles des Decticelles des roselières et trompeuse, elles sont presque libres et ne sont que peu masquées par le pronotum. Chez le mâle toujours, les minces cerques possèdent dans leur premier tiers une petite dent intérieure en forme de crochet. Chez la femelle (**1A**), les ailes réduites sont entièrement dissimulées sous le pronotum. L'oviscapte est de la même longueur que le corps. Il est à peu près rectiligne, hormis une légère courbure vers le haut à sa base.
OCCURRENCE La Decticelle insubrique est une espèce précoce que l'on peut voir dès fin mai. On trouve les derniers individus isolés jusqu'en septembre (pic en juillet). Sa répartition s'étend de la Ligurie jusqu'à la Slovénie, en passant par le sud des Alpes italiennes et suisses, puis jusqu'au centre des Balkans et en Roumanie. Les populations du sud de la Suisse (Tessin), du Piémont voisin et de la Lombardie appartiennent à la sous-espèce *insubrica* (**1A**). Cette espèce occupe des prairies hautes et drues et des jachères denses, de la plaine jusqu'à 1 500 m en montagne.

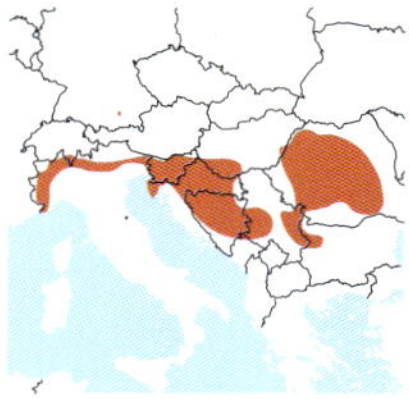

CHANT Le chant consiste en phrases stridulées, émises à intervalles réguliers, que l'on peut transcrire par « schrrrrrrrr ». Il rappelle celui de la Sauterelle cymbalière.
À SAVOIR Comme les adultes peuvent apparaître très tôt, leur présence est souvent négligée et sous-estimée. En juin, l'espèce forme des peuplements denses dans le nord-est de l'Italie, en Slovénie et en Istrie.

2 Decticelle dalmate

—*Pholidoptera dalmatica*

♂ 17-25 mm
♀ 19-25 mm
LO 18-20 mm

ALL – Dalmatinische Strauchschrecke

ANG – Dalmatian Dark Bush-cricket

DESCRIPTION Cette espèce a une corpulence forte et trapue. Sa coloration va du gris clair au brun, rarement foncée. Une bande noire traverse les yeux et les lobes latéraux du pronotum, où elle est souvent interrompue au milieu. Le bord inférieur des côtés du pronotum est largement ourlé de clair. Chez la femelle (**2B**), les courtes ailes sont masquées par le pronotum et ce n'est que rarement qu'un bout clair est visible. L'oviscapte est légèrement arqué vers le haut. À la base de la plaque sous-génitale, un sclérite latéral perlé est bien visible latéralement. Chez le mâle (**2A**), la longueur des ailes est variable d'un individu à l'autre, entre un tiers et un peu plus de la moitié de la longueur du pronotum. Le bord postérieur des ailes est clair (*a minima* les nervures), le reste de la surface est foncé (la plus grande partie dissimulée sous le pronotum). La face externe des post-fémurs peut être pourvue d'une bande longitudinale foncée. Les cerques sont minces et pourvus d'une dent dans leur premier tiers.

OCCURRENCE Les adultes sont visibles de mi-juin à septembre (pic en juillet). La limite nord de la répartition de l'espèce se trouve dans les environs de Trieste (nord-est de l'Italie). De là, elle s'étend jusqu'au Monténégro au sud, en passant par l'Istrie et la côte dalmate. Elle fréquente des prairies sèches à strate herbacée dense, des broussailles et des friches avec arbustes nains, ainsi que des zones rocheuses calcaires à végétation clairsemée.

CHANT Les mâles chantent de préférence le soir et la nuit. Le chant est constitué de phrases claires et musicales, émises en séries successives de 2 à 10 accents. Le chant peut être retranscrit en « dschriii-dschriii-dschriii-dschriii-dschriii ». Chaque phrase est constituée de 10 accents. Les différentes séries de phrases sont émises à intervalles réguliers, mais longs.

1A

1B

2A

2B

1 Decticelle brun-vert
—*Pholidoptera frivaldszkyi*

♂ 17-25 mm
♀ 19-25 mm
LO 18-20 mm

ALL–Grünbraune Strauchschrecke

ANG–Green Dark Bush-cricket

DESCRIPTION La Decticelle brun-vert est une espèce de *Pholidoptera* particulière, en raison de sa coloration verte uniforme. La partie supérieure de la tête et les lobes latéraux du pronotum peuvent être noirs chez le mâle. Toujours chez celui-ci, le dessus du pronotum et les ailes sont brun clair, tandis que le dessus de l'abdomen est brun-gris chez les deux sexes. Les ailes du mâle (**1B**) dépassent le milieu de l'abdomen et sont tenues près du corps, les cerques sont épais à leur base et portent une robuste dent intérieure dans leur premier tiers. Les ailes de la femelle (**1A**) sont si réduites qu'elles sont presque totalement dissimulées sous le pronotum. L'oviscapte n'est que légèrement arqué vers le haut. Il est un peu plus foncé près de l'extrémité.
OCCURRENCE Les adultes apparaissent de fin juin à août (pic en juillet). L'espèce est répartie de la Bosnie et de l'Herzégovine jusqu'en Bulgarie et dans le nord-est de la Grèce, *via* le centre des Balkans. Vers le nord, elle atteint la Roumanie et l'Ukraine. Elle occupe les denses prairies de montagne semi-sèches à humides, ainsi que les bandes herbeuses.

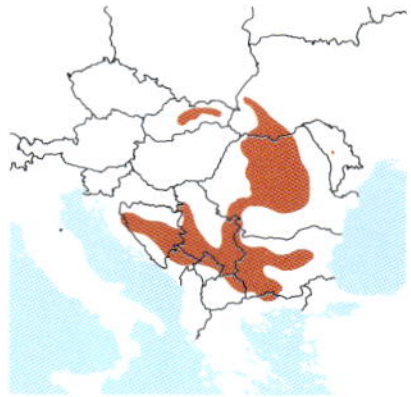

CHANT Le chant très sonore résonne comme un raclement métallique, « schwi-schwi-schwi », et rappelle un peu le chant de l'espèce précédente. Les phrases ont une longueur variable, entre 1 et 5 secondes en général, suivies de longues pauses.

2 Antaxie marbrée
—*Antaxius pedestris*

♂ 15-22 mm
♀ 15-23 mm
LO 13-19 mm

ALL–Atlantische Bergschrecke

ANG–Common Mountain Bush-cricket

DESCRIPTION Le mâle de cette espèce est inconfondable grâce à ses cerques clairs et larges. Ceux-ci sont très élargis et aplatis sur le côté interne, et ils se terminent en trois pointes, parmi lesquelles celle du milieu est munie d'une fine dent intérieure. Le mâle (**2A**) a une coloration qui va du gris au presque noir, avec des motifs très contrastés. La tête et en partie aussi l'avant de la moitié supérieure du pronotum sont tachés de clair ou brunâtre. La moitié inférieure de ce dernier est toujours pourvue d'une tache claire ou brunâtre et sa bordure inférieure est ourlée d'une large bande claire chez les deux sexes. La coloration de la femelle (**2B**), d'un gris ou d'un brun clair fortement marbré, est moins contrastée que celle du mâle. L'oviscapte a presque la longueur du corps et il est droit, voire légèrement arqué vers le haut. Son extrémité supérieure est biseautée. Chez la femelle, les petites ailes sont à peine visibles, tandis que chez le mâle, la partie visible atteint à peu près la moitié de la longueur du pronotum. Tous deux possèdent une tache claire (blanche) sur la bordure postérieure de celui-ci.
OCCURRENCE Les adultes apparaissent de mi-juillet à novembre (pic en août-septembre). L'espèce est présente du sud de la France au Tyrol, en passant par les Alpes. Elle est thermophile et colonise principalement des zones sèches et richement structurées. On la trouve dans des pinèdes claires, sur les lisières riches en broussailles, dans les clairières et les prairies. Elle est également fréquente sur les dépôts d'alluvions et dans les prairies entrecoupées de surfaces pierreuses. L'habitat est toujours richement structuré, avec des strates végétales d'épaisseurs différentes et des zones ouvertes. Ces sauterelles thermophiles aiment les bains de soleil dans les buissons ou sur les plantes vivaces.

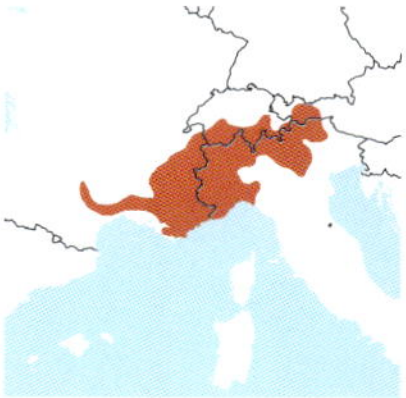

CHANT Le très faible chant n'est émis que la nuit. Il consiste en une série de 2 à 10 phrases qui se suivent à intervalles irréguliers, avant des pauses prolongées. Tant pendant les séquences de chant que lors des pauses, les mâles agitent leur perchoir, en faisant vibrer tout leur corps. Ce comportement est connu de diverses sauterelles et sert probablement aux femelles à mieux s'orienter en direction du chanteur la nuit.
À SAVOIR Cette espèce est nocturne et on la détecte assez souvent dans son habitat en éclairant les buissons à l'aide d'une lampe.

1A

1B

2A

2B

1 Antaxie disgracieuse
—*Antaxius difformis*

♂ 14-19 mm
♀ 15-20 mm
LO 10-13 mm

ALL–Alpine Bergschrecke

ANG–Eastern Mountain Bush-cricket

DESCRIPTION Cette antaxie est un peu plus petite et gracile que la précédente. Sa couleur générale est grise à brunâtre, le mâle (**1B**) étant plus foncé que la femelle (**1A**) et pouvant être pratiquement de couleur noire. Les lobes latéraux du pronotum sont foncés, avec une bande claire sur le bord inférieur. Chez le mâle, les ailes ont à peu près la longueur du pronotum et sont teintées d'ocre sur toute leur surface. Les courts cerques (**1D**) sont élargis à la base, aplatis vers l'intérieur et munis en leur milieu d'une puissante dent intérieure, qui est en général un peu recouverte par le dernier segment abdominal. Chez la femelle, les ailes sont fortement réduites et débordent peu de la bordure du pronotum. L'oviscapte (**1C**) est nettement plus arqué vers le haut et bien plus court que chez l'espèce précédente. Chez les deux sexes, la face ventrale est saumonée.

OCCURRENCE Les adultes sont visibles de fin juillet à octobre (pic en août-septembre). L'aire de répartition couvre le Valais (région du Simplon), le sud de la Suisse (Tessin), les Alpes du Sud, et de la Slovénie jusqu'au sud de l'Autriche (Carinthie). Cette antaxie est une espèce montagnarde, présente entre 1 000 et 2 500 m d'altitude, où elle occupe des roches et des champs d'éboulis bien ensoleillés et colonisés par une végétation dense, mêlée d'arbrisseaux nains au moins en bordure.

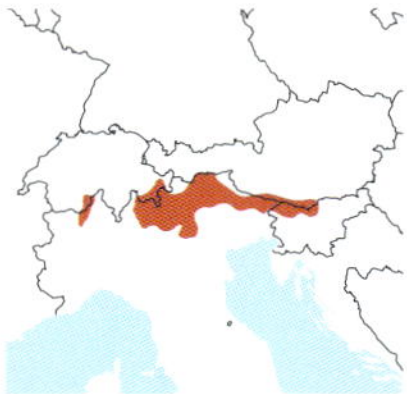

CHANT Le chant très faible n'est audible qu'à courte distance. Mais avec l'aide d'un détecteur d'ultrasons, on peut facilement le localiser. Les très courtes phrases de 0,5 seconde sont produites plus ou moins régulièrement toutes les 1 à 2 secondes lors de la pleine activité de chant. Elles ressemblent à des « tzrrrrrrr » dans lesquels s'intercalent de façon irrégulière des microaccents isolés.

À SAVOIR Cette espèce qui mène une vie secrète est très difficile à détecter. En effet, elle se tient à proximité de la végétation dense qui borde les pierres et les rochers, et s'y cache rapidement au moindre danger.

ESPÈCES SIMILAIRES En Europe, sept autres espèces appartenant au genre *Antaxius* sont connues, toutes inféodées au Portugal, à l'Espagne et à la France, d'une façon très locale pour une partie d'entre elles. Dans les Cévennes françaises, on trouve *Antaxius sorrezensis*, une jolie espèce qui ressemble à l'Antaxie marbrée, mais qui, contrairement à celle-ci, est souvent de couleur verte.

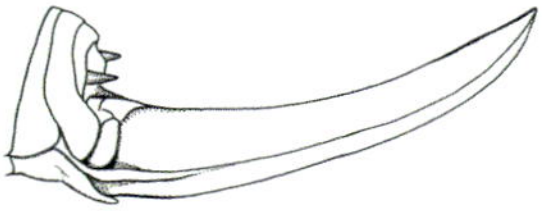

(**1C**) Extrémité de l'abdomen de la ♀

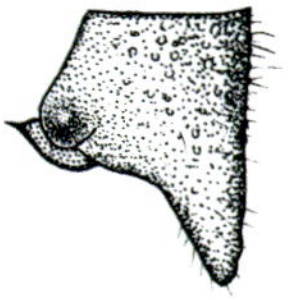

(**1D**) Cerques du ♂

1A

1B

1 Decticelle striolée
—Pachytrachis striolatus

♂ 17-20 mm
♀ 18-26 mm
LO 18-22 mm

ALL–Gestreifte Südschrecke

ANG–Striated Bush-cricket

DESCRIPTION Cette decticelle a une coloration brun-gris, parfois teintée de brun rougeâtre. La tête, le pronotum et les côtés des premiers segments abdominaux sont particulièrement sombres. Les lobes latéraux du pronotum sont foncés, recouverts de taches et délimités par une bordure claire. La partie visible des ailes égale à peu près la moitié de la longueur du pronotum chez le mâle (**1B**) et ne déborde de celui-ci que de 2 à 3 mm au maximum chez la femelle (**1A**). Le fin oviscapte est à peu près de la même longueur que le corps, il est légèrement recourbé vers le bas et il est biseauté à son extrémité supérieure. Sur les post-fémurs, des lignes transversales sombres forment un motif en arête de poisson. Les longs cerques digitiformes des mâles sont un peu recourbés vers l'intérieur et ne possèdent pas de dent.

OCCURRENCE Les adultes sont visibles de juillet à octobre (pic en août-septembre). L'aire de répartition de l'espèce s'étend du Tessin dans le sud de la Suisse jusqu'au Monténégro dans les Balkans, en passant par les Alpes italiennes et l'Istrie. L'habitat est représenté par des prairies à hautes herbes, des bandes herbacées, des zones buissonneuses et des friches.

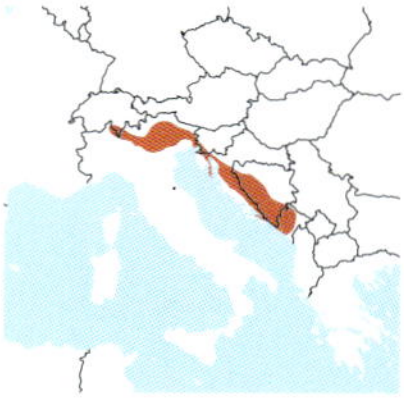

CHANT Le faible chant, qui n'est émis spontanément que la nuit, se compose d'une série successive d'accents, qu'on peut retranscrire par « tzrrt ».

ESPÈCES SIMILAIRES Dans le sud de l'aire de répartition de cette espèce, on en trouve d'autres peu connues appartenant au genre *Pachytrachis* : *P. frater* dans la région au sud de Split (Croatie), dont le mâle possède des cerques très incurvés vers l'intérieur ; *P. tumidus* dans la région frontalière entre la Bosnie, l'Herzégovine et le Monténégro, dont les cerques du mâle sont plus courts et plus fins que ceux des autres espèces.

2 Decticelle gracile
—Pachytrachis gracilis

♂ 14-18 mm
♀ 17-20 mm
LO 12-17 mm

ALL–Zierliche Südschrecke

ANG–Graceful Bush-cricket

DESCRIPTION La Decticelle gracile est un peu plus petite que l'espèce précédente et elle s'en distingue par les cerques du mâle et l'oviscapte de la femelle. Les longs cerques digitiformes ne sont pas incurvés vers l'intérieur, mais rectilignes. Quant à l'oviscapte de la femelle (**2B**), il est presque de la longueur du corps, légèrement incurvé vers le haut et biseauté à son extrémité supérieure. Cette espèce est marbrée de brun-gris ou de brun rougeâtre. Des antennes jusqu'aux premiers segments abdominaux au moins, les côtés du corps sont foncés à noirs. Les lobes latéraux foncés du pronotum sont bordés de clair et sont le plus souvent tachés sur le dos. Chez le mâle (**2A**), la partie visible des ailes mesure la moitié de la longueur du pronotum et chez la femelle, seul le bord de l'aile au mieux dépasse de ce dernier.

OCCURRENCE Les adultes apparaissent de juillet à octobre (pic en août). L'aire de répartition s'étend du nord-est de l'Italie jusqu'en Ukraine à l'est par le sud de l'Autriche, et de la quasi-totalité des Balkans jusqu'en Grèce au sud. L'espèce occupe, dans les lieux secs et bien ensoleillés, des lisières forestières, des prairies avec de nombreux buissons et des bandes herbeuses.

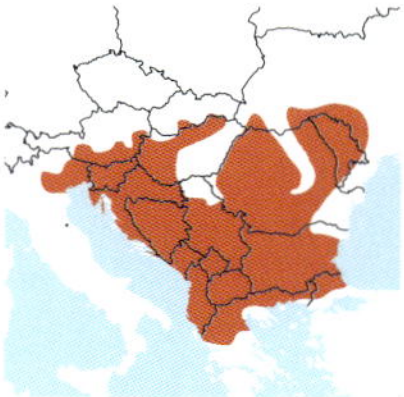

CHANT Le faible chant est constitué de séquences de 5 accents émis à intervalles de 2 secondes. Les séquences se suivent en séries rapides et ressemblent à un « tz-tz-tz-tz » très serré.

1A

1B

2A

2B

1 Decticelle orientale (Sauterelle méridionale) — *Rhacocleis germanica*

♂ 14-20 mm
♀ 15-27 mm
LO 14-19 mm

ALL – Mittelmeer-Strauchschrecke

ANG – Mediterranean Bush-cricket

DESCRIPTION La Decticelle orientale est de taille moyenne, marbrée de brunâtre à brun-gris. Une bande foncée longe les côtés du corps depuis la base des antennes jusqu'à l'abdomen où elle évolue progressivement en petites taches. Le pronotum est bordé de clair et fortement marbré dans sa partie basse. Les courtes ailes translucides dépassent de 1 à 2 mm le pronotum chez le mâle (**1B**) et sont presque entièrement dissimulées sous celui-ci chez la femelle (**1A**). Les cerques puissants (**1C**) des mâles possèdent une longue dent à leur base, qui est recouverte par le 10e tergite. À leur extrémité, les cerques se terminent en une dent pointue et sont nettement inclinés vers l'intérieur. La femelle possède un fin oviscapte, légèrement recourbé vers le haut.
OCCURRENCE Les adultes sont visibles de juillet à octobre (pic en août). L'espèce est présente dans le sud de la France et dans presque toute l'Italie, puis du nord-est de ce pays jusqu'en Grèce et en Turquie, ainsi que le long de la mer Noire, en passant par les Balkans. L'espèce se trouve en lisière de forêts, dans les clairières, les broussailles et les friches.

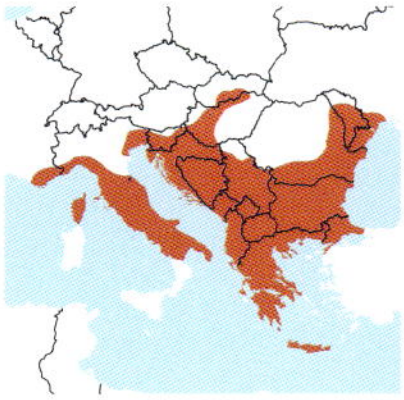

CHANT Le chant nocturne est faible. Il consiste en courtes phrases stridulées, émises toutes les 1 à 3 secondes.
ESPÈCES SIMILAIRES En Europe, on connaît 25 autres espèces appartenant au genre *Rhacocleis*, mais qui ont toutes une aire de répartition très limitée, principalement dans le sud de la région méditerranéenne.

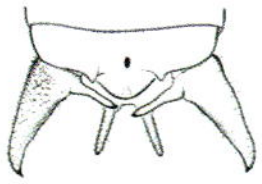

(**1C**) Extrémité de l'abdomen du ♂

2 Decticelle négligée — *Rhacocleis neglecta*

♂ 16-18 mm
♀ 16-22 mm
LO 17-19 mm

ALL – Italiensche Strauchschrecke

ANG – Adriatic Bush-cricket

DESCRIPTION Cette decticelle est plus grande et plus robuste que l'espèce précédente. Elle est de coloration grise à brun-gris et elle est toujours très marbrée. Les côtés de son corps sont en général un peu plus clairs que la partie supérieure. Chez les individus foncés, la partie basse des lobes du pronotum est parfois légèrement éclaircie. Chez le mâle (**2B**), les ailes ne dépassent du pronotum que de quelques millimètres et leur coloration est foncée sur les côtés, claire à blanchâtre en haut. Chez la femelle (**2A**), les ailes sont entièrement dissimulées sous le pronotum. Les longs cerques du mâle sont pourvus, à leur base, d'une puissante dent intérieure en forme de crochet, qui contrairement à l'espèce précédente n'est pas cachée par le dernier segment abdominal. Le fin oviscapte est presque aussi long que le corps. Il est un peu élargi à la base. La plaque sous-génitale est émoussée à son extrémité et possède une forte carène longitudinale.
OCCURRENCE Les adultes apparaissent de juillet à octobre (pic en août). L'aire de répartition couvre presque toute l'Italie, depuis le Nord-Ouest jusqu'en Sicile, ainsi qu'en Algérie. Une mention de l'espèce dans la région de Rijeka en Istrie est probablement due à une dispersion par l'homme. Les habitats occupés consistent en espaces buissonneux, lisières de forêts et prairies richement structurées parsemées de buissons, jusqu'à 1 200 m d'altitude.

CHANT Le faible chant est composé de phrases courtes, assez régulièrement émises toutes les 0,5 à 0,8 seconde et de 4 à 5 phrases rapides. On peut les transcrire par « tsrrr ».

1A

1B

2A

2B

1 Yersinelle frêle
— Yersinella raymondii

♂ 10-12 mm
♀ 11-15 mm
LO 8-11 mm

ALL – Kleine Strauchschrecke

ANG – Raymond's Bush-cricket

DESCRIPTION Cette espèce est très mince et de coloration frappante. Sur le dessus du corps, elle possède une bande longitudinale brun clair. Les côtés du corps sont brun foncé. La bordure du pronotum est surlignée de clair. Les cerques rectilignes et digitiformes des mâles (**1C**) sont caractéristiques. Ils sont également aplatis au milieu et n'ont pas de dent. Tant chez la femelle (**1B**) que chez le mâle (**1A**), les ailes translucides ne dépassent que légèrement du pronotum. L'oviscapte falciforme est arqué vers le haut.
OCCURRENCE Les adultes sont visibles de juillet à novembre (pic en août-septembre). L'aire de répartition couvre la Catalogne, le sud de la France, l'Italie, le sud de la Suisse, toute la côte adriatique et la Grèce. L'espèce se trouve en lisière de forêts, dans les friches, les haies et les buissons des espaces ouverts.
CHANT Le chant est très faible et consiste en brèves phrases émises irrégulièrement et produites par l'ouverture des ailes, au rythme d'une à trois fois par seconde.
À SAVOIR En raison de sa petite taille et de ses ailes peu visibles, la Yersinelle frêle est souvent prise pour un juvénile. De fait, il n'est pas facile de reconnaître le stade de développement de ces animaux agiles et timides sur le terrain : ils disparaissent dans les broussailles avant que l'on ait pu étudier correctement leurs ailes.

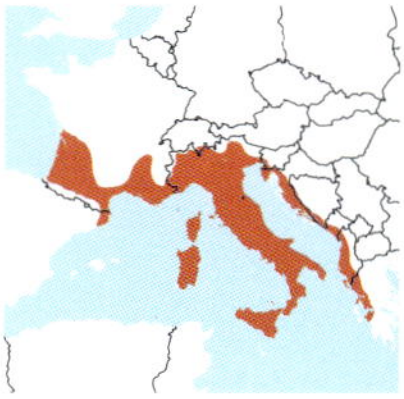

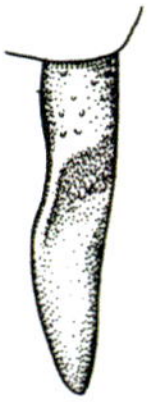

(**1C**) Cerques du ♂

2 Yersinelle montagnarde (Y. italienne)
— Yersinella beybienkoi

♂ 12-15 mm
♀ 12-15 mm
LO 7-8 mm

ALL – Gebirgs-Strauchschrecke

ANG – Bei-Bienko's Bush-cricket

DESCRIPTION La Yersinelle montagnarde ressemble beaucoup à l'espèce précédente, très répandue. Elle est un peu plus grande et un peu moins corpulente. Coloration et motifs des deux espèces sont très proches, mais la présente espèce est souvent plus contrastée. Ce sont, en particulier, les côtés de son corps qui sont généralement d'un brun foncé plus sombre et huileux. Le meilleur critère distinctif est celui des cerques du mâle, qui sont plus courts et nettement effilés à leur extrémité, vus de dessus (**2C**) que chez l'espèce précédente. Chez la femelle (**2A**), en vue de dessous, les côtés de la plaque sous-génitale sont uniformément rétrécis à leur extrémité et élargis sur le bord postérieur, alors qu'ils sont légèrement courbés chez l'espèce précédente.
OCCURRENCE Les adultes sont visibles de juillet à octobre (pic en août-septembre). L'aire de répartition de l'espèce s'étend des Alpes françaises méridionales jusqu'aux Abruzzes dans les Apennins. Elle vit sur les lisières forestières ensoleillées, les clairières et les prairies de montagne riches en arbustes, entre 600 et 1 500 m d'altitude.
CHANT Le faible chant est très proche de celui de l'espèce précédente.

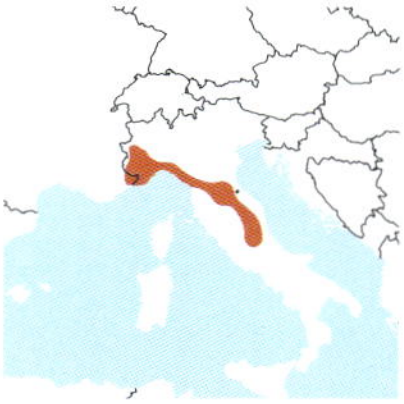

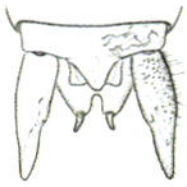

(**2C**) Abdomen du ♂

1A

1B

2A

2B

Caelifères (criquets et tétrix) — Caelifera

Famille des Tetrigidae – Tétrigidés (tétrix et criquets géophiles)

Avec une longueur corporelle de 8 à 15 mm, les Tétrigidés constituent les plus petits représentants des orthoptères européens. Leur caractéristique la plus notable est leur pronotum prolongé vers l'arrière en un long éperon – l'épine pronotale – qui atteint l'extrémité de l'abdomen ou, plus souvent, qui le dépasse. Les lobes latéraux du pronotum possèdent deux renflements sur leur bord postérieur (un seul chez les juvéniles); à la hauteur du supérieur se trouvent les élytres réduits à de petites écailles. Par contre, les ailes postérieures peuvent être entièrement développées et sont le plus souvent recouvertes par l'épine pronotale. Chez beaucoup d'espèces, il existe deux « formes » d'individus : ceux qui ont une longue épine pronotale et ceux qui en ont une courte. Les premiers ont également des ailes postérieures plus longues. Les Tétrigidés sont dépourvus d'organes auditifs et n'émettent pas de stridulations. Pour communiquer, ils produisent des vibrations sur le sol (probablement par contractions musculaires) et ils utilisent des signaux visuels. Ils passent l'hiver à l'état de juvénile ou d'adulte. En Europe, on connaît 12 espèces, et dans le monde environ 2000.

1 | Tétrix riverain

—Tetrix subulata

♂ 10-12 mm
♀ 11-15 mm

ALL – Säbel-Dornschrecke

ANG – Slender Groundhopper

DESCRIPTION Comme chez la plupart des espèces européennes de tétrix, les teintes brunes et grises dominent chez le Tétrix riverain. Souvent, les flancs sont d'une coloration plus claire que le reste du corps, avec une longue ligne claire, plus rarement des taches. En vue latérale, la carène médiane du pronotum est presque rectiligne et la face supérieure de ce dernier est relativement mate. En général, l'espèce est dotée d'une longue épine pronotale (**1C**, **1D**) qui excède largement la longueur de l'abdomen et des genoux postérieurs. Cependant, on observe régulièrement des individus à courte épine pronotale, qui ne dépasse que de peu les genoux postérieurs (**1A**, **1B**). Quelques populations sont exclusivement constituées de tels individus. En vue de dessus, le vertex (**1E**) fait un angle obtus et il dépasse nettement les yeux vers l'avant. La distance interoculaire mesure environ 1,5 fois le diamètre d'un œil. Ce grand écartement des yeux et le large vertex projeté en avant distinguent cette espèce des autres tétrix à longue épine pronotale tels que les Tétrix des vasières, caucasien et méridional.

OCCURRENCE À l'inverse de la majorité des criquets d'Europe tempérée, beaucoup d'espèces de tétrix hivernent à l'état adulte. Ils se reproduisent au printemps et on les observe dès mars, ceci jusqu'en juin-juillet. Les juvéniles naissent en juin et se transforment en adultes au cours de l'été. À partir d'août apparaissent les individus de la nouvelle génération, qui à leur tour hiverneront. Cette espèce est présente dans presque toute l'Europe : du Portugal et de la Grèce jusqu'au cercle polaire en Scandinavie; vers l'est, on la trouve jusque dans le nord-est de la Chine. Elle a aussi été signalée en Amérique du Nord, mais il s'agit probablement d'une espèce différente. Ce tétrix vit surtout dans des zones humides ou sur des surfaces à humidité fluctuante, avec des zones dégagées pauvres en végétation. Souvent, on le trouve sur les étendues de vase proches de l'eau, dans les ornières des chemins, les bauges à sangliers ou les sentes à gibier en zone humide, ainsi que dans les sablières. Parfois, on le trouve aussi dans des prairies intensives.

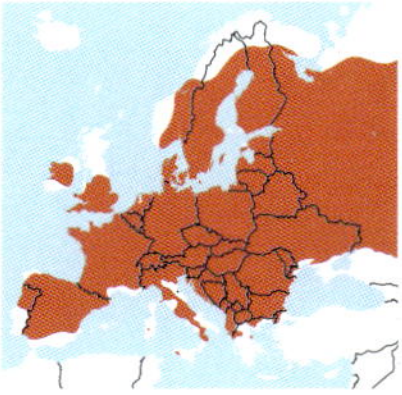

À SAVOIR Ce criquet a une très bonne aptitude au vol, ce qui fait qu'on trouve souvent des individus loin de leurs habitats habituels. Comme de nombreux autres tétrix, il est également capable de nager et de plonger. Sa nourriture consiste surtout en détritus, micro-organismes et algues. Les œufs sont pondus dans le sol humide, assez profond, en groupes lâches.

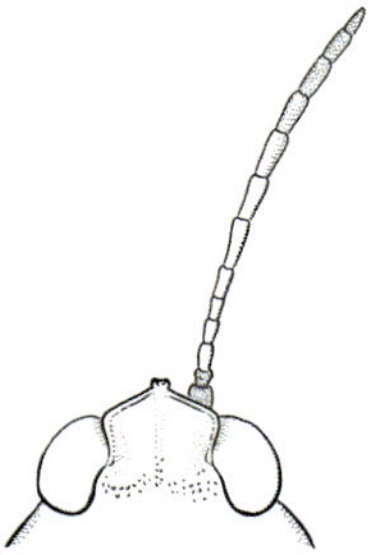

(**1E**)

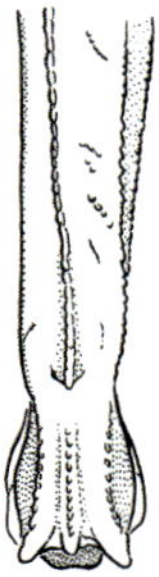

(**1F**) Post-fémur (vu de dessus)

1A
1B
1C
1D

1 Tétrix des vasières
— Tetrix ceperoi

♂ 8-11 mm
♀ 9-12 mm

ALL – Westliche Dornschrecke

ANG – Sand Groundhopper

DESCRIPTION Ce tétrix est régulièrement confondu avec les Tétrix méridional, riverain ou caucasien. Il est cependant un peu plus petit et gracile que les deux dernières espèces. En vue latérale, la carène médiane du pronotum est presque rectiligne et saillante sur toute sa longueur. En vue de dessus, le vertex dépasse peu les yeux (**1C**) et seule la nervure frontale fait saillie vers l'avant. La distance interoculaire est aussi large qu'un œil. Les individus à courte épine pronotale sont extrêmement rares. La carène inférieure des fémurs des pattes antérieures et médianes n'est pas ondulée, ce qui différencie ce tétrix du suivant. L'utilisation d'une loupe permet de voir, sur la carène supérieure du post-fémur près du genou, une nette courbure dirigée vers l'extérieur (**1D**). Elle est souvent mise en évidence par des tubercules clairs. C'est un critère distinctif par rapport au Tétrix riverain.
OCCURRENCE Le cycle de vie de cette espèce est identique à celui du Tétrix riverain. La plupart des adultes peuvent être observés au printemps entre mars et mai, ainsi qu'à l'automne entre août et septembre. L'aire de répartition va du Portugal et de l'Espagne au sud de l'Angleterre, au nord de l'Allemagne et jusqu'en Pologne. En Italie et dans l'est de l'Europe, la répartition est très fragmentée, mais elle s'étend jusqu'à la Grèce et la mer Noire. L'espèce fréquente des lieux bien ensoleillés et humides sur les berges de surfaces en eau, carrières d'argile, gravières, dunes et terrils à charbon. Les zones pauvres en végétation sont privilégiées.

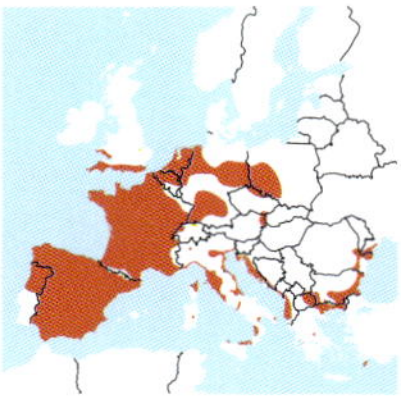

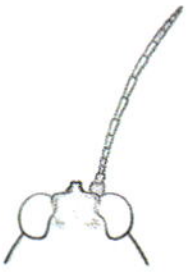
(**1C**)

(**1D**)

2 Tétrix caucasien
— Tetrix bolivari

♂ 10-12 mm
♀ 10-15 mm

ALL – Bolivars Dornschrecke

ANG – Bolivar's Groundhopper

DESCRIPTION Le Tétrix caucasien ressemble aux autres espèces à longue épine pronotale : les Tétrix riverain, des vasières et méridional. Il est cependant un peu plus grand et, surtout, plus puissant qu'eux. Sur ses longues et fines antennes, les articles médians les plus longs sont un peu plus de 3 fois (environ 3,3 fois) plus longs que larges. Vu de dessus, le vertex obtus (**2C**) ne dépasse que de peu les yeux et la distance interoculaire est 1,3 fois plus large qu'un œil.
Le pronotum s'étend au-delà de l'abdomen, mais il est lui-même légèrement dépassé par les ailes postérieures. La carène médiane du pronotum est surélevée, puis s'abaisse un peu à partir de l'apex des élytres. Elle est un peu moins marquée que chez l'espèce précédente. En vue de dessus, la carène du post-fémur (**2D**) est nettement arquée vers l'extérieur près du genou.
OCCURRENCE Les adultes sont visibles toute l'année, mais la majorité des observations a lieu au printemps et en automne. L'aire de répartition est divisée en deux. En Europe de l'Ouest, l'espèce est largement répartie en Espagne et en France où elle atteint la région de Metz. En Europe de l'Est, la répartition s'étend du nord-est de l'Italie et de l'Autriche jusqu'à la Grèce au sud et jusqu'à l'Ouzbékistan à l'est. Les habitats sont identiques à ceux des deux tétrix précédents, c'est-à-dire des prairies et pâturages humides ensoleillés, à végétation maigre, sur sols sablonneux ou graveleux, souvent sur les berges aplanies de surfaces en eau.

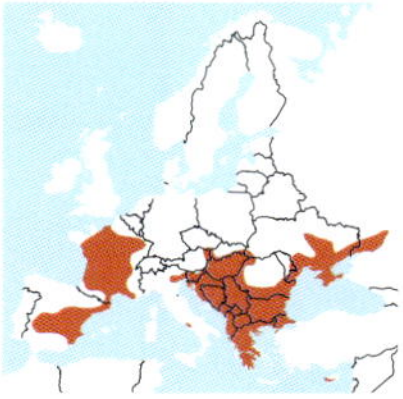

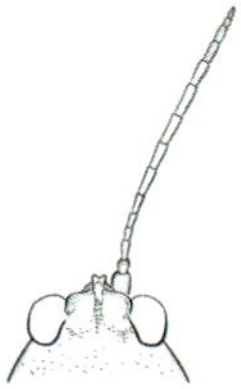
(**2C**)

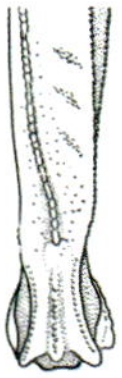
(**2D**)

1A
1B
2A
2B

1 Tétrix nordique
—Tetrix fuliginosa

♂ 7-9 mm
♀ 10-12 mm

ALL – Nördliche Dornschrecke

ANG – Northern Groundhopper

DESCRIPTION Cette espèce ressemble au Tétrix riverain, mais elle est plus grande et l'écartement des yeux est plus faible : 1,25 à 1,35 fois plus large qu'un œil. En vue latérale, le vertex forme un angle droit et l'arête frontale est arquée vers l'avant de façon caractéristique à la hauteur des yeux, ce qui différencie nettement cette espèce des autres tétrix à longue épine pronotale. La carène médiane du pronotum est légèrement surélevée et se poursuit de façon presque rectiligne sur l'épine pronotale. Celle-ci va nettement au-delà de l'abdomen et n'est dépassée que de peu par les ailes postérieures. Le Tétrix nordique se caractérise par la carène inférieure du fémur des pattes médianes légèrement ondulée.

OCCURRENCE Les adultes peuvent être vus toute l'année, puisque l'espèce hiverne aussi bien à l'état juvénile qu'adulte. Le Tétrix nordique est présent du centre de la Suède jusqu'au nord de la Finlande et, de là, jusqu'à l'île de Sakhaline en Sibérie orientale. Il fréquente des lieux humides dans les prairies, la toundra et les lisières de forêts. On le trouve également dans des lieux plus secs, tels que des surfaces forestières incendiées et des talus. L'espèce est assez peu étudiée.

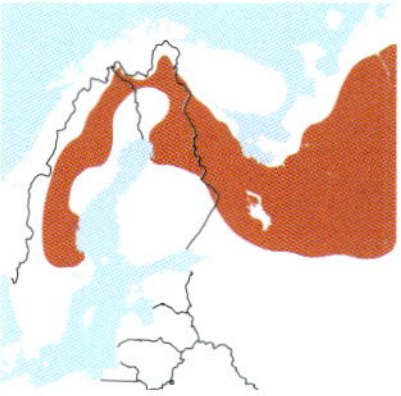

2 Tétrix méridional
—Paratettix meridionalis

♂ 10-12 mm
♀ 10-15 mm

ALL – Mittelmeer-Dornschrecke

ANG – Mediterranean Groundhopper

DESCRIPTION Par la forme de son corps et la longueur de son épine pronotale, cette espèce rappelle les Tétrix riverain et des vasières. Dans l'ensemble, elle est mince et gracile, bien que son pronotum soit fortement élargi au niveau des élytres en vue verticale, que son vertex soit obtus (**2D**) et que ses yeux soient remarquablement grands. La distance interoculaire est inférieure à la largeur d'un œil, ce qui distingue nettement cette espèce des autres tétrix qui lui ressemblent. À l'inverse de ceux-ci, chez lui, la carène médiane du pronotum débute juste derrière le bord antérieur de celui-ci. L'épine pronotale va toujours au-delà de l'extrémité de l'abdomen, mais elle est largement dépassée par les ailes postérieures, comme chez les autres espèces semblables de tétrix. La variabilité de la coloration est encore plus importante que chez les autres tétrix : on observe souvent des individus très bigarrés de blanc, gris, noir, brun ou rougeâtre, avec divers motifs.

OCCURRENCE On peut observer des adultes pratiquement toute l'année (pic d'avril à septembre). Dans le sud de l'Europe, où elle est presque partout abondante, l'espèce est présente des îles Canaries et des Açores jusqu'en Grèce. La station la plus nordique se trouve en France, dans les environs de Nantes. Ce tétrix est totalement absent d'Europe centrale. Il vit sur la bordure peu végétalisée de surfaces en eau, de préférence sur les berges humides proches de la ligne d'eau, qu'elles soient vaseuses, sableuses ou graveleuses. Il est souvent en compagnie des Tétrix des vasières et caucasien.

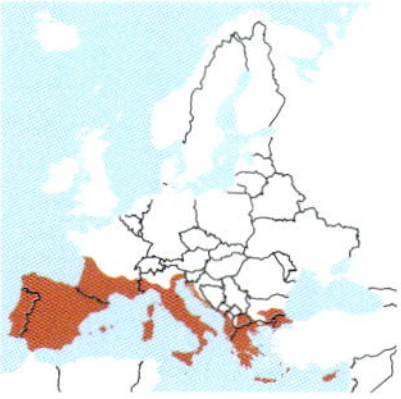

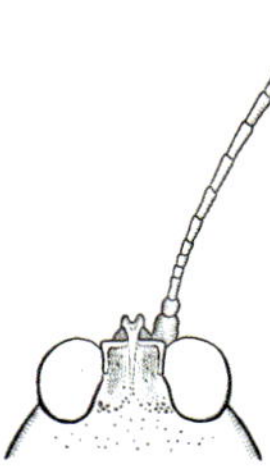
(**2D**)

1A

2A

2B

2C

1 Tétrix des carrières — *Tetrix tenuicornis*

♂ 7-11 mm
♀ 7-13 mm

ALL – Langfühler-Dornschrecke

ANG – Long-horned Groundhopper

DESCRIPTION La couleur de ce tétrix à courte épine pronotale est souvent grise ou brun-gris (**1B**). Les individus tachetés sont plus rares que chez les autres tétrix, mais il est fréquent qu'il y ait deux taches foncées sur le pronotum. Cette espèce a une corpulence plus faible que l'espèce suivante et ses post-fémurs sont moins de trois fois plus longs que larges. Les longues et fines antennes (**1C**) sont remarquables et environ trois à quatre fois plus longues que larges. Les ailes postérieures se terminent juste avant l'extrémité du pronotum, soit plus loin que chez l'espèce suivante. Vu de dessus, le bord antérieur du pronotum est rectiligne ou légèrement avancé. La carène médiane du pronotum est nettement convexe dans son tiers antérieur et se prolonge ensuite de façon presque rectiligne jusqu'à l'extrémité. Les individus à longue épine pronotale sont très rares.

OCCURRENCE Le plus souvent, l'hivernage a lieu au stade juvénile, mais des adultes peuvent également être vus toute l'année. On peut observer les premiers individus qui ont hiverné dès début mars dans les lieux chauds. Mais la plupart ne sont adultes qu'en mai-juin. L'aire de répartition de l'espèce s'étend des Pyrénées à la Grèce, en passant par l'Italie du Nord, et jusqu'au sud de la Finlande au nord. Vers l'est, elle atteint la Sibérie occidentale. Ce tétrix occupe une large gamme d'habitats, mais ceux qui sont secs (souvent sur des versants) sont privilégiés. On le trouve en lisière de forêts, dans les forêts claires, les sablières, les carrières et les prairies pauvres en végétation. Il n'est pas rare non plus dans des jardins extensifs.

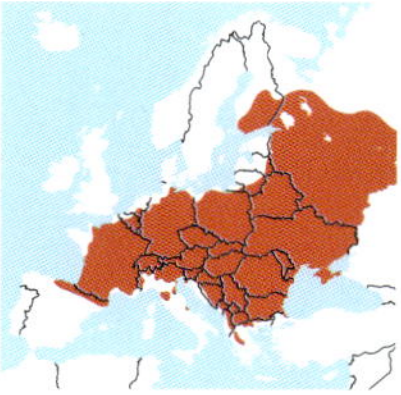

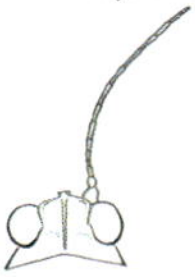

(1C)

2 Tétrix forestier (T. commun) — *Tetrix undulata*

♂ 7-10 mm
♀ 8-12 mm

ALL – Gemeine Dornschrecke

ANG – Common Groundhopper

DESCRIPTION En vue latérale, la carène médiane du pronotum est nettement convexe et saillante. Vu de dessus, le vertex (**2C**) dépasse la ligne des yeux selon un angle obtus et le bord antérieur du pronotum est légèrement avancé. L'espèce est généralement mince et les post-fémurs sont environ trois fois plus longs que larges. Les ailes postérieures sont deux fois plus longues que les élytres qui ont la forme d'écailles. L'épine pronotale atteint à peu près les genoux postérieurs. Les individus à plus longue épine pronotale sont rares. La coloration peut être très variable, mais les teintes brun jaunâtre ou brun-gris avec marbrures foncées dominent. À l'inverse de l'espèce précédente, le pronotum est souvent marqué de motifs colorés.

OCCURRENCE Le cycle de vie de l'espèce correspond à celui du Tétrix riverain. Les adultes hivernent et on peut en observer lors des journées ensoleillées. La plupart des individus sont visibles d'avril à juin pendant la période de reproduction, ainsi qu'à partir d'août lorsque apparaît la nouvelle génération d'adultes. L'espèce fréquente aussi bien des lieux humides que semi-humides. Comme chez tous les tétrix, la présence d'espaces de sol nu est nécessaire. Le plus souvent, l'espèce vit dans les clairières forestières. Mais on la trouve aussi en des emplacements humides dans les prairies, les tourbières et les bords de chemins moussus.

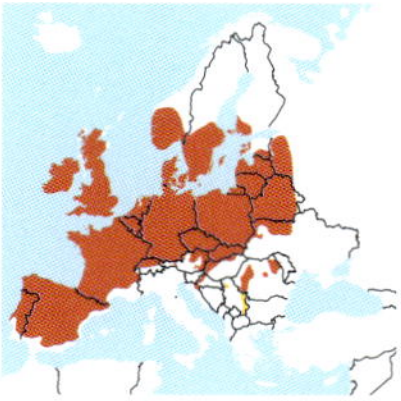

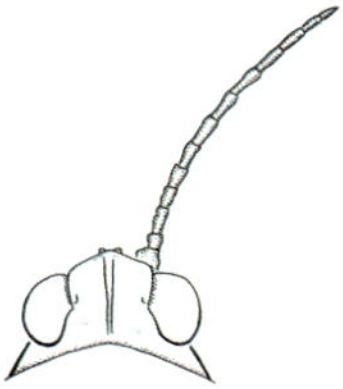

(2C)

1A
1B
2A
2B

1 | Tétrix des grèves —*Tetrix tuerki*

♂ 8-10 mm
♀ 9-13 mm

ALL – Kiesbank-Dornschrecke

ANG – Alpine Groundhopper

DESCRIPTION La couleur générale du Tétrix des grèves est souvent uniformément gris clair, gris foncé ou brunâtre avec des taches claires. Il existe également des individus tachés de foncé. Ce tétrix se présente sous deux formes : avec longue ou courte épine pronotale, pourvue dans les deux cas d'une carène médiane presque rectiligne. Cette dernière n'est légèrement surélevée que derrière la tête, ce qui fait paraître le pronotum plat. Une des caractéristiques marquantes concerne les fémurs des pattes antérieures, et surtout médianes (**1C**), qui présentent des carènes inférieures nettement ondulées.
OCCURRENCE Les adultes sont visibles de mars à novembre. L'aire de répartition européenne de l'espèce est très fragmentée. Elle se limite en grande partie aux Alpes (de la France à l'Autriche) et aux Carpates (de la Slovaquie à la Bulgarie). Ce tétrix a une niche écologique très étroite. Il ne vit que sur les bancs de galets des cours d'eau alpins, dans des cuvettes humides sablonneuses et vaseuses, peu végétalisées et souvent encombrées d'amas de bois flottant. En raison des travaux d'aménagement des fleuves alpins, l'espèce a disparu de nombreux sites et se trouve au bord de l'extinction.

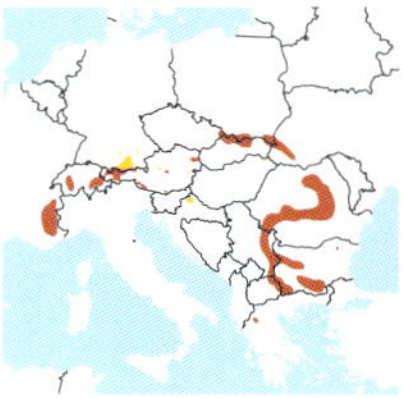

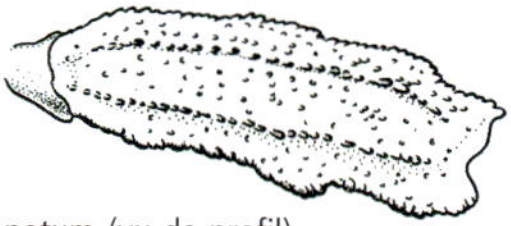

(**1C**) Pronotum (vu de profil)

2 | Tétrix déprimé —*Tetrix depressa*

♂ 8-11 mm
♀ 8-13 mm

ALL – Eingedrückte Dornschrecke

ANG – Dented Groundhopper

DESCRIPTION Ce tétrix a une constitution étonnamment large et puissante. Il est inconfondable grâce à la forme caractéristique de la carène médiane de son pronotum (**2C**). Celle-ci est très saillante dans sa moitié antérieure, avec une arête vive, puis elle tombe brusquement juste avant l'extrémité des élytres. Cette zone d'affaissement est presque toujours marquée de deux points foncés et la surface du pronotum est fortement rugueuse et ridée. Les longueurs de l'épine pronotale et des ailes postérieures sont variables, puisque les deux formes d'individus – à courte (**2B**) et longue épines pronotales (**2A**) – peuvent se rencontrer. Comme chez l'espèce précédente, les carènes inférieures des fémurs des pattes antérieures et médianes sont nettement ondulées. À l'image de beaucoup de tétrix, la coloration est variable. Mais elle est souvent grise ou brune.
OCCURRENCE Les adultes sont visibles toute l'année (pic d'avril à octobre). L'espèce est présente dans le sud de l'Europe, du Portugal jusqu'en Grèce. Sa limite nord se trouve dans le Valais en Suisse. Elle se rencontre de préférence sur des terrains pauvres en végétation, souvent sur des sols sablonneux ou graveleux proches de l'eau. Parfois même dans des forêts plus sèches et plus claires.

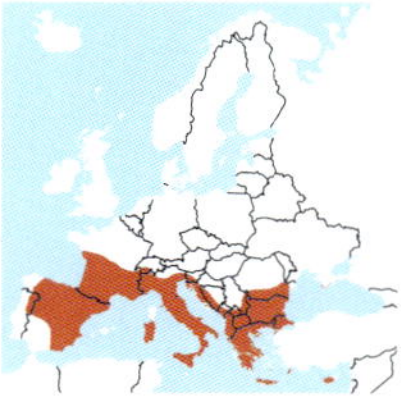

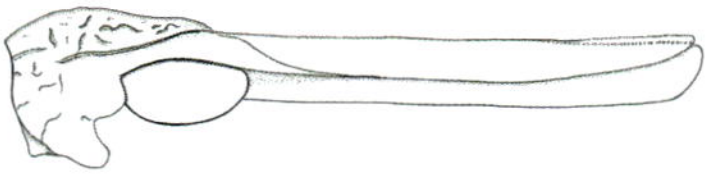

(**2C**) Pronotum (vu de profil)

1A

1B

2A

2B

1 | Tétrix calcicole (T. biponctué) — *Tetrix bipunctata*

♂ 8-10 mm
♀ 9-13 mm

ALL – Zweipunkt-Dornschrecke

ANG – Two-spotted Groundhopper

DESCRIPTION Cette espèce ressemble au Tétrix forestier. Mais elle possède des antennes nettement plus courtes et puissantes, sur lesquelles les articles médians sont au maximum deux fois plus longs que larges. Une autre différence concerne le pronotum : vu de dessus, son bord antérieur (**1C**) s'avance nettement entre les yeux, tandis que ce n'est que légèrement le cas chez le Tétrix forestier. Vue de côté, la présente espèce paraît un peu plus bossue. Le sommet de sa tête fait un angle obtus au-dessus des yeux qui sont relativement petits. En vue de profil, la partie visible de l'aile postérieure est environ deux fois plus longue que l'élytre (**1D**). Chez la forme *kraussi* à ailes courtes (**1E** ; voir rubrique « À savoir »), la partie visible de l'aile postérieure est nettement plus courte, soit à peu près de la longueur de l'élytre.
OCCURRENCE Les adultes sont visibles toute l'année et hivernent aussi bien au stade adulte qu'à un stade juvénile avancé. Le pic saisonnier d'observation de l'espèce, de mai à septembre, est probablement à mettre en relation avec la propre activité saisonnière des observateurs. La principale aire de présence de l'espèce est comprise entre l'est de la France, le nord de la Scandinavie, puis l'Italie et le nord de la Grèce. Vers l'est, elle atteint la Corée. Des petites stations isolées sont connues au Portugal et en Espagne. De tous les tétrix, cette espèce occupe les habitats les plus secs : prairies et pâturages maigres, ainsi que forêts claires, dépôts d'alluvions ou landes sablonneuses. La limite altitudinale de présence est atteinte vers 3 000 m en montagne. Le Tétrix des carrières cohabite souvent avec la présente espèce.
À SAVOIR Il existe une forme à ailes courtes de cette espèce, dénommée *T. b. kraussi* ou même *T. kraussi* (Tétrix des larris). Sur le plan morphologique, elle se différencie uniquement par des ailes postérieures plus courtes que chez le taxon générique. Mais comme il n'existe pas de différences génétiques entre les deux formes et qu'elles se côtoient souvent, il est probable que *T. b. kraussi* corresponde à une simple variation morphologique. Toutefois, cette forme semble un peu plus thermophile et liée à des habitats plus secs que la forme générique. Les tétrix n'émettent pas de chant, mais communiquent par des vibrations. Cela a également été signalé pour la présente espèce. Une étude sur les moyens de communication de la forme *kraussi* pourrait permettre de clarifier son statut spécifique.
ESPÈCES SIMILAIRES *Tetrix transsylvanica*, présent en Slovénie, Croatie et dans les Carpates roumaines méridionales, est très semblable mais dépourvu d'ailes.

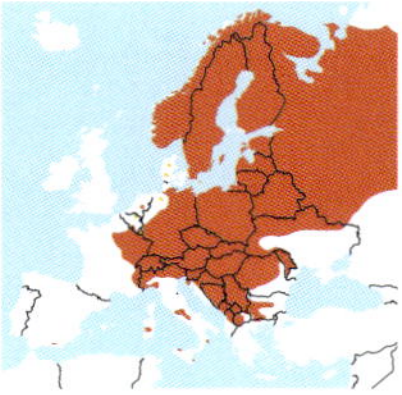

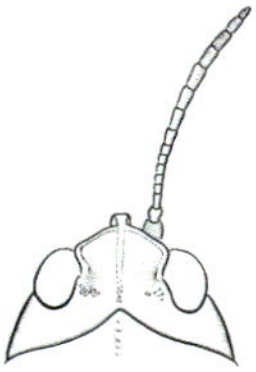

(**1C**)

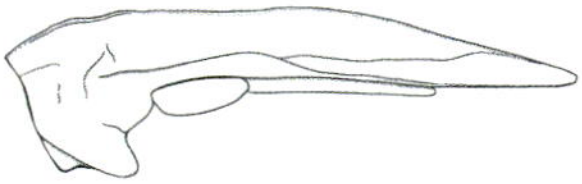

(**1D**) *Tetrix bipunctata bipunctata*

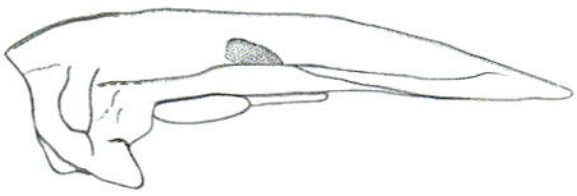

(**1E**) *Tetrix bipunctata kraussi*

1A

1B

Famille des Tridactylidae – Tridactylidés (tridactyles)

Les Tridactylidés sont un groupe de criquets très ancien. En raison de leur grande ressemblance avec les courtilières, on les avait autrefois rattachés aux grillons. Les espèces de petite taille possèdent des antennes composées de 10 à 12 éléments et un pronotum presque hémisphérique, tronqué à l'avant et à l'arrière. L'abdomen porte 4 appendices : 2 cerques à 2 articles et 2 styles, ce qui est inhabituel chez les criquets. Les élytres sont courts et fortement sclérifiés. Ils sont le plus souvent recouverts par les ailes postérieures lorsque celles-ci sont repliées. Les pattes sont typiques par leur adaptation au creusement de galeries : l'épaississement des post-fémurs est frappant, les tibias des pattes antérieures sont élargis en pelles, ceux des pattes médianes sont aplatis et les 3 lobes des pattes postérieures sont de longueurs différentes. On compte 5 espèces en Europe et 137 à ce jour dans le monde.

1 Tridactyle genevois
—Xya pfaendleri

♂ 4-5,5 mm
♀ 5-6,5 mm

ALL – Pfaendlers Grabschrecke

ANG – Pfaendler's Molehopper

DESCRIPTION Cette espèce est uniformément noire, avec des reflets brillants. Contrairement à l'espèce suivante, qui lui est très semblable, son pronotum convexe est presque totalement noir (**1D**) : il est au plus marqué d'une tache claire sur son bord inférieur (**1A**, **1B**). Les courts élytres sclérifiés sont noirs et sont nettement dépassés par les ailes postérieures. Les tibias des pattes antérieures sont aplatis en petites pelles et ceux des pattes médianes sont élargis en forme de feuille. Des macules claires ponctuent surtout les pattes et l'abdomen. Le dessus des fémurs des pattes antérieures est orné d'une ligne jaune. Chez les deux sexes, les cerques possèdent deux articles.
OCCURRENCE Les adultes sont visibles toute l'année. Au printemps, on en observe beaucoup aux côtés des juvéniles, puisque les uns et les autres hivernent. L'aire de répartition de cette espèce orientale s'étend des Balkans à la Grèce, puis à la mer Noire et plus à l'est jusqu'à l'Inde. La limite ouest est atteinte en Styrie, au Burgenland et en Basse-Autriche. Son habitat est représenté par les rives humides et sablonneuses des eaux ou des gravières. L'espèce colonise principalement la bande de rive quasiment exempte de végétation entre la ligne d'eau et la végétation des berges.

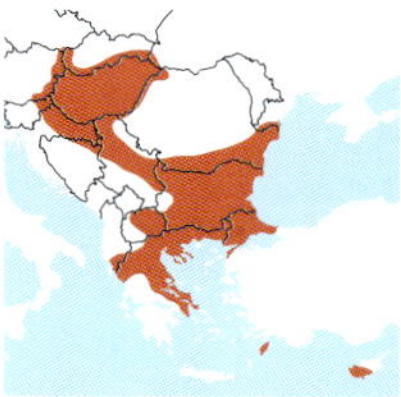

À SAVOIR Cette espèce se nourrit des algues présentes entre les grains de sable et creuse des galeries tortueuses (**1C**), dans lesquelles elle se réfugie en cas d'intempérie ou de danger. Lors d'un dérangement, on peut admirer la grande capacité de saut de ces petits animaux, qui leur permet de se projeter jusqu'à un demi-mètre plus loin. Il n'est pas rare qu'un tel saut s'achève sur une surface d'eau. En raison de l'anatomie particulière des pattes postérieures, constituées de trois lobes déployables, les tridactyles peuvent très bien nager et ainsi regagner la berge. Ils sont aussi capables de bondir directement à partir de l'eau.
ESPÈCES SIMILAIRES *Xya iberica*, au Portugal et dans le sud de l'Espagne, est une espèce très proche, de même coloration que le Tridactyle genevois, mais dont les fémurs des pattes antérieures n'ont pas de ligne longitudinale jaune.

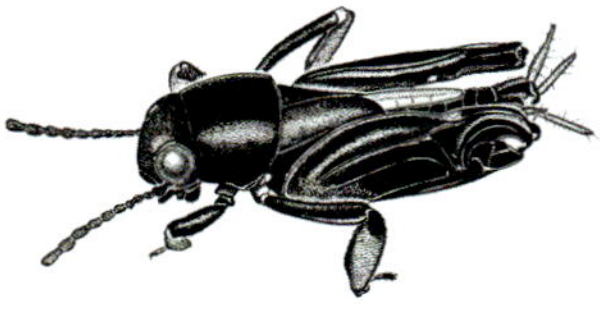

(**1D**) Aspect général du ♂ de *Xya pfaendleri*

1A
1B
1C

1 Tridactyle panaché
—Xya variegata

♂ 4-5,5 mm
♀ 5-6,5 mm

ALL – Dreizehen-Grabschrecke

ANG – Colourful Molehopper

DESCRIPTION Ce criquet ressemble beaucoup au précédent, avec lequel il peut coexister. Il s'en distingue principalement par la forte proportion de motifs clairs. Sa coloration générale est également d'un noir brillant. Un caractère marquant est la tache claire de la bordure inférieure du pronotum, qui peut également former une large bande (**1D**). La plupart du temps, les courts élytres, les pattes et l'abdomen sont également plus nettement et plus largement maculés de clair que chez l'espèce précédente. Mais contrairement à elle, le Tridactyle panaché possède des tubercules de stridulation sur la face interne des élytres. Il y frotte probablement ses ailes postérieures pour striduler. Comme chez le Tétrix genevois, les tibias des pattes antérieures sont aplatis en pattes fouisseuses, utilisées pour le creusement de galeries. Les tibias de pattes médianes sont également élargis. Les post-fémurs sont très puissants, et en position de repos, ils recouvrent les post-tibias. L'oviscapte de la femelle est très réduit, ce qui rend difficile la distinction des sexes. Comme chez tous les criquets, la femelle (**1B**) est considérablement plus grande et plus puissante que le mâle (**1A**).

OCCURRENCE Les adultes sont visibles toute l'année. L'hivernage a lieu aussi bien à l'état juvénile qu'adulte. Au printemps, à partir d'avril, les différents stades de développement peuvent être observés simultanément. L'espèce est largement répandue dans le sud de l'Europe : nord de l'Espagne, sud de la France, Italie et Balkans jusqu'en Grèce. Les stations les plus septentrionales se trouvent en Autriche occidentale et dans l'est de la République tchèque. Comme l'espèce précédente, le Tridactyle panaché vit sur des berges humides et bien ensoleillées, en particulier sur le sable humide et la vase jouxtant l'eau.

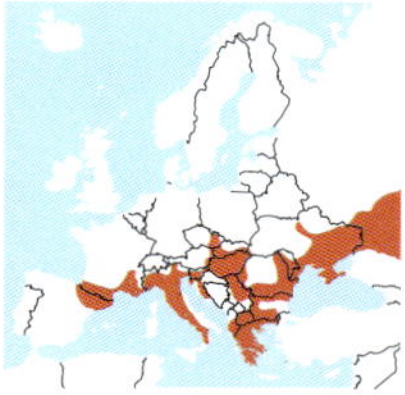

À SAVOIR Bien que cette espèce soit pourvue d'organes de stridulation, on ne connaît pour l'instant aucune émission sonore chez les tridactyles. Toutefois, en cas de rencontre, une communication intense est observée : les individus se palpent à l'aide de leurs antennes vibrantes. Avant l'accouplement, les mâles effectuent une parade, au cours de laquelle les post-fémurs sont déplacés de haut en bas. Pour l'accouplement, le mâle se glisse sous la femelle et agrippe l'abdomen de celle-ci par-dessous, ce que l'on observe normalement chez les grillons.

ESPÈCES SIMILAIRES Les espèces du genre *Xya* sont inconfondables et faciles à identifier dans presque toute l'Europe. *Bruntridactylus irremipes* (**1C**), en Grèce, et *B. tartarus*, dans la région de la mer Noire, sont les seules espèces semblables. Elles sont un peu plus grandes, ont des tarses plus longs et des yeux plus écartés que les espèces du genre *Xya*.

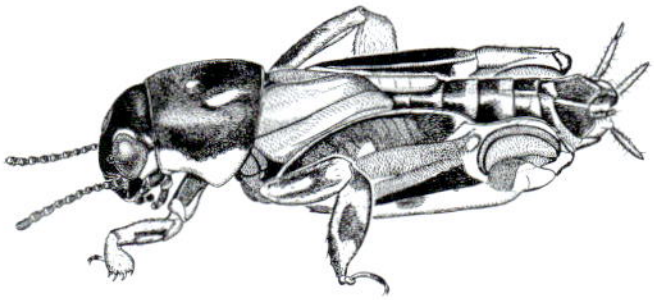

(**1D**) Aspect général de la ♀ de *Xya variegata*

1A
1B
1C

La famille des Pamphagidés est principalement représentée dans les steppes et déserts d'Asie et d'Afrique. Seules quelques espèces atteignent le sud de l'Europe. La plupart des représentants de la famille, typiquement dodus et pour partie de très grande taille, vivent exclusivement au sol. Quelques-uns cependant fréquentent les buissons et les arbres. Le dimorphisme sexuel est souvent très marqué : les femelles peuvent être plusieurs fois plus grandes et plus lourdes que les mâles. La plupart des espèces ont des ailes très réduites et sont inaptes au vol. À ce jour, 500 ont été décrites dans le monde et environ 60 en Europe.

1 Criquet hérisson
—Prionotropis hystrix

♂ 30-35 mm
♀ 40-54 mm

ALL – Gesägte Steinschrecke

ANG – Eastern Stone Grasshopper

DESCRIPTION Ce criquet a une imposante stature dodue. Le pronotum est très allongé vers l'arrière et sa surface présente de nombreux plis. Il possède par ailleurs une carène médiane très saillante et tranchante, découpée par deux sillons transversaux (**1C**). La partie allongée du pronotum se termine par une pointe émoussée, nettement arrondie. Le long de la ligne médiane, les segments de l'abdomen sont pouvus d'appendices en forme d'épines. L'abdomen semble ainsi en dents de scie. Le dessus des post-fémurs est également en dents de scie et les post-tibias portent de solides épines. Les ailes atteignent approximativement le milieu de l'abdomen chez le mâle (**1B**). Elles sont un peu plus courtes chez la femelle (**1A**). La coloration varie entre le brun, le gris et le jaune ocre, l'arrière de la tête étant jaune à orange.

OCCURRENCE Les adultes apparaissent en juin et juillet, plus tard pour certains (pic fin juin). L'aire de répartition de l'espèce s'étend le long de la côte adriatique depuis le nord-est de l'Italie jusqu'au Monténégro, en passant par la Slovénie, l'Istrie, la Croatie, la Bosnie et l'Herzégovine. L'espèce vit dans des lieux arides et pierreux. Elle n'est nulle part abondante. Mais par le passé, on a régulièrement assisté à des pullulations, à tel point que les animaux devaient être chassés des champs. Comme cette espèce ne se déplace presque pas et qu'elle est bien camouflée par sa couleur, elle passe facilement inaperçue en dépit de sa taille.

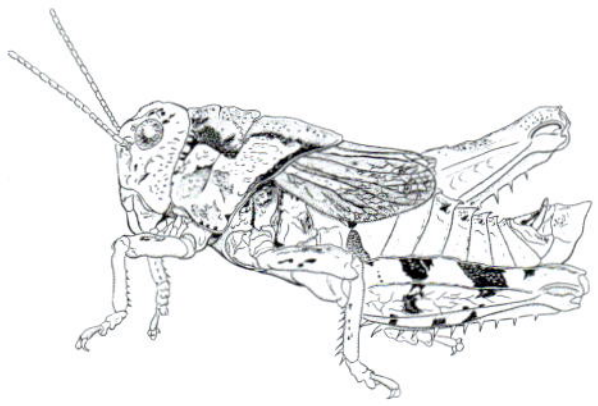

(**1C**) Aspect du ♂ de *Prionotropis hystrix*

1A

1B

1 Criquet des Grands-Plans
—Prionotropis azami

♂ 30-35 mm
♀ 40-54 mm

ALL – Französische Steinschrecke

ANG – French Stone Grasshopper

DESCRIPTION Ce criquet ressemble beaucoup à l'espèce précédente, dont il a longtemps été considéré comme une sous-espèce. Il est aussi très grand, très puissant et très impressionnant. Sa couleur de base est le gris, le brun, le jaunâtre ou l'orange, avec des taches foncées très contrastées. Souvent, il possède une courte raie blanche sur les lobes latéraux du pronotum, à hauteur des yeux. Par rapport à l'espèce précédente, la bordure du prolongement postérieur du pronotum est légèrement plus large et moins pointue, les courtes ailes sont arrondies à leur extrémité, la nervure radiale des élytres est moins développée et la partie supérieure des post-fémurs est souvent plus faiblement dentelée.
OCCURRENCE Les adultes sont visibles de mai à août (pic début juin). Les aires de répartition de cette espèce et de la précédente sont nettement séparées : alors que la seconde est présente dans le sud-est de l'Europe, la première occupe exclusivement le sud de la France, entre Aix-en-Provence et Nice. L'habitat utilisé correspond à des lieux bien ensoleillés où la végétation est très éparse et où la proportion de surface pierreuse est importante. La garrigue pauvre en buissons est l'un des habitats typiques.

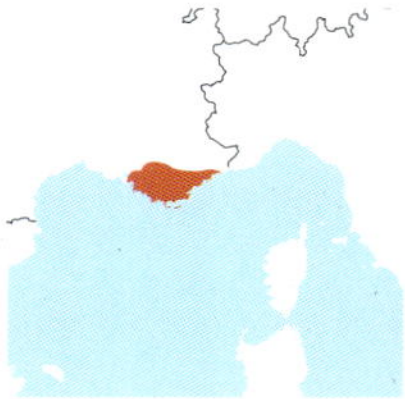

2 Criquet rhodanien (C. de la Crau)
—Prionotropis rhodanica

♂ 35-38 mm
♀ 38-44 mm

ALL – Crau-Steinschrecke

ANG – Crau Plain Grasshopper

DESCRIPTION Le Criquet rhodanien, également présent en France, est similaire au précédent. Autrefois, tous deux étaient considérés comme des sous-espèces du Criquet hérisson des Balkans. Aujourd'hui, on estime qu'il s'agit d'espèces distinctes. La coloration de la présente espèce est un peu moins variable que celle de la précédente. Elle est le plus souvent entre brun mat et gris. De plus, les individus ayant des marques foncées contrastées sont moins fréquents. La bordure postérieure du pronotum est un peu moins allongée vers l'arrière et moins arrondie, la carène médiane de celui-ci est nettement moins saillante et n'est interrompue que par un seul sillon transversal. Ses ailes sont le plus souvent un peu plus longues que chez l'espèce précédente : elles atteignent le troisième segment de l'abdomen chez le mâle (**2A**) et le deuxième chez la femelle (**2B**). Enfin, les épines de l'axe dorsal des segments abdominaux sont moins prononcées.
OCCURRENCE Les adultes apparaissent de fin mai à début juillet (pic en juin). Cette espèce est endémique du sud de la France. Elle possède une aire très restreinte, limitée à la steppe de la Crau au sud-est de Saint-Martin-de-Crau. Elle a disparu de nombreux sites ces dernières années, aussi est-elle menacée de disparition. Dans cette steppe aride, il lui faut un minimum de couverture herbacée. Elle évite ainsi les zones dénudées trop vastes.

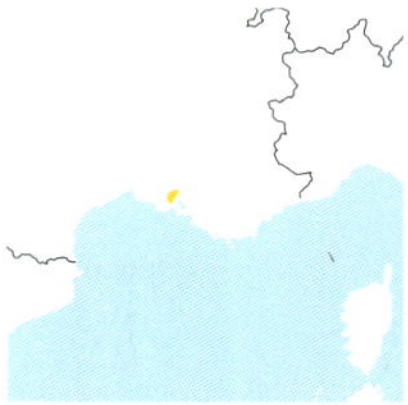

À SAVOIR Depuis quelques années, ce criquet fait l'objet de nombreuses mesures de protection. Notamment la conduite d'un programme de recherches sur les conditions de son maintien et l'adaptation de la pratique de l'élevage ovin à ses besoins. Comme l'espèce est difficile à repérer en raison de son excellente coloration cryptique, on utilise des chiens renifleurs spécialement formés qui détectent facilement l'odeur particulière de l'espèce.

1A

1B

2A

2B

1 Criquet de Sardaigne
—Pamphagus sardeus

♂ 52-58 mm
♀ 64-85 mm

ALL – Sardische Steinschrecke

ANG – Sardinian Stone Grasshopper

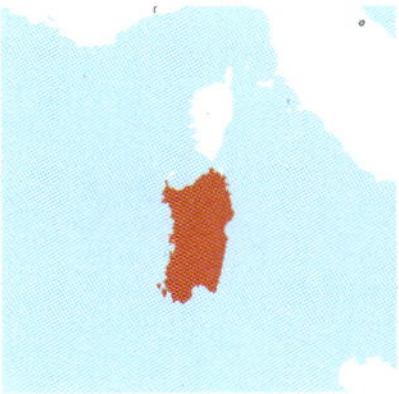

DESCRIPTION Le Criquet de Sardaigne est majoritairement coloré en vert, avec des marques assez bigarrées, ce qui est rare chez les Pamphagidés européens. Mais il peut aussi être gris ou brun. La carène centrale du pronotum est remarquablement saillante et convexe, avec une importante encoche transversale dans le quart arrière. Les petites ailes blanchâtres et noires rappellent par leur forme les pales d'une hélice et sont environ trois à quatre fois plus longues que larges. Les membranes tégumentaires de l'arrière de la tête et des articulations des hanches sont généralement teintées en rose. L'abdomen est longuement saucissonné, notamment chez la femelle (**1A**), et pourvu d'une carène longitudinale.
OCCURRENCE Les adultes sont visibles de fin avril à juillet (pic en mai-juin). Cette espèce est endémique de Sardaigne et occupe des prairies et pâturages, des broussailles ouvertes à arbustes nains et des surfaces pierreuses ou rocheuses.

2 Criquet bordé
—Asiotmethis limbatus

♂ 26-32 mm
♀ 35-40 mm

ALL – Langflügelige Steinschrecke

ANG – Bordered Stone Grasshopper

DESCRIPTION Cette espèce est un Pamphagidé plutôt mince, généralement de couleur uniformément grise ou brune. En règle générale, des macules foncées ne sont présentes que sur le pronotum, les ailes et les pattes postérieures. L'arrière de la tête et l'intérieur des post-fémurs sont intensivement jaunes ou orange, tandis que la base des post-tibias est colorée en violet. La carène médiane du pronotum est très saillante dans sa moitié antérieure et interrompue par trois sillons transversaux, si bien qu'elle semble sciée vue de profil. Au troisième sillon transversal, elle s'affaisse brusquement et n'est plus que faiblement marquée. Le bord postérieur du pronotum est ourlé de clair. Chez le mâle (**2B**), bon voilier, les longues ailes dépassent nettement les genoux postérieurs; chez la femelle (**2A**), elles ne parviennent que vers le milieu de l'abdomen sans le recouvrir complètement.

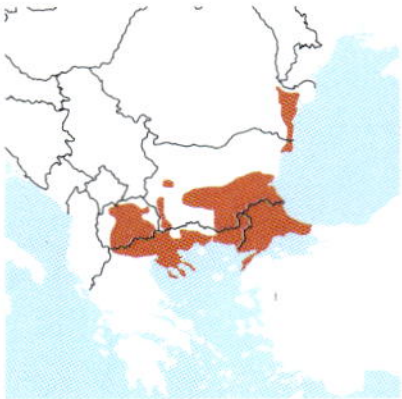

OCCURRENCE Les adultes apparaissent de fin mai à juillet (pic en juin). L'espèce est présente en Macédoine, dans le nord de la Grèce, en Bulgarie et sur les rives de la mer Noire en Roumanie. Elle fréquente des landes et broussailles très ensoleillées et rocailleuses. Dans son habitat, la couche herbacée est très peu développée et souvent parsemée d'arbustes nains ou de buissons bas. Les sites sont le plus souvent pâturés par des moutons, mais aussi par des chèvres et des bovins.

1A

1B

2A

2B

1 Criquet d'Heldreich
—Glyphotmethis heldreichi

♂ 23-35 mm
♀ 33-40 mm

ALL – Heldreich's Steinschrecke

ANG – Heldreich's Stone Grasshopper

DESCRIPTION Le Criquet d'Heldreich est un Pamphagidé de taille moyenne et de couleur grise ou brune. Il peut être pourvu d'un motif de taches foncées plus ou moins accentué. Mais le plus souvent, le bord postérieur du pronotum est sombre avec un ourlet clair. L'arrière de la tête et l'intérieur des post-fémurs sont de couleur jaune à orange. Lorsqu'il baisse la tête, on aperçoit la membrane tégumentaire d'un violet intense. Dans la partie antérieure du pronotum, la carène médiane est bien prononcée et elle est interrompue par deux sillons transversaux. À partir du milieu, elle s'abaisse brusquement et n'est plus que faiblement marquée dans la moitié postérieure du pronotum. Les ailes sont considérablement réduites chez les deux sexes, avec une longueur assez variable. La partie visible est cependant toujours plus courte que le pronotum. Les épines dorsales des segments abdominaux sont peu développées. Les pattes sont velues, en particulier les post-tibias qui sont frappants avec leur pilosité épaisse.

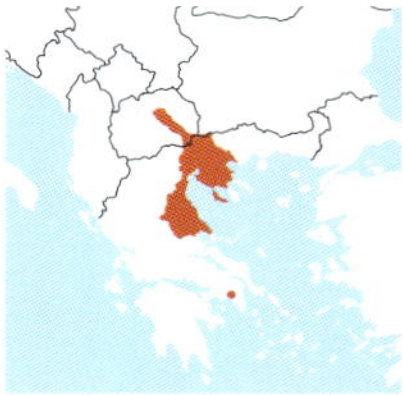

OCCURRENCE
Les adultes apparaissent de mai à juillet (pic en juin). L'aire de répartition, relativement restreinte, couvre la Macédoine et la Grèce, jusqu'à Athènes au sud. Il fréquente des habitats ouverts et très ensoleillés avec une forte proportion de sol pierreux. Ainsi, il est souvent observé sur des dépôts alluviaux grossiers ou dans des steppes rocheuses.

2 Criquet de Bulgarie
—Nocaracris bulgaricus

♂ 22-23 mm
♀ 37-40 mm

ALL – Bulgarische Steinschrecke

ANG – Bulgarian Stone Grasshopper

DESCRIPTION Cette espèce se caractérise par l'énorme différence de taille entre les sexes. La géante femelle (**2A**) est uniformément colorée en gris ou en brun, avec des taches foncées plus ou moins étendues. Chez les deux sexes, les carènes latérales du pronotum sont modérément saillantes. L'abdomen possède également une carène longitudinale qui s'atténue progressivement. Les lobes latéraux du pronotum sont étroits et ourlés de clair. Par rapport à la taille du corps, les pattes postérieures de la femelle sont très courtes. Le mâle beaucoup plus petit (**2B**) est brun rougeâtre, avec un dessin foncé plus ou moins étendu sur les côtés du corps et le dessus de l'abdomen clair.

OCCURRENCE
Les adultes sont visibles de fin mai à juillet (pic en juin). L'aire de répartition de l'espèce s'étend du sud de l'Albanie et du nord de la Grèce jusqu'au sud de la Bulgarie. Les habitats fréquentés sont des prairies montagnardes rases et des dépôts alluvionnaires à végétation éparse, entre 800 et 2300 m.

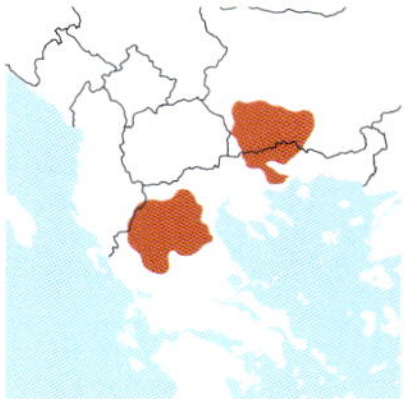

1A

1B

2A

2B

1 Criquet de Yersin
—*Orchamus yersini*

♂ 35-36 mm
♀ 50-66 mm

ALL – Yersin's Steinschrecke

ANG – Yersin's Grasshopper

DESCRIPTION En comparaison des autres Pamphagidés, le Criquet de Yersin a une morphologie plutôt effilée et allongée. Sa coloration est le plus souvent grise ou brune, avec une ponctuation foncée plus ou moins marquée. Parfois, certains individus sont très contrastés. Les antennes sont aplaties, avec un élargissement à la base. Les gros yeux se détachent de la tête, tandis que le vertex s'intercale nettement entre la base des antennes. Le pronotum légèrement convexe forme comme un toit sur les côtés de la carène centrale légèrement saillante. Son tiers postérieur est pourvu d'un sillon transversal bien visible. Chez les deux sexes, les ailes sont réduites à des écailles allongées.
OCCURRENCE Les adultes apparaissent de mai à août. On suppose que l'hivernage a lieu à l'état juvénile. L'aire de répartition de l'espèce s'étend de la Grèce à la Syrie et au Liban, *via* la Turquie. En Grèce, la répartition est très fragmentée. Les stations les plus occidentales sont situées sur la côte ouest du Péloponnèse. D'autres sont connues dans certaines îles de la mer Égée (Rhodes, Kos, Samos et Karpathos). La biologie de cette espèce est très peu connue. Les rares sites occupés sont des pinèdes clairsemées pourvues de buissons dispersés, des dunes sableuses sur la côte, ainsi que des versants arides en montagne.

ESPÈCES SIMILAIRES Plusieurs espèces sont endémiques dans les îles : *Orchamus raulinii* en Crète, *O. kaltenbachi* à Karpathos et *O. gracilis* à Chypre. À la différence du Criquet de Yersin, la carène centrale du pronotum de ces espèces présente une courbure forte et irrégulière en avant du sillon transversal.

1A

1B

La famille des Pyrgomorphidés est particulièrement pauvre en espèces en Europe où ses représentants rappellent un peu les Truxales (voir p. 342), mais sont bien plus petits. À l'inverse, les espèces tropicales peuvent être très grandes et colorées. Comme chez les Truxales, le front est nettement projeté vers l'avant. Cette extension se trouve presque dans le prolongement rectiligne du pronotum. La partie oblique inclinée vers le bas est légèrement arquée vers l'intérieur sous les yeux. Les antennes sont un peu plus larges à leur base et arrondies à leur extrémité. La présence d'un sillon longitudinal sur le sommet du vertex, le sillon fastigial, est typique de la famille. Celle-ci ne compte que 5 espèces en Europe et environ 500 dans le monde, essentiellement des espèces tropicales.

1 Criquet printanier
—*Pyrgomorpha conica*

♂ 15-25 mm
♀ 16-29 mm

ALL – Gemeine Kegelkopfschrecke

ANG – Common Stick Grasshopper

DESCRIPTION Ce criquet élancé, aussi appelé Prygomorphe à tête conique, est de coloration très variable. À côté d'individus gris, que ce soit clair ou foncé, on en trouve régulièrement de couleur verte. La forme caractéristique de la tête permet de le reconnaître facilement. On ne peut guère le confondre qu'avec un juvénile de truxale. L'étirement du vertex frontal allonge la tête, mais donne moins l'apparence d'une tige à l'animal que ce n'est le cas chez les espèces des genres *Truxalis* ou *Acrida*. Le pronotum est plat. Il est traversé en son milieu par deux sillons transversaux et possède une carène médiane peu saillante. De même, les carènes latérales sont irrégulières et peu apparentes, souvent visibles seulement à l'avant. Elles sont un peu arquées vers l'intérieur. La bordure inférieure des lobes latéraux du pronotum est souvent ourlée d'une large bande claire. Les ailes étroites dépassent les genoux postérieurs chez les deux sexes. Les ailes postérieures sont teintées de rose à leur base, tandis que leur extrémité est hyaline.

OCCURRENCE Les adultes apparaissent très tôt dans l'année (pic de mars à juin). Ce criquet hiverne au stade juvénile ou adulte. Il est surtout présent dans le sud de l'Europe où il est localement abondant, mais il passe facilement inaperçu en raison de sa phénologie précoce. Dans le sud-est de l'Europe, il est très localisé sur la côte albanaise et en Grèce, ainsi que dans quelques îles de la mer Égée. Il est également présent à Malte et localement en Sicile et en Sardaigne.

En dehors de l'Europe, sa répartition s'étend de l'Afrique de l'Ouest jusqu'en Asie occidentale. Il habite de préférence des dunes sableuses peu végétalisées, des landes arides, mais aussi des pinèdes claires. En France, c'est un habitant typique de la garrigue.

CHANT Il ne produit pas de chant.

À SAVOIR Avec ses longues ailes, le Criquet printanier a une très bonne aptitude au vol et il s'éloigne rapidement de l'observateur après un envol brusque et agile.

ESPÈCES SIMILAIRES Dans le centre-ouest de la Serbie, on trouve une espèce proche, *Pyrgomorphula serbica*, qui est très localisée. Elle se distingue de la présente espèce par ses ailes réduites à des moignons. Le statut européen de *P. cognata*, morphologiquement très proche et que l'on trouve en Afrique du Nord et en Asie occidentale, n'est pas clair. Le Criquet printanier a été signalé à Chypre où l'espèce endémique *P. cypria* est également présente.

1A

1B

Avec les 350 espèces environ qu'ils comptent en Europe, les Acrididés représentent une famille riche et diversifiée. Environ 6 700 espèces sont actuellement décrites dans le monde. Quelques sous-familles, telles que les Gomphocérinés et les Œdipodinés, ont développé une grande variété de chants, différents les uns des autres, grâce auxquels on peut bien les distinguer. À l'inverse, de nombreux groupes d'espèces tropicales et d'Amérique du Nord sont silencieux et utilisent surtout des signaux visuels (peut-être aussi en partie chimiques) pour la parade. Les organes auditifs sont situés sur les côtés du premier segment abdominal.

SOUS-FAMILLE DES MELANOPLINAE (MÉLANOPLINÉS) – Miramelles

Comme les Caloptènes de la sous-famille des Calliptaminés, les Miramelles possèdent un tubercule en forme de rouleau entre les hanches antérieures (prosternum). Celui-ci est bien visible à l'œil nu lorsque l'on regarde le criquet de dessous. Un orifice tympanique se trouve de chaque côté du premier segment abdominal. Son ouverture est ovale à demi-circulaire. Les organes de stridulation tels qu'on les trouve chez les Gomphocères et les Œdipodes sont absents. Les Miramelles produisent de faibles crissements en frottant leurs mandibules les unes contre les autres. Elles utilisent aussi parfois leurs pattes postérieures pour produire des vibrations et tambourinages. La plupart des espèces ont des ailes très réduites et ne peuvent se disperser que de manière limitée en raison de cette incapacité à voler. Aussi sont-elles nombreuses à avoir des aires de répartition très réduites. Beaucoup vivent dans les montagnes méditerranéennes. Près de 60 espèces sont connues en Europe et 1 200 dans le monde.

1 Miramelle des moraines
—*Podisma pedestris*

♂ 18-25 mm
♀ 24-30 mm

ALL – Gewöhnliche Gebirgsschrecke

ANG – Common Mountain Grasshopper

DESCRIPTION La coloration de cette espèce est variable : jaune, grise ou brun-rouge, avec des marques foncées. Le dessous des post-fémurs et leur face interne sont rouge clair, les post-tibias sont bleu acier et hérissés d'épines blanches. Le mâle (**1A**) est plus coloré et contrasté que la femelle (**1B**). Trois sillons transversaux sont visibles sur le pronotum. Les ailes sont très réduites et n'atteignent même pas la longueur de ce dernier. Il est très rare d'observer des individus à ailes entièrement développées.

OCCURRENCE Les adultes sont visibles de mi-juin à mi-novembre (pic en juillet-août). Dans le sud de son aire de répartition (des Pyrénées à la Grèce), cette espèce est largement confinée aux chaînes de montagne. Dans le Nord, elle est présente du sud de la Suède au cap Nord et dans le nord-ouest de la Russie. En Allemagne, il existe des stations dans les Alpes, le Jura souabe et le Jura franconien, mais aussi dans le Lausitz. Autrefois, il y avait également des stations dans le Harz et le sud d'Holstein, mais elles ont disparu. Cette miramelle vit dans des lieux secs et bien ensoleillés : clairières forestières avec éricacées, éboulis à végétation éparse, prairies de montagne arides et landes rases à éricacées, jusqu'à 2 600 m d'altitude. On la trouve accidentellement dans les tourbières. À basse altitude, elle habite les landes et les pelouses sablonneuses.

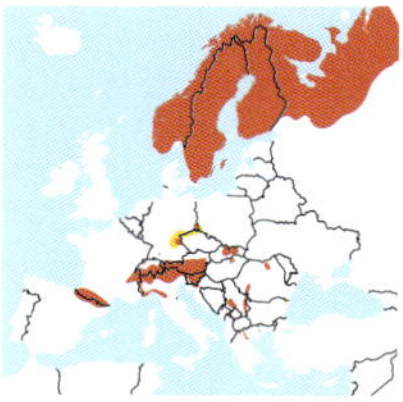

CHANT Les deux sexes peuvent produire de faibles crissements en frottant leurs mandibules, qu'ils peuvent aussi produire parfois lorsqu'on les saisit en main.

À SAVOIR La parade du mâle autour de la femelle consiste en mouvements de balancement du corps et en sauts lents. L'accouplement est prolongé et il est facile de l'observer, le mâle posé sur la femelle effectuant des mouvements de balancier avec le corps, tout en déplaçant alternativement les pattes postérieures de haut en bas.

ESPÈCES SIMILAIRES En Europe, il existe dix autres espèces du genre *Podisma* présentes dans la péninsule Ibérique, les Alpes méridionales franco-italiennes et les Apennins. Ces espèces sont en partie très semblables et il n'est pas encore totalement certain que toutes soient effectivement des espèces à part entière.

1A

1B

1 Miramelle des frimas
—*Melanoplus frigidus (= Bohemanella frigida)*

♂ 20-21 mm
♀ 22-27 mm

ALL – Nordische Gebirgsschrecke

ANG – High Mountain Grasshopper

DESCRIPTION La couleur générale oscille entre le jaunâtre, le vert-gris, le brun-violet et le brun rougeâtre, avec diverses combinaisons. À cela s'ajoute un motif contrasté de noir brillant et de blanc jaunâtre sur les côtés du corps. Le dessin des lobes du pronotum est particulièrement frappant : une grande tache noire ponctuée d'une à plusieurs petites taches jaunes. Les longues ailes pointues sont à peu près aussi longues que la tête et le pronotum réunis. Les post-tibias et le dessous des post-fémurs sont rouge vif.
OCCURRENCE Les adultes sont visibles de juillet à octobre (pic en septembre). La Miramelle des frimas est une espèce boréo-alpine. C'est pourquoi son aire de répartition est limitée aux régions septentrionales de Scandinavie et aux montagnes du sud et du centre de l'Europe. On la trouve dans les Pyrénées et dans le sud de l'arc alpin, puis des Balkans à la Grèce du Nord. Sa présence dans les Balkans n'est cependant que partiellement documentée. Son aire principale va de la Scandinavie à la Russie septentrionale et plus à l'est jusqu'en Asie. Les habitats utilisés dans les montagnes du sud et du centre de l'Europe sont des prairies et pâturages denses et ras, au-dessus de 2000 m. Le tapis herbacé est parsemé de cailloux, de trouées ou de zones caillouteuses à végétation clairsemée, qui sont souvent utilisés par l'espèce pour des bains de soleil.

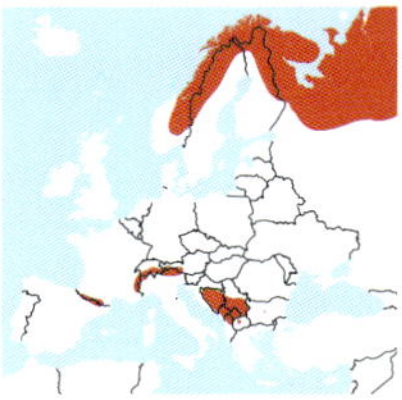

À SAVOIR Ce criquet est très résistant au froid. On peut ainsi l'observer par temps de gel ou de neige en bordure des secteurs enneigés. Il est rare qu'une augmentation massive du nombre d'individus survienne. Mais lorsque c'est le cas et que plusieurs individus sont présents par mètre carré, les conditions de stress entraînent l'apparition de spécimens entièrement ailés.

2 Miramelle de Tymphi
—*Peripodisma tymphii*

♂ 18-21 mm
♀ 21-30 mm

ALL – Tymphi-Gebirgsschrecke

ANG – Tymphi Mountain Grasshopper

DESCRIPTION La coloration de base de cette espèce est le gris au brun-gris. L'abdomen du mâle (**2A**) est jaune vif. Une large bande latérale foncée court de l'œil jusqu'au premier segment abdominal. Le dessus de celui-ci est pourvu d'une série de deux points symétriques, ou de taches allongées. La face interne des post-fémurs est rouge vif et le dessous souvent aussi. Les post-tibias sont bleuâtres.
OCCURRENCE Les adultes apparaissent de fin juin à août (pic en juillet). L'aire de présence de l'espèce est limitée à quelques chaînes de montagnes du nord de la Grèce et du sud de l'Albanie, dans lesquelles elle fréquente des prairies et pâturages peu végétalisés à partir d'une altitude de 1000 m. L'espèce est considérée comme gravement menacée en raison du surpâturage de ses habitats.

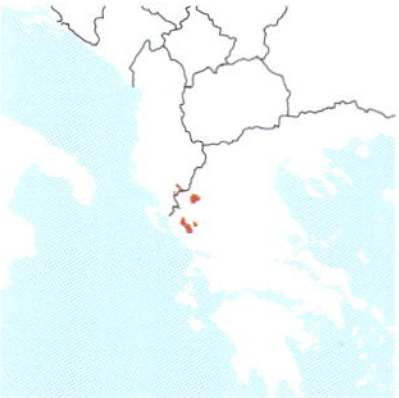

ESPÈCES SIMILAIRES Il existe deux autres espèces du genre dans le sud de l'Albanie, *Peripodisma ceraunii* et *P. llofizii*. Toutes deux ont une très petite aire de répartition.

1A

1B

2A

2B

1 | Miramelle alpestre
—Miramella alpina

♂ 15-20 mm
♀ 22-27 mm

ALL – Alpine Gebirgsschrecke

ANG – Green Mountain Grasshopper

DESCRIPTION Cette miramelle est intensivement verte, avec des reflets brillants. Exceptionnellement, il arrive qu'elle soit colorée en jaune-vert. Les individus sont plus ou moins clairs et finement pileux sur l'ensemble du corps. C'est surtout chez le mâle (**1B**) que les marques noires sont étendues. Une large bande latérale noire va de l'œil jusqu'aux premiers segments de l'abdomen chez la femelle (**1A**), jusqu'à son extrémité chez le mâle. Les ailes brun clair sont réduites à de petits moignons qui ne se touchent pas sur le dos. Sur le bord supérieur, les ailes sont ourlées de clair. Le dessous des post-fémurs est rouge vif et celui des post-tibias jaunâtre. Ils deviennent noirs près des genoux chez le mâle.

OCCURRENCE Les adultes sont visibles de mi-juin à octobre (pic en août). Cette espèce montagnarde est présente dans les Pyrénées, le Massif central, l'ensemble de l'arc alpin, le Jura, les Vosges, la Forêt-Noire et les Carpates du Nord, entre la Slovaquie et la Pologne. Elle fréquente les prairies et pâturages frais à humides, les clairières forestières, les lisières, les mégaphorbiaies et les tapis d'herbacées. La plupart des sites occupés sont des lieux semi-ombragés au-dessus de 1000 m et jusqu'à 2600 m pour les plus hauts. Cette espèce se tient volontiers sur les plantes à grandes feuilles, telles que pétasites ou peucédans, souvent en grand nombre. Les feuilles peuvent alors être très rongées.

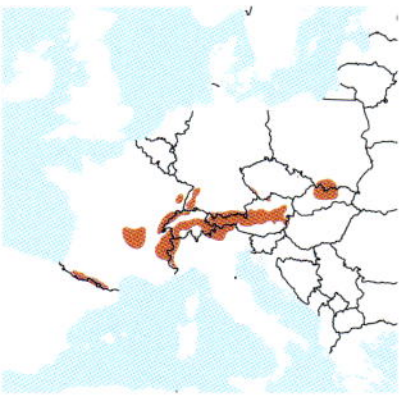

À SAVOIR Cette miramelle peut localement atteindre de fortes densités. C'est surtout en fin d'été que l'on trouve de nombreux couples appariés.

2 | Miramelle de Carinthie
—Miramella carinthiaca

♂ 15-20 mm
♀ 22-27 mm

ALL – Kärntner Gebirgsschrecke

ANG – Carinthian Mountain Grasshopper

DESCRIPTION La Miramelle de Carinthie est très semblable aux autres espèces du genre *Miramella*. En particulier la précédente, dont elle ne peut être distinguée extérieurement. La détermination n'est possible que sur la base des organes génitaux du mâle. Toutefois, on peut indirectement les séparer par leurs aires respectives de répartition et par l'altitude des stations fréquentées (voir occurrence).

OCCURRENCE Les adultes apparaissent de fin juin à fin octobre (pic en août). L'aire de répartition de cette espèce est limitée au centre et au sud des Alpes autrichiennes, ainsi qu'à la Slovénie mitoyenne. En Autriche, elle est présente dans les Länder de Carinthie, de Styrie et de Salzbourg. Les principaux sites fréquentés sont les prairies de montagne et les pâturages, à une altitude de 1700 à 2000 m.

1A

1B

2A

2B

1 | Miramelle à longues ailes

—Miramella irena

♂ 15-20 mm
♀ 22-27 mm

ALL – Lanflügelige Gebirgsschrecke

ANG – Long-winged Mountain Grasshopper

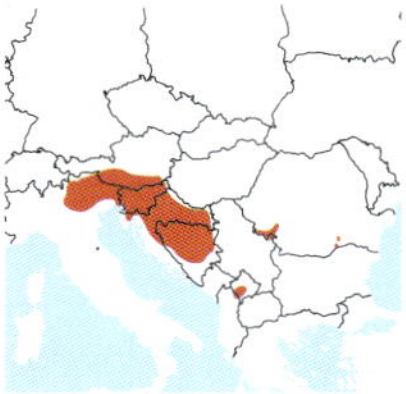

DESCRIPTION Cette miramelle ressemble également beaucoup aux autres espèces du genre *Miramella*, dont elle se distingue par ses longues ailes et des marques noires étendues. La proportion de noir est également élevée chez la femelle (**1B**). La plupart du temps, l'arrière de la tête est entièrement noir chez les deux sexes. Le dessus du pronotum est pourvu d'un dessin grillagé noir. Même si la longueur des ailes est variable, elles dépassent toujours le milieu de l'abdomen et se touchent sur le dos.
OCCURRENCE Les adultes sont visibles de juillet à septembre (pic en août). L'aire de répartition de cette espèce est limitée au sud-est de l'Europe : nord-est de l'Italie, sud de l'Autriche (Tyrol oriental, Carinthie et sud du Burgenland) et de là jusqu'au centre des Balkans où la limite sud est mal connue. Cette miramelle fréquente des prairies montagnardes denses et humides, des forêts claires, des bandes herbeuses et des mégaphorbiaies.

2 | Miramelle tessinoise

—Miramella formosanta (= Nadigella formosanta)

♂ 15-20 mm
♀ 22-27 mm

ALL – Tessiner Gebirgsschrecke

ANG – Generoso Mountain Grasshopper

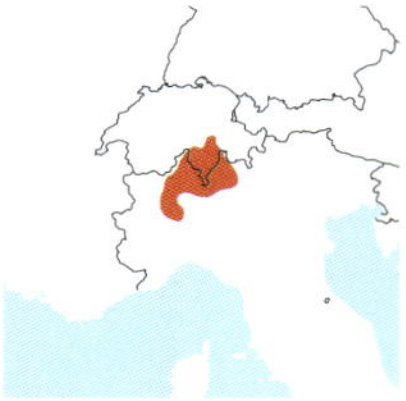

DESCRIPTION La Miramelle tessinoise est également dénommée *Nadigella formosanta*. Elle se distingue de la Miramelle alpestre principalement par la longueur toujours supérieure de ses ailes, au-delà d'une certaine variabilité. Et dans la plupart des cas, ses ailes se touchent sur le dos. Quant à l'espèce précédente, elle aussi très semblable à la présente miramelle, ses ailes sont légèrement plus longues et son aire de répartition est différente.
OCCURRENCE Les adultes sont visibles de juillet à octobre (pic en août). L'aire de répartition restreinte de l'espèce va du nord de Turin au sud de la Suisse (Tessin) et jusqu'aux environs du lac de Garde. Les habitats occupés sont des bandes herbeuses, des mégaphorbiaies, des lisières et des prairies entre 300 m et près de 2 000 m. On trouve également souvent l'espèce dans les buissons ou massifs de Fougères aigles.

1A
1B
2A
2B

1 Miramelle tricheuse — *Odontopodisma decipiens*

♂ 14-18 mm
♀ 16-24 mm

ALL – Gewöhnliche Grünschrecke

ANG – Cheating Mountain Grasshopper

DESCRIPTION La plupart des miramelles européennes du genre *Odontopodisma* se ressemblent tant entre elles qu'elles sont très difficiles à distinguer sur la seule base de critères externes. La couleur de fond de la présente espèce est un vert clair lumineux. Une bande latérale noire part de l'œil et s'arrête à la base des ailes. Ces dernières sont remarquablement étroites : environ trois fois plus longues que larges. Elles sont le plus souvent d'un rouge vineux vif ou roses, avec un ourlet noir sur le bord inférieur. Les genoux postérieurs tachés de noir sont également en partie roses, ainsi que les appendices de l'abdomen. Le dessous des post-fémurs est jaunâtre. Chez la femelle (**1A**), la plaque sous-génitale est formée d'un seul lobe arrondi et les valves de l'oviscapte sont roses, longues et pointues. L'orifice tympanique est bien développé et il est en partie dissimulé par les moignons des ailes.
OCCURRENCE Les adultes apparaissent de juin à octobre, pour partie (pic en juillet-août). La partie occidentale de l'aire de répartition est limitée : elle couvre le nord-ouest de l'Italie et le sud de la Suisse (Tessin). Elle se rapporte à la sous-espèce *Odontopodisma decipiens insubrica* (Miramelle insubrienne). La principale aire de présence s'étend cependant de l'est de l'Autriche jusqu'à la Bulgarie et à la Grèce du Nord. Sont occupées les surfaces herbeuses plutôt humides et semi-ombragées situées en lisière de forêts, dans les clairières, ainsi que dans les sous-bois clairs et le long des haies. On trouve également souvent cette espèce dans les ronciers.

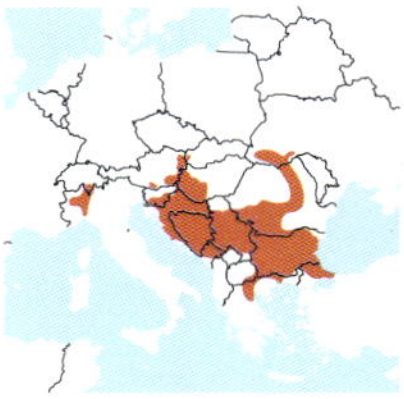

2 Miramelle de Schmidt — *Odontopodisma schmidtii*

♂ 13-18 mm
♀ 16-25 mm

ALL – Östliche Grünschrecke

ANG – Schmidt's Mountain Grasshopper

DESCRIPTION Cette espèce peut cohabiter avec l'espèce précédente qui lui ressemble beaucoup, en particulier dans le nord des Balkans. Le mâle (**2B**) se distingue de celui de l'autre espèce par les longues et minces valves de l'organe copulateur, ce que l'on remarque de l'extérieur sur le pallium surélevé. La femelle (**2A**) se distingue nettement par la forme et la coloration de sa plaque sous-génitale (**2C, 2D**) : elle est pourvue d'une tache noire de chaque côté et sa bordure postérieure est profondément émarginée de part et d'autre du milieu, ce qui a pour effet de former trois lobes.
OCCURRENCE On trouve les adultes de juin à octobre (pic en août). L'aire de répartition couvre le nord-est de l'Italie, le sud de l'Autriche, la Bosnie, l'Herzégovine et la Serbie. Cette espèce fréquente les mêmes habitats que la précédente.

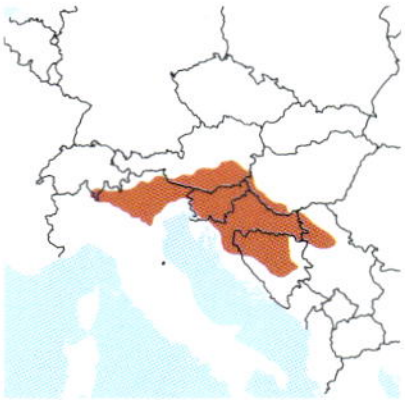

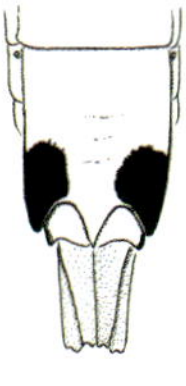

(**2C**) Extrémité de l'abdomen de la ♀ (vue de dessous)

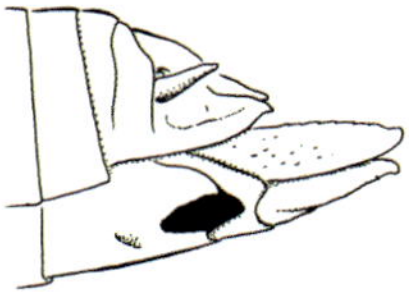

(**2D**) Extrémité de l'abdomen de la ♀ (vue de côté)

1A

1B

2A

2B

1 Miramelle d'Istrie
— Odontopodisma fallax

♂ 15-18 mm
♀ 20-26 mm

ALL – Istrische Grünschrecke

ANG – Istrian Mountain Grasshopper

DESCRIPTION Sur la bordure orientale de sa répartition, cette espèce peut être confondue avec l'espèce précédente, qui lui ressemble beaucoup. Comme celle-ci, elle est colorée en vert clair lumineux, avec une bande latérale noire entre l'œil et la base des ailes. Ces dernières sont fortement réduites, écailleuses, de couleur rouge et ourlées de noir sur leur bord inférieur. Elles cachent l'orifice tympanique. Les post-tibias sont turquoise à bleuâtres. À la différence de l'espèce précédente, le bord postérieur de la plaque sous-génitale de la femelle (**1B**) est arrondi, sans tache noire ; quant aux valves péniennes du mâle (**1A**), elles sont moins longues, ce qui est visible sur le pallium légèrement surélevé.
OCCURRENCE Les adultes sont visibles de début juillet à septembre (pic en juillet). L'aire de répartition s'étend de Trieste, dans le nord-est de l'Italie, jusqu'aux environs de Starigrad en Croatie en passant par l'Istrie et la côte adriatique. Les habitats fréquentés sont des prairies montagneuses denses, des bordures d'herbes en lisière de forêts, des clairières forestières et des espaces ouverts riches en buissons.

2 Miramelle aptère
— Micropodisma salamandra

♂ 14-18 mm
♀ 20-24 mm

ALL – Flügellose Gebirgsschrecke

ANG – Foothill Mountain Grasshopper

DESCRIPTION Les ailes de cette espèce svelte sont entièrement résorbées, ce qui rend difficile la distinction entre les adultes et les juvéniles dans leur dernier stade de développement. L'absence d'ailes permet de voir l'orifice tympanique bien développé et de forme arrondie. La Miramelle aptère est bigarrée de vert, noir, jaune et rouge sur fond vert jaunâtre lumineux. Une bande latérale noire s'étend de l'arrière des yeux jusqu'au tympan chez la femelle et jusqu'à l'extrémité de l'abdomen chez le mâle (**2B**). Chez celui-ci, le dessus de l'abdomen est généralement marqué de paires de taches noires à partir du troisième tergite. Les jambes sont généralement de couleur jaune à ocre et les post-fémurs présentent un anneau rouge diffus près du genou. Chez la femelle (**2A**), les valves de l'oviscapte sont bien visibles : elles sont assez larges à la base et colorées en blanc ou plus souvent en rose pâle.

OCCURRENCE
Les adultes apparaissent de juin à septembre (pic en juillet). L'aire de répartition couvre le nord-est de l'Italie, le sud de l'Autriche et le nord des Balkans. Des stations isolées existent en Basse-Autriche et en Albanie. Sont surtout fréquentées de denses et fraîches bordures herbeuses et prairies, dans lesquelles cette miramelle se tient principalement dans les buissons bas ou sur des plantes à grandes feuilles.

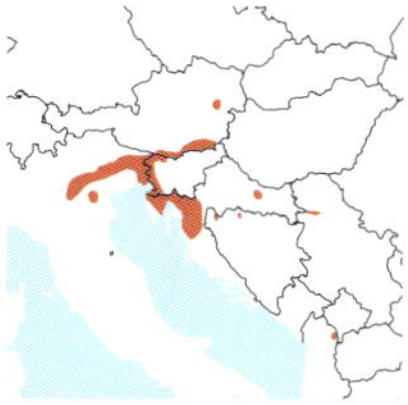

1A

1B

2A

2B

1 | Miramelle du mont Baldo —*Pseudoprumna baldensis*

♂ 14-17 mm
♀ 19-22 mm

ALL – Monte-Baldo-Gebirgsschrecke

ANG – Baldo Mountain Grasshopper

DESCRIPTION Cette miramelle est de petite taille, mais elle est puissante. Sa couleur est vert clair, avec une bande latérale noire (fréquemment réduite à une ligne de taches) qui va des yeux jusqu'au tympan, voire jusqu'à l'extrémité de l'abdomen dans de nombreux cas. L'orifice tympanique est bien développé. Comme chez l'espèce précédente, qui lui ressemble, les deux sexes sont aptères. À la différence de celle-ci, les pattes et l'orifice tympanique sont surtout brun rougeâtre et les post-fémurs sont souvent entièrement teintés en rouge.
OCCURRENCE Les adultes sont visibles d'août à octobre (pic en août). Cette espèce n'est présente que dans une toute petite région, aux environs du lac de Garde dans le nord de l'Italie. Elle est connue des sites suivants : Monte Baldo, Alpi Bresciane, Alpi Venete et Alpi Bergamasche, au sein desquels chaque station est isolée et fortement fragmentée. Pour cette raison et au vu de sa régression, elle est considérée comme très menacée en Europe. Elle fréquente des alpages à buissons nains, entre 1 650 et 1 800 m d'altitude, souvent en forte densité.

2 | Miramelle du mont Pasubio —*Chortopodisma cobellii*

♂ 14-18 mm
♀ 17-22 mm

ALL – Monte-Pasubio-Gebirgsschrecke

ANG – Veneto Mountain Grasshopper

DESCRIPTION Cette espèce est de la même taille que la précédente et également aptère. Elle s'en distingue toutefois par plusieurs caractéristiques importantes. Chez elle, à l'image de la Miramelle piémontaise, l'orifice tympanique est minuscule. La couleur de fond est vert clair, comme chez de nombreuses miramelles aptères, mais la bande latérale foncée des côtés du corps est nettement raccourcie : le plus souvent, elle s'interrompt au niveau du bord postérieur du pronotum. Chez le mâle (**2B**), elle peut se prolonger plus loin, mais elle se réduit alors souvent à une ligne de taches. Le dessous des post-fémurs est orange, les tibias sont jaunes et les genoux sont le plus souvent foncés.
OCCURRENCE Les adultes sont visibles d'août à octobre (pic en septembre). L'aire de répartition de cette espèce endémique du nord de l'Italie est également très réduite, puisqu'elle est restreinte au mont Pasubio et au Valsugana, entre 1 500 et 2 200 m. À l'Est, elle rencontre l'espèce précédente, dont elle est séparée par une profonde vallée d'orientation nord-sud, l'Etschtal. Elle habite des montagnes qui sont restées libres de glace lors de la dernière période glaciaire. Son habitat consiste essentiellement en prairies de montagne pâturées, au-dessus de la limite des arbres. Comme l'espèce précédente, elle est très menacée.

1A

1B

2A

2B

1 Miramelle de Fieber —*Pseudopodisma fieberi*

♂ 17-23 mm
♀ 23-30 mm

ALL – Fiebers Gebirgsschrecke

ANG – Fieber's Mountain Grasshopper

DESCRIPTION Avec sa couleur vert clair et ses pattes postérieures rougeâtres, cette espèce rappelle les Miramelles aptère et du mont Baldo. Mais contrairement à elles, ses ailes sont étroites et s'arrêtent à la hauteur du tympan qui est de grande taille. Elles sont légèrement enfumées de brun et bordées de noir sur leur bord inférieur. Les genoux postérieurs sont noirs. Quant à l'extrémité de l'abdomen, elle est verte à jaunâtre chez les deux sexes, sans zones de couleur rouge. Chez le mâle (**1B**), les cerques sont recourbés vers l'intérieur et épaissis à l'extrémité. La surface du corps apparaît pâle, en particulier chez la femelle (**1A**).
OCCURRENCE Les adultes sont visibles de début juillet à octobre (pic en août). L'aire de répartition s'étend du nord-est de l'Italie et du sud de l'Autriche (Carinthie et Steinmark) jusqu'aux Balkans et à la Bulgarie. L'espèce ne semble pas uniformément répartie dans toute cette aire, mais plutôt localisée. Elle occupe préférentiellement les prairies et pâturages enfrichés, les bandes de hautes herbes ou les bordures enherbées à couvert végétal dense et pratiquement fermé.

ESPÈCES SIMILAIRES Il existe deux autres espèces semblables en Europe : *Pseudopodisma nagyi* en Hongrie, en Slovaquie et dans le sud de la République tchèque, et *P. transilvanica* dans les Carpates roumaines.

2 Miramelle piémontaise —*Epipodisma pedemontana*

♂ 16-18 mm
♀ 17-22 mm

ALL – Südwestlapen-Gebirgsschrecke

ANG – Piedmont Mountain Grasshopper

DESCRIPTION Cette miramelle est nettement plus petite que la Miramelle aptère. Ses ailes sont également entièrement résorbées. Il en est de même du tympan réduit à un minuscule diamètre. La coloration d'ensemble est vert olive à vert jaunâtre. Une large bande latérale noire court des yeux jusqu'à l'extrémité de l'abdomen. Elle s'interrompt parfois avant. Le dessous des post-fémurs est rouge vif et le dessus rouge vineux. Les post-tibias sont jaunâtres.
OCCURRENCE Les adultes sont visibles de fin juillet à octobre (pic en septembre). Cette miramelle est endémique du sud-ouest du massif alpin, à la fois en France et en Italie. Dans le premier pays, son aire s'étend sur une bande d'environ 20 km de large dans les Alpes cottiennes; dans le second, l'espèce est présente de la vallée de la Stura di Demonte dans le Piémont jusqu'au Val-d'Aoste. Elle fréquente les landes à éricacées et les maigres prairies d'alpage situées à haute altitude, entre 1 700 et 2 800 m, dans lesquelles elle est presque partout assez abondante.

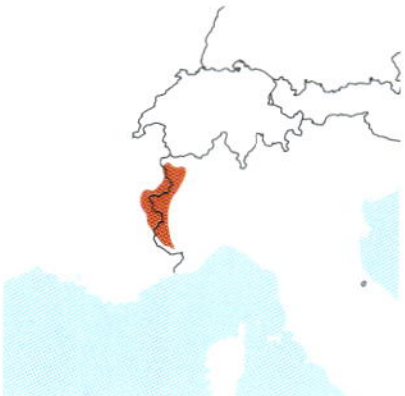

1A

1B

2A

2B

SOUS-FAMILLE DES PEZOTETTIGINAE (PÉZOTETTIGINÉS)

Cette sous-famille pauvre en espèces a récemment été reconnue comme une famille à part entière. Sa validité doit encore faire l'objet d'un examen approfondi. Elle ne comprend que quatre espèces en Europe, parmi lesquelles seule *Pezotettix giornae* est largement répandue. Les trois autres sont limitées à de très petits territoires en mer Égée et à Chypre. À ce jour, seulement dix espèces sont répertoriées dans le monde.

1 Criquet pansu
—Pezotettix giornae

♂ 11-14 mm
♀ 13-17 mm

ALL – Kleine Braunschrecke

ANG – Common Maquis Grasshopper

DESCRIPTION Avec sa petite taille et ses courtes ailes réduites à des écailles, le Criquet pansu peut facilement être pris pour un juvénile. Sa coloration varie entre le gris-brun uniforme et le brun-rouge, mais on trouve aussi des individus tachés de clair. Jusqu'à leur dernier stade, les juvéniles (**1A**) sont en grande partie verts. Une ligne claire, souvent ourlée de foncé, part des yeux jusqu'à la partie postérieure du thorax sur lequel elle s'achève à la base des pattes postérieures. Parfois, les marques foncées fusionnent en une large bande qui court sur les côtés du corps, depuis l'œil jusqu'aux ailes. Et souvent, les premiers segments de l'abdomen sont également foncés à leur base.

OCCURRENCE Les adultes sont visibles en hiver et sont donc observables toute l'année. Malgré tout, c'est de juin à novembre qu'on en voit le plus (pic en août-septembre). Cette espèce est présente et abondante dans tout le sud de l'Europe, du Portugal à la Grèce. Sa limite nord est atteinte à peu près à la hauteur de Nantes en France, dans le Tessin en Suisse et dans les environs de Vienne en Autriche. L'espèce vit principalement sur les bordures de chemins et en lisière de forêts, dans des zones herbeuses riches en buissons. Elle se tient de préférence dans les buissons bas. Elle occupe également les zones rudérales.

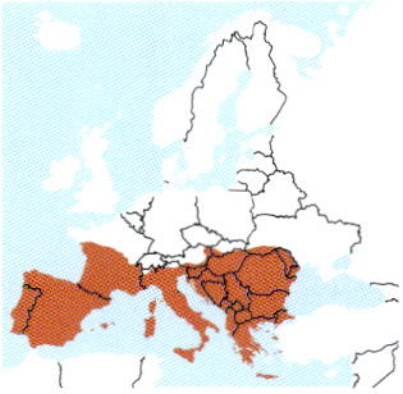

À SAVOIR Souvent, les mâles (**1C**, **1E**) restent sur les femelles encore longtemps après l'accouplement (**1B**, **1D**), probablement pour éviter que d'autres mâles ne viennent s'accoupler.

ESPÈCES SIMILAIRES Dans les îles de la mer Égée vivent trois espèces semblables du genre *Pezotettix*. Il s'agit de *P. anaticola* à Lesbos, de *P. lagoi* à Rhodes, Kos et Kalimnos, et de *P. cypria* à Chypre.

1A

1B

1C

1D

1E

SOUS-FAMILLE DES CALLIPTAMINAE (CALLIPTAMINÉS) – Caloptènes

Les Caloptènes comptent 11 espèces en Europe et 93 dans le monde. Les espèces de cette sous-famille possèdent de grands yeux ronds, pourvus de discrètes rayures claires et foncées. Le pronotum est remarquablement anguleux et il est traversé par 3 sillons transversaux. Sa face supérieure est aplatie, presque rectangulaire, pourvue d'une fine carène centrale. Les lobes latéraux du pronotum sont également presque rectangulaires et les carènes latérales sont légèrement convexes. Ces espèces possèdent une protubérance entre les hanches antérieures (prosternum). Mais ce sont surtout les cerques des mâles qui sont frappants : en forme de pinces, ils sont atypiques chez les criquets.

1 | Caloptène italien
—Calliptamus italicus

♂ 14-25 mm
♀ 22-33 mm

ALL – Italienische Schönschrecke

ANG – Common Pincer Grasshopper

DESCRIPTION Ce criquet est gris clair, brun-gris ou brun-rouge et possède de gros yeux arrondis qui sont frappants. Souvent les carènes latérales du pronotum et le bord des ailes sont surlignés d'une fine bande longitudinale jaunâtre. Les élytres sont maculés de foncé. Ils atteignent les genoux postérieurs ou les dépassent un peu et ne sont que légèrement rétrécis vers l'extrémité. Les ailes postérieures (**1D**) translucides sont teintées de rose dans leur moitié basale. Les post-tibias sont d'un rouge clair lumineux. Le mâle (**1A**) possède un appareil copulatoire très apparent, muni de longs et puissants cerques arqués, qui se distingue de ceux des autres espèces de *Calliptamus* par la forme caractéristique du pallium (**1C**) : recourbé vers l'arrière, il est falciforme et dépasse des cerques en vue latérale.
OCCURRENCE Les adultes apparaissent de juillet à octobre (pic en juillet-août). En Europe, cette espèce est présente du Portugal à la Russie. Elle se raréfie du sud vers le nord. Sa limite nord est atteinte à Paris, Berlin et Moscou. En tant qu'espèce très xérothermophile, elle fréquente des lieux arides pauvres en végétation, comme les pelouses pierreuses peu végétalisées, les steppes à sol sablonneux ou les vignobles. Dans le sud de l'Europe et en Russie, c'est une espèce abondante qui forme parfois des essaims grégaires pouvant localement provoquer des dégâts. De tels événements ont également été rapportés en Allemagne dans les années 1930 (« les sauterelles de Griesheimer »).
CHANT Les mâles n'émettent pas de stridulations, mais produisent des sons en frottant leurs mandibules entre elles lorsqu'ils rencontrent des congénères. Ces sons évoquent un grincement de dents et ils sont émis pattes postérieures relevées. Il arrive parfois que les mâles produisent aussi des séquences de sons stridulés avec leurs pattes postérieures.

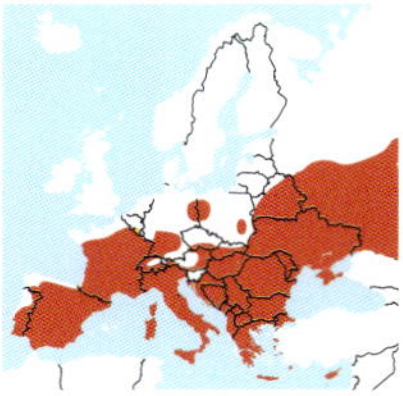

À SAVOIR Le Caloptène italien est fortement lié à la chaleur et il possède une bonne aptitude au vol malgré sa corpulence un peu trapue. Tandis qu'il est bien camouflé au sol grâce à sa coloration, il ne passe pas inaperçu en vol avec ses ailes postérieures roses et ses post-tibias rouges. Lors de l'accouplement, le mâle s'approche de la femelle (**1B**) en effectuant un mouvement de va-et-vient et en produisant des sons mandibulaires de plus en plus faibles. Enfin, il saisit brusquement l'extrémité de l'abdomen de la femelle avec ses longs cerques et réalise l'accouplement.

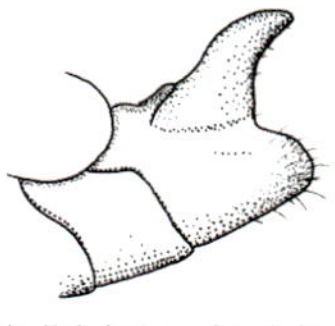

(**1C**) Extrémité de l'abdomen du ♂ de profil

(**1D**)

1A

1B

1 | Caloptène ochracé (C. de Barbarie)
—Calliptamus barbarus

♂ 13-21 mm
♀ 19-31 mm

ALL – Costas Schönschrecke

ANG – Eurasian Pincer Grasshopper

DESCRIPTION La coloration du Caloptène ochracé est très variable, surtout dans le sud de son aire de répartition : ocre, brune, grise ou presque noire, avec diverses combinaisons. Ce criquet ressemble beaucoup au Caloptène italien, avec lequel il cohabite souvent. Il est cependant plus petit et ses élytres maculés de foncé sont un peu plus courts et effilés à l'extrémité. La base des ailes postérieures (**1D**) est d'un rose ou rouge vineux soutenu. La face intérieure des post-fémurs et post-tibias est le plus souvent rouge, avec une gradation allant jusqu'au jaune, surtout en région méditerranéenne. Cette face intérieure est également le plus souvent pourvue de trois taches foncées, qui parfois fusionnent en une seule grande tache. Le trait distinctif le plus sûr est la forme du pallium du mâle (**1C**) : contrairement au Caloptène italien, celui de la présente espèce est obtus et ne dépasse pas les longs cerques en vue latérale.
OCCURRENCE Les adultes apparaissent de fin juin à octobre (pic en juillet-août). Tout comme le Caloptène italien, le Caloptène ochracé est largement répandu dans le sud de l'Europe. Il n'y a qu'en Europe de l'Ouest qu'il remonte vers le nord, jusqu'à Paris. À l'est, il est plus fortement concentré dans le sud, avec la Hongrie et le sud de l'Ukraine comme limite nord. Les habitats fréquentés sont bien ensoleillés, secs, chauds et à végétation éparse.
CHANT Comme le Caloptène italien, ce criquet émet des crissements à l'aide de ses mandibules (voir p. 300).

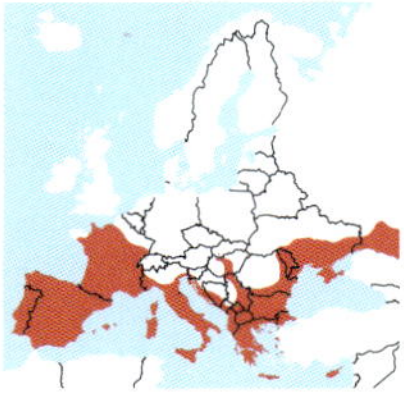

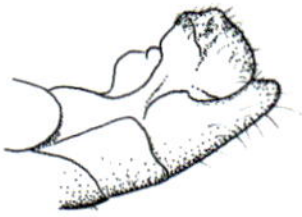

(**1C**) Extrémité de l'abdomen du ♂ de profil

(**1D**)

2 | Caloptène sicilien (C. provençal)
—Calliptamus siciliae

♂ 12-16 mm
♀ 19-26 mm

ALL – Kleine Schönschrecke

ANG – Pygmy Pincer Grasshopper

DESCRIPTION Ce criquet ressemble aux autres espèces de *Calliptamus*, mais il est plus petit. De plus, ses ailes sont maculées de foncé et sont un peu plus courtes et étroites. Chez les deux sexes, elles atteignent presque les genoux postérieurs et sont très effilées dans leur moitié terminale. La base des ailes postérieures (**2C**) est rose terne. La face intérieure des post-fémurs est pourvue de trois taches foncées nettement séparées. Comme chez l'espèce précédente, le pallium du mâle (**2B**) a la forme d'une bosse, mais sans dépasser les pinces des cerques chez lui.
OCCURRENCE Les adultes sont visibles de juillet à novembre (pic en août-septembre). L'aire de répartition s'étend du sud-est de la France au nord-ouest de l'Italie, et du sud de la Suisse à la Sicile. Chez cette espèce thermophile, les habitats fréquentés sont des lieux secs, très ensoleillés, à végétation rase et à forte proportion de surfaces nues.

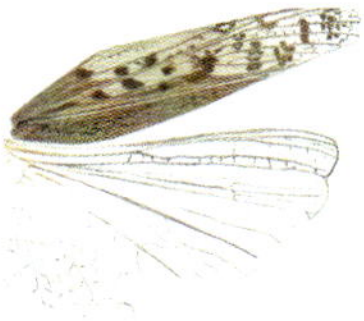

(**2C**)

1A

1B

2A

2B

1 | Caloptène de Brunner
—*Paracaloptenus caloptenoides*

♂ 12-16 mm
♀ 19-26 mm

ALL – Brunners Schönschrecke

ANG – Balkan Pincer Grasshopper

DESCRIPTION La morphologie de ce criquet est identique à celle des autres caloptènes, mais ses ailes (**1C**) sont fortement réduites. Elles ont à peu près la longueur du pronotum, sont arrondies à l'extrémité et ne se touchent pas sur le dos. La coloration générale est grise à brunâtre, avec différents motifs foncés. Les antennes sont grises à blanches et elles sont souvent brunies aux extrémités. Les pattes postérieures et l'extrémité de l'abdomen sont jaunâtres à orange clair délavé, les post-tibias sont rouges. Les yeux sont ronds, grands et rayés de clair et de foncé. Les carènes latérales du pronotum sont presque droites et s'écartent légèrement à l'arrière. Sur son bord postérieur, le pronotum est coupé droit, avec une petite entaille au milieu. Comme chez les espèces de *Calliptamus*, les cerques du mâle (**1B**) se présentent sous la forme de longs organes de préhension en forme de pinces.
OCCURRENCE Les adultes sont visibles de juin à septembre (pic en juillet-août). Le cœur de l'aire de répartition se trouve dans les Balkans méridionaux où l'espèce est présente jusqu'au Péloponnèse, au sud. En bordure nord de la répartition, on trouve des stations isolées en Autriche, Slovaquie, Hongrie et Roumanie du Nord-Est. L'espèce fréquente des habitats bien ensoleillés et secs, à végétation éparse et sols pierreux. Mais on la trouve également dans les clairières forestières et sur les lisières.

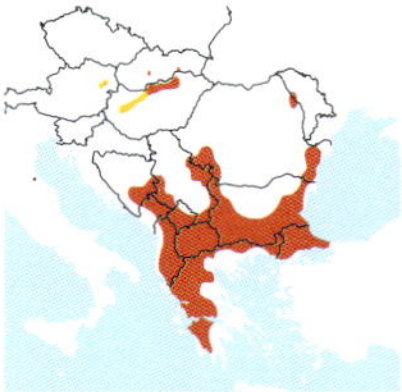

CHANT On suppose que cette espèce peut émettre des crissements par frottement des mandibules, comme c'est le cas chez les espèces de *Calliptamus*. Toutefois, cela n'a pas encore été prouvé.
À SAVOIR Une espèce très proche, *Paracaloptenus bolivari* (Caloptène pyrénéen) qui possède également des ailes courtes, vit dans les Pyrénées. Elle se distingue de la présente espèce par les extrémités pointues des ailes et par les parties génitales du mâle.

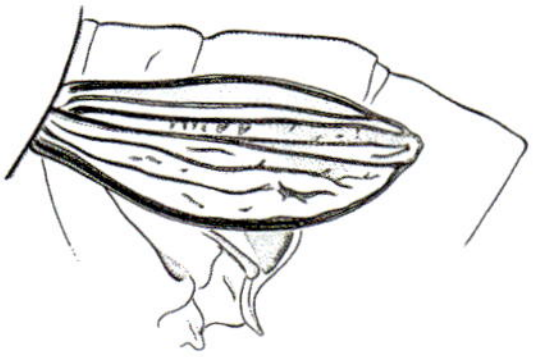

(**1C**) Aile du ♂

2 | Caloptène d'Istrie
—*Paracaloptenus cristatus*

♂ 14-17 mm
♀ 22-30 mm

ALL – Istriche Schönschrecke

ANG – Istrian Pincer Grasshopper

DESCRIPTION Le Caloptène d'Istrie ne peut pas être distingué extérieurement de l'espèce précédente : seule l'analyse des organes génitaux internes des mâles permet de les séparer. Dans la nature, la solution la plus immédiate est d'utiliser les aires de répartition respectives des deux espèces.
OCCURRENCE Les adultes apparaissent de juillet à septembre (pic en juillet). D'après les connaissances actuelles, l'aire de répartition du Caloptène d'Istrie ne se superpose pas à celle de l'espèce précédente : elle s'étend le long de la côte adriatique du sud-ouest de la Slovénie jusqu'au Monténégro, en passant par l'Istrie. L'espèce vit dans des habitats secs et ensoleillés, à végétation éparse. En Istrie, à côté des steppes rocheuses sèches, l'espèce occupe également en nombre restreint des prairies de montagne densément couvertes de végétation.

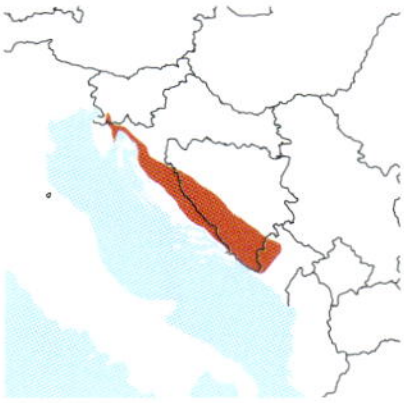

1A

1B

2A

2B

SOUS-FAMILLE DES EYPREPOCNEMIDINAE (EYPRÉPOCNÉMIDINÉS)

Cette sous-famille possède, tout comme les Calliptaminés, un pronotum anguleux dont les carènes latérales sont légèrement arquées vers l'extérieur. Chez certaines espèces, elles s'estompent dans leur partie postérieure. Le vertex (fastigium) est assez large et arrondi à l'avant. Et les cerques sont aplatis latéralement. La protubérance entre les hanches antérieures (prosternum) peut être hémisphérique ou aplatie. Un sillon de couleur foncée s'étend du bord inférieur de l'œil jusqu'à la base de la mandibule. Certaines espèces émettent également des crissements par frottement de leurs mandibules. Cent soixante espèces ont été décrites à ce jour dans le monde. L'Europe en compte cinq.

1 Criquet nageur (C. pleureur)
—Eyprepocnemis plorans

♂ 24-30 mm
♀ 28-44 mm

ALL – Prächtige Tränenschrecke

ANG – Lamenting Grasshopper

DESCRIPTION Avec ses yeux rayés de clair et de foncé, le Criquet nageur évoque une grande espèce élancée de Calliptaminé. Il est de couleur brun clair, brun-gris ou olive. Il est pourvu de deux lignes longitudinales jaunâtres qui s'étendent du dessus des yeux ou des carènes latérales du pronotum jusqu'aux ailes. L'espace du pronotum situé entre les carènes latérales est brun foncé. La moitié postérieure des carènes latérales, qui sont légèrement arquées vers l'extérieur, se dissipe dans une surface rugueuse. Chez les deux sexes, les longues ailes vont un peu au-delà des genoux postérieurs et sont finement ponctuées de foncé. Les pattes postérieures sont particulièrement colorées : le dessous des post-fémurs est orangé ou jaune, avec une ligne noire sur la face externe ; les post-tibias sont bleus à partir du genou, puis rouges ou rouge-pourpre dans la seconde moitié ; leur bord inférieur porte deux rangées de 9 à 12 épines blanches à pointes noires. L'extrémité des cerques du mâle (**1A**) est légèrement incurvée vers le bas et aplatie latéralement.

OCCURRENCE La plupart des adultes apparaissent de fin juillet à novembre (pic en août-septembre). Les individus qui hivernent sont visibles jusqu'en avril. L'espèce est largement répartie en Afrique, alors qu'en Europe, on ne la trouve que dans le sud du Portugal, le sud et l'ouest de l'Espagne, les Baléares, la Corse, la Sardaigne, le sud-ouest de l'Italie, la Sicile et la Grèce. D'autres stations sont toutefois probables en Grèce et dans les Balkans. Cette espèce fréquente des prairies humides sur sol sablonneux ou des dunes de sable colonisées par des buissons près des côtes. Les strates herbacées et arbustives sont richement structurées. Ce criquet se tient généralement dans la végétation et non au sol.

2 Criquet littoral
—Heteracris littoralis

♂ 18-22 mm
♀ 29-34 mm

ALL – Küsten-Tränenschrecke

ANG – Mediterranean Splendid Grasshopper

DESCRIPTION Cette espèce ressemble à la précédente, mais elle est plus petite et de couleur discrète. En outre, les post-tibias présentent 2 rangées de 13 à 16 épines, ils sont souvent roses ou rouges près des tarses et jamais bleus comme chez l'espèce précédente. Les post-fémurs possèdent 3 barres transversales brunes au lieu de la ligne longitudinale foncée typique de l'espèce précédente. Enfin, le genou postérieur est le plus souvent foncé ou noir, parfois brun dans sa moitié inférieure, mais jamais clair comme chez l'espèce précédente. Les cerques du mâle (**2B**) sont portés latéralement, ils sont nettement incurvés vers le bas et élargis à leur extrémité.

OCCURRENCE Sa phénologie est la même que l'espèce précédente. On trouve ce criquet principalement le long des côtes méridionales de la péninsule Ibérique, mais aussi en Crète et dans quelques îles de la mer Égée. Il habite les dunes colonisées par quelques buissons isolés. En cas de danger, il se réfugie dans les buissons par un saut ciblé.

1A

1B

2A

2B

SOUS-FAMILLE DES CYRTACANTHACRIDINAE (CYRTACANTHACRIDINÉS) – Criquets voyageurs

Cette sous-famille se caractérise par l'énorme taille des espèces qui la composent. Y figurent plusieurs criquets nomades. En raison d'une bonne aptitude au vol des différentes espèces, cette sous-famille est presque mondialement répartie. Ses caractéristiques sont un pronotum dépourvu de carènes latérales, une grosse protubérance entre les hanches antérieures (prosternum) et un espace mésosternal rectangulaire ouvert à l'arrière. En Europe, on ne compte que 3 espèces, qui ont toutes une très vaste répartition. À l'échelle mondiale, 162 espèces ont été décrites à ce jour.

1 | Criquet égyptien —*Anacridium aegyptium*

♂ 30-56 mm
♀ 46-70 mm

ALL – Ägyptische Vogelschrecke

ANG – Egyptian Bird Grasshopper

DESCRIPTION Le Criquet égyptien est l'une des plus grandes espèces de criquets d'Europe. Les ailes particulièrement développées ont à peu près la longueur du corps et débordent largement au-delà de l'abdomen. La carène médiane du pronotum est très saillante. De profil, elle forme un dôme et possède trois sillons transversaux. Les yeux, rayés verticalement de clair et de foncé, sont frappants. Ils sont déjà visibles et caractéristiques chez les juvéniles, dont la coloration est généralement verte. La couleur générale des adultes est brun jaunâtre à brun grisâtre, avec les élytres légèrement foncés et une raie longitudinale jaunâtre à orange sur la carène médiane du pronotum. Les post-tibias sont bleuâtres et le dessous des post-fémurs est teinté d'orange. En vol, on distingue une bande brun foncé en arc de cercle sur les ailes postérieures.
OCCURRENCE Les adultes sont visibles toute l'année, car ils survivent en hiver. On trouve les juvéniles pendant les mois d'été et les adultes fraîchement développés à partir d'août. L'espèce occupe toute l'Europe du Sud, des Canaries à la Grèce. Dans les Balkans, elle semble surtout présente le long des côtes. Elle fréquente principalement des surfaces herbeuses avec buissons clairsemés et arbres isolés. Elle n'est pas autochtone au nord des Alpes, mais y est régulièrement observée en raison de son transport accidentel dans des cageots de légumes.

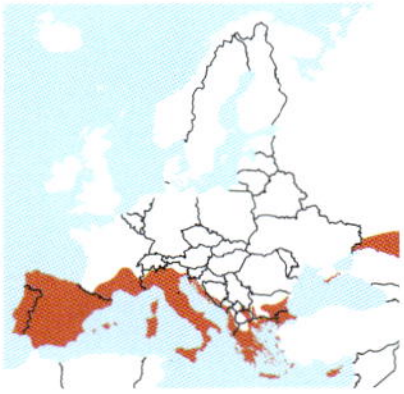

À SAVOIR L'espèce a une aptitude exceptionnelle pour le vol. De ce fait, elle est très difficile à capturer. Et il n'est pas rare que des individus en vol soient pris pour des petits oiseaux. Lors du vol, les ailes produisent souvent un léger bourdonnement. Et pendant le vol de parade, les mâles (**1A**) émettent un son pétaradant.

2 | Criquet pèlerin —*Schistocerca gregaria*

♂ 45-55 mm
♀ 49-61 mm

ALL – Wüsten-Wanderheuschrecke

ANG – Desert Locust

DESCRIPTION La coloration générale du Criquet pèlerin est jaune, brune ou grise, avec des macules foncées bien visibles sur les élytres. Ceux-ci dépassent nettement l'abdomen. Les ailes postérieures ne sont que faiblement raccourcies. Elles sont translucides et teintées de brun. Comme chez l'espèce précédente, les yeux sont rayés de clair et de foncé. Mais à l'inverse de celle-ci, la moitié antérieure du pronotum est légèrement entaillée et traversée par quatre sillons transversaux. Dans sa partie postérieure, il est plus large et aplati, avec la bordure postérieure arrondie. La carène médiane est peu marquée et n'est visible que dans la partie postérieure. Elle est souvent bordée d'une ligne claire. De temps en temps, la tête, le cou, l'abdomen et les post-fémurs présentent des motifs foncés. Les juvéniles sont colorés en jaune et en noir de manière frappante.
OCCURRENCE Les adultes peuvent être observés toute l'année. Cette espèce est surtout présente en Afrique du Nord et dans le sud-ouest de l'Asie, bien que des essaims invasifs puissent toujours être observés dans les îles Canaries et dans le sud de l'Europe (péninsule Ibérique surtout). Les observations dans d'autres parties de l'Europe concernent en grande partie des individus échappés de captivité puisque cette espèce est régulièrement élevée en terrarium. Aucune zone de reproduction du Criquet pèlerin n'est connue en Europe.

1A
1B
2A
2B

SOUS-FAMILLE DES OEDIPODINAE (ŒDIPODINÉS) – Œdipodes

La sous-famille des Œdipodinés comprend des espèces de formes et de teintes très différentes. Chez certaines d'entre elles, les ailes postérieures colorées sont remarquables. Pour la production du chant, la plupart des espèces frottent une arête lisse située sur la face interne des post-fémurs contre une nervure saillante du champ médian des élytres qui est pourvue de dents stridulatoires. Soixante et onze espèces sont connues en Europe et environ 800 dans le monde.

1 | **Œdipode stridulante** — *Psophus stridulus*

♂ 19-25 mm
♀ 23-35 mm

ALL – Rotflügelige Schnarrschrecke

ANG – Rattle Grasshopper

DESCRIPTION Cette espèce est munie d'un pronotum saillant entaillé par une encoche centrale et bordé d'une fossette de chaque côté. La femelle (**1B**) est le plus souvent brun-gris à gris noirâtre, plus rarement brun clair à brun-rouge. Le mâle (**1A**) est brun foncé à presque noir, avec les post-fémurs annelés de clair et de foncé. Tandis que les grandes femelles dodues ont des ailes légèrement raccourcies qui vont jusqu'aux genoux postérieurs, celles des mâles dépassent nettement ceux-ci. Chez les deux sexes, les ailes postérieures sont d'un rouge orangé vif à extrémité brun foncé.
OCCURRENCE Les adultes sont visibles de mi-juin à novembre (pic en août). L'aire de répartition s'étend du Portugal à la Scandinavie méridionale et au nord de la Grèce en direction du sud. Vers l'est, elle se poursuit jusqu'en Mongolie et en Corée. L'espèce fréquente des prairies sèches bien ensoleillées et des pâturages à végétation clairsemée ou avec rocailles. En montagne, on la trouve jusqu'à 2000 m.

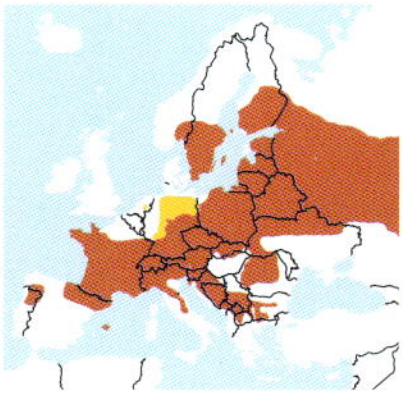

CHANT À l'envol, les mâles produisent un bruit cliquetant provoqué par les ailes postérieures, dont la couleur rouge vif est alors mise en évidence. Les femelles peuvent également émettre un bourdonnement lors des sauts d'envol.

2 | **Œdipode cévenole (O. caussenarde)** — *Celes variabilis*

♂ 16-26 mm
♀ 23-28 mm

ALL – Pferdeschrecke

ANG – Black Grasshopper

DESCRIPTION Le mâle (**2B**) de cette espèce rappelle celui de l'Œdipode rouge, mais il est un peu plus petit et plus frêle. Sa coloration va du brun foncé au noir profond, avec des motifs foncés estompés. À l'inverse, la femelle (**2A**) est d'une couleur brun-gris ou brun-rouge, avec de nombreuses marques foncées. Celles-ci forment deux ou trois bandes transversales sur les élytres. Chez les deux sexes, les ailes dépassent à peine les genoux postérieurs. Les ailes postérieures sont d'un rouge vineux intense (très rarement bleu ciel), tandis que leur bord antérieur et leur extrémité sont brun foncé. La carène médiane du pronotum est entaillée d'une profonde encoche un peu avant son milieu.
OCCURRENCE Les adultes apparaissent de fin juin à octobre (pic en juillet-août). L'espèce a une répartition très fragmentée en Europe. Au sud-ouest, seules des petites populations isolées sont connues en Espagne et dans le sud de la France. Au sud-est, l'espèce est localement présente de l'est de l'Autriche aux Balkans et à la Grèce. Le cœur de l'aire de répartition se trouve dans les grandes steppes d'Europe de l'Est et d'Asie, jusqu'à la Mongolie. Cette espèce occupe des prairies et des pâturages particulièrement arides, des friches agricoles ou des surfaces graveleuses à végétation éparse. On la trouve également en montagne, où elle occupe des alpages caillouteux.

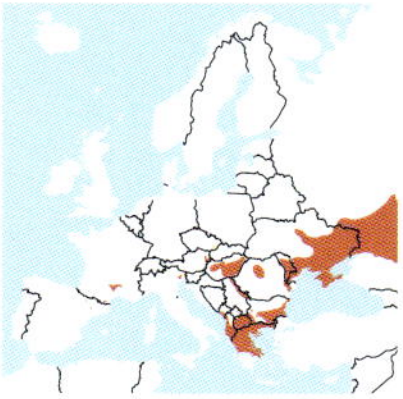

CHANT On n'a pas connaissance d'un chant chez cette espèce.

1A

1B

2A

2B

1 Œdipode turquoise
—*Oedipoda caerulescens*

♂ 13-23 mm
♀ 20-29 mm

ALL – Blauflügelige Ödlandschrecke

ANG – Blue Band-winged Grasshopper

DESCRIPTION Cette espèce a une grande variabilité chromatique. Selon la couleur du sol sur lequel les individus se sont développés, ils peuvent être gris, brun-gris, brun-jaune ou brun-rouge, voire presque noirs ou presque blancs. La carène médiane saillante du pronotum est entaillée un peu avant son milieu, la divisant ainsi en deux parties. Dans la partie postérieure, la carène est moins saillante (**1D**), mais bien marquée. Les élytres sont barrés de deux ou trois bandes foncées. Les ailes postérieures (**1E**) ont normalement une couleur bleu ciel à la base, délimitée extérieurement par une bande noir brunâtre arquée. L'extrémité des ailes est translucide. En Europe tempérée, il arrive très exceptionnellement que certains individus aient des ailes rougeâtres. C'est plus fréquent en région méditerranéenne, tandis qu'en Afrique du Nord, elles sont toujours jaunes. La bordure supérieure des post-fémurs (**1C**) porte une ou deux taches foncées et la carène présente une nette encoche vers le milieu. Les post-tibias sont d'un bleu grisâtre et annelés de clair et de foncé sous le genou.
OCCURRENCE Les adultes sont visibles de juin à novembre (pic en août). L'aire de répartition s'étend à travers presque toute l'Europe, depuis le Maroc et le Portugal, et se poursuit jusqu'en Mongolie. La limite nord est atteinte en Lettonie et à la hauteur de Moscou. En Europe tempérée, cette espèce est xérothermophile. Elle fréquente par exemple les pelouses sèches pierreuses et pauvres en végétation, les carrières de pierre, les sablières, les chemins agricoles non asphaltés et les collines viticoles. Elle préfère des lieux à végétation peu dense, mais contrairement à l'Œdipode aigue-marine, elle évite les sites pionniers totalement dépourvus de végétation.
CHANT Le mâle (**1A**) produit de faibles accents stridulés lorsqu'il rencontre un ou plusieurs rivaux ou bien une femelle (**1B**). Le chant est souvent émis depuis un endroit exposé, par exemple sur une petite pierre. Au moment de la parade, le mâle lance de brefs accents sonores. En vol, les deux sexes produisent un faible bourdonnement. On observe également souvent un mouvement silencieux des pattes postérieures, qui montent et qui descendent.

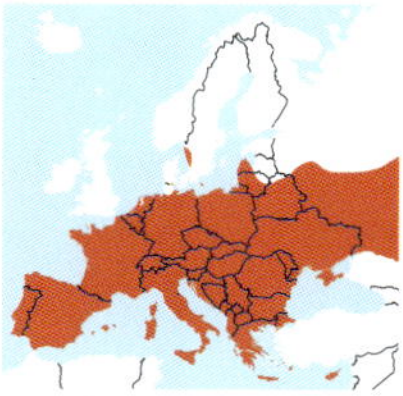

À SAVOIR Grâce à sa coloration, l'Œdipode turquoise se confond avec les sols sur lesquels elle vit. Ainsi, les individus qui séjournent sur des roches calcaires sont-ils dans l'ensemble gris clair et ceux sur des limons, brun-jaune. Souvent, on ne les détecte que lorsqu'ils s'envolent et qu'ils déploient leurs ailes bleues. La modification de coloration se fait par l'élaboration des pigments correspondants au cours du développement des juvéniles. La nourriture consiste, en majorité, en graminées et herbacées diverses. Cette espèce semble profiter du changement climatique actuel dans certaines régions. Elle s'est particulièrement étendue vers le nord ces dernières années. La plupart des individus sont assez sédentaires, malgré leur bonne aptitude au vol.
ESPÈCES SIMILAIRES Dans le sud-ouest de l'Europe vivent des espèces semblables : *Oedipoda coerulea* (Açores, Portugal, Espagne, Corse, Sardaigne, sud de la France) et *O. fuscocincta* (Afrique du Nord, Portugal, Espagne, Corse, Sardaigne et Sicile). Cette dernière a également des ailes postérieures jaunes en Afrique du Nord et turquoise dans les îles méditerranéennes. Chez les deux espèces, la bande alaire foncée couvre toute la largeur des ailes postérieures, mais contrairement à la présente espèce, elle ne s'étend pas jusque vers la base de l'aile sur le bord antérieur.

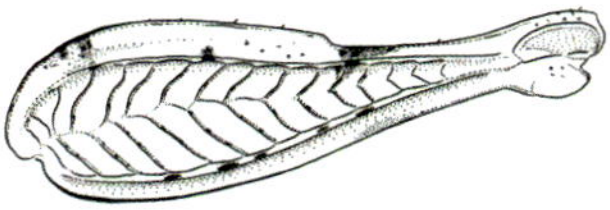

(**1C**) Post-fémur

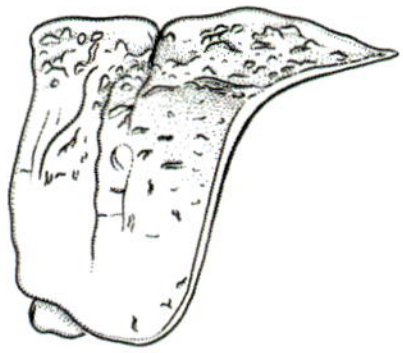

(**1D**) Pronotum

(**1E**)

1A

1B

1 Œdipode rouge
— *Oedipoda germanica*

♂ 15-22 mm
♀ 22-30 mm

ALL – Rotflügelige Ödlandschrecke

ANG – Red Band-winged Grasshopper

DESCRIPTION Cette espèce ressemble beaucoup à l'Œdipode aigue-marine. Sa coloration varie également selon la nature du sol : de gris clair à brun foncé ou noire. Mais une nette différence réside dans la couleur des ailes postérieures qui sont d'un rouge lumineux (**1D**). La bande brun-noir de celles-ci est par ailleurs plus étendue que chez l'Œdipode turquoise. Elle s'étend pratiquement sur toute la bordure postérieure de l'aile, bifurque vers son bord antérieur un peu avant l'extrémité, puis longe le bord antérieur en direction de la base de l'aile où elle se termine en pointe. Parfois, cette bande atteint même l'extrémité de l'aile. Un autre critère de distinction important est le décrochement présent sur le dessus des post-fémurs : chez la présente espèce, il est beaucoup moins prononcé que chez l'Œdipode turquoise. Un autre bon critère de distinction entre les deux espèces, et qui est déjà utilisable sur les grands juvéniles, est la carène médiane du pronotum (**1C**). Derrière le sillon transversal de celui-ci, la carène est aplatie et peu marquée chez la présente espèce. Enfin, la surface du pronotum est globalement moins rugueuse que chez l'Œdipode turquoise, donc plutôt lisse.
OCCURRENCE Les adultes sont visibles de juin à novembre (pic en août). Selon les résultats des derniers travaux génétiques, cette espèce est présente des Pyrénées jusqu'à l'est de l'Allemagne, ainsi que le long des Alpes jusqu'au Tyrol et sur le Piémont italien où elle est remplacée par une espèce qui n'a pas encore été expertisée. Ce criquet très xérothermophile est beaucoup plus exigeant que l'Œdipode turquoise. Il vit en des lieux fortement exposés au soleil et très pauvres en végétation : sites rocailleux ou rocheux, le plus souvent en exposition sud. Il cohabite fréquemment avec l'Œdipode aigue-marine et le Criquet italien.
CHANT Comme dans le cas de l'Œdipode aigue-marine, différents sons peuvent être produits. Le plus souvent, c'est le chant stridulé du mâle (**1A**) que l'on entend, mais également les sons musicaux qui précèdent l'accouplement. En vol, les deux sexes produisent un faible bourdonnement.
À SAVOIR Les mâles d'Œdipode rouge suivent souvent les femelles des autres espèces d'œdipodes. Mais jusqu'à présent, il n'y a pas de cas documenté d'hybridation. Au nord des Alpes, cette espèce a disparu dans de nombreuses régions à cause de l'abandon et de l'enfrichement des sites à faible rendement et peu rentables.

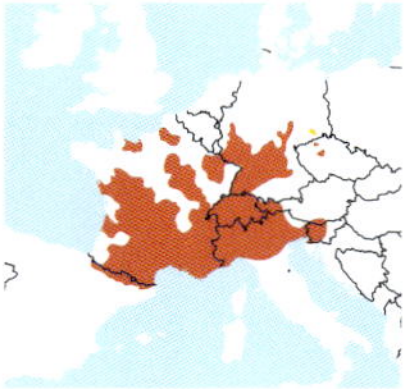

ESPÈCES SIMILAIRES Jusqu'à présent, on considérait que les populations italiennes situées au sud du Pô appartenaient à l'espèce *Oedipoda germanica*. Mais il se trouve qu'elles en sont nettement séparées génétiquement : elles constituent une nouvelle espèce encore non décrite.

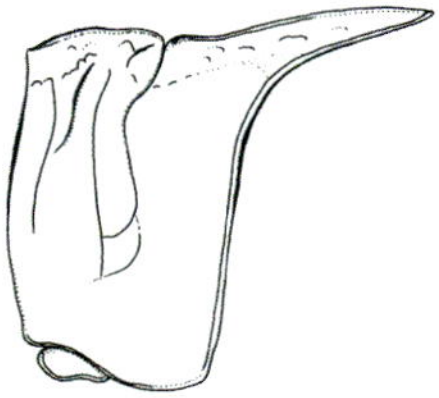

(**1C**) Pronotum

(**1D**)

1A
1B

1 | Œdipode des Balkans
—*Oedipoda meridionalis*

♂ 15-22 mm
♀ 22-30 mm

ALL – Balkan-Ödlandschrecke

ANG – Balkan Band-winged Grasshopper

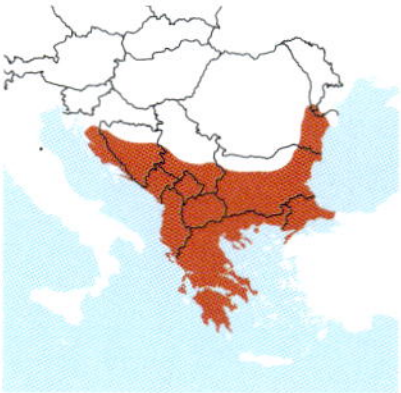

DESCRIPTION Cette espèce ressemble à l'Œdipode rouge et a longtemps été considérée comme une sous-espèce de celle-ci. Cependant, des tests génétiques ont montré qu'il s'agit d'une espèce à part entière. Elle s'en distingue par ses ailes postérieures de couleur rouge pâle à rose, dont la bande alaire foncée est nettement plus étroite et dont l'extrémité est légèrement vitreuse.
OCCURRENCE Les adultes sont visibles de juin à novembre (pic en août). Cette espèce du sud-est de l'Europe est présente de l'Istrie à la totalité des Balkans. Sa limite orientale n'est pas encore bien connue : on la situe à ce jour en Roumanie et en Turquie. L'espèce fréquente des habitats peu végétalisés ou presque totalement dépourvus de végétation.

2 | Œdipode à ailes rouges
—*Oedipoda miniata*

♂ 15-19 mm
♀ 17-22 mm

ALL – Östliche Ödlandschrecke

ANG – Scarlet Band-winged Grasshopper

DESCRIPTION L'Œdipode à ailes rouges présente en général un contraste de teintes claires et foncées nettement plus prononcé que les autres œdipodes dont les ailes sont rougeâtres. Il est souvent très clair, presque blanc, avec trois bandes transversales foncées sur les élytres. La carène médiane du pronotum est fortement saillante, mais s'abaisse dans sa moitié postérieure. Elle est entaillée d'une profonde encoche avant son milieu. Les post-fémurs possèdent une forte carène étagée vers le milieu de leur bord supérieur, bien plus que chez l'espèce précédente. La base des ailes postérieures est rouge pâle à rose et la bande alaire foncée est nettement plus large que chez l'espèce précédente. L'extrémité des ailes est vitreuse à légèrement brunâtre.
OCCURRENCE Les adultes apparaissent de mai à octobre (pic en juin-juillet). L'espèce est présente dans le sud des Balkans, en Grèce et en Bulgarie. On ignore jusqu'où elle remonte vers le nord le long de la côte adriatique. Vers l'est, elle atteint la Chine occidentale. Les habitats fréquentés sont des lieux secs, très ensoleillés et à maigre couvert végétal. Par exemple, dunes sableuses côtières, dépôts alluvionnaires des fleuves, ainsi que d'autres sites peu végétalisés.

ESPÈCES SIMILAIRES Au Portugal, en Espagne et dans le sud de la France vit *Oedipoda charpentieri*, une espèce semblable, chez laquelle la carène médiane du pronotum est très saillante, mais s'abaisse aussi beaucoup dans sa partie postérieure. Ses ailes postérieures sont soit rouge rosacé, soit bleu ciel. Les criquets d'Afrique du Nord, de Sicile, de Sardaigne et des Baléares, tous considérés jusqu'à présent comme faisant partie de l'espèce *Oedipoda miniata*, se sont révélés être une espèce à part, *O. mauritanica*.

1A

1B

2A

2B

1 Œdipode des torrents
— Bryodemella tuberculata

♂ 24-30 mm
♀ 28-37 mm

ALL – Gefleckte Schnarrschrecke

ANG – Speckled Buzzing Grasshopper

DESCRIPTION L'Œdipode des torrents est la plus grande et la plus belle des espèces d'œdipodes d'Europe tempérée. Comme la plupart des autres espèces de cette famille, elle est très mimétique au sol. Sa coloration est grise, brune, noirâtre et verdâtre. Le mâle (**1A**) est nettement plus sombre que la femelle (**1B**). Les élytres sont le plus souvent très maculés, parfois avec des bandes transversales. Les ailes postérieures (**1C**) sont remarquablement larges, en particulier chez le mâle. Elles sont d'un rose foncé ou teintées de brun à leur base, tandis qu'elles sont légèrement éclaircies à leur apex, qui est souvent maculé de brun. Les nervures principales de la nervation longitudinale sont épaissies et d'une couleur rose soutenue. Le pronotum est ridé et grumeleux. La carène médiane est peu saillante et possède deux encoches transversales. Les post-tibias sont d'une couleur jaunâtre à orange.
OCCURRENCE Les adultes sont visibles de mi-juillet à octobre (pic en août). Cette espèce a une aire de répartition très fragmentée en Europe et elle a déjà disparu en de nombreux endroits. Ses dernières stations en Europe tempérée se trouvent dans les Préalpes et les Alpes, en Allemagne et en Autriche. Des populations isolées sont connues en Suède, Finlande, Lituanie et Ukraine. La principale aire de présence s'étend de l'Asie centrale au Japon. Cette espèce fréquente – ou a fréquenté – deux habitats très différents : d'une part, des landes sablonneuses pauvres en végétation en Allemagne du Nord et au Danemark et, d'autre part, des zones alluvionnaires de fleuves et rivières alpins à dynamique naturelle, avec pins et saules épars. À Öland, en Suède, elle habite des pelouses calcaires très arides, dénommées « Alvar ».
CHANT En vol, les mâles émettent un bourdonnement clair et bien audible qu'ils produisent probablement avec les nervures renforcées de leurs ailes postérieures. Ils peuvent aussi voler sans bruit.

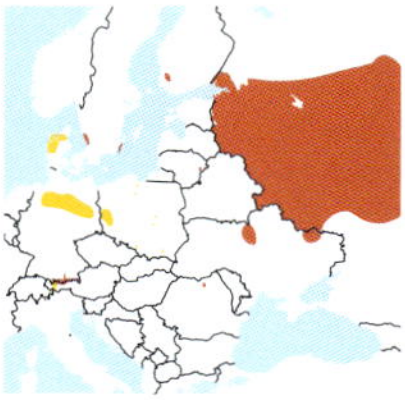

À SAVOIR En très bons voiliers, les mâles de cette espèce sont capables de voler jusqu'à 10 m de hauteur lors des manifestations nuptiales et de parcourir des centaines de mètres. Les femelles ne volent que sur de courtes distances et ne semblent le faire que par obligation. Lors de la parade, le mâle effectue un vol bourdonnant au-dessus de la femelle posée au sol. La régularisation à grande échelle des eaux courantes et leur utilisation comme source d'énergie ont entraîné la disparition de l'espèce d'une grande partie de son aire de répartition initiale. La recolonisation naturelle des zones renaturées est pratiquement impossible, du fait de l'absence de mise en réseau des quelques populations isolées restantes.

(1C)

1A

1B

1 | Œdipode aigue-marine
—*Sphingonotus caerulans*

♂ 24-30 mm
♀ 28-37 mm

ALL – Blauflügelige Sandschrecke

ANG – Blue-winged Grasshopper

DESCRIPTION Cette œdipode ressemble à toutes les autres. Elle est toutefois plus fine et a de plus longues ailes, qui mesurent bien deux fois la longueur des post-fémurs. Elle ne possède pas l'encoche typique des autres espèces d'œdipodes sur le bord supérieur des post-fémurs. Les post-tibias sont bleu clair. La coloration est aussi variable que chez les autres espèces et également liée à la nature du sol. Les antennes alternativement annelées de clair et de foncé sont frappantes. De profil, la tête déborde beaucoup du pronotum (**1C**). Celui-ci est légèrement resserré en forme de selle dans sa moitié antérieure et traversé par trois sillons transversaux. La carène médiane est peu marquée dans la moitié antérieure et encore moins dans la postérieure. Les élytres sont barrés de deux à trois bandes foncées, celles-ci pouvant aussi être constituées de fines mouchetures foncées. Les ailes postérieures (**1D**) sont bleu clair à la base et translucides à l'extrémité. Certains individus peuvent parfois posséder une bande alaire foncée estompée (forme *cyanoptera*), surtout ceux présents à l'est de l'aire de répartition et ceux vivant sur un sol sombre.
OCCURRENCE Les adultes apparaissent de mi-juin à octobre (pic en août). L'aire de répartition de l'Œdipode aigue-marine s'étend du Maroc et du Portugal jusqu'à la Grèce et jusqu'au sud de la Scandinavie. C'est une habitante typique des surfaces sableuses ou graveleuses sèches et pauvres en végétation. Son habitat naturel est représenté par les dépôts alluvionnaires des fleuves et rivières, leurs cônes de déjection et les steppes rocheuses chaudes et sèches. En tant qu'espèce pionnière et mobile, elle a également colonisé les gravières, les vastes surfaces de chantier, les toits plats ou les ballasts ferroviaires. Au fur et à mesure de la recolonisation des sites par la végétation, elle disparaît aussi vite qu'elle est apparue. Elle est souvent associée à *Oedipoda caerulescens* ou à *Calliptamus italicus*.
CHANT En cas de rencontre de plusieurs mâles, un bourdonnement répétitif et atténué est émis. En présence d'une femelle, le mâle produit des sons brefs et tranquilles, mais sonores qui évoquent un chant d'oiseau.

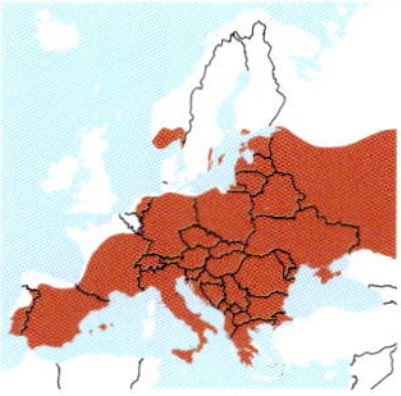

À SAVOIR Cette espèce a d'excellentes capacités de vol. Les mâles (**1B**) sont optiquement attirés par les femelles qui volent (**1A**). Il est possible que la colonisation de nouveaux sites soit aussi permise par le transport d'œufs dans le sable et le gravier d'exploitation. En effet, les oothèques semblent partiellement résister aux opérations de tri des graviers lors de l'intervention des engins de chantier. Dans les années 1990, l'espèce était devenue rare et hautement menacée. Depuis, elle s'est à nouveau répandue dans de nombreuses régions, notamment dans les gares de fret et les friches industrielles.
ESPÈCES SIMILAIRES Le genre *Sphingonotus* est l'un de ceux qui comptent le plus d'espèces parmi les Acrididés : plus de 140 sont décrites à l'échelle mondiale. En Europe, on en connaît 31, ainsi que celles du genre *Sphingoderus*, assez proches sur le plan morphologique. La diversité en espèces du genre *Sphingonotus* est particulièrement grande dans la péninsule Ibérique. Pour distinguer les espèces, il est important d'examiner les organes de stridulation situés sur les élytres.

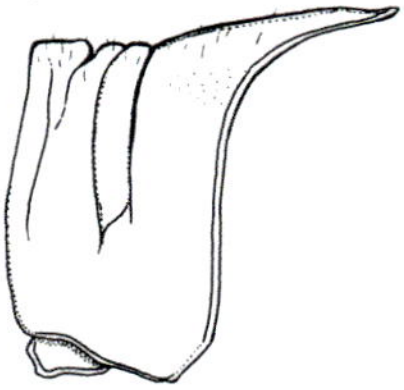

(**1C**) Pronotum

(**1D**)

1A

1B

1 Œdipode d'Italie
—*Sphingonotus personatus*

♂ 12-18 mm
♀ 18-25 mm

ALL – Dünen-Sandschrecke

ANG – Italian Sand Grasshopper

DESCRIPTION La couleur générale de cette espèce est le plus souvent de blanc à gris clair, avec des motifs très contrastés. Contrairement à l'espèce précédente, les deux à trois bandes foncées transversales sur les longues ailes ne sont le plus souvent qu'esquissées ou réduites à des taches. Derrière la tête, le pronotum est un peu moins rétréci que celui de l'espèce précédente. Les ailes postérieures vont d'une teinte légèrement bleuâtre à presque incolore. L'épine inférieure du post-tibia, la plus longue, est nettement plus longue que chez l'espèce précédente et presque aussi longue que le premier article du tarse.
OCCURRENCE On trouve les adultes de juin à octobre (pic en juillet). Cette espèce est surtout présente le long des côtes italiennes. Quelques stations sont aussi connues en Grèce : Corfou, côtes de l'Épire et côte ouest du Péloponnèse. Les dunes de sable côtières sont le seul habitat fréquenté.
Les animaux se cachent volontiers en bordure de touffes d'herbe.

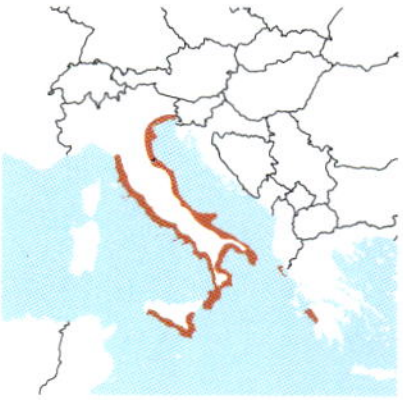

2 Œdipode rougeâtre
—*Sphingonotus rubescens*

♂ 17-21 mm
♀ 23-33 mm

ALL – Wüsten-Sandschrecke

ANG – Desert Sand Grasshopper

DESCRIPTION L'Œdipode rougeâtre a des ailes un peu plus longues que l'Œdipode aigue-marine et paraît de ce fait plus fine. Les élytres ont des macules moins contrastées et les bandes alaires sont effacées ou absentes. Le critère le plus important pour distinguer les deux espèces est la forme de la nervure intercalée située dans le champ alaire médian des élytres (*Vena intercalata*). Chez l'Œdipode rougeâtre, la partie arrière de cette nervure intercalée est légèrement incurvée et se rapproche de ce fait de la nervure médiane, tandis que chez l'autre espèce, la nervure est rectiligne. De plus, l'Œdipode rougeâtre possède une petite carène médiane sur le front que n'a pas l'autre espèce. Ses ailes postérieures (**2C**) sont d'un bleuâtre délavé à translucides et la nervation est foncée. En vol, les ailes produisent un faible bruit de crécelle, ce qui distingue aussi cette espèce de l'Œdipode aigue-marine.
OCCURRENCE Aux Canaries, les adultes sont visibles toute l'année, mais que de mai à octobre dans le sud de l'Europe. Certains individus du sud de l'Europe peuvent toutefois aussi rester actifs en hiver. L'espèce est fréquente aux Canaries et à Madère. De là, on la trouve jusqu'en Asie centrale en passant par l'Afrique du Nord (Sahara et bordure nord du Sahel) et la péninsule Ibérique. Sa répartition dans le sud de l'Italie et en Grèce reste à clarifier. En effet, dans la partie est de son aire de répartition, il est plus difficile de la distinguer de l'Œdipode aigue-marine qu'à l'ouest.

Elle fréquente des habitats arides, en particulier les déserts, les surfaces graveleuses et les zones rocheuses.
CHANT Le chant de cette espèce est un pépiement très fort et bruyant, qui rappelle un peu celui de l'Alouette pispolette. Il s'achève par un tambourinage du sol avec les pattes postérieures.

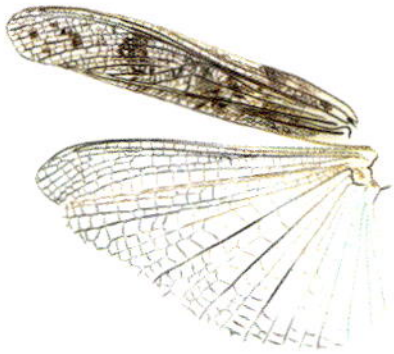

(**2C**)

1A

1B

2A

2B

1 Œdipode grenadine
—*Acrotylus insubricus*

♂ 12-18 mm
♀ 17-24 mm

ALL – Insubrische Ödlandschrecke

ANG – Common Digging Grasshopper

DESCRIPTION Le genre *Acrotylus* comprend de petits et minces œdipodes, qui sont pileux sur la poitrine et les pattes et dont le pronotum est court. L'Œdipode grenadine est brun-gris avec de fines taches claires et foncées. Les lobes latéraux du pronotum sont ornés d'une grande tache foncée et d'un point blanc typique. Le pronotum assez court est légèrement resserré derrière la tête, tandis que la carène médiane est saillante sur toute sa longueur, même si elle n'est que faiblement surélevée. Elle est interrompue par deux encoches. Vue de dessus, la bordure postérieure du pronotum est oblongue avec une pointe arrondie, ce qui le différencie de l'espèce suivante, dont la bordure est arrondie sans pointe. Les étroites ailes sont longues : elles dépassent nettement les genoux des pattes arrière. Les ailes postérieures (**1C**) sont translucides à l'extrémité, avec une à deux petites taches brunes, tandis que leur base est intensément teintée de rose ou rouge. Le bord extérieur de la zone colorée délimite une marque brune en forme de croissant.

OCCURRENCE Les adultes peuvent être observés toute l'année. Mais la plupart le sont de juillet à octobre. Les individus hivernants, en particulier les femelles qui ont une longue durée de vie, sont également visibles au printemps, période durant laquelle elles peuvent parfois être très nombreuses. Cette espèce est largement répandue dans le sud de l'Europe : on la trouve des îles Canaries et du Portugal jusqu'en Grèce et en Asie centrale. La limite nord de la répartition passe par Bordeaux, le nord de l'Italie, la Hongrie et le sud de l'Ukraine. L'espèce fréquente différents habitats secs, bien ensoleillés et à végétation clairsemée. Aussi est-elle présente tant sur les dunes de sable des côtes que sur les rochers.

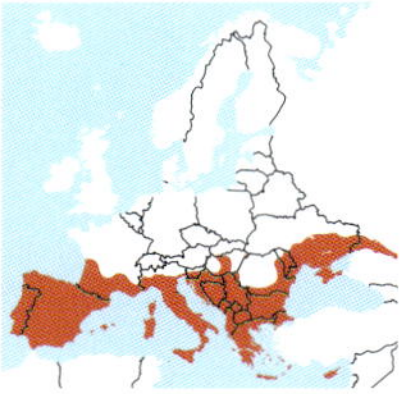

À SAVOIR Avec leurs longues pattes, les espèces du genre *Acrotylus* creusent volontiers le sable pour s'y enfoncer par temps chaud ou froid.

ESPÈCES SIMILAIRES Dans le sud-ouest de l'Europe (du Portugal au sud de la France et à la Ligurie), on trouve une espèce sosie : *Acrotylus fischeri*. Au nord, elle atteint la région de Lyon. Par rapport à la présente espèce, elle possède des taches plus foncées et plus grandes à l'extrémité des ailes postérieures. Sa morphologie est plus compacte et sa couleur générale est plus intensément grise. L'extrémité de son pronotum forme une pointe à angle obtus qui est un peu plus épaisse que chez la présente espèce.

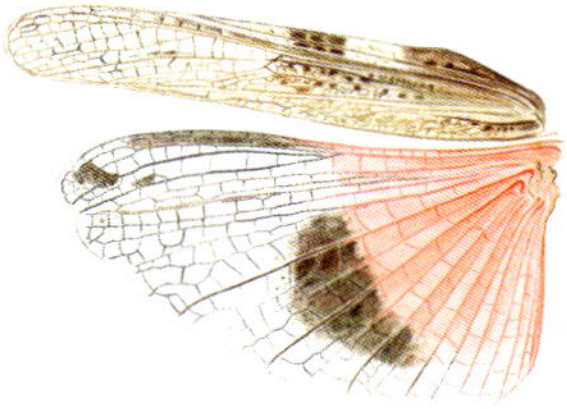

(**1C**)

1A

1B

1 | Œdipode gracile
—*Acrotylus patruelis*

♂ 13-17 mm
♀ 18-22 mm

ALL – Schlanke Ödlandschrecke

ANG – Slender Digging Grasshopper

DESCRIPTION Cette espèce ressemble à la précédente, dont elle a quasiment la taille. Elle est cependant bien plus mince et possède des élytres particulièrement longs et étroits. De plus, ses antennes sont plus longues et fines. De profil, la tête déborde nettement du pronotum qui est caractérisé par un étranglement dans sa moitié antérieure. La carène médiane du pronotum est peu saillante et elle est interrompue avant son milieu par deux encoches transversales. Globalement, la partie postérieure du pronotum est assez lisse et sa bordure postérieure est arrondie sur toute sa largeur, à la différence de l'espèce précédente. Les ailes postérieures (**1C**) sont roses à rouges à la base avec une tache foncée en forme de croissant plus importante que chez l'espèce précédente. L'extrémité des ailes est translucide et pourvue de 1 à 3 petites taches brunes.
OCCURRENCE La plupart des adultes sont visibles de juillet à octobre, mais ceux qui ont hiverné apparaissent dès le printemps. L'aire de répartition de cette espèce est similaire à celle de la précédente, bien que s'étendant un peu plus au nord. La station la plus nordique se trouve dans le Tessin méridional. L'espèce a également été notée à la gare de triage de Nuremberg en 2003, ce qui correspond probablement à un individu déplacé. Les habitats fréquentés sont caillouteux et sablonneux, avec une couverture végétale très lacunaire, jusque sur les plages. Les sites sont toujours très secs et bien ensoleillés.

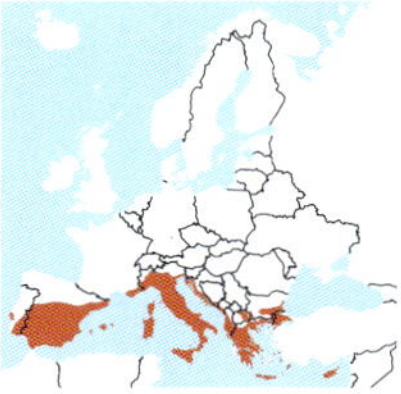

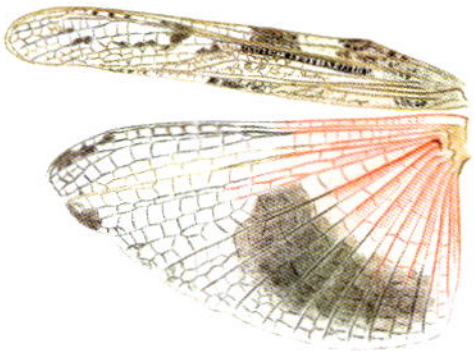

(**1C**)

2 | Œdipode à ailes jaunes
—*Acrotylus longipes*

♂ 14-17 mm
♀ 18-26 mm

ALL – Gelbflügelige Ödlandschrecke

ANG – Yellow-winged Digging Grasshopper

DESCRIPTION Cette œdipode est très mince, le plus souvent gris clair ou brun ocre. Elle rappelle l'espèce précédente par sa morphologie. Outre la couleur générale claire, ce sont surtout les longs fémurs des pattes médianes qui la distinguent. Posée au sol, cela lui donne l'apparence d'une araignée. Les ailes postérieures translucides (**2C**) sont jaune pâle à la base, rarement orange pâle, et elles sont dépourvues de la bande sombre typique des autres espèces d'*Acrotylus*.
OCCURRENCE Les adultes apparaissent de juillet à septembre. Mais comme pour les autres espèces d'*Acrotylus*, les individus qui passent l'hiver peuvent être observés au printemps de l'année suivante. En Europe, la répartition de l'espèce va des côtes de Sicile jusqu'en Grèce et à la mer Noire, puis jusqu'en Asie occidentale. Sa présence est également connue aux îles Canaries. Les habitats occupés sont exclusivement constitués d'un sol sablonneux et d'une végétation très clairsemée. C'est la raison pour laquelle, dans les Balkans, l'espèce est très localisée à l'intérieur des terres.

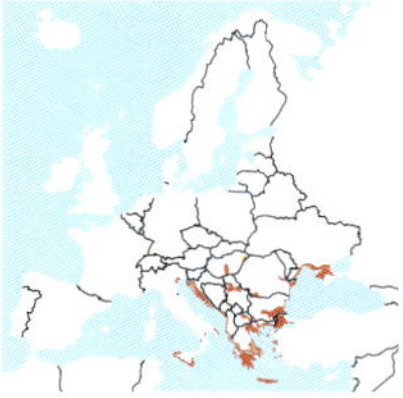

(**2C**)

1A

1B

2A

2B

1 Œdipode soufrée
—Oedaleus decorus

♂ 18-24 mm
♀ 25-38 mm

ALL – Kreuzschrecke

ANG – Handsome Cross Grasshopper

DESCRIPTION L'Œdipode soufrée est la plus grande des œdipodes. Sa couleur générale est verte, brune ou grise. Les longs élytres possèdent de larges bandes transversales foncées. Les côtés du pronotum (**1C**) sont également tachés de foncé. La partie supérieure de celui-ci est ornée d'un motif particulièrement visible, composé de quatre lignes blanches qui forment une croix. L'extérieur des post-fémurs est barré de deux bandes obliques foncées teintées de rouge clair ou de jaunâtre, tout comme les post-tibias. Les ailes postérieures (**1D**) translucides sont jaunes ou vert-jaune avec une bande brune arquée.

OCCURRENCE Les adultes sont visibles de début juillet à fin septembre (pic en juillet-août). L'aire de répartition de cette espèce s'étend des îles Canaries, de Madère et de l'Afrique du Nord jusqu'à la Grèce et à l'Asie orientale, en passant par une grande partie de l'Europe du Sud. La limite nord de répartition est atteinte au sud de Paris, dans le Valais, en Hongrie et dans le sud de l'Ukraine. Une station isolée a été découverte en Allemagne, au sud de Darmstadt, en 2006. L'espèce vit dans des habitats très chauds et secs, à végétation maigre. On la trouve dans différentes pelouses et prairies sèches, dans des zones karstiques ou dans des steppes rocheuses raides, ainsi qu'en des lieux secs à proximité immédiate de la côte maritime.

CHANT Le mâle (**1B**) émet différents faibles accents stridulés lorsqu'il rencontre d'autres mâles ou femelles (**1A**). Les sauts pour fuir sont normalement silencieux, alors que lorsqu'elle vole, l'espèce produit parfois un bref son de crécelle, qui est également émis lors de la parade.

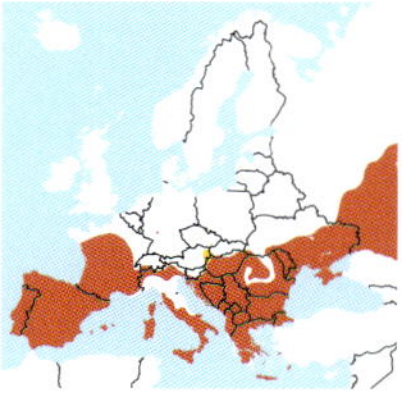

À SAVOIR Cette espèce frappante est très apte au vol et tend à présenter de fortes fluctuations de population. Alors qu'elle semble parfois omniprésente en certains lieux, elle est presque totalement absente en d'autres. En Asie, elle est considérée comme un ravageur des terres agricoles. Des études génétiques ont montré que les populations d'Europe de l'Est sont très différentes de celles de l'Ouest. La limite entre les deux se trouve dans le nord de l'Italie.

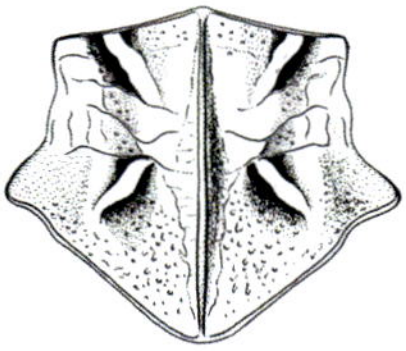

(**1C**) Pronotum

(**1D**)

1A

1B

1 Aïolope émeraudine
—Aiolopus thalassinus

♂ 15-21 mm
♀ 19-29 mm

ALL – Grüne Strandschrecke

ANG – Slender Green-winged Grasshopper

DESCRIPTION Les deux aïolopes de cette page sont très semblables, ce qui occasionne souvent des confusions entre elles. La couleur générale de la présente espèce est souvent verte ou brune, et plus rarement grise, avec des taches foncées plus ou moins intenses. Sur l'élytre, on distingue généralement deux bandes transversales claires et de grandes taches foncées. La femelle (**1B**) possède souvent une rayure longitudinale verte sur l'aile antérieure, dans le champ subcostal, sous le champ médian. Les ailes postérieures sont légèrement verdâtres ou jaunâtres à la base et un peu teintées de brun-gris à l'extrémité. Contrairement à l'espèce suivante, l'Aïolope émeraudine est très mince, les post-fémurs sont légèrement plus étroits que les longues ailes et 4 à 4,5 fois plus longs que larges. Les post-tibias sont annelés de noir et blanc à la base, et sont rouges ou jaunes sur le restant.
OCCURRENCE Les adultes sont visibles de fin juillet à octobre (pic en août). Dans le sud de l'Europe, des individus peuvent être observés toute l'année.

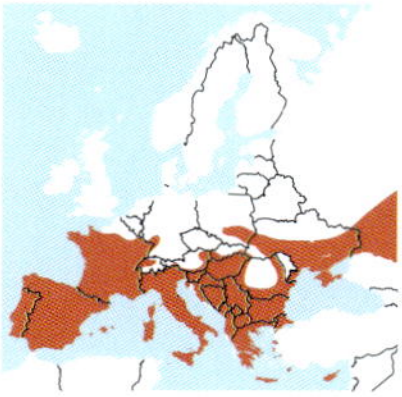

Cette espèce est l'un des criquets les plus répandus : elle est présente dans toute l'Afrique et dans une grande partie de l'Asie jusqu'en Nouvelle-Calédonie. En Europe, on la trouve des îles Canaries et de Madère jusqu'en Grèce et en Russie du Sud. En limite nord de sa répartition, l'espèce est en expansion régulière ces dernières années. En Allemagne, elle atteint désormais Wiesbaden. Dans nos contrées, cette espèce thermophile occupe des zones humides, en particulier sur les berges d'eaux dormantes de petite surface. En effet, les juvéniles ont besoin d'un taux d'humidité élevé. Les adultes utilisent également des habitats secs, tels que des zones rudérales ou des surfaces sableuses et graveleuses.

2 Aïolope automnale
—Aiolopus strepens

♂ 18-24 mm
♀ 23-32 mm

ALL – Braune Strandschrecke

ANG – Broad Green-winged Grasshopper

DESCRIPTION Cette espèce est à peu près de la même taille que la précédente, mais elle est bien plus robuste : les post-tibias forts et renflés sont 3 à 3,5 fois plus longs que larges et aussi larges que les élytres. La couleur générale est le plus souvent brune ou grise, rarement mêlée de vert comme cela peut parfois se produire chez la femelle (**2A**). La teinte verte est toutefois le plus souvent mate et moins vive que chez l'espèce précédente. Les post-tibias sont généralement blanchâtres dans leur tiers basal et rouges sur le restant, avec un anneau foncé entre les deux. Les ailes postérieures (**2C**) sont d'un brunâtre sombre à leur apex, tandis qu'elles sont bleuâtre clair à verdâtres à leur base.
OCCURRENCE Les adultes apparaissent en fin d'été et survivent jusqu'au printemps. L'espèce est largement répandue dans le sud de l'Europe, depuis les Canaries, Madère et l'Afrique du Nord jusqu'en Grèce, à travers l'Espagne et l'Europe du Sud. Plus à l'est, elle est présente jusqu'en Iran. Vers le nord, elle atteint la Normandie et Paris en France, le Tessin et le canton de Vaud en Suisse, la Styrie et le Burgenland en Autriche. Ce criquet est assez commun presque partout. Il fréquente des habitats secs ou à humidité fluctuante, bien ensoleillés. Mais il peut aussi se rencontrer dans des zones humides. On le trouve dans les zones rudérales, les jachères, les dunes, les bords de chemins ou dans les friches clairsemées et souvent aussi dans les ronciers.

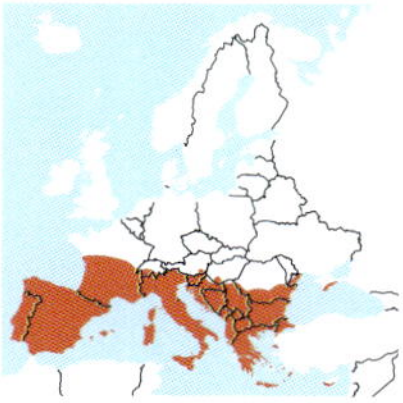

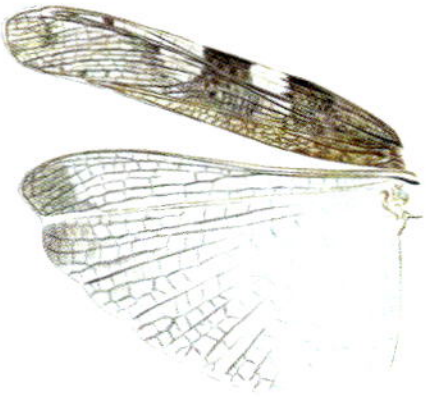

(2C)

1A

1B

2A

2B

1 Œdipode des salines
—*Epacromius tergestinus*

♂ 17-22 mm
♀ 25-30 mm

ALL – Fluss-Strandschrecke

ANG – River Blue-legged Grasshopper

DESCRIPTION Cette œdipode ressemble aux espèces du genre *Aiolopus*, dont la taille est également très proche. Leur couleur de base est généralement grise ou brune, plus rarement verte. Les fovéoles temporales ont la forme d'un triangle oblong, tandis que celles des *Aiolopus* sont quadrangulaires. Les élytres sont finement ponctués de foncé, sans les lignes perpendiculaires typiques des *Aiolopus*. Les ailes postérieures translucides ne sont légèrement brunies qu'à leur extrémité. Les post-tibias ne sont jamais rouges, mais blanchâtres à bleuâtres, avec un large anneau foncé approximativement dans leur tiers basal et un autre obscurcissement sur leur bord inférieur, juste avant l'extrémité. Contrairement à l'espèce suivante, l'arolium situé entre les griffes est court et étroit.

OCCURRENCE Les adultes sont visibles de juillet à octobre (pic en août). Cette espèce est très localisée en Europe. Elle est surtout présente sur les côtes atlantiques française et espagnole, ainsi que dans les deltas du Danube et de la Volga. En Europe centrale, toutes les stations connues ont disparu à la suite de la rectification des fleuves alpins. Les dernières d'Allemagne (rives de la Lech au sud d'Augsbourg) et d'Autriche (Tyrol) ont disparu en 1941 et 1965. Aussi l'espèce est-elle classée comme très menacée dans l'Union européenne. Elle a été réintroduite en Suisse, dans le Valais. Son habitat est surtout représenté par les bancs de gravier boueux et sablonneux des fleuves alpins et des côtes. Elle privilégie les zones humides permanentes et les lieux bien ensoleillés, avec des sédiments fins et un maigre tapis végétal.

2 Criquet à pattes bleues
—*Epacromius coerulipes*

♂ 12-17 mm
♀ 18-27 mm

ALL – Östliche Strandschrecke

ANG – Small Blue-legged Grasshopper

DESCRIPTION Cette espèce est identique à la précédente, bien que plus petite et plus gracile, avec une tête proportionnellement plus grosse. Mais, contrairement à l'espèce précédente et à celles du genre *Aiolopus*, sa coloration est rarement verte, mais au contraire presque toujours grise ou brune. Ce n'est que chez la femelle que des nuances vertes apparaissent parfois dans le champ subcostal des ailes. Par contre, une bande dorsale de couleur ocre à brun rougeâtre partant de la tête et du pronotum et allant jusqu'aux ailes est souvent présente. Chez la femelle (**2A**), les étroits élytres s'étendent un peu plus au-delà des genoux postérieurs que chez le mâle (**2B**). Mais chez les deux sexes, ils sont nettement plus courts que chez l'espèce précédente. Entre les griffes, l'arolium est au moins deux fois plus long que celles-ci.

OCCURRENCE Les adultes apparaissent de fin juillet à mi-octobre (pic de mi-août à mi-septembre). L'espèce est très répandue, depuis les côtes du nord-est de l'Italie jusqu'à la mer Noire, à partir de laquelle s'étend la principale zone de répartition jusqu'en Chine et en Corée. Dans la région pannonienne, l'espèce est connue d'Autriche (nord du Burgenland) et de Hongrie. Elle occupe des prairies humides partiellement envahies de roseaux, souvent sur des terrains salés et le plus souvent à proximité de l'eau.

1A

1B

2A

2B

1 Criquet migrateur

—Locusta migratoria

♂ 29-40 mm
♀ 37-52 mm

ALL – Europäische Wanderheuschrecke

ANG – Migratory Locust

DESCRIPTION Le Criquet migrateur présente deux formes si différentes, qu'elles ont autrefois été considérées comme deux espèces distinctes. La phase sédentaire solitaire est la plus fréquente (*phasis solitaria*). Chez elle, la carène médiane du pronotum est surélevée et comporte une encoche en son milieu. Les ailes sont presque deux fois plus longues que les post-fémurs. La couleur de base est le vert, le brun ou le gris. Les post-tibias sont incolores. La phase migratrice grégaire, quant à elle, apparaît lorsque la densité de population devient forte (*phasis gregaria*). Chez elle, la carène médiane du pronotum n'est que légèrement surélevée, sans véritable encoche. Les ailes sont plus de deux fois plus longues que les post-fémurs. La couleur de base est brune, avec deux bandes longitudinales noires sur les lobes latéraux du pronotum. Les post-tibias sont jaune pâle. Entre les deux phases, il existe des formes intermédiaires.
OCCURRENCE Dans le domaine méditerranéen, des adultes peuvent être observés toute l'année (pic de juillet à septembre). L'espèce est présente dans toute l'Afrique et dans une grande partie de l'Asie. En Europe, son aire de présence s'étend des Açores et des Canaries à la Grèce et à la mer Caspienne. Habituellement, la limite nord est atteinte dans le sud de la Suisse. Jusqu'au début du xxe siècle, les essaims de migrateurs des plaines alluviales du Danube envahissaient régulièrement le nord de l'Europe. Mais depuis l'assèchement des plaines alluviales roumaines, l'espèce n'a plus atteint de densités suffisamment élevées pour générer une phase migratrice.

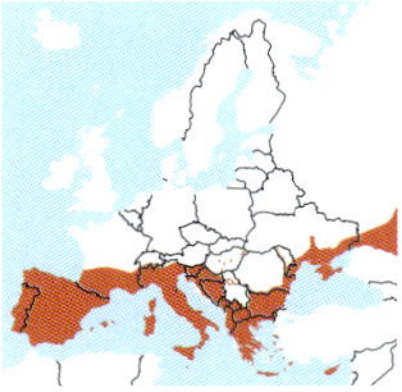

Ces dernières années, des individus ont parfois été observés au nord des Alpes. Toutefois, ils sont probablement en grande partie issus d'élevage, vu que l'espèce est volontiers détenue en terrarium. Cette espèce thermophile exige un fort taux d'humidité et recherche donc toujours à se rapprocher des eaux. Elle fréquente surtout les zones humides sablonneuses pauvres en végétation des côtes méditerranéennes, le long des berges des rivières et des lacs. Mais on la trouve aussi sur des pentes sèches.
À SAVOIR Les individus de la phase migratrice sont bien plus dynamiques que ceux de la phase sédentaire et ils forment des essaims qui se déplacent sur de longues distances. Lorsque le Criquet migrateur pond des œufs dans les zones nouvellement colonisées, en situation normale – c'est-à-dire lorsque la pression de population n'est pas trop élevée –, il retrouve un comportement sédentaire. Il peut alors former une population pérenne pendant quelques années dans la zone colonisée, puis s'éteindre lors des années défavorables. C'est ainsi que par le passé, des Criquets migrateurs ont régulièrement fait leur apparition en Europe centrale. Les dernières populations sédentaires ont été observées en Allemagne en 1932.

1A

1B

1C

1 | Criquet ensanglanté
—*Stethophyma grossum*

♂ 16-25 mm
♀ 28-35 mm

ALL – Sumpfschrecke

ANG – Large Marsh Grasshopper

DESCRIPTION Le Criquet ensanglanté est de couleur vert-jaune à vert olive ou, plus rarement, brunâtre. Il arrive qu'il soit maculé de rougeâtre ou de violet, notamment la femelle (**1A**), et parfois même qu'il soit de teinte presque entièrement violette. Le pronotum est muni d'une fine carène médiane ; les carènes latérales sont à peu près rectilignes. Entre les hanches des pattes antérieures se trouve une petite protubérance conique. Chez les deux sexes, les ailes brunes vont nettement au-delà des genoux postérieurs et sont généralement soulignées de jaune sur leur bord inférieur. Le dessous des post-fémurs est rouge vif, tandis que les post-tibias sont jaunes avec des épines noires. Les valves de l'oviscapte sont longues et robustes.

OCCURRENCE Les adultes sont visibles de juin à septembre (pic en août). L'aire de répartition s'étend du nord de l'Espagne et de l'Irlande jusqu'au nord de la Norvège et en Bulgarie, puis jusqu'en Sibérie plus à l'est. L'espèce manque dans la plus grande partie de l'Italie et de la Grèce. Elle vit principalement dans les zones humides et peut atteindre de fortes densités lorsque la strate herbacée est richement structurée. Elle occupe les bas-marais, les cariçaies, les prairies humides et les berges. Elle évite par contre les tourbières à sphaignes. Les milieux les plus favorables sont ceux qui sont inondés en hiver. En Allemagne, l'espèce était jugée menacée jusque dans les années 1990. Mais au cours des dernières décennies, elle s'est largement répandue, et aujourd'hui, elle est devenue fréquente dans les plaines alluviales et le long des ruisseaux. En Autriche et en Suisse, elle reste menacée, bien que là aussi elle se soit bien étendue au cours des dernières années.

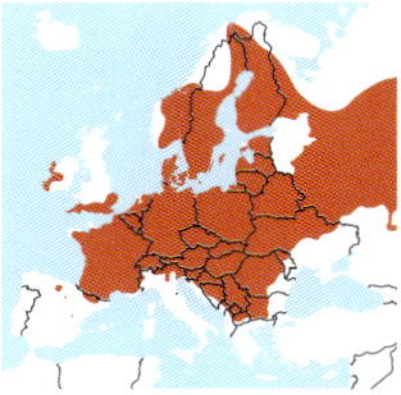

CHANT Le chant, qui consiste en une succession de 5 à 10 « tick », fait partie de l'ambiance sonore typique d'une prairie humide. Mais il peut facilement passer inaperçu. Le son émis rappelle fortement celui d'un coupe-ongles. Il est produit par projection arrière des post-tibias : les mâles en positionnent un sur l'élytre, et frottent la nervure radiale en saillie de celle-ci avec les épines qui garnissent leur tibia, en effectuant une ruade arrière. Si on imite ce son en grattant ses ongles l'un contre l'autre, il est fréquent que les mâles répondent.

À SAVOIR Les mâles (**1B**) – principalement – ont une bonne aptitude au vol et ils sont de ce fait régulièrement observés en dehors de leurs habitats typiques. Les paquets d'œufs sont déposés dans la végétation, au sol ou en terre.

1A

1B

1 Criquet des roseaux
—*Mecostethus parapleurus*

♂ 17-20 mm
♀ 24-30 mm

ALL – Lauchschrecke

ANG – Leek Grasshopper

DESCRIPTION Le Criquet des roseaux est très uniforme de coloration, généralement vert clair, plus rarement vert olive ou brun ocre. Contrairement au Criquet ensanglanté, son corps possède peu de motifs. Il est pourvu d'un bandeau noir contrasté qui part des yeux, passe par les lobes latéraux du pronotum et s'achève au niveau du milieu de l'aile. Sous ce bandeau, les longues ailes sont de la même couleur que le corps, mais au-dessus elles sont le plus souvent teintées de brunâtre. Chez les deux sexes, elles dépassent largement les genoux postérieurs de couleur sombre. Le pronotum comporte une fine carène médiane, mais il est dépourvu de carènes latérales. Chez le mâle (**1B**), la plaque sous-génitale a la forme d'un cône allongé en pointe. Chez la femelle (**1A**), les valves de l'oviscapte sont longues et bien visibles.

OCCURRENCE Les adultes sont visibles de mai à octobre (pic en août). L'aire de répartition s'étend du nord de l'Espagne jusqu'en Corée. En Europe, l'espèce est absente à l'extrême sud, mais elle est largement répandue en France, dans le sud de l'Europe centrale et dans les Balkans. Elle se propage actuellement en Europe sur la bordure nord de sa limite de répartition. Celle-ci est atteinte en Normandie en France et à peu près à Francfort-sur-le-Main en Allemagne. Ce criquet occupe de préférence des prairies humides et des berges le long de l'eau, mais également des prairies sèches à longues herbes. Dans certains cas, il fréquente également des prairies intensivement exploitées, où il peut atteindre des densités élevées.

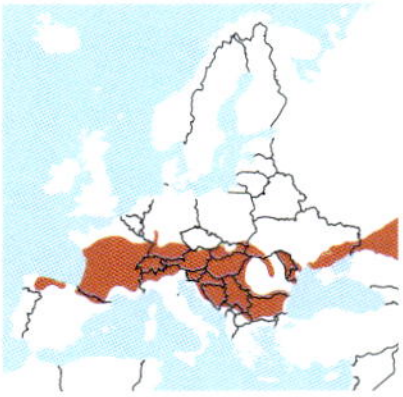

2 Criquet tricolore
—*Paracinema tricolor*

♂ 22-29 mm
♀ 30-45 mm

ALL – Dreifarbschrecke

ANG – Tricolor Grasshopper

DESCRIPTION Cette espèce est la plus grande de tous les œcipodinés. Sa couleur générale est vert clair vif. De profil, le front (**2C**) forme un angle aigu et il est dépourvu de fovéoles temporales. Les carènes latérales du pronotum sont parcourues par deux lignes longitudinales foncées. Les élytres sont brunâtres en leur centre, depuis la base de l'aile jusqu'à leur extrémité, avec de fines rayures vertes ou blanchâtres dessus et dessous. Les post-tibias sont rouge vif et pourvus d'épines blanches à pointe noire.

OCCURRENCE Les adultes sont visibles de juin à octobre (pic en août). L'espèce est présente du Portugal jusqu'au nord de la Grèce. Plus à l'est, elle se rencontre jusqu'en Asie du Sud. Au nord, elle atteint la Bretagne. Cette espèce qui apprécie particulièrement l'humidité habite les berges herbeuses des eaux calmes ou courantes de la région méditerranéenne, souvent en bordure de roselières. Elle a un comportement similaire au Criquet ensanglanté et comme celui-ci, elle est très prompte à l'envol, ce qui la rend difficile à photographier. En raison des menaces qui pèsent sur son habitat,

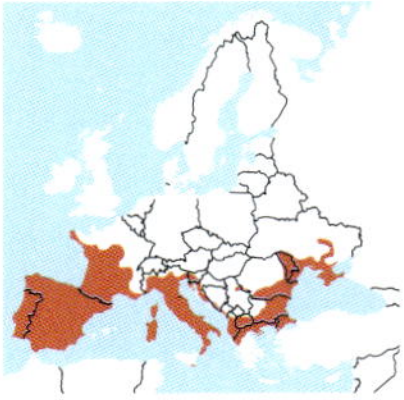

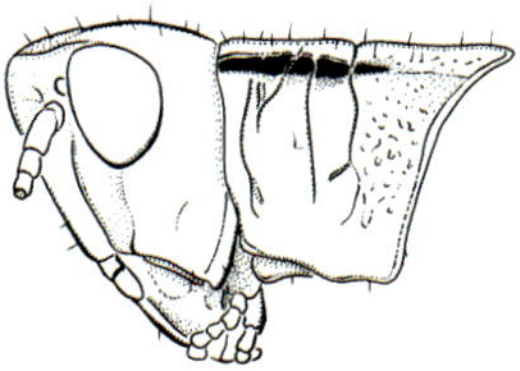

(**2C**)

1A

1B

2A

2B

SOUS-FAMILLE DES TROPIDOPOLINAE (TROPIDOPOLINÉS)

Cette sous-famille ne compte que 3 espèces en Europe et 34 dans le monde, principalement en Afrique et dans le Sud-Est asiatique. Leur corps allongé, mince et cylindrique a l'apparence d'une tige végétale, tandis que leur tête est remarquablement pointue. L'espace mésosternal est fermé. Entre les hanches des pattes antérieures (prosternum) se trouve une protubérance qui peut avoir diverses formes. Pour la production du chant, de nombreuses espèces possèdent des nervures épaissies dans le champ alaire costal et dans le subcostal.

1 Criquet cylindrique grec — *Tropidopola graeca*

♂ 27-30 mm
♀ 33-40 mm

ALL – Griechische Zylinderschrecke

ANG – Greek Cylindric Grasshopper

DESCRIPTION Cette espèce rappelle quelque peu le Criquet printanier, bien que son front soit nettement moins projeté vers l'avant et que son corps soit plus allongé. Sa coloration générale est d'un vert clair à un brun clair soutenus. Les antennes sont courtes, légèrement aplaties à la base et de couleur brune. La tête est particulière : vue de dessus, elle fait une saillie triangulaire en pointe à l'avant des yeux et forme un angle aigu vue de profil. Le pronotum est plat, mais arrondi sur les côtés. Il est quadrillé de fins sillons et bordé de clair sur sa partie inférieure. Les étroites ailes dépassent nettement les genoux postérieurs, sans atteindre pour autant l'extrémité du long abdomen, cela chez les deux sexes. Les ailes sont souvent brunes dans leur moitié postérieure, même chez les individus de couleur verte. Les post-fémurs sont étroitement collés au corps et toujours tenus dans l'axe de celui-ci. Sur le côté interne, ils sont d'un rouge vineux vif et quadrillés de lignes transversales noires. Les post-tibias sont de couleur bleu clair à bleu intense. Chez le mâle (**1A**), la plaque sous-génitale a la forme d'un cône allongé en pointe. Chez la femelle (**1B**), les longues valves de l'oviscapte sont bien visibles et dentelées.

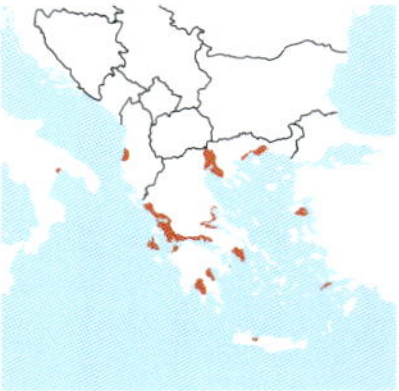

OCCURRENCE Les adultes apparaissent d'avril jusqu'en août pour les tout derniers (pic en mai-juin). Au cours de l'été, on rencontre principalement des juvéniles qui hiverneront. L'espèce est présente dans le sud de l'Italie (golfe de Tarent), puis de l'Albanie à la Turquie, en passant par la Grèce. Elle occupe les zones humides côtières où poussent de denses et hautes roselières ou jonchaies. Les zones ouvertes ou dont la végétation est peu développée sont évitées.
CHANT Le chant est inconnu, mais il est probable qu'il ressemble à celui de l'espèce suivante.
À SAVOIR Comme tous les autres représentants de ce genre, cette espèce se positionne pratiquement toujours verticalement et on la trouve exclusivement dans une végétation très haute. En cas de danger, les individus se positionnent derrière les tiges et sont ainsi parfaitement camouflés grâce à leur corps allongé.

2 Criquet cylindrique commun — *Tropidopola cylindrica*

♂ 29-33 mm
♀ 32-40 mm

ALL – Gewöhnliche Zylinderschrecke

ANG – Common Cylindric Grasshopper

DESCRIPTION Cette espèce ressemble beaucoup à la précédente. Elle s'en distingue par le vertex qui est projeté un peu moins au-delà des yeux et qui est un peu plus obtus vu de dessus.
OCCURRENCE Les adultes sont surtout visibles au printemps et en été. Ils passent occasionnellement l'hiver avec les juvéniles. L'espèce est présente en Espagne, aux Baléares, en Corse, en Sardaigne et sur la côte ouest de l'Italie. Elle occupe les zones humides côtières, mais aussi les rives des eaux dormantes ou courantes, où la végétation est haute et dense.

CHANT On sait peu de choses sur son chant. Il consiste en courtes (250-750 ms) phrases ronflantes constituées de 5 à 14 accents.

1A

1B

2A

2B

SOUS-FAMILLE DES ACRIDINAE (ACRIDINÉS) – Truxales

La sous-famille des Acridinés est pauvre en espèces : elle n'en compte que 12 en Europe et environ 500 dans le monde. Quelques-unes comptent parmi les plus grands Acrididés d'Europe. Les représentants de cette sous-famille ont un corps mince, une tête allongée vers l'avant et des antennes aplaties. En Europe, il est facile de les confondre avec les Pyrgomorphidés, qui sont plus petits et pourvus d'un net sillon longitudinal sur le vertex.

1 Truxale méditerranéenne

—Acrida ungarica

♂ 30-40 mm
♀ 50-55 mm

ALL – Gewöhnliche Nasenschrecke

ANG – Cone-headed Grasshopper

DESCRIPTION La Truxale méditerranéenne est inconfondable au vu de la forme si particulière de son corps. Sa silhouette marquante ne peut être confondue qu'avec celle de la Truxale à nez. Elle possède un corps allongé simulant une tige et une partie de sa tête, celle portant les yeux, qui est fortement étirée vers l'avant. Les pattes postérieures sont également très longues et fines, ainsi que les ailes. En position de repos, les pattes ne sont pas collées contre le corps, mais un peu décalées latéralement. Les antennes sont très aplaties et effilées à leur extrémité. La partie postérieure du pronotum est au plus légèrement surélevée et les carènes latérales sont un peu divergentes. Chez le mâle (**1A**), la plaque sous-génitale est allongée en forme de cône à l'extrémité. La couleur générale est verte, brune ou beige. À côté d'individus assez monochromes, on en observe de très contrastés avec des rayures longitudinales claires et foncées sur la tête, le pronotum et dans le champ médian de l'aile antérieure. C'est surtout le cas des femelles (**1B**). Les ailes postérieures sont jaunâtres et leur champ médian est dilaté.

OCCURRENCE Les adultes apparaissent de juillet à octobre (pic en août-septembre), avec lesquels on trouve encore de nombreux juvéniles en juillet. Cette espèce est largement répartie en Europe méridionale, du sud de l'Espagne jusqu'en Grèce. Plus à l'est, elle atteint le sud de la Russie. Sa limite nord se trouve dans le sud de la Slovaquie. Elle a été réintroduite en République tchèque. En Autriche, elle était considérée comme éteinte depuis 1992, mais une petite population a été redécouverte récemment au Seewinkel. On trouve ces spectaculaires sauterelles de préférence dans des endroits très secs, notamment sur des terrains vagues envahis par la végétation, dans les steppes et sur des surfaces sablonneuses.

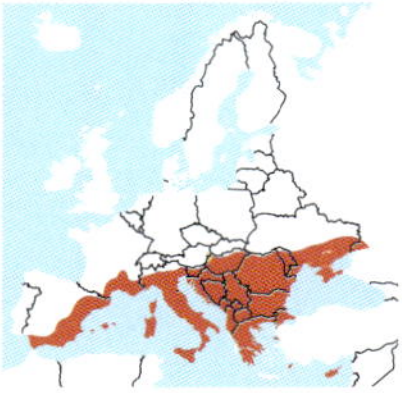

À SAVOIR Il s'agit d'une espèce très farouche et parfaitement apte au vol. Avec sa coloration et son apparence de tige végétale, elle est idéalement adaptée aux habitats herbeux denses. On ne la voit donc qu'au dernier moment, lorsqu'elle décolle brusquement et que le battement de ses ailes produit un léger bruit de crécelle. Les juvéniles sont également mimétiques et à peine visibles dans la végétation.

ESPÈCE SIMILAIRE *Acrida turrita* est une espèce très semblable qui vit en Sardaigne, en Sicile, en Crète et dans certaines îles de la mer Égée. Elle est plus grande et son espace mésosternal est plus étroit que celui de la présente espèce. En outre, les mâles possèdent une dent assez pointue bien visible sur le dessus de la plaque sous-génitale.

1A
1B

1 Truxale à nez
—*Truxalis nasuta*

♂ 35-44 mm
♀ 50-73 mm

ALL – Bunte Nasenschrecke

ANG – Splendid Cone-headed Grasshopper

DESCRIPTION Cette truxale ressemble à la précédente, plus répandue, avec laquelle elle est facile à confondre. Mais elle est un peu plus grande et la plupart du temps, plus contrastée. En comparaison de celle-ci, son pronotum est nettement surélevé dans sa moitié postérieure et les carènes latérales de celui-ci divergent davantage à l'arrière. Chez le mâle (**1B**), la pointe de la plaque sous-génitale a la forme d'une fine petite protubérance. Contrairement à l'espèce précédente, les petites nervures transversales des ailes postérieures sont de couleur brune et forment un très net motif foncé. La couleur des ailes postérieures est de rosacé à lilas chez la femelle (**1A**), jaune chez le mâle.
OCCURRENCE Les adultes sont visibles de février à octobre (pic en mai-juin). Cette espèce est répandue en Afrique du Nord et dans le sud-ouest de l'Asie.

En Europe, elle n'est présente qu'en Grande Canarie, dans la péninsule Ibérique, aux Baléares, en Sardaigne, sur la côte ouest de l'Italie (au sud de Rome), en Sicile, à Malte, dans le sud du Péloponnèse et en Crête. Cette espèce vit dans des milieux secs à végétation maigre, comme les dunes sableuses côtières, les friches ou les espaces herbeux très clairsemés.

2 Criquet delta de Turquie
—*Duroniella fracta*

♂ 14-16 mm
♀ 21-26 mm

ALL – Türkische Deltaschrecke

ANG – Turkish Delta Grasshopper

DESCRIPTION Par sa coloration, cette espèce rappelle un peu le Criquet marginé. Sa couleur générale est verte, brune ou brun-gris, tandis que les côtés du dos sont généralement brun foncé. Les individus âgés sont souvent très foncés. La plupart du temps, le champ costal des élytres est traversé d'une bande claire, qui est particulièrement visible chez la femelle (**2B**). Les antennes sont légèrement aplaties, surtout à leur base. Le sommet de la tête est légèrement prolongé. Il forme un angle aigu de profil et il est dépourvu de fovéoles temporales. Les carènes latérales du pronotum sont légèrement arquées et divergent dans leur partie postérieure. Les étroites ailes dépassent les genoux postérieurs et présentent un champ précostal nettement étendu.
OCCURRENCE Les adultes sont visibles de début mai à fin juillet (pic en juin). À ce jour, l'espèce n'est connue que dans quelques sites en Grèce, Bulgarie et Turquie.

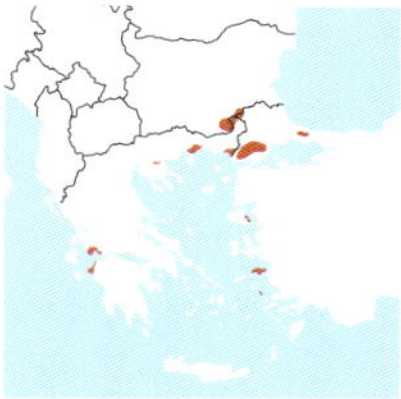

Elle fréquente des dunes côtières modérément végétalisées et des prairies humides à végétation basse autour de plans d'eau ou en milieu saumâtre en bord de mer. L'espèce est très menacée en Europe.
ESPÈCES SIMILAIRES Dans le sud-est de l'Europe, il en existe plusieurs autres du genre *Duroniella* qui sont très ressemblantes, mais qui sont peu connues. *Calephorus compressicornis* (Criquet des dunes), présent au Portugal, en Espagne et sur les côtes du sud et de l'ouest de la France, est une autre espèce semblable. Il se distingue entre autres de la présente espèce par ses fovéoles temporales triangulaires.

1A

1B

2A

2B

SOUS-FAMILLE DES GOMPHOCERINAE (GOMPHOCÉRINÉS) – Gomphocères ou Criquets chanteurs

Cette sous-famille compte de nombreuses espèces de criquets qui fréquentent principalement les prairies et pâturages, ainsi que les steppes et les pelouses alpines. L'appareil de tridulation est constitué d'une nervure lisse renforcée sur les élytres et d'une râpe stridulatoire pourvue de petites protubérances sur la face interne des post-fémurs. Les chants sont très distincts et dans certains cas, ils sont plus utiles pour distinguer les espèces que l'apparence physique. Cent cinquante-cinq espèces sont répertoriées en Europe et près de 1 300 dans le monde.

1 Arcyptère bariolée — *Arcyptera fusca*

♂ 22-30 mm
♀ 29-42 mm

ALL – Große Höckerschrecke

ANG – Large Banded Grasshopper

DESCRIPTION Par sa taille et sa coloration, l'Arcyptère bariolée est l'un des criquets les plus attractifs d'Europe tempérée. Sa coloration générale est le plus souvent comprise entre le jaune intense et le vert olive, avec diverses marques noires. Les post-tibias, de couleur rouge vif, ont un anneau noir et un jaune à leur base. Les élytres sont foncés, leur champ costal est rayé de jaune et leur apex est brun-noir, tout comme les ailes postérieures. Chez le mâle (**1B**), les larges ailes atteignent les genoux postérieurs, tandis que chez la femelle (**1A**), elles dépassent à peine le milieu des post-fémurs. Les carènes latérales de couleur claire du pronotum sont presque rectilignes.

OCCURRENCE Les adultes sont visibles de fin juin à octobre (pic en août). En Europe, l'Arcyptère bariolée occupe les régions montagneuses : Pyrénées et Cévennes, puis des Alpes jusqu'aux Carpates, ainsi que le nord de la Grèce. Elle est menacée de disparition en Allemagne, classée comme très menacée en Autriche et menacée en Suisse. Elle fréquente des alpages denses ou clairsemés, des pâturages et des landes à éricacées avec plages nues.

CHANT Le chant rappelle un jouet mécanique à remontoir. Au typique « chrè-chrè » succède des phrases stridulées durant 1 à 3 secondes. La séquence est inconfondable : « chrè-chrè-tschschschsch ». En vol, les mâles produisent un doux crépitement de crécelle.

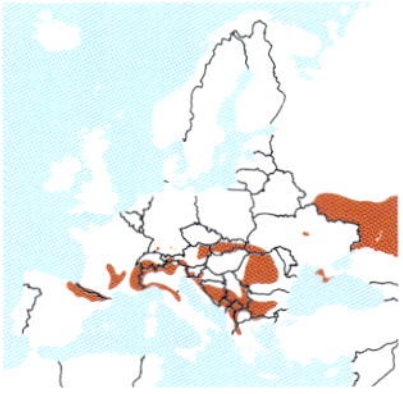

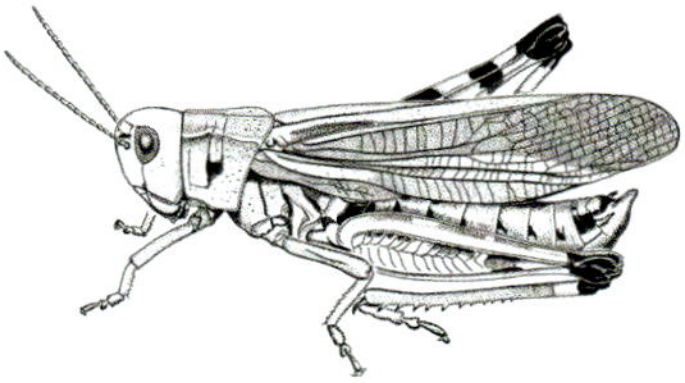

1A

1B

1 Arcyptère savoyarde
—Arcyptera microptera

♂ 17-25 mm
♀ 22-29 mm

ALL – Kleine Höckerschrecke

ANG – Eastern Banded Grasshopper

DESCRIPTION L'Arcyptère savoyarde se distingue des autres arcyptères par ses longues et étroites ailes. Chez les deux sexes, elles atteignent les genoux postérieurs et ne les dépassent un peu que rarement ; elles sont en général légèrement plus longues chez le mâle (**1B**) que chez la femelle (**1A**). Contrairement à l'espèce précédente, les carènes latérales du pronotum sont coudées. La couleur générale va de vert olive jaunâtre à grise. Le plus souvent, l'abdomen est jaune et le dessous des post-fémurs est orange à rouge vif, ainsi que les post-tibias. Les genoux postérieurs sont noirs et encadrés d'un anneau blanc de part et d'autre de l'articulation.
OCCURRENCE Ce criquet est précoce. Il apparaît dès fin mai et jusqu'en août (pic en juin). Son aire de répartition va du Portugal à la Grèce et à la Mongolie, quoiqu'elle soit très fragmentée en Europe où la présence de l'espèce n'est que ponctuelle. Elle a par ailleurs disparu d'Allemagne et d'Autriche. C'est une habitante typique des steppes orientales et des montagnes méridionales. Par exemple, elle est présente dans les Balkans du Sud, sur des pelouses sèches rocheuses et, parfois, sur des surfaces fortement surpâturées.

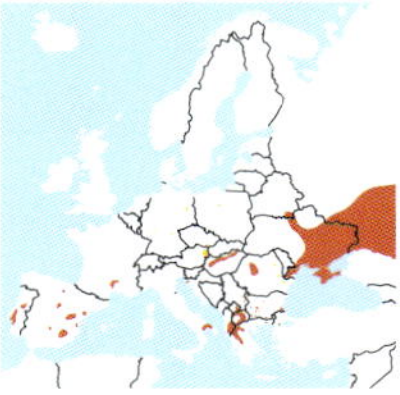

CHANT Le chant d'intensité modérée passe facilement inaperçu dans l'ambiance sonore générale de la nature. Une séquence de chant commence par 3 phrases séparées et bégayantes. Vient ensuite une partie composée le plus souvent de 10 à 15 phrases cliquetantes, de plus en plus fortes, qui s'achèvent par une phrase stridulante plus longue. Le tout peut être retranscrit comme suit : « tsch-tsch-tsch-… -t-t-t-t-t-t-t-t-tschschsch ».

2 Arcyptère languedocienne
—Arcyptera brevipennis

♂ 21-26 mm
♀ 26-38 mm

ALL – Mittlere Höckerschrecke

ANG – Western Banded Grasshopper

DESCRIPTION Par beaucoup de caractéristiques, cette espèce occupe une place intermédiaire entre les arcyptères de grandes et petites tailles. Les ailes raccourcies des deux sexes sont caractéristiques : elles parviennent un peu au-delà du milieu des post-fémurs. Les carènes latérales claires du pronotum sont un peu moins coudées que chez l'espèce précédente. La coloration générale va de vert olive jaunâtre à brune ou grise. Les post-tibias et le dessous des post-fémurs sont rouge vif. Les genoux postérieurs sont noirs et encadrés d'un anneau blanc, de part et d'autre de l'articulation. L'abdomen peut parfois être jaune vif.
OCCURRENCE Les adultes sont visibles de mi-mai à août (pic en juin). L'espèce est présente dans les Pyrénées espagnoles, dans le sud de la France – à l'est du Rhône – et dans l'ouest des Balkans (les populations du sud-ouest de l'Europe sont attribuées à la sous-espèce *Arcyptera brevipennis vicheti).* Cette espèce fréquente des prairies clairsemées et des pâturages, ainsi que des broussailles ouvertes, de la plaine à la montagne.

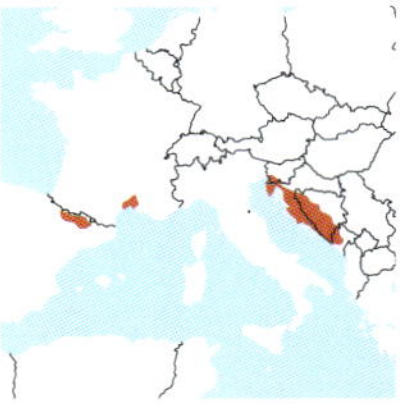

CHANT Le chant ressemble beaucoup à celui de l'espèce précédente et peut difficilement en être distingué. La séquence de chant débute également par 3 phrases séparées et bégayantes. Puis suivent jusqu'à 20 phrases cliquetées, qui s'achèvent par deux plus longues phrases stridulées. La séquence peut être retranscrite ainsi : « tsch-tsch-tsch-… -t-t-t-t-t-t-t-t-tsch-tschschsch ». En moyenne, les phrases sont plus bégayées et cliquetées que chez l'espèce précédente.

1A

1B

2A

2B

1 Arcyptère turque
— Arcyptera labiata

♂ 21-24 mm
♀ 30-38 mm

ALL – Türkische Höckerschrecke

ANG – Turkish Banded Grasshopper

DESCRIPTION L'Arcyptère turque ressemble aux autres espèces à ailes courtes du genre *Arcyptera*, telles que les Arcyptères languedocienne et provençale. Elle est cependant un peu plus grande qu'elles, avec les carènes latérales du pronotum un peu plus fortement coudées vers l'intérieur. Sa couleur de fond est identique, vert olive à brune ou grise, le mâle pouvant être très coloré. L'abdomen est souvent jaune vif ; la partie inférieure des post-fémurs et les post-tibias sont rouge vif. Chez le mâle (**1A**), les élytres parviennent à peu près jusqu'au milieu des post-fémurs, tandis que chez la femelle (**1B**), ils sont plus courts et ne couvrent que les deux ou trois premiers segments de l'abdomen. Contrairement à l'Arcyptère languedocienne, les ailes postérieures de cette espèce ne mesurent qu'un tiers de la longueur des élytres.
OCCURRENCE Les adultes sont visibles de fin avril à juillet (pic en mai-juin). L'aire de répartition couvre la Grèce et l'ouest de la Turquie. Il est probable qu'elle soit également présente en Albanie. Elle fréquente des pâturages peu envahis par la végétation dans l'étage collinéen à partir de 600 m d'altitude, ou bien des prairies maigres d'altitude parsemées d'éboulis et de pierriers, jusqu'à plus de 2 000 m.

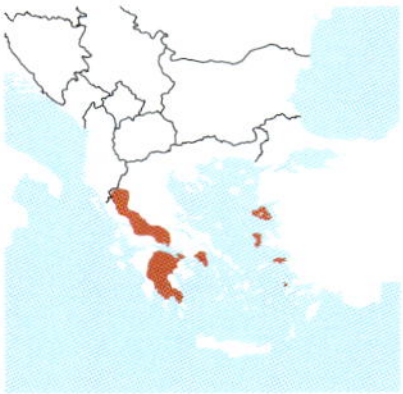

CHANT Le chant ressemble fortement à celui de l'Arcyptère savoyarde.

2 Arcyptère provençale
— Arcyptera kheili

♂ 22-24 mm
♀ 28-32 mm

ALL – Provence-Höckerschrecke

ANG – Provence Banded Grasshopper

DESCRIPTION Cette arcyptère est un peu plus grande que l'Arcyptère savoyarde et possède des ailes beaucoup plus courtes, à l'image des Arcyptères turque et languedocienne. Chez le mâle (**2B**), les ailes vont le plus souvent un peu au-delà du centre des post-fémurs et chez la femelle (**2A**), seulement jusqu'au troisième segment abdominal. Les ailes postérieures ne mesurent qu'environ un tiers de la longueur des élytres et sont donc plus courtes que chez l'Arcyptère languedocienne. La coloration du mâle est jaune à vert olive, avec le dessus du corps foncé ; celle de la femelle est gris olive, avec une légère teinte rougeâtre. Les tergites de l'abdomen de celle-ci sont marqués de quelques traits obliques noirs et blancs. Les post-tibias et le dessous des post-fémurs sont rouges, les genoux sont noirs avec un large anneau clair de part et d'autre de l'articulation.
OCCURRENCE Les adultes sont visibles de mai à juillet (pic en fin mai et juin). L'aire de répartition de cette belle arcyptère se limite à la Provence, entre le Rhône et la frontière italienne. L'espèce fréquente des pelouses sèches et la garrigue pierreuse ouverte à thym et sarriette, jusqu'à une altitude de 1 200 m.

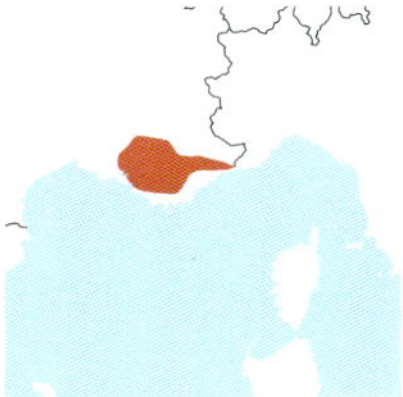

CHANT Le chant ressemble également à celui de l'Arcyptère savoyarde. Habituellement, il débute par une strophe et non par des phrases séparées. D'autre part, le chant est plus court et se compose de 2 à 4 phrases introductives cliquetées, suivies d'une phrase finale plus longue. Le chant peut être retranscrit ainsi « tk-tk-tk-tkchchch ».

1A

1B

2A

2B

1 | Criquet marocain
—*Dociostaurus maroccanus*

♂ 16-30 mm
♀ 23-37 mm

ALL – Marokkanischer Kreuzgrashüpfer

ANG – Moroccan Cross-backed Grasshopper

DESCRIPTION Le Criquet marocain est la plus grande espèce du genre *Dociostaurus*. Il rappelle un peu l'Œdipode soufrée, mais il est bien plus petit qu'elle, la carène médiane du pronotum n'est pas surélevée, ses ailes ne sont pas quadrillées de foncé et il n'a jamais une coloration verte. Sa couleur de base est brune ou grise, avec des marques foncées contrastées. Les lignes blanches ourlées de noir du pronotum forment une croix en vue de dessus. Les carènes latérales de celui-ci ne sont toutefois apparentes que derrière le sillon transversal. Chez les deux sexes, les ailes tachées de foncé dépassent nettement les genoux postérieurs. Ce critère, en plus de la taille, le différencie des espèces semblables de *Dociostaurus*. Le bord supérieur des post-fémurs possède trois taches noires bien délimitées, les genoux sont également noirs et les post-tibias rougeâtres.
OCCURRENCE Les adultes apparaissent de mai à octobre (pic en juin). L'aire de répartition s'étend des îles Canaries et de l'Afrique du Nord jusqu'en Grèce et en Asie centrale. En Italie, la présence n'est que ponctuelle. La limite nord est atteinte à Valence en France, dans les Alpes méridionales en Italie et en Slovénie, et à Budapest en Hongrie. L'espèce occupe des milieux secs et bien ensoleillés, peu végétalisés.

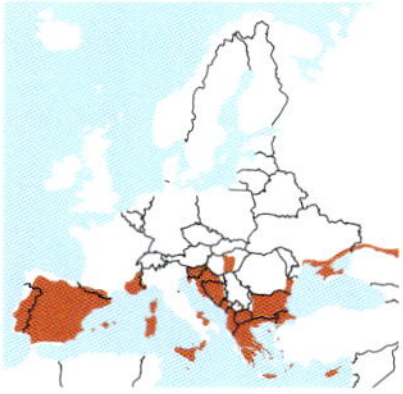

CHANT Le chant est composé de 6 à 12 brefs accents râpeux que l'on peut retranscrire par « tick ». Le plus souvent, plusieurs accents sont émis à courts intervalles, à un rythme d'environ 2 par seconde. Les chants de toutes les espèces de *Dociostaurus* se ressemblent, ce qui rend difficile leur distinction sur le terrain.
À SAVOIR Cette espèce est sujette à prolifération certaines années. Comme dans le cas des Criquets migrateur et pèlerin, une phase migratrice peut alors apparaître. Les individus qui la composent se distinguent de ceux de la phase sédentaire par des ailes légèrement plus longues et des taches foncées moins prononcées sur le bord supérieur des post-fémurs. La phase migratrice s'est déjà propagée jusqu'en Basse-Autriche où elle a causé des dommages agricoles. Mais une multiplication locale massive peut aussi survenir sans provoquer la formation d'essaims grégaires.

2 | Criquet intermédiaire
—*Dociostaurus brevicollis*

♂ 12-16 mm
♀ 15-24 mm

ALL – Östlicher Kreuzgrashüpfer

ANG – Intermediate Cross-backed Grasshopper

DESCRIPTION Ce criquet ressemble au précédent, mais il est bien plus petit. En revanche, sa tête et ses yeux sont nettement plus grands. Les autres différences concernent les marques noires plus contrastées et les ailes plus courtes, qui ne vont pas au-delà des genoux postérieurs, ou à peine parfois. Le champ alaire costal est généralement traversé par une ligne longitudinale blanche et le champ médian présente une alternance contrastée de clair et de foncé. Chez la femelle (**2B**), il est fréquent qu'une ligne médiane brun clair parte de la tête jusqu'au centre du pronotum. Les post-tibias sont rouge orangé.
OCCURRENCE Les adultes sont visibles de fin mai à septembre (pic en juin-juillet). L'espèce est présente de l'Autriche orientale jusqu'à la Grèce. Mais elle manque le long de la côte adriatique. Plus à l'est, elle atteint le sud-ouest de la Sibérie. Elle fréquente des milieux steppiques arides, des ensembles dunaires et des landes sèches.

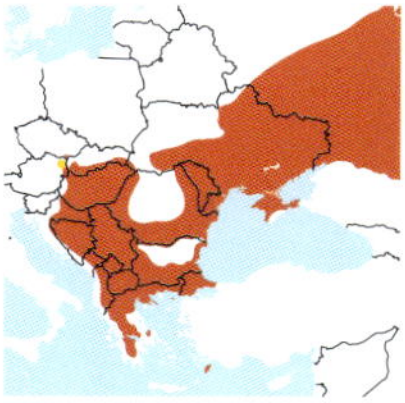

1A

1B

2A

2B

1 Criquet des chaumes

— Dociostaurus genei

♂ 10-12 mm
♀ 14-18 mm

ALL – Westlicher Kreuzgrashüpfer

ANG – Western Cross-backed Grasshopper

DESCRIPTION Ce criquet d'Europe du Sud-Ouest est de petite taille. Sa coloration générale ressemble beaucoup à celle de l'espèce précédente : brune ou grise, avec des taches contrastées. En vue latérale, la tête déborde nettement du pronotum, les yeux sont plus grands que ceux de l'espèce précédente, tandis que le pronotum est plutôt petit. Les étroites ailes atteignent les genoux postérieurs ou les dépassent légèrement. Les post-tibias sont pâles à brunâtres, parfois bleutés, et les genoux sont foncés.

OCCURRENCE Les adultes sont visibles de juin à octobre (pic en août). La principale aire de répartition de l'espèce couvre le Portugal, l'Espagne, la France et l'Italie. Dans les Balkans, on connaît plusieurs populations dispersées et il est probable qu'il en existe d'autres passées inaperçues. Ce criquet fréquente des lieux secs, souvent sableux ou pierreux. Dans le sud de la France et en Italie, il est localement assez fréquent dans les sites appropriés, par exemple dans les lieux secs du lit majeur des cours d'eau et dans les dunes côtières.

ESPÈCES SIMILAIRES En Europe, il existe cinq autres espèces du genre *Dociostaurus*. Parmi celles-ci, *D. jagoi* du sud-ouest de l'Europe, mais aussi de certaines îles de la mer Égée, est une espèce très proche de la présente espèce. Elle s'en distingue par ses genoux postérieurs plus clairs.

2 Criquet d'Anatolie

— Notostaurus anatolicus

♂ 14-20 mm
♀ 23-30 mm

ALL – Anatolischer Kreuzgrashüpfer

ANG – Anatolien Cross-backed Grasshopper

DESCRIPTION Le Criquet d'Anatolie ressemble au Criquet intermédiaire, avec lequel il se rencontre fréquemment. Sa coloration générale est toutefois plus claire : grise à brune, souvent presque blanche, avec des taches foncées. Contrairement aux espèces du genre *Dociostaurus*, l'arrière de la tête est ridé et présente une fine carène médiane. La tête et les yeux sont grands. Les étroites ailes sont plus courtes que chez les espèces du genre *Dociostaurus* : elles ne dépassent pas les genoux postérieurs, ce qui donne une apparence un peu disproportionnée à la partie avant du corps. Les post-tibias sont de gris délavé à bleutés, mais jamais orange ou rougeâtres comme chez les espèces appartenant au genre *Dociostaurus*.

OCCURRENCE Les adultes apparaissent de juin à août (pic en juin-juillet). L'aire de répartition couvre le nord de la Macédoine, la Grèce, la Bulgarie et l'extrême-ouest de la Turquie. Plus à l'est, l'espèce est également présente près de la mer Caspienne. Les milieux fréquentés sont particulièrement désertiques, arides et chauds.

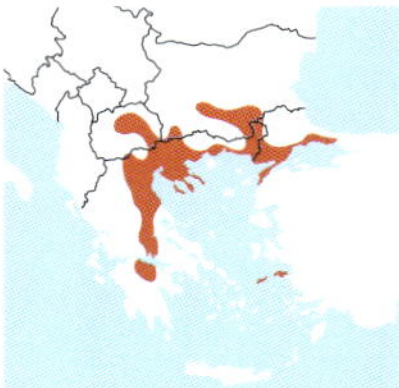

1A
1B
2A
2B

1 Criquet turc
—*Ramburiella turcomana*

♂ 24-30 mm
♀ 31-41 mm

ALL – Türkische Streifenschrecke

ANG – Turkish Black-spotted Grasshopper

DESCRIPTION Le Criquet turc est joliment dessiné, avec des motifs noirs très frappants sur une couleur de fond jaune. La partie supérieure est brun foncé, avec une bande longitudinale de couleur jaune à ocre qui s'étend du vertex jusqu'aux ailes, en passant par le pronotum. Les yeux sont jaunes à orange, et rayés longitudinalement de manière diffuse. Le front et les côtés de la tête sont blancs à jaunes, presque sans dessin. Les carènes latérales du pronotum sont coudées vers l'intérieur, et le plus souvent ourlées de jaune. Sur les côtés, le pronotum clair est nettement marqué de taches noires, blanches et brunes. Les ailes étroites s'étendent bien au-delà des genoux postérieurs et possèdent quelques grandes taches noires.
OCCURRENCE Les adultes sont visibles de juin à août (pic en juillet). Ce criquet est ponctuellement présent en Italie, puis du sud de l'Albanie et du nord de la Macédoine jusqu'en Grèce et en Bulgarie. Plus à l'est, on le trouve de l'Anatolie et du sud de la Russie jusqu'en Asie centrale. Il fréquente des habitats ouverts à végétation et arbrisseaux épars, des friches agricoles ou des landes steppiques.
CHANT Le chant faible et discret est à peine perceptible sur le terrain. Il consiste en phrases raclées et râpeuses de 20 à 30 accents.

2 Criquet des Ibères
—*Ramburiella hispanica*

♂ 17-23 mm
♀ 25-30 mm

ALL – Spanische Streifenschrecke

ANG – Iberian Black-spotted Grasshopper

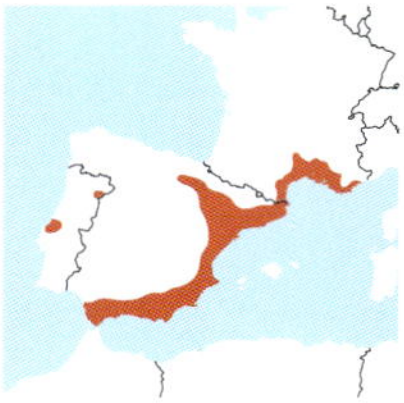

DESCRIPTION La couleur de fond de ce criquet pourvu de beaux motifs est gris clair à gris foncé, plus rarement ocre. Les yeux sont de jaunes à brun-beige et ils sont indistinctement rayés de foncé. Une fine bande longitudinale blanche, parfois jaunâtre, court du vertex à la pointe des ailes. Elle est bordée de brun foncé de chaque côté. Le champ costal de l'aile antérieure est pourvu d'une bande longitudinale blanchâtre soulignée de noir. Les ailes postérieures sont teintées de rose à leur base. Les genoux postérieurs sont foncés et les tibias bleuâtres.
OCCURRENCE Les adultes sont visibles de juin à novembre (pic en juillet). L'aire de répartition s'étend du Portugal jusqu'au sud de la France, en passant par l'Espagne. Cette espèce habite des régions extrêmement sèches et rocheuses. Elle peut être assez fréquente localement, par exemple en bordure est des Pyrénées.
CHANT Le chant consiste en phrases composées de 4 à 20 très courts accents. D'abord faible, il augmente un peu de volume en cours de phrase.

1A

1B

2A

2B

1 Criquet des clairières

— Chrysochraon dispar

♂ 15-19 mm
♀ 22-28 mm

ALL – Große Goldschrecke

ANG – Large Gold Grasshopper

DESCRIPTION Chez cette espèce, les deux sexes sont très différents. La femelle (**1B**) est sensiblement plus grande et elle est uniformément colorée en brun-beige ou brun ocre, avec de légers reflets métallisés et une ponctuation noire. Le dessous de ses post-fémurs et ses post-tibias sont rouge vineux à violets. Ses élytres très raccourcis sont semblables à de courts lobes. Ils se touchent presque au milieu du dos et sont effilés à l'apex. Le mâle (**1A**), nettement plus petit, a une couleur vert clair à reflets métallisés, il est parfois aussi brun jaunâtre. Ses ailes sont bien plus longues que celles de la femelle : elles atteignent presque l'extrémité de l'abdomen. Les ailes postérieures se résument à de minuscules restes. Le dessous des post-fémurs et les post-tibias sont jaunes, tandis que les genoux sont foncés. La plaque subgénitale (**1C**) est allongée en cône pointu. Des individus à longues ailes apparaissent régulièrement chez les deux sexes, en particulier lors des années chaudes.

OCCURRENCE Les adultes sont visibles dès début juin et jusqu'en octobre (pic en août). Ce criquet se rencontre des Pyrénées à la Scandinavie, en passant par la bordure nord des Alpes, la Bulgarie et la Russie occidentale. L'espèce manque en Italie et dans une grande partie de la Grèce. Elle vit dans une grande variété de milieux ouverts à végétation dense. Elle est particulièrement fréquente dans les zones humides, notamment sur la bordure des massifs de vivaces, les friches et les bords de fossés, mais aussi dans les prairies humides. Elle est également présente dans les zones sèches à hautes herbes et en lisière de forêts.

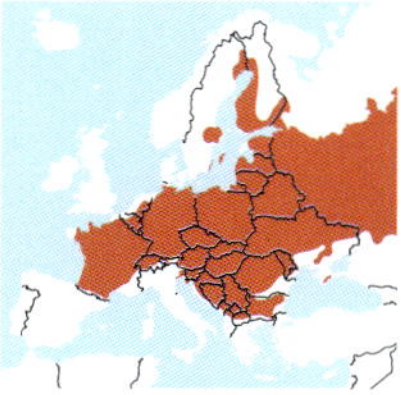

CHANT Le chant modérément fort est composé de phrases d'environ 0,5 à 2 secondes, émises à 3 à 6 secondes d'intervalle. Les phrases débutent faiblement et atteignent leur pleine amplitude vers le milieu, puis s'atténuent en phase finale. Le chant évoque le bruit d'un serpent à sonnette.

À SAVOIR La ponte des œufs se fait principalement dans du bois pourri ou sur des tiges de plantes, ce qui rend l'espèce sensible à la fauche. Pour ce faire, la femelle choisit des pousses brisées de framboisier, de verge d'or et autres, qui sont généralement mortes. Par la brèche, elle introduit l'extrémité de son abdomen dans la cavité remplie de moelle, en poussant celle-ci sur le côté avec les valves de l'oviscapte. Celui-ci est introduit jusqu'à environ 4 cm de profondeur à l'intérieur de la tige, l'abdomen étant étiré de façon télescopique. Comme chez tous les criquets, les œufs sont incorporés dans une sécrétion spumeuse se solidifiant très vite.

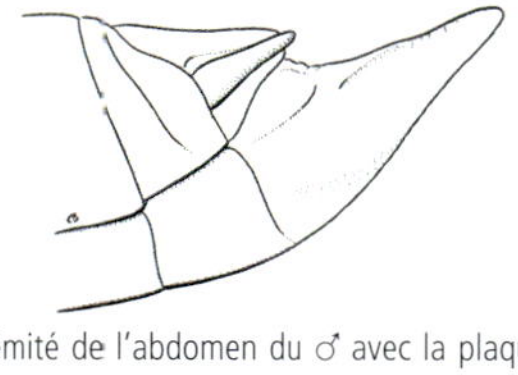

(**1C**) Extrémité de l'abdomen du ♂ avec la plaque sous-génitale

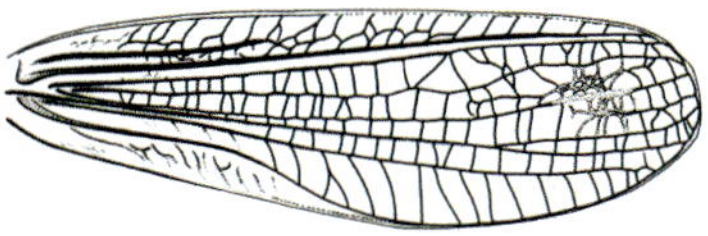

(**1D**) Aile antérieure du ♂

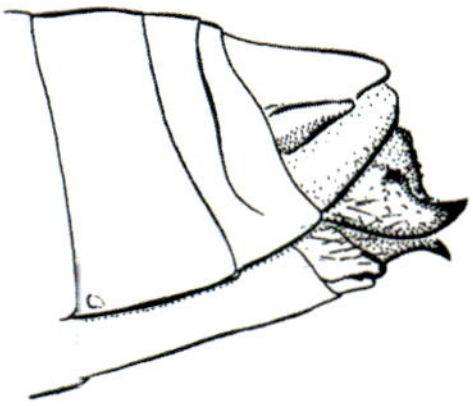

(**1E**) Extrémité de l'abdomen de la ♀

1A

1B

1 Criquet des genévriers
— *Euthystira brachyptera*

♂ 14-17 mm
♀ 19-22 mm

ALL – Kleine Goldschrecke

ANG – Small Gold Grasshopper

DESCRIPTION Le Criquet des genévriers, en particulier le mâle (**1A**), ressemble à l'espèce précédente, plus grande. Les deux sexes sont intensément vert clair à vert-jaune, avec des reflets métallisés. De profil, le sommet de la tête est très pointu. Le plus souvent, une bande vert foncé court de l'œil à la base de l'aile. Elle est parfois ourlée de clair sur sa bordure supérieure. Chez la femelle (**1D**), les minuscules ailes en forme d'écaille sont roses, plus rarement jaune-vert. Chez les individus qui vivent au sud des Alpes, elles sont souvent translucides. Sur le dos, elles sont séparées par un large espace. Les valves de l'oviscapte (**1E**) sont étonnamment longues et étroites. Chez le mâle, les ailes arrivent à peu près au milieu de l'abdomen. À leur extrémité, elles sont tronquées et légèrement émarginées. Contrairement à ceux de l'espèce précédente, les genoux postérieurs sont à peine assombris.

OCCURRENCE Les adultes sont déjà visibles dès fin mai et jusqu'en novembre (pic en juillet et août). En Europe centrale, c'est l'une des espèces les plus précoces avec le Criquet duettiste. Elle est présente des Pyrénées à l'Estonie, à la Grèce et plus loin jusqu'en Sibérie. Elle occupe des prairies marécageuses, des pelouses sèches à longues herbes, parfois même des zones très sèches et pierreuses, lorsque des graminées denses et abondantes existent par places.

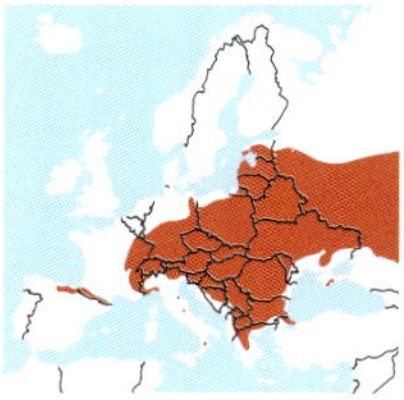

CHANT Le chant très faible consiste en phrases courtes et raclées de 0,3 à 0,8 seconde, qui sont répétées toutes les 2 à 4 secondes. On peut les retranscrire en « srrrrt ».

À SAVOIR La ponte a lieu dans la végétation. La femelle replie des feuilles (le plus souvent de graminées) avec ses pattes postérieures et y dépose ses œufs, souvent entre deux feuilles. Elle les dépose dans un liquide spumeux blanc qui durcit rapidement.

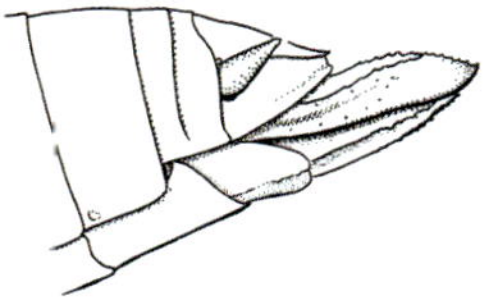

(**1E**) Extrémité de l'abdomen de la ♀

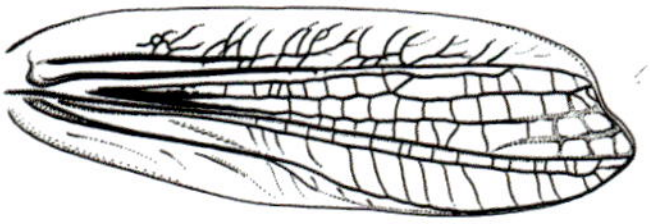

(**1F**) Aile antérieure du ♂

1A

1B

1C

1D

1 Criquet suisse (C. des Churfirsten)
—*Podismopsis keisti*

♂ 14-16 mm
♀ 22-26 mm

ALL – Schweizer Goldschrecke

ANG – Swiss Gold Grasshopper

DESCRIPTION Le genre *Podismopsis* est nettement plus menu que les deux genres précédents, *Chrysochraon* et *Euthystira*. Chez le mâle (**1B**), les ailes vont au-delà du milieu des post-tibias, parfois jusqu'aux genoux, et elles forment un dièdre sur le corps. Chez la femelle (**1A**), elles sont fortement réduites et atteignent à peine le milieu du deuxième segment abdominal. Les carènes latérales du pronotum sont nettement arquées vers l'intérieur. La femelle a le plus souvent des reflets métallisés, mais elle est variable en coloration. À côté d'individus quasiment dorés, on en trouve d'autres bruns, grisâtres, brun verdâtre ou cuivrés. Les côtés du corps sont le plus souvent foncés, les post-tibias sont toujours rouge vif. À l'inverse, le mâle est beaucoup plus uniforme : sa coloration générale va du jaune au gris-vert ou vert olive, et le dos est foncé. Le reflet métallique n'est en général pas aussi prononcé que chez la femelle. Une large bande brune court dans la partie supérieure de leur corps, depuis l'œil jusqu'aux flancs, en passant par le pronotum. Parfois, cette bande se dégrade en une ligne de taches.

Les genoux des pattes postérieures sont noirs et les tibias jaunes ou rouges.

OCCURRENCE Les adultes sont visibles de fin juin à octobre (pic en août). C'est la seule espèce de criquet endémique de Suisse. On la trouve entre 1 500 et 2 250 m dans le Churfirsten, au sein du canton de Saint-Gall, et dans un site de l'Oberland bernois. En ces lieux, elle vit en grand nombre dans les alpages et landes à éricacées et rhododendrons, entrecoupés de zones rocheuses. Elle fréquente aussi bien des espaces ouverts qu'une végétation dense.

CHANT Le chant est semblable à celui du Criquet des clairières, mais il est plus lent et son timbre est plus métallique. Les phrases durent de 0,5 à 3 secondes et sont répétées à intervalles assez réguliers de 2 à 4 secondes.

2 Criquet de Styrie
—*Podismopsis styriaca*

♂ 14-16 mm
♀ 22-26 mm

ALL – Steirische Goldschrecke

ANG – Styrian Golden Grasshopper

DESCRIPTION Cette espèce est à peine distinguable de la précédente, tant du point de vue morphologique que du chant. Des études complémentaires sont nécessaires pour savoir s'il s'agit bien d'une espèce à part entière. Elle est caractérisée par une grande variabilité chromatique : brun clair, brun foncé, brun verdâtre ou grisâtre, le plus souvent avec des reflets métallisés. Les carènes latérales du pronotum sont fortement arquées vers l'intérieur. Chez le mâle (**2A**), les ailes sont translucides, de couleur brunâtre et n'atteignent pas complètement les genoux postérieurs. Chez la femelle (**2B**), elles sont fortement réduites et forment de larges écailles arrondies. Les pattes postérieures sont le plus souvent jaune orangé, avec les genoux noirs. La distinction avec l'espèce précédente repose principalement sur les caractéristiques des organes sexuels internes du mâle.

OCCURRENCE On observe les adultes de fin juin à octobre (pic en août). Cette espèce est endémique des Alpes styro-carinthiennes. Elle se trouve exclusivement dans la zone située entre le Zirbitzkogel en Styrie

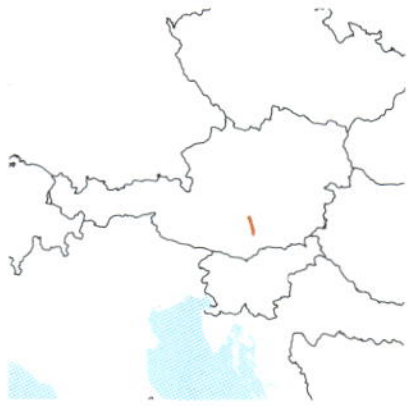

et le Sandkogel en Carinthie, au-dessus de 1 750 m. Elle fréquente des prairies fraîches et des pâturages, ainsi que des landes à éricacées, en compagnie de la Miramelle de Carinthie.

ESPÈCES SIMILAIRES *Podismopsis relicta* en Serbie et au Monténégro, et *P. transsylvanica* en Roumanie sont deux espèces très proches.

1A

1B

2A

2B

1 | Gomphocère roux

—*Gomphocerippus rufus*

♂ 14-16 mm
♀ 17-23 mm

ALL – Rote Keulenschrecke

ANG – White-clubbed Grasshopper

DESCRIPTION Les extrémités des antennes de ce criquet sont nettement renflées chez le mâle (**1A**), mais que légèrement chez la femelle (**1B**). On reconnaît bien cette espèce à la coloration bicolore de cette partie renflée : la base est noire et l'extrémité blanche. La couleur de base varie du brun-rouge au brun-gris. On trouve aussi des individus à teinte jaunâtre. Les palpes sont de couleur claire chez les deux sexes. Les carènes latérales du pronotum sont claires et ourlées de foncé. Elles sont incurvées vers l'intérieur dans leur premier tiers. Chez le mâle, les ailes arrivent un peu au-delà des genoux postérieurs, tandis que chez la femelle, elles s'arrêtent en général un peu avant. Sur la bordure antérieure des ailes, le champ précostal est dilaté, ce qui n'est pas le cas du champ médian. L'extrémité de l'abdomen et les post-tibias sont de couleur rouge orange vif, surtout chez le mâle.
OCCURRENCE Les adultes sont visibles de juillet à novembre (pic en août). L'aire de répartition s'étend des Pyrénées et du nord de la Grèce jusqu'au sud de l'Angleterre et jusqu'au cercle polaire en Norvège et Suède. Vers l'est, elle atteint la Sibérie. L'espèce vit en des lieux moyennement humides à secs, avant tout sur les lisières forestières ensoleillées et dans les clairières, mais aussi sur les pelouses sèches à proximité d'arbres et d'arbustes. En montagne, elle s'élève jusqu'à 2000 m et on peut la trouver en compagnie de l'espèce suivante dans les alpages et les landes à éricacées.

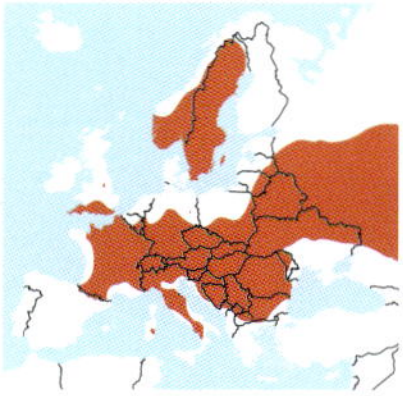

CHANT Le chant plutôt faible se compose de strophes de 3 à 10 secondes, qui sont émises à intervalles irréguliers. Il rappelle celui du Criquet mélodieux, mais la stridulation est plus fine et les strophes sont répétées individuellement après de plus longues pauses. La stridulation débute très faiblement et monte progressivement en puissance jusqu'au milieu de la strophe où elle atteint son maximum. Le plus souvent, le chanteur change d'emplacement entre les différentes strophes, ce qui rend difficile la réalisation de bons enregistrements.
À SAVOIR Le chant nuptial du mâle s'accompagne d'une spectaculaire danse qui est un exemple unique parmi les criquets européens. Au cours de celle-ci, les antennes, les palpes et la tête sont agités en plusieurs phases. À la fin, les post-tibias sont tendus vers l'arrière et les antennes vers l'avant. Puis, une nouvelle séquence de danse recommence.

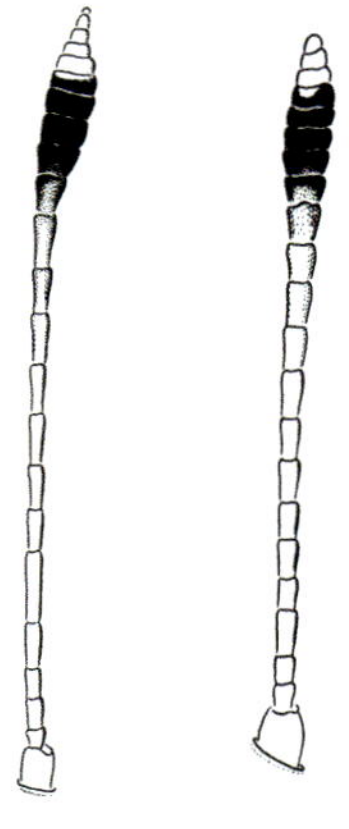

(**1C**) Antenne du ♂ (gauche) et de la ♀ (droite)

1A

1B

1 | Gomphocère des alpages —*Gomphocerus sibiricus*

♂ 17-20 mm
♀ 20-25 mm

ALL – Sibirische Keulenschrecke

ANG – Club-legged Grasshopper

DESCRIPTION Comme chez les autres gomphocères, les antennes de cette espèce sont élargies en massue à leur extrémité (**1E**). Cependant, celle-ci étant aplatie, sa forme n'est pas visible de profil. La couleur d'ensemble est le vert, le brun, le gris, ou parfois, le presque noir. Souvent, plusieurs colorations sont combinées. De profil, le pronotum du mâle (**1C**) apparaît bombé, celui de la femelle un peu moins. Les carènes latérales sont fortement arquées vers l'intérieur. Le mâle (**1A**) est reconnaissable à ses tibias antérieurs très renflés (**1D**), d'où le nom familier de « Popeye » qui lui est donné. Le champ alaire précostal est dilaté, ce qui donne au bord antérieur des ailes une apparence nettement bombée. Les ailes dépassent légèrement les genoux postérieurs chez le mâle, tandis qu'elles sont légèrement plus courtes chez la femelle (**1B**). Comme chez les espèces de *Stenobothrus*, le champ alaire médian est dilaté.
OCCURRENCE Les adultes sont visibles de fin juin à novembre (pic en août). Dans les montagnes européennes, l'espèce occupe les Pyrénées, les Alpes, les Balkans et la Grèce. Ailleurs, elle est présente de la Russie à la Sibérie. En montagne, on la trouve dès 1 000 m, mais surtout à partir de 1 500 m. Elle vit dans des alpages secs et pauvres en végétation, notamment sur les versants herbacés et caillouteux exposés au sud. Mais aussi dans les landes à éricacées. Sa limite altitudinale de présence se situe presque à 3 000 m.

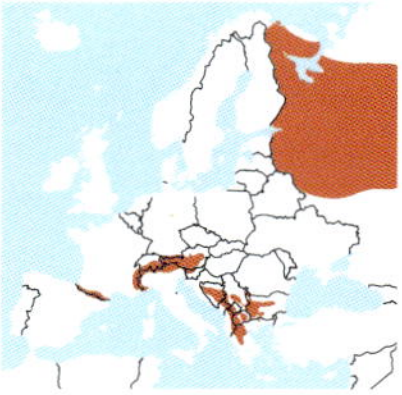

CHANT Le chant puissant du Gomphocère des alpages fait partie de l'ambiance sonore typique des pâturages et pelouses alpines. Il consiste en de longues phrases qui peuvent durer jusqu'à 40 secondes. Elles débutent lentement et faiblement, puis augmentent de volume et de vitesse à partir du premier tiers environ. Le chant se termine le plus souvent par l'émission d'accents espacés de faible intensité.
À SAVOIR Lors de la parade devant la femelle, le mâle agite ses antennes et sa tête vers l'arrière. Ensuite il saute en un éclair sur elle et la tape latéralement avec ses tibias renflés. On peut supposer que les signaux optiques occasionnés par la face intérieure blanche des tibias renflés et leur vibration en battements de tambour ont un effet stimulant sur la femelle. Le Gomphocère des alpages connaît de fortes fluctuations d'effectif en fonction des conditions météorologiques qui règnent en montagne d'une année à l'autre. En conditions favorables, il peut atteindre de très fortes densités.

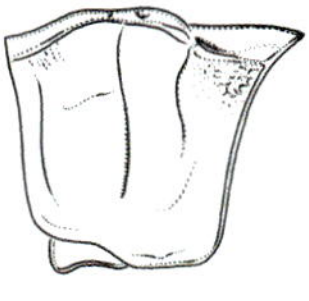

(**1C**) Pronotum du ♂ en vue latérale

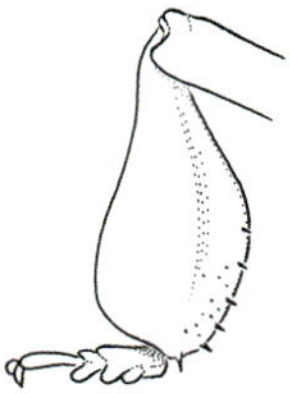

(**1D**) Tibia du ♂ en vue latérale

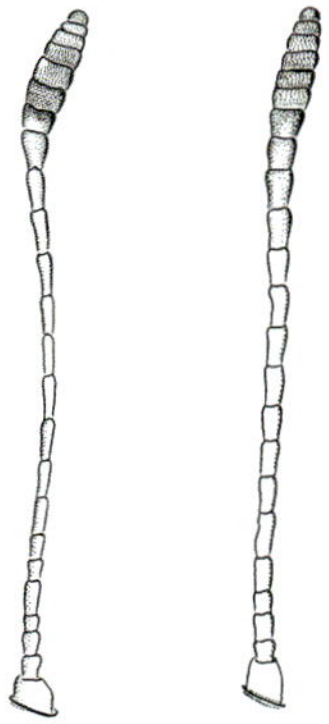

(**1E**) Antenne du ♂ (gauche) et de la ♀ (droite)

1A

1B

1 | Gomphocère des moraines — *Aeropedellus variegatus*

♂ 13-18 mm
♀ 17-24 mm

ALL – Alpen-Keulenschrecke

ANG – Alpine Thick-necked Grasshopper

DESCRIPTION Il s'agit d'un criquet trapu, à corps compact. Sa couleur de base va du gris-brun foncé au gris olive ou au vert. Une tache noire de forme triangulaire à ovoïde est presque toujours présente sur les lobes latéraux du pronotum, vers le bord antérieur. Les antennes des deux sexes sont relativement courtes et leur extrémité n'est que faiblement élargie. Les carènes du pronotum sont très fortement coudées vers l'intérieur. Le champ alaire précostal, situé sur le bord antérieur des ailes, est très dilaté. Les ailes sont larges et atteignent les genoux postérieurs chez le mâle (**1A**) ; elles n'arrivent qu'un peu au-delà de la moitié de l'abdomen chez la femelle (**1B**). Les larges marques noires sur les segments de l'abdomen créent une forte alternance clairfoncé. **OCCURRENCE** Les adultes n'apparaissent en général qu'à partir de début août et jusqu'en octobre (pic en septembre). L'aire de répartition de cette espèce est très fragmentée : Alpes méridionales franco-italiennes, Alpes rhétiques aux confins de l'Italie, de la Suisse et de l'Autriche, nord-est de l'Italie, Slovénie et Bulgarie.

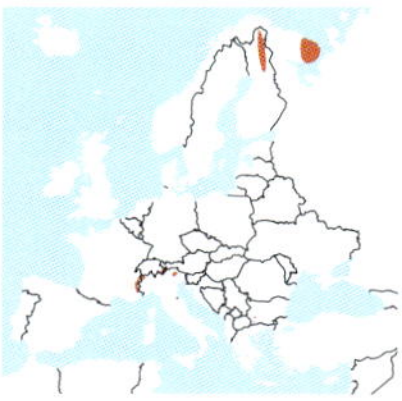

Des stations éloignées sont connues dans le nord de la Finlande et en Russie. En montagne, l'espèce est présente presque partout au-dessus de 1 900 m, la plus haute station connue étant à 3 100 m, ce qui représente la plus haute altitude enregistrée pour un criquet européen. L'espèce est extrêmement résistante au froid et, à l'inverse, sensible à la chaleur. Elle colonise des biotopes apparemment hostiles à la vie, dans lesquels ne poussent plus que quelques graminées et plantes en coussinet. Les pelouses alpines, avec l'Azalée des Alpes comme plante d'accompagnement typique, sont fortement soumises au vent. En Europe, cette espèce est très menacée. **CHANT** Le faible chant est composé de phrases stridulées fines, mais aigües, d'une durée de 2 à 3,5 secondes.

2 | Gomphocère pyrénéen — *Gomphoceridius brevipennis*

♂ 12-18 mm
♀ 17-21 mm

ALL – Pyrenäen-Keulenschrecke

ANG – Pyrenean Short-winged Grasshopper

DESCRIPTION La couleur de base du Gomphocère pyrénéen, de constitution vigoureuse, varie entre différentes nuances de vert, de gris et de brun. Les antennes en massue (**2C**) sont très courtes et les carènes latérales du pronotum sont fortement arquées vers l'intérieur. C'est le seul gomphocère à avoir des ailes aussi fortement raccourcies : elles atteignent à peine le milieu de l'abdomen chez le mâle (**2A**) et le bord postérieur du deuxième segment abdominal chez la femelle (**2B**). Le dessous des post-fémurs est orange à rougeâtre, souvent sur toute la longueur, ainsi que les post-tibias. **OCCURRENCE** On observe les adultes de juillet à octobre (pic en août et septembre). L'aire de répartition de cette espèce est limitée aux Pyrénées, où elle vit entre 1 800 et 3 000 m. Elle atteint souvent de très fortes densités dans les alpages des Pyrénées centrales et occidentales. Toutefois, en raison de l'abandon des pâturages et de leur enfrichement consécutif, l'espèce est considérée comme menacée en Europe.

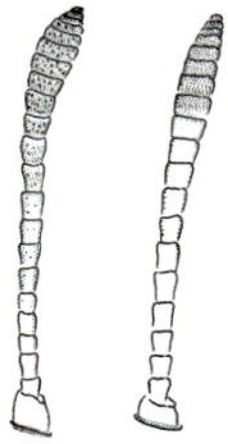

(**2C**) Antenne du ♂ (gauche) et de la ♀ (droite)

1A

1B

2A

2B

1 Gomphocère tacheté
—*Myrmeleotettix maculatus*

♂ 10-15 mm
♀ 11-16 mm

ALL – Geflegte Keulenschrecke

ANG – Common Club Grasshopper

DESCRIPTION Le mâle du très petit Gomphocère tacheté (**1A**) présente des antennes uniformément foncées, dont l'extrémité est nettement élargie en massue et recourbée vers l'extérieur. Chez la femelle par contre (**1B**), l'élargissement des antennes est limité. La couleur générale est très variable : elle va du brun-gris au brun-jaune en passant par le brun-rouge. Il est aussi fréquent de voir des individus tachés de vert ou bigarrés. Dans de nombreux cas, les individus sont parfaitement adaptés à la couleur du sol, en particulier les femelles. Les carènes latérales du pronotum sont blanches et fortement arquées vers l'intérieur. Le bord antérieur des ailes n'est pas renflé. Le champ alaire médian est légèrement dilaté et taché de sombre. Chez le mâle, l'extrémité de l'abdomen est souvent jaune orange. La femelle peut facilement être confondue avec celle du Criquet rouge-queue. Mais elle paraît sous-dimensionnée avec sa grande tête ronde. De plus, son pronotum est plus court et les carènes latérales beaucoup plus coudées.

OCCURRENCE

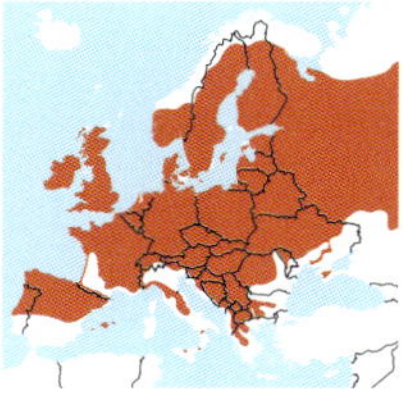

Les adultes sont visibles de mi-juin à octobre (pic en août). L'aire de répartition s'étend du Portugal à la Grèce et vers le nord, jusqu'au cercle polaire. Vers l'est, jusqu'en Sibérie. Il fréquente des lieux secs et pauvres en végétation. Par exemple des dunes sableuses, des pelouses sèches arides, des landes, des coupes rases forestières et des tourbières bombées, de la plaine jusqu'à plus de 3 000 m d'altitude. Il semble préférer les sols acides, tels que les sols siliceux et sablonneux.
CHANT Le faible chant consiste en strophes de 8 à 15 secondes qui sont répétées de 1 à 3 fois par minute. Une strophe est composée de 10 à 25 phrases stridulées brèves, mais nettement séparées, qui deviennent de plus en plus fortes.

2 Gomphocère longicorne
—*Myrmeleotettix antennatus*

♂ 10-13 mm
♀ 14-16 mm

ALL – Langfühler-Keulenschrecke

ANG – Long-horned Club Grasshopper

DESCRIPTION Ce gomphocère ressemble au précédent, y compris par la taille. Mais il est un peu plus mince. La différence la plus évidente concerne les antennes : chez le mâle (**2B**), elles sont environ aussi longues que le corps, leur extrémité est très élargie en une massue aplatie qui est recourbée vers l'extérieur ; chez la femelle (**2A**), l'épaississement terminal est faible, mais plus prononcé que chez l'espèce précédente. La coloration générale varie entre le jaune ocre, le gris et le brun foncé. Mais dans l'ensemble, la variabilité est nettement moins prononcée que chez l'espèce précédente.
OCCURRENCE On observe les adultes de juillet à octobre (pic en août). En Europe occidentale, l'espèce est présente dans la région pannonienne, en Slovaquie et en Hongrie, ainsi qu'en Roumanie à l'est des Carpates. Elle est considérée comme disparue en Autriche et en Serbie. La principale zone de présence se trouve de l'Ukraine à la Sibérie occidentale. Ce criquet est très thermophile et il montre une préférence marquée pour les sols sablonneux perméables et à végétation éparse.

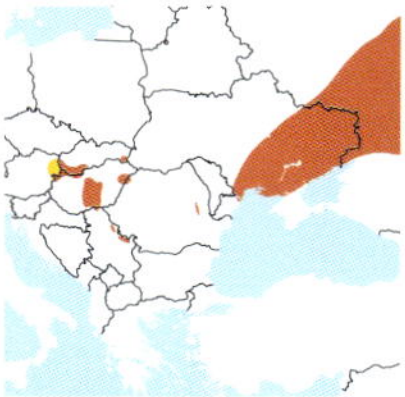

Souvent, il se tient en des emplacements riches en bois mort et en feuilles tombées. C'est une espèce très menacée dans l'Union européenne.
CHANT Le faible chant consiste en courtes phrases stridulées de 1,5 à 3 secondes qui se succèdent à intervalles irréguliers. Plusieurs minutes peuvent s'écouler entre les différentes phrases, temps pendant lequel le mâle se rend sur un nouvel emplacement de chant.

1A

1B

2A

2B

GENRE STENOBOTHRUS – Sténobothres

Le genre *Stenobothrus* compte 19 espèces en Europe, dont beaucoup sont très colorées. Dans ce genre, le champ alaire précostal situé à la base de l'aile antérieure n'est pas dilaté, à la différence des représentants du genre *Chorthippus* qui sont en partie très semblables. En revanche, le champ alaire médian est dilaté et régulièrement quadrillé de nervures, contrairement aux espèces du genre *Omocestus*. Enfin, les valves de l'oviscapte de la femelle portent une dent foncée près de leur extrémité.

1 | Criquet de la Palène (S. ligné)

—Stenobothrus lineatus

♂ 14-19 mm
♀ 20-27 mm

ALL – Gewöhnlicher Heidegrashüpfer

ANG – Stripe-winged Toothed Grasshopper

DESCRIPTION La couleur de base du Criquet de la Palène est généralement verte, parfois grisâtre ou brunâtre, et exceptionnellement rose ou violet-rouge vif. Les individus sont souvent bigarrés. Chez le mâle, l'extrémité de l'abdomen est en général rouge orangé (**1A**). Les carènes latérales du pronotum sont faiblement arquées vers l'intérieur. Elles sont largement surlignées de clair et ourlées de sombre. Chez le mâle, les ailes foncées s'étendent légèrement au-delà des genoux postérieurs, tandis que chez la femelle (**1B**), elles sont plus courtes et ne les dépassent pas. Le champ alaire médian (**1D**) est fortement dilaté et barré de nervures transversales. À son extrémité se trouve le stigma blanc et oblique, bien visible par sa taille et sa couleur. La femelle possède souvent une bande longitudinale blanche dans le champ costal, en bordure antérieure de l'aile. Chez la femelle, les valves de l'oviscapte portent une dent noire bien visible près de leur extrémité (**1C**).

OCCURRENCE Les adultes sont visibles de juin à octobre (pic en août). Le Criquet de la Palène est largement réparti en Europe. On le rencontre de l'Espagne jusqu'au sud de l'Angleterre et à la Lituanie, puis jusqu'en Grèce. Vers l'est, il est présent jusqu'en Mongolie. C'est une espèce qui aime la chaleur et les lieux secs, tels que les pelouses maigres rases, les pâturages, les pelouses sèches à demi-sèches, les landes et les lisières bien ensoleillées.

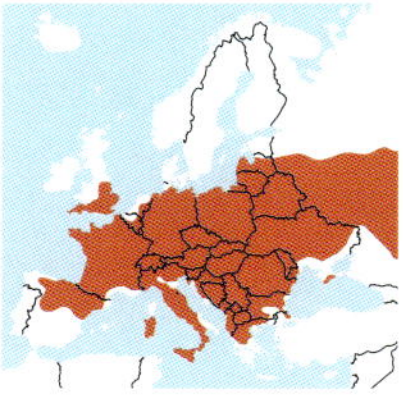

CHANT Son chant d'intensité modérée est l'un des plus marquants parmi les criquets. Les phrases sont très longues et durent 10 à 25 secondes. Les pattes postérieures sont déplacées lentement l'une après l'autre, de façon très décalée. Cela a pour effet de produire une succession typique de « suisuisuisuisui-sui », qui évoque une faible sirène. Au départ, l'intensité sonore de la phrases est faible mais elle atteint son maximum en quelques secondes. Le chant de séduction en présence d'une femelle est très différent : ce sont d'abord des sons râpés « tzitzitzitzi » qui sont émis, parfois pendant plusieurs minutes ; au fur et à mesure que le chant nuptial se développe, tant les antennes que les pattes postérieures sont agitées plusieurs fois vers le haut, et le chant suit une partition complexe.

À SAVOIR Les oothèques sont déposées sur les racines d'herbe par la femelle et sont très résistantes à la sécheresse. Les juvéniles sont reconnaissables en tant que *Stenobothrus* aux carènes de leur pronotum légèrement arquées vers l'intérieur, de couleur claire et bordées d'un ourlet foncé. En revanche, la distinction entre les juvéniles des différentes espèces de sténobothres est souvent difficile.

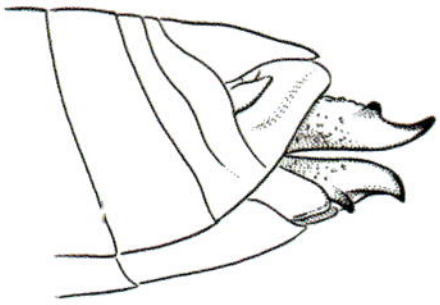

(**1C**) Extrémité de l'abdomen de la ♀

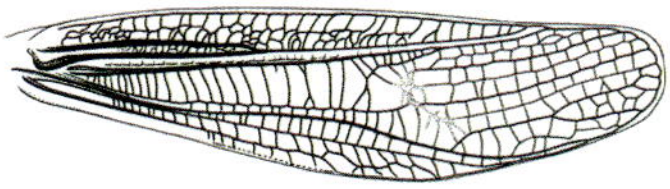

(**1D**) Aile antérieure du ♂

1A

1B

1 Sténobothre bourdonneur
—*Stenobothrus nigromaculatus*

♂ 10-20 mm
♀ 18-25 mm

ALL – Schwarzfleckiger Heidegrashüpfer

ANG – Black-spotted Toothed Grasshopper

DESCRIPTION Cette espèce est souvent à peine plus petite que la précédente. Elle est de coloration verte à brun clair ; l'extrémité de l'abdomen du mâle est généralement rouge orangé ou jaune. Les longues antennes claires du mâle sont caractéristiques (**1B**) : leur extrémité est légèrement élargie et nettement recourbée vers l'extérieur. En comparaison de l'espèce précédente, les ailes étroites de la femelle sont nettement raccourcies (**1A**) : elles atteignent le milieu des post-fémurs, mais jamais l'extrémité des genoux. Elles sont légèrement plus larges que les post-fémurs. Chez le mâle, les ailes ne sont que peu raccourcies et atteignent l'extrémité de l'abdomen. Le champ alaire médian est dilaté, mais il est plus étroit que chez l'espèce précédente et il s'étend nettement au-delà de la moitié de l'aile. Il possède une ligne de petits carrés foncés, plus marqués chez la femelle que chez le mâle.
OCCURRENCE Les adultes sont visibles de juin à septembre (pic en août). Ce criquet est principalement présent du nord de l'Espagne jusqu'aux environs de Berlin, puis jusqu'en Grèce. Vers l'est, il atteint la Sibérie méridionale. Il fréquente des lieux chauds, secs et pauvres en végétation. On le trouve par exemple dans les pelouses sèches rocailleuses, sur des surfaces graveleuses ou dans les zones dunaires.
En montagne, il habite les versants exposés au sud, dans les prés et pâturages en partie denses.

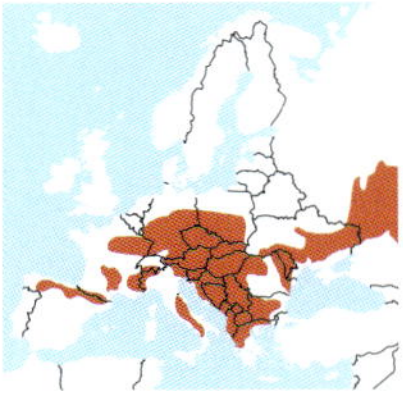

CHANT Son chant modéré consiste en phrases d'une durée de 1 à 2 secondes, qui augmentent considérablement en volume au début et qui s'achèvent brutalement. Le plus souvent, 3 à 4 séquences de ce type sont produites successivement. Souvent, les mâles s'animent et chantent alternativement.

2 Sténobothre cigalin
—*Stenobothrus fischeri*

♂ 15-18 mm
♀ 20-23 mm

ALL – Südlicher Heidegrashüpfer

ANG – White-headed Toothed Grasshopper

DESCRIPTION Le Sténobothre cigalin ressemble beaucoup au précédent et au suivant, mais il est souvent coloré de façon remarquable et intense. Il est surtout de couleur vert clair, bien qu'on trouve aussi régulièrement des individus gris ou brunâtres. L'abdomen est rouge orangé vif. Les antennes du mâle sont de couleur brun clair à blanchâtre et généralement légèrement recourbées vers l'extérieur. Les carènes latérales du pronotum ne sont que légèrement incurvées. Les ailes étroites s'étendent jusqu'aux genoux postérieurs ou légèrement au-delà chez le mâle (**2B**) et s'arrêtent un peu avant chez la femelle (**2A**). Les macules sombres du champ médian et le stigmate blanc sont généralement peu marqués. Contrairement à l'espèce précédente et à la suivante, les genoux postérieurs sont d'un noir éclatant, avec un anneau généralement plus clair en dessous. Le dessous des post-fémurs est souvent jaunâtre et les post-tibias sont orange vif.
OCCURRENCE Les adultes sont visibles de mi-mai à septembre (pic en juillet). L'aire de répartition s'étend de l'Espagne et de la Grèce jusqu'en Basse-Autriche. Vers l'est, elle se poursuit jusqu'en Sibérie et en Mongolie. L'espèce occupe des surfaces très ensoleillées, arides et pierreuses, avec une végétation éparse ou des prairies sablonneuses maigres de type steppes.

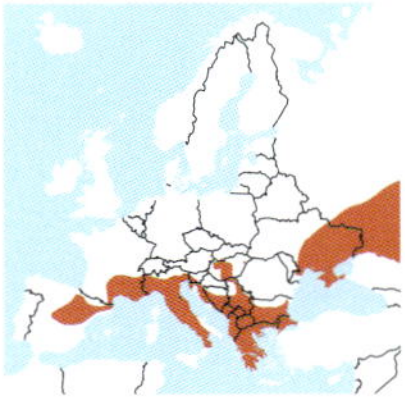

CHANT Le chant plutôt faible rappelle celui du Sténobothre nain, mais il est un peu plus finement râpeux. Les phrases durent 3 à 5 secondes et sont répétées à intervalles irréguliers. Leur volume augmente progressivement et atteint un maximum au milieu de la phrase.

1A

1B

2A

2B

1 Sténobothre d'Eurasie
—*Stenobothrus eurasius*

♂ 14-18 mm
♀ 18-23 mm

ALL – Eurasischer Heidegrashüpfer

ANG – Eurasian Toothed Grasshopper

DESCRIPTION Le Sténobothre d'Eurasie ressemble beaucoup aux deux espèces précédentes, le Sténobothre bourdonneur et le Sténobothre cigalin. Ses élytres tendent à être légèrement plus larges et ses ailes postérieures sont brunies. Le stigma, de couleur très blanche, est positionné à peu près dans le dernier tiers de l'aile antérieure, c'est-à-dire plus en arrière que chez le Sténobothre cigalin et plus en avant que chez le Sténobothre bourdonneur. Les antennes sont sombres, surtout à leur extrémité, qui est légèrement recourbée vers l'extérieur.
OCCURRENCE Les adultes sont visibles de juin à mi-septembre (pic en juillet). En Europe, la répartition de l'espèce est limitée à l'Europe de l'Est, en différentes populations très fragmentées en Autriche, République tchèque et Hongrie. Sa principale aire de présence couvre une vaste étendue entre l'ouest de la Roumanie et la Mongolie. Elle habite des zones chaudes de steppes rocailleuses à végétation lacunaire ou des paysages de steppe à faible couvert.

CHANT Son chant d'intensité modérée consiste en phrases de différentes durées, entre 10 et 23 secondes, qui sont émises à intervalles irréguliers.
ESPÈCES SIMILAIRES En Grèce, Bulgarie et Macédoine du Nord se trouve une sous-espèce, *Stenobothrus eurasius macedonicus*, qui serait, selon l'avis des experts, une espèce distincte plus proche de *S. croaticus* que de *S. eurasius*.

2 Sténobothre croate
—*Stenobothrus croaticus*

♂ 19-22 mm
♀ 21-29 mm

ALL – Kroatischer Heidegrashüpfer

ANG – Croatian Toothed Grasshopper

DESCRIPTION La couleur générale du Sténobothre croate est le plus souvent verte, brune ou grise, comme chez beaucoup d'espèces du genre *Stenobothrus*. Chez le mâle, l'abdomen, le dessous des post-fémurs, les post-tibias et les tarses sont rouge orange vif. Chez le mâle (**2B**), les antennes sont remarquablement longues. Leur extrémité élargie et sombre est courbée vers l'extérieur. Les carènes latérales du pronotum sont presque rectilignes : elles ne sont qu'à peine arquées vers l'intérieur. Les ailes, foncées et très étroites, atteignent les genoux postérieurs sans les dépasser chez le mâle, tandis qu'elles sont un peu plus courtes chez la femelle (**2A**). Le stigma très blanc est situé dans le dernier tiers de l'aile. Chez la femelle, le champ alaire médian est parsemé de marques noires. Les genoux postérieurs sont noirs.
OCCURRENCE Les adultes apparaissent de juin à août (pic en juillet). Cette espèce endémique des monts dinariques n'est connue que des montagnes de la région de Senj, sur la côte croate. Elle fréquente les prairies sèches à Nard raide des montagnes karstiques, au-dessus de 500 m. Ces prairies sont parsemées de surfaces rocheuses et d'arbustes nains. L'espèce est menacée de disparition.

CHANT Le chant est très proche de celui de l'espèce précédente.

1A

1B

2A

2B

1 | Sténobothre fauve-queue (S. cliqueteur) —*Stenobothrus grammicus*

♂ 16-20 mm
♀ 18-25 mm

ALL – Gezeichneter Heidegrashüpfer

ANG – Dark-palped Toothed Grasshopper

DESCRIPTION Cette espèce est souvent bien colorée. Sa couleur générale est très variable : vert, gris bleuté ou brun. L'abdomen du mâle est souvent rouge vif. Le critère le plus marquant est la coloration blanche des palpes maxillaires (**1C**) et labiaux. Leur extrémité est d'une coloration foncée très contrastée. Les carènes latérales du pronotum sont nettement coudées vers l'intérieur. Chez le mâle (**1B**), l'extrémité des longues antennes est un peu élargie et recourbée vers l'extérieur. Les ailes sont à peu près aussi larges que le post-fémur. Chez le mâle, elles atteignent les genoux postérieurs ou le dépassent un peu, tandis que chez la femelle (**1A**) elles s'arrêtent un peu avant. Le dessous des post-fémurs est rouge ou orange, ainsi que les post-tibias qui ont par ailleurs un anneau clair bien visible juste avant le genou foncé. Comme chez de nombreux *Stenobothrus*, le stigma est blanc et le champ médian est plus ou moins nettement moucheté.
OCCURRENCE Les adultes apparaissent de juin à août (pic en juillet). Cette espèce est principalement présente dans le sud de la France et l'Espagne. En France, on la trouve en Provence et près de Perpignan. Elle occupe des clairières herbeuses de forêts sèches, ainsi que des prairies et pâturages ras et rocailleux, jusqu'à une altitude de 1 500 m. Son habitat est menacé par le surpâturage ou, à l'inverse, l'enfrichement.

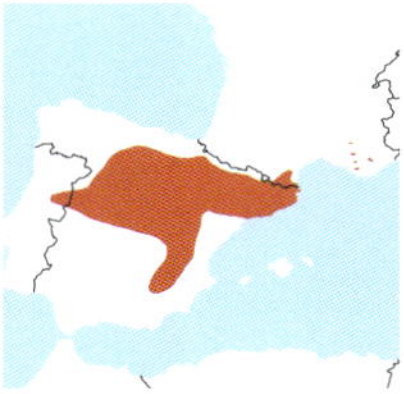

CHANT Son chant est une longue série de phrases régulièrement émises pendant 10 à 15 secondes, consistant chacune en une suite de deux à trois accents par seconde que l'on peut retranscrire par « cht-cht-cht ». Les courtes phrases émises seules rappellent celles du Criquet duettiste ou du Criquet marocain.
ESPÈCES SIMILAIRES Approximativement dans la même aire de répartition, on trouve une espèce très proche qui est un peu plus petite, *Stenobothrus festivus*. Elle s'en distingue surtout par sa petite taille, ses palpes uniformément clairs, l'extrémité non dilatée de ses antennes et les carènes latérales de son pronotum un peu plus coudées.

(**1C**) Palpe maxillaire du ♂

2 | Sténobothre nain —*Stenobothrus stigmaticus*

♂ 14-18 mm
♀ 18-23 mm

ALL – Kleiner Heidegrashüpfer

ANG – Lesser Toothed Grasshopper

DESCRIPTION La couleur générale du Sténobothre nain est presque toujours verte, plus rarement grise ou brune. Chez le mâle (**2A**), l'extrémité de l'abdomen varie de l'ocre à l'orange en passant par le rouge. Ses ailes vont jusqu'aux genoux postérieurs, mais pas au-delà. Chez la femelle (**2B**), les ailes sont raccourcies et légèrement plus fines que le post-fémur. Contrairement à de nombreuses espèces de sténobothres, le champ alaire médian est peu dilaté. En cela, ce criquet rappelle les espèces d'*Omestus*. Cependant, les carènes latérales du pronotum sont moins arquées que dans leur cas. De plus, la femelle possède un oviscapte pourvu des dents typiques du genre *Stenobothrus*.
OCCURRENCE Les adultes sont visibles de début juillet à octobre (pic en août). L'espèce est présente de l'Espagne et du nord de la Grèce jusqu'à la Lettonie au nord. Vers l'est, sa répartition s'étend jusqu'au Kazakhstan et au Proche-Orient. Elle vit de préférence dans des zones chaudes et sèches à végétation très rase. En cela, elle est une espèce typique des prairies pâturées.

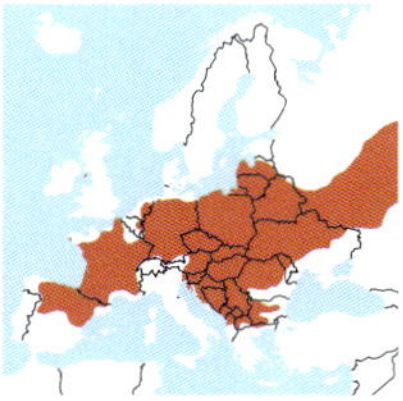

CHANT Le chant est faible. Il se compose de longues phrases d'environ 2 secondes qui débutent faiblement et qui atteignent leur maximum de volume vers le milieu. Les phrases sont émises à intervalles irréguliers.

1A

1B

2A

2B

1 Sténobothre des steppes — *Stenobothrus crassipes*

♂ 10-12 mm
♀ 13-16 mm

ALL – Zwerg-Heidegrashüpfer

ANG – Pygmy Toothed Grasshopper

DESCRIPTION Ce criquet insignifiant est la plus petite espèce de sténobothre. Sa couleur générale va du brun au gris, plus rarement vert, par exemple sur les côtés du corps. Les carènes latérales du pronotum sont légèrement arquées, de couleur claire et ourlées de foncé. Étant donné que les ailes des adultes des deux sexes sont fortement réduites, une observation rapide peut les faire prendre pour des juvéniles. Chez le mâle (**1B**), les ailes s'étendent à peu près jusqu'au milieu de l'abdomen. Chez la femelle (**1A**), elles recouvrent environ les deux premiers segments de l'abdomen, ce qui correspond à la longueur du pronotum, et elles ne sont pas jointives sur le dos. Le champ médian dilaté est facilement reconnaissable chez le mâle : il s'étend jusqu'à la pointe de l'aile et il possède peu de nervures transversales.
OCCURRENCE Les adultes sont visibles de juillet à octobre (pic en août). Comme son nom l'indique, ce sténobothre est inféodé aux steppes. Il est principalement présent dans les régions steppiques du sud-est de l'Europe, notamment de l'est de l'Autriche à la Bulgarie, en passant par le sud-est de la République tchèque. En Allemagne, des petites stations isolées sont connues au nord de Halberstadt (environs du Kyffhäuser et du Huy). Ce massif montagneux calcaire situé au sud-est du Harz est connu de longue date comme un refuge de nombreuses espèces animales et végétales steppiques. Le sténobothre y vit sur des pelouses arides et lacunaires, pâturées extensivement par des moutons. C'est également le biotope qu'il fréquente dans sa zone centrale de répartition.

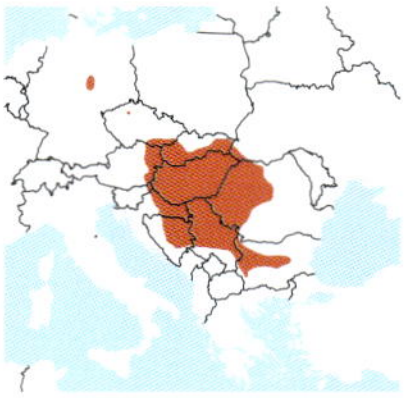

CHANT Le très faible chant consiste en fines phrases stridulées d'une durée de 1,5 à 3 secondes, qui débutent faiblement et qui atteignent leur maximum d'intensité juste avant la fin. Elles sont séparées par de longues pauses.

2 Sténobothre des Apennins — *Stenobothrus apenninus*

♂ 13-15 mm
♀ 14-19 mm

ALL – Apennin-Heidegrashüpfer

ANG – Apennine Toothed Grasshopper

DESCRIPTION Le Sténobothre des Apennins est également un petit représentant au sein du genre, bien qu'il soit un peu plus grand que le précédent. Sa couleur générale est variable : grise, brune ou verte, avec des individus à corps gris-brun et à dos vert. Les carènes latérales du pronotum sont plus fortement arquées vers l'intérieur que chez l'espèce précédente. Les ailes ont une apparence très différente selon le sexe. Chez le mâle (**2A**) elles se prolongent au-delà du milieu de l'abdomen sans en atteindre l'extrémité. Chez la femelle (**2B**), elles sont réduites à de petites écailles d'une longueur à peu près équivalente à celle du pronotum et elles sont nettement séparées sur le dos. Les genoux postérieurs sont brun foncé ou noirs.
OCCURRENCE Les adultes sont visibles de juillet à octobre (pic en août). L'espèce est présente des Apennins aux Abruzzes, ainsi que dans le sud de l'Italie au mont Pollino. Le milieu fréquenté est représenté par des prairies de montagne rases et pâturées, entre 1 000 et 2 300 m.

CHANT Le chant de faible intensité est très proche de celui du Sténobothre nain, mais un peu plus bref. Il consiste en une séquence d'accents stridulés de 1 à 2 secondes qui se suivent à intervalles irréguliers.

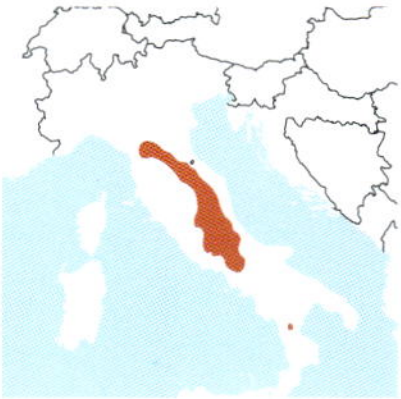

1A

1B

2A

2B

1 | Sténobothre valdôtain

—Stenobothrus ursulae

♂ 15-16 mm
♀ 17-22 mm

ALL – Aostatal-Heidegrashüpfer

ANG – Ursula's Toothed Grasshopper

DESCRIPTION Avec ses courtes ailes, le Sténobothre du Val-d'Aoste ressemble beaucoup à celui des Apennins, mais il est un peu plus grand et plus robuste. Sa couleur varie beaucoup, surtout chez la femelle. En plus de différentes teintes brunes, telles que le brun-rouge, le brun foncé et l'ocre, certains individus sont verts. L'extrémité de l'abdomen est de la même couleur que le corps : elle n'est pas particulièrement orange ou jaune, contrairement aux autres espèces de *Stenobothrus*. Les longues antennes du mâle (**1A**) sont élargies et foncées à leur extrémité. Les carènes latérales (**1D**) du pronotum sont légèrement arquées vers l'intérieur et plus massives que chez le Sténobothre des Apennins. Chez le mâle, les ailes atteignent le milieu de l'abdomen. Chez la femelle (**1B**), elles se terminent avant, mais elles sont encore nettement plus longues que celles du Sténobothre des Apennins. Contrairement aux autres espèces de *Stenobothrus*, le champ médian de l'aile antérieure du mâle n'est pas régulièrement quadrillé, mais réticulé. Les articulations des pattes postérieures sont de brun foncé à noir, tandis que les post-fémurs et post-tibias sont jaune miel dessous.

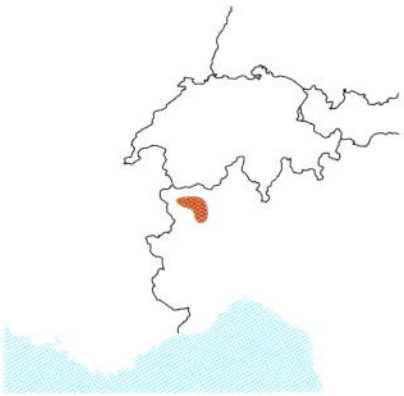

OCCURRENCE Les adultes sont visibles de juillet à octobre (pic en août). L'espèce n'est connue que du Val-d'Aoste et des environs du parc national du Grand Paradis en Italie. Elle vit entre 1 300 et 2 400 m d'altitude, dans les prairies d'alpage, les pelouses à Nard raide et les landes à éricacées. L'espèce est considérée comme menacée parce qu'elle est sensible aux modifications des modalités de pâturage.

CHANT Le faible chant est émis en phrases d'une durée d'environ 2 à 5 secondes, composées chacune de 18 à 60 accents râpeux. Le volume sonore augmente nettement au cours de la phrase.

2 | Sténobothre à massues

—Stenobothrus clavatus

♂ 19-21 mm
♀ 24-30 mm

ALL – Keulen-Heidegrashüpfer

ANG – Club Toothed Grasshopper

DESCRIPTION Cette espèce est inconfondable avec ses spectaculaires antennes en massue et elle ressemble plus à un gomphocère qu'à un sténobothre. Sa couleur générale peut être verte, grise ou brune, avec des taches. Chez le mâle (**2B**), les antennes sont fortement épaissies à leur extrémité et très recourbées vers l'extérieur ; chez la femelle (**2A**), elles sont plus grêles. Les ailes du mâle sont foncées, elles atteignent les genoux postérieurs et ont un champ alaire médian très dilaté. Chez la femelle, les ailes sont plus claires et un peu raccourcies, elles n'atteignent pas les genoux postérieurs et sont tachées de noir. L'articulation de la patte postérieure est noire. Chez le mâle, le dessous des post-fémurs et l'abdomen sont intensément colorés en jaune ou orange, tandis que les post-tibias sont orange à rouges.

OCCURRENCE Les adultes apparaissent de juillet à août (pic en juillet). En l'état actuel des connaissances, la répartition de cette espèce est limitée à quelques montagnes de Grèce (Épire) et du sud de l'Albanie. Elle vit dans des pâturages de montagne parsemés de cailloux et de rochers, entre 1 200 et 2 000 m. Elle est considérée comme gravement menacée par le surpâturage et par la destruction de son habitat due au creusement de carrières.

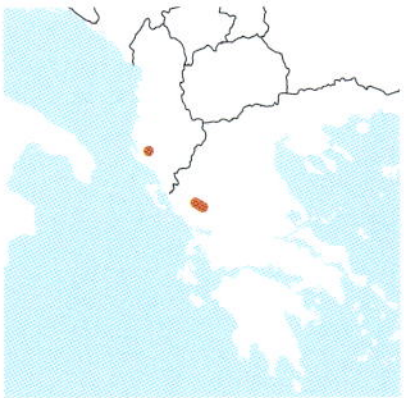

CHANT Le chant d'intensité modérée rappelle celui du Sténobothre fauve-queue. Mais les courtes phrases se succèdent bien plus vite que chez cette espèce. Les premières et dernières sont généralement moins fortes et leur rythme s'accélère à mesure que le chant se développe, pour finalement ralentir à nouveau vers la fin.

1A

1B

2A

2B

1 | Sténobothre alpin (S. hélicoptère) — *Stenobothrus rubicundulus*

♂ 18-20 mm
♀ 17-25 mm

ALL – Schnarrender Heidegrashüpfer

ANG – Wing-buzzing Toothed Grasshopper

DESCRIPTION Ce criquet est l'une des plus grandes espèces du genre *Stenobothrus*. Sa coloration est très variable, avec des teintes vertes, brunes et grises. Les carènes latérales (**1D**) du pronotum sont de teinte claire surlignées de foncé et sont arquées vers l'intérieur. Le mâle (**1A**) possède des élytres d'une largeur étonnante, de couleur brun foncé à noir, qui s'étendent nettement au-delà des genoux postérieurs (**1A**). Chez la femelle (**1B**), ils sont plus clairs et marqués d'un carré noir; ils atteignent à peine les genoux. Le stigmate de couleur blanche est positionné un peu au-delà du milieu de l'aile. Chez le mâle, les ailes postérieures sont brun foncé et pourvues d'épaisses nervures longitudinales, tandis qu'elles sont brun clair avec des nervures un peu plus fines chez la femelle. Les post-fémurs et post-tibias sont orange ou rouges, en contraste avec les articulations noires. L'extrémité de l'abdomen est rouge vif chez le mâle, terne chez la femelle, parfois légèrement jaunâtre ou rougeâtre.
OCCURRENCE Les adultes sont visibles de fin juin à fin octobre (pic en août). L'aire de répartition s'étend des Abruzzes à la Grèce, à travers les Alpes et les Balkans. Puis jusqu'en Ukraine vers l'est. Dans les Alpes, cette espèce occupe surtout les parties centrales et méridionales, où elle vit à peu près entre 500 et 2 000 m d'altitude. Sur la côte nord de l'Adriatique, elle se trouve plus bas, entre 100 et 200 m. Elle occupe des prairies arides et rocheuses, parsemées d'arbustes nains. La proportion de zones caillouteuses sans végétation dans les pelouses (celles-ci parfois denses, mais généralement clairsemées) est élevée. Sur la côte adriatique, l'espèce habite des zones arides et karstiques.

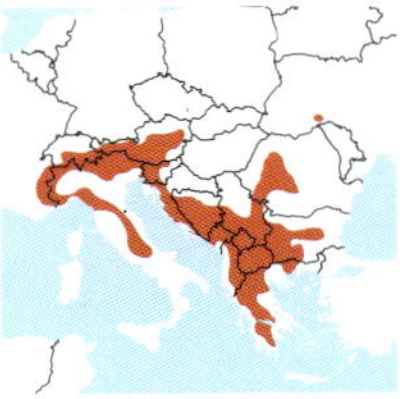

CHANT Par son chant et son vol crépitant typique, le Sténobothre alpin (ou hélicoptère) est une espèce particulière. Le son crépitant est produit par le frottement rapide des ailes postérieures sur le dos : il peut être émis aussi bien posé qu'en vol. Typiquement, ce crépitement est précédé d'accents introductifs qui sont émis, comme chez les autres criquets, par le frottement des pattes postérieures sur les nervures radiales des élytres.

2 | Sténobothre cottien — *Stenobothrus cotticus*

♂ 15-17 mm
♀ 18-20 mm

ALL – Cottischer Heidegrashüpfer

ANG – Cottian Toothed Grasshopper

DESCRIPTION Le Sténobothre cottien ressemble beaucoup à l'espèce précédente, en moins bigarré et en un peu plus petit. Sa couleur générale est grise, brune ou verte. Chez les deux sexes, une bande longitudinale ocre part du milieu du vertex jusqu'au bord postérieur du pronotum. Les carènes latérales de celui-ci sont plus arquées vers l'intérieur que chez l'espèce précédente. Chez le mâle, les élytres sont larges et de couleur brun-noir, avec le stigma à peine visible. Ils s'étendent bien au-delà des genoux postérieurs. La femelle (**2A**) a des ailes plus courtes, brun clair, avec une tache foncée et une bande blanche le long de leur bord antérieur. Comme dans le cas de l'espèce précédente, les ailes postérieures du mâle (**2B**) sont majoritairement brun foncé et présentent des nervures longitudinales renforcées. Le dessous des post-fémurs, les post-tibias et l'extrémité de l'abdomen sont de couleur jaune miel. Le genou est noir.

OCCURRENCE
Les adultes apparaissent de juillet à octobre (pic en août). Cette espèce est présente dans les Alpes franco-italiennes méridionales et sur trois sites en Bulgarie, dans les montagnes de Rila. Presque partout, on ne la trouve qu'à partir de 2 000 m environ et jusqu'à 2 750 m, soit plus haut que l'espèce précédente. Elle habite des éboulis et des pelouses très lacunaires, exposés au soleil et parsemés d'arbustes nains.

CHANT Le chant consiste en une longue séquence de brèves strophes stridulées, régulièrement émises et qui prennent de l'ampleur. Il peut être retranscrit ainsi : « schrii-schrii-schrii… ». Une séquence dure près d'une minute. Ce criquet n'effectue pas les envolées spectaculaires de l'espèce précédente.

1A
1B
2A
2B

GENRE OMOCESTUS

Le genre *Omocestus* compte environ 18 espèces en Europe et 52 dans le monde. Les caractéristiques des espèces qui en font partie ont un champ alaire précostal non dilaté et un bord inférieur de l'élytre rectiligne. Ces caractéristiques différencient les espèces du genre *Omocestus* de celles du genre proche *Chorthippus*. Le genre *Omocestus* se distingue du genre *Stenobothrus* par le champ alaire médian non dilaté. Les valves de l'oviscapte possèdent une protubérance arrondie avant leur extrémité et sont dépourvues des dents typiques des *Stenobothrus*.

1 Criquet verdelet
— *Omocestus viridulus*

♂ 13-17 mm
♀ 17-22 mm

ALL – Bunter Grashüpfer

ANG – Common Green Grasshopper

DESCRIPTION Le Criquet verdelet a une coloration très variable, surtout la femelle. En général, l'espèce est verte et plus rarement jaune-brun à olive ou violette. Il y a souvent du brun sur les flancs et du vert sur le haut du corps. L'extrémité de l'abdomen n'est jamais rouge. Les carènes laterales (**1D**) du pronotum sont marquées de clair, elles sont légèrement arquées vers l'intérieur dans leur tiers antérieur et la distance qui les sépare à cet endroit est deux fois plus faible qu'à leur extrémité postérieure. Les ailes sont peu ou pas du tout quadrillées et souvent bicolores : brun sur les côtés et vert plus haut. Elles dépassent légèrement l'articulation des pattes postérieures chez le mâle (**1A**) et elles sont un peu plus courtes chez la femelle (**1B**). Cette dernière peut ressembler à celles du Criquet de la Palène ou de l'espèce suivante. Les valves de l'oviscapte (**1C**) sont relativement longues et bien visibles extérieurement, mais ne présentent pas de dents près des extrémités pointues, à la différence des espèces de *Stenobothrus*.

OCCURRENCE Les adultes apparaissent de juin à octobre (pic en juillet). L'aire de répartition s'étend des Pyrénées et de la Grèce jusqu'au cercle polaire. Vers l'est, ce criquet atteint la Mongolie. Il est caractéristique des prairies fraîches à humides, avec végétation souvent haute et dense. Quand il saute pour s'enfuir, il atterrit souvent sur un brin d'herbe. Dans les Alpes, où il est le criquet le plus fréquent dans les alpages et prairies, on le trouve jusqu'à 2 600 m d'altitude. Il est également présent dans les plaines du nord de l'Allemagne, y compris dans les îles de la Frise orientale et à Heligoland. Dans le sud de l'Europe, il n'est présent que dans les régions montagneuses où il peut aussi constituer d'importants peuplements.

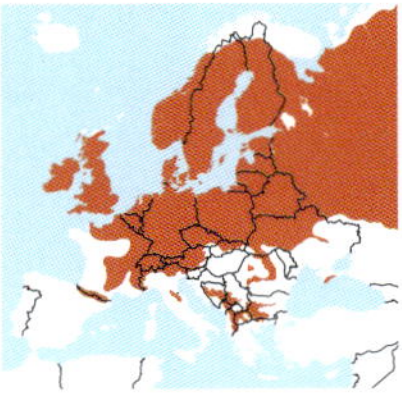

CHANT Son chant est facile à reconnaître. Il se compose d'une strophe s'amplifiant dès le début qui peut durer jusqu'à 40 secondes en fonction de la température et qui, contrairement à l'espèce suivante, dépasse le plus souvent 15 secondes. Ce chant évoque un réveil produisant un rapide tic-tac. C'est la raison pour laquelle, aux Pays-Bas, on l'appelle aussi « réveil ».

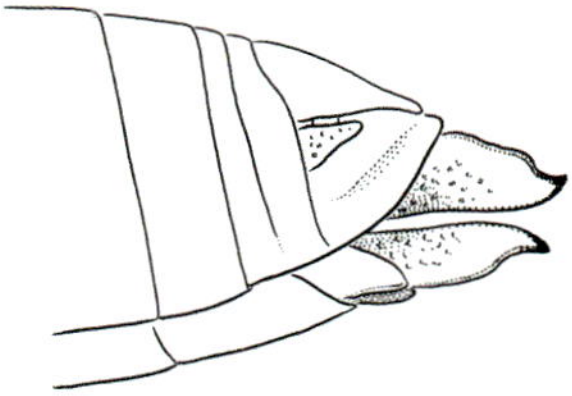

(**1C**) Extrémité de l'abdomen de la ♀

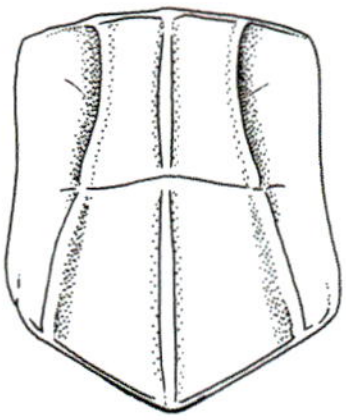

(**1D**) Pronotum (en vue de dessus)

1A

1B

1 Criquet noir ébène
— *Omocestus rufipes*

♂ 11-15 mm
♀ 13-20 mm

ALL – Buntbäuchiger Grashüpfer

ANG – Woodland Grasshopper

DESCRIPTION Le Criquet noir ébène fait partie des plus beaux criquets. La couleur de base du mâle (**1B**) est brun foncé à noir, avec un dos souvent brun et un abdomen presque toujours orange à rouge vif à l'extrémité. Par contre, la femelle (**1A**) est généralement brun-noir sur les côtés du corps et vert foncé sur le dos. La coloration blanche de l'extrémité des deux palpes (**1C**) est une caractéristique de l'espèce chez les deux sexes. Les carènes latérales (**1D**) du pronotum sont légèrement plus arquées vers l'intérieur que dans le cas de l'espèce précédente. Selon sa coloration, la femelle peut beaucoup ressembler à celle-ci. La différence la plus marquante concerne le dessous du corps : la poitrine des deux sexes du Criquet noir ébène est verte à l'avant, jaune au milieu et rouge vif à l'extrémité de l'abdomen, les couleurs étant nettement plus intenses chez le mâle. Une autre différence réside dans les ailes, dont le champ médian est le plus souvent nettement tacheté chez la femelle de la présente espèce, alors que c'est rarement le cas et seulement de façon peu visible chez l'espèce précédente. Les ailes postérieures sont nettement obscurcies dans leur moitié terminale. Chez le mâle, les post-tibias sont rouges et les post-fémurs souvent aussi. Les valves de l'oviscapte sont nettement plus courtes que chez l'espèce précédente.
OCCURRENCE Les adultes sont visibles de mai à novembre (pic en juin-juillet). Cette espèce est présente du Portugal à la Grèce et à la Sibérie méridionale. La limite nord est atteinte dans le sud de l'Angleterre et de la Scandinavie. Ce criquet vit surtout dans des lieux secs, parfois à l'extrême : pelouses pierreuses presque dépourvues de végétation ou pâturages à moutons à herbe rase. En région méditerranéenne, il est l'un des criquets les plus répandus. Là, on le trouve régulièrement dans des prairies hautes et denses.

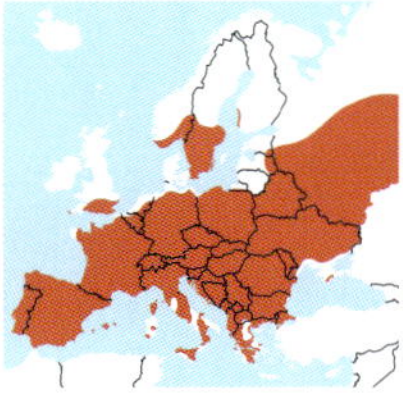

CHANT Le chant ressemble à celui de l'espèce précédente. Les phrases d'une durée de 5 à 10 secondes sont cependant nettement plus courtes et s'amplifient régulièrement dès le début.
ESPÈCES SIMILAIRES Dans les pâturages exposés au soleil des Alpes, *Omocestus rufipes* peut coexister avec *O. viridulus* si la proportion de terrains ouverts ou pierreux dans la couverture végétale est élevée. *O. rufipes* est plus fréquent en association avec *O. haemorrhoidalis*, en particulier dans les pelouses sèches à herbe courte. Ces trois espèces ne se retrouvent pratiquement jamais sur le même site, car *O. viridulus* et *O. haemorrhoidalis* sont exclus de l'habitat de *O. rufipes* en raison de leurs exigences différentes vis-à-vis du microclimat dominant.

(**1C**) Palpe du ♂

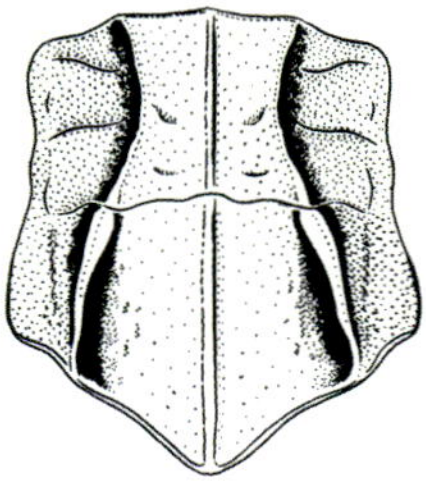

(**1D**) Pronotum (en vue de dessus)

1A

1B

1 Criquet rouge-queue
—*Omocestus haemorrhoidalis*

♂ 11-14 mm
♀ 15-20 mm

ALL – Rotleibiger Grashüpfer

ANG – Orange-tipped Grasshopper

DESCRIPTION Le Criquet rouge-queue est l'une des plus petites espèces d'*Omocestus* d'Europe. Sa coloration de base est brun clair à gris-brun, avec le dos rarement vert. Les palpes sont d'un gris clair uniforme, sans la couleur blanche terminale typique du Criquet noir ébène. Les carènes latérales (**1C**) du pronotum sont claires et ourlées de foncé. Elles sont très arquées vers l'intérieur dans leur tiers antérieur. Les élytres sont nettement mouchetés dans le champ médian et, chez les deux sexes, elles atteignent l'articulation des pattes postérieures. Les ailes postérieures sont presque translucides, sauf à leur apex où elles sont un peu obscurcies. Chez le mâle (**1A**), l'extrémité de l'abdomen est rouge orangé, mais jamais rouge feu comme chez le Criquet noir ébène. L'espèce est assez insignifiante et facile à confondre avec d'autres criquets, notamment avec l'espèce suivante et le Sténobothre nain. La femelle (**1B**) est similaire à celle du Gomphocère tacheté, mais les carènes latérales de son pronotum sont moins fortement coudées.
OCCURRENCE Les adultes apparaissent de juin à octobre (pic en août). L'aire de répartition s'étend des Pyrénées et de la Grèce jusqu'au sud de la Suède et à la Lettonie. Vers l'est, l'espèce est présente jusqu'en Corée. Elle est xérothermophile et préfère les prairies et pâturages à herbe rase, localement dense. Elle fréquente aussi parfois des habitats boisés, des steppes rocheuses, des pelouses sableuses, des landes et des dunes.

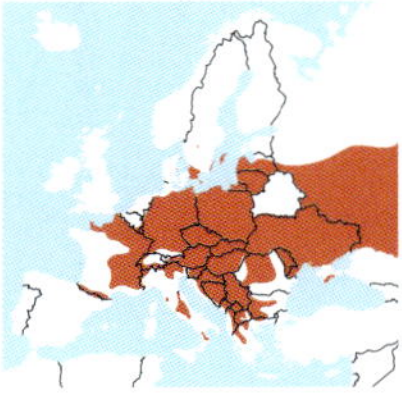

CHANT Le très faible chant consiste en phrases stridulées de 2 à 4 secondes, qui débutent faiblement et qui atteignent leur maximum d'intensité au milieu de la série. Elles sont émises à intervalles irréguliers. Les accents sont produits à un rythme environ deux fois plus rapide que chez les Criquets noir ébène et verdelet, ce qui rend le chant plus fin et lui donne son caractère stridulé.

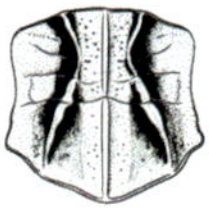

(**1C**) Pronotum (en vue de dessus)

2 Criquet des friches (C. des grouettes)
—*Omocestus petraeus*

♂ 10-14 mm
♀ 12-15 mm

ALL – Felsgrasgrashüpfer

ANG – Rock-dwelling Grasshopper

DESCRIPTION Cette espèce ressemble beaucoup à la précédente, mais elle est un peu plus petite. Le mâle (**2B**) n'a pas l'extrémité de l'abdomen rouge orange, mais toujours d'une couleur pâle. Sa coloration générale est le plus souvent de brun-jaune à brun-gris, plus rarement verte. Il possède souvent une bande médiane claire qui va du vertex au pronotum et qui se prolonge sur les ailes. La grosse tête, qui fait paraître le pronotum petit, est proportionnellement plus grande que celle de l'espèce précédente. De plus, la poitrine des deux sexes est assez densément velue. Les carènes latérales du pronotum sont bien marquées, à peu près aussi prononcées que celles de l'espèce précédente. Les ailes atteignent les genoux postérieurs ou les dépassent légèrement.
OCCURRENCE Les adultes sont visibles de juillet à fin octobre (pic en août). En France, l'espèce est présente de la région pyrénéenne à la Normandie. Ailleurs, on la trouve principalement dans le sud de l'Europe et en région pannonienne. Vers l'est, elle s'étend jusqu'en Sibérie du Sud. Très thermophile, le Criquet des friches recherche les zones pierreuses arides et pauvres en végétation. Il s'agit le plus souvent de surfaces pâturées.

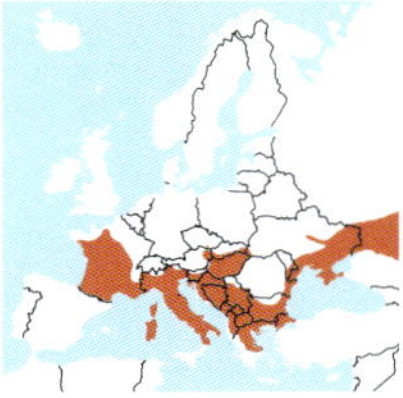

CHANT Le très faible chant, d'une durée d'environ 5 à 10 secondes, se compose de phrases s'amplifiant légèrement, nettement séparées les unes des autres, même par temps chaud. Le chant est répété à intervalles irréguliers et peut être retranscrit en « chi-chi-chi… ».

1A

1B

2A

2B

1 | Criquet des garrigues
—*Omocestus raymondi*

♂ 12-16 mm
♀ 14-18 mm

ALL – Südfranzösischer Grashüpfer

ANG – Raymond's Grasshopper

DESCRIPTION Ce criquet plutôt banal est difficile à caractériser, car il possède peu de spécificités et sa morphologie rappelle celle des représentants du complexe *Chorthippus biguttulus*. Le bord antérieur de l'aile non élargi, le champ alaire médian étroit et les valves non dentées de l'oviscapte indiquent toutefois que l'espèce appartient au genre *Omocestus*. Sa couleur de base est en général de gris-brun à brun foncé, sans marques particulières. Les carènes latérales du pronotum sont nettement arquées vers l'intérieur, mais l'intervalle entre les deux à l'endroit le plus étroit est supérieur à ceux des deux espèces précédentes, les Criquets rouge-queue et des friches. Il se distingue également de ces derniers par des ailes plus longues qui dépassent nettement les genoux postérieurs et qui sont très foncées dans leur dernier tiers. Les ailes postérieures ont une teinte bronze et le mâle (**1A**) possède généralement une extrémité abdominale rouge orangé.
OCCURRENCE Les adultes apparaissent de mai à octobre et certains sont observés tout au long de l'année dans le sud de l'aire. Celle-ci couvre le Portugal et le sud de la France, où l'espèce atteint Vichy et la région de Grenoble. En Italie, elle est très localisée. En Grèce, un criquet présentant de grandes similitudes avec cette espèce a été découvert, mais son appartenance à cette espèce n'est pas encore totalement tranchée. L'habitat est essentiellement constitué de zones caillouteuses et rocheuses à végétation éparse, en plaine et sur le piémont. Dans les Alpes-Maritimes françaises, l'espèce est présente jusqu'en montagne.

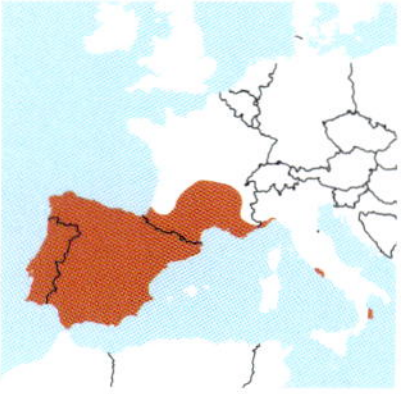

CHANT Le chant d'intensité modérée se compose de 2 à 3 brèves phrases stridulées, d'environ 1 à 1,5 seconde, qui débutent faiblement, mais qui atteignent rapidement leur pleine intensité. La plupart du temps, c'est le chant qui attire l'attention sur l'espèce.

2 | Criquet minute
—*Omocestus minutus*

♂ 10-14 mm
♀ 13-15 mm

ALL – Zierlicher Grashüpfer

ANG – Minute Grasshopper

DESCRIPTION Cette espèce est approximativement de la même taille que les Criquets des friches et rouge-queue, avec lesquels il se rencontre souvent. Mais il est nettement plus mince et sa couleur de base est généralement ocre pâle, jaune, grise ou brune. Les individus foncés sont plutôt rares. Les carènes latérales du pronotum sont fortement repliées vers l'intérieur, comme chez l'espèce précédente. Contrairement aux Criquets des friches et rouge-queue, les ailes sont remarquablement longues et étroites : elles dépassent les genoux postérieurs. Chez le mâle (**2B**), l'extrémité de l'abdomen est jaune à légèrement orange, mais jamais orange vif ou rouge.
OCCURRENCE Les adultes sont visibles de fin mai à septembre (pic en juillet). Cette espèce est répandue de la Bosnie-Herzegovine à la Grèce et à l'Ukraine. Elle a également été récemment découverte en Hongrie. Les zones occupées sont sèches et ensoleillées, avec une forte proportion pierreuse et une strate de végétation irrégulière à très ouverte. On rencontre souvent l'espèce dans des lits de rivière asséchée ou sur des sols sablonneux, par exemple dans des dunes de sable, en association avec l'Œdipode à ailes jaunes.

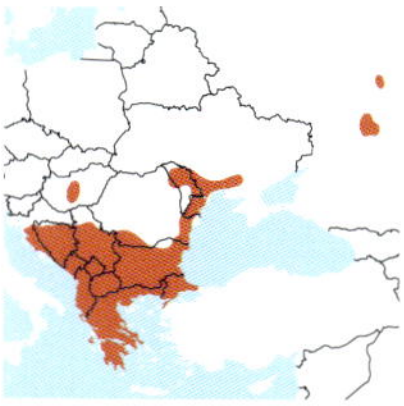

CHANT Le faible chant est composé de brèves phrases stridulées d'environ 1 à 1,5 seconde. Il rappelle un peu le chant de l'espèce précédente, mais les accents se succèdent beaucoup plus rapidement, ce qui le rend plus fin et stridulant.

1A

1B

2A

2B

1 Criquet jacasseur
— *Stauroderus scalaris*

♂ 17-21 mm
♀ 21-28 mm

ALL – Gebirgsgrashüpfer

ANG – Ladder Grasshopper

DESCRIPTION Le Criquet jacasseur ressemble aux espèces du genre *Chorthippus*, mais il est légèrement plus grand que la plupart d'entre elles. Sa couleur de base est jaune, verte, brune ou grise. Les carènes latérales du pronotum sont nettement coudées vers l'intérieur. Elles sont souvent claires et ourlées de foncé. Chez le mâle (**1B**), les élytres sont bruns et de largeur remarquable. Ils s'étendent au-delà des genoux postérieurs, le champ alaire médian et le costal sont dilatés et sont régulièrement quadrillés de nervures transversales. Chez la femelle (**1A**), les élytres atteignent les genoux postérieurs (dépassent plus) et le champ médian est également dilaté, mais avec une nervation réticulée. Chez les deux sexes, les ailes postérieures (**1C**) sont brun foncé. Chez le mâle, il en est de même de l'extrémité des élytres. Les post-fémurs ont souvent une couleur jaune à orange près de l'articulation, qui est quant à elle foncée. Les post-tibias sont jaunes à rouges.
OCCURRENCE Les adultes sont visibles de juin à fin octobre (pic en août). L'aire de répartition de l'espèce s'étend du nord du Portugal au sud de l'Allemagne et au sud de la Pologne, puis à la Grèce. Vers l'est, elle est présente jusqu'en Mongolie. Elle régresse en Allemagne où elle a depuis longtemps disparu du Harz et des plaines du Nord. Elle vit surtout dans des prairies de montagnes demi-sèches à sèches, bien ensoleillées et souvent rocailleuses. On peut parfois la trouver dans des prairies plus denses ou des coupes forestières.

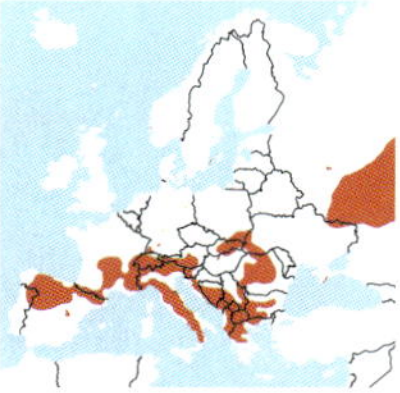

CHANT Comme son nom l'indique, le Criquet jacasseur possède un très riche répertoire d'émissions sonores, qui ne manque pas de surprendre.
Le puissant chant évoque un système d'arrosage et se compose de strophes d'une durée de 10 à 30 secondes. Chaque strophe débute par des phrases brèves et basses, suivies de 20 à 50 accents forts, qui s'achèvent par un « chrä » sonore. De plus, les deux sexes effectuent un vol nuptial crépitant bien plus doux que celui de l'Œdipode stridulante.

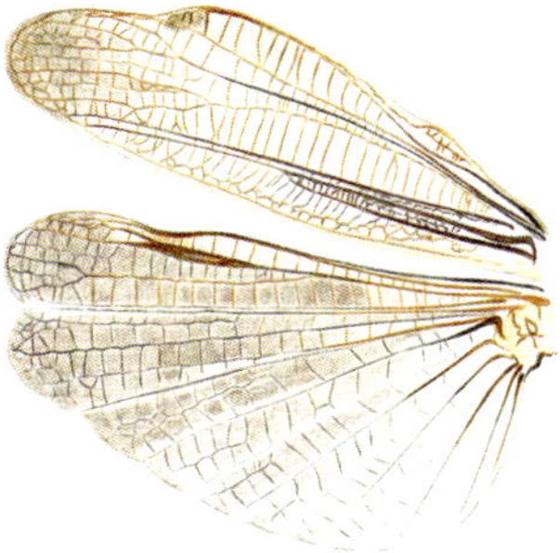

(**1C**) Ailes antérieure et postérieure du ♂

1A

1B

GENRES CHORTHIPPUS ET PSEUDOCHORTHIPPUS

Les deux genres *Chorthippus* et *Pseudochorthippus* regroupent des espèces aux caractéristiques très différentes. Environ 50 sont connues en Europe et 231 dans le monde. Toutes ont en commun un petit renflement sur le bord costal de l'élytre, appelé « lobe basal des *Chorthippus* », dû à la dilatation du champ précostal. Par contre, il existe de grandes différences entre les espèces dans la nervation des ailes et la forme des carènes latérales du pronotum, ce qui est très utile pour leur identification. Malgré tout, certaines se ressemblent tellement que même les mâles ne peuvent pas être déterminés avec certitude. Dans ces cas, les chants souvent très différents sont le critère déterminant.

1 | Criquet des adrets
—*Chorthippus apricarius*

♂ 13-15 mm
♀ 17-21 mm

ALL – Feld-Grashüpfer

ANG – Locomotive Grasshopper

DESCRIPTION Cette espèce appartient au sous-genre *Glyptobothrus*, dont les représentants sont caractérisés par des carènes latérales coudées de façon anguleuse sur le pronotum. Sa couleur de base est le brun pâle, le bronze ou le brun-gris, avec des marques foncées peu visibles. L'orifice tympanique est ovale. Les élytres brunâtres et vitreux s'étendent jusqu'aux genoux postérieurs ou légèrement au-delà chez le mâle (**1A**), un peu moins chez la femelle (**1B**), au maximum jusqu'à l'articulation. Le Criquet des adrets fait exception dans le genre *Chorthippus*, puisque, comme le Criquet jacasseur et les espèces du genre *Stenobothrus*, il possède un champ alaire médian dilaté. La nervation y forme un quadrillage régulier chez le mâle (**1C**), alors qu'elle est réticulée chez la femelle. Les ailes postérieures sont translucides. Les post-fémurs et post-tibias sont jaunâtres.
OCCURRENCE Les adultes apparaissent de mi-juin à fin octobre (pic en août). L'aire de répartition de l'espèce s'étend des Pyrénées jusqu'au sud de la Suède et à la Grèce. En Italie, elle manque en grande partie. Vers l'est, elle atteint la Mongolie et la Chine. Elle s'installe de préférence sur des sols sablonneux chauds et secs, ainsi que sur des pelouses calcaires sèches. La végétation peut parfois être assez dense. Sont également occupées les bordures sèches de chemins, notamment lorsqu'ils longent des champs de céréales ou des prairies. La présence de zones de sol nu (généralement sablonneux) est déterminante. En montagne, ce sont les prairies et les alpages qui sont occupés.

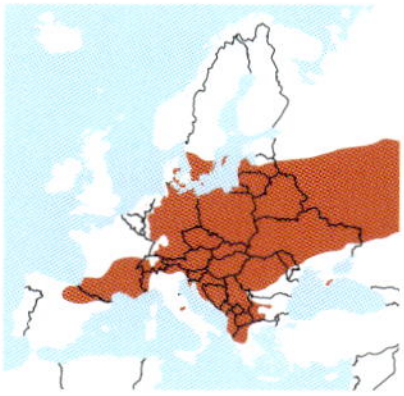

CHANT Le chant modéré rappelle le bruit d'une machine à coudre ou d'une locomotive à vapeur, raison pour laquelle on le nomme « locomotive » aux Pays-Bas. Les strophes de 10 à 35 secondes débutent faiblement, s'amplifient progressivement et s'achèvent brusquement. Elles sont composées de 50 à 150 phrases successives et commencent par un « tic » bien audible, suivi de deux accents raclés.

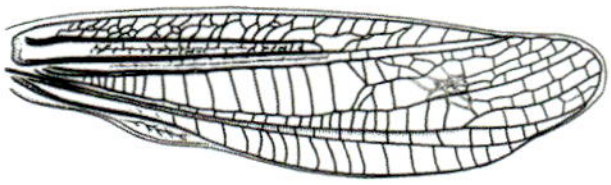

(**1C**) Aile antérieure du ♂

1A

1B

1 | Criquet des iscles — *Chorthippus pullus*

♂ 12-15 mm
♀ 17-21 mm

ALL – Kiesbank-Grashüpfer

ANG – Gravel Grasshopper

DESCRIPTION La couleur de base du Criquet des iscles est le gris clair ou foncé, avec les côtés du corps foncés. Les carènes latérales du pronotum sont nettement arquées vers l'intérieur et sont généralement claires et surlignées de foncé. Chez le mâle (**1B**), les ailes atteignent presque les genoux postérieurs, mais ne recouvrent pas complètement l'abdomen. Chez la femelle (**1A**), elles sont un peu plus courtes (s'arrêtent au centre des post-fémurs), étroites et arrondies à l'extrémité. Les individus à longues ailes sont rares. L'orifice tympanique est ovale. Les post-fémurs sont pourvus de deux taches foncées et les articulations sont noires. La coloration orange vif à rouge des post-tibias tranche avec la couleur générale terne. Chez le mâle, l'extrémité de l'abdomen est jaune orange.
OCCURRENCE Les adultes apparaissent de juin à septembre (pic en août). L'aire de répartition de l'espèce s'étend des Alpes méridionales franco-italiennes jusqu'aux Carpates roumaines et jusqu'à la Carélie dans le nord-ouest de la Russie, ainsi que jusqu'au Caucase plus à l'est. Sur sa bordure occidentale, cette aire est très fragmentée. En effet, l'espèce a localement disparu, notamment dans certaines régions d'Allemagne et de République tchèque. Deux types d'habitats sont fréquentés : les grands bancs de gravier ensoleillés des fleuves alpins, recolonisés par des saules et pins d'une part, et les landes à bruyère sablonneuses d'autre part. Son domaine vital est caractérisé par une proportion importante de zones ouvertes dépourvues de végétation, juxtaposées à des secteurs de mousses et de bois mort ou à une végétation herbacée clairsemée. En raison de la régularisation des cours d'eau, l'espèce a disparu de nombreux sites dans les montagnes d'Europe centrale.

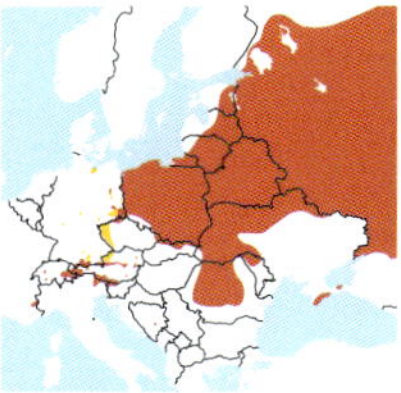

CHANT Le chant plutôt faible passe souvent inaperçu dans l'environnement bruyant des cours d'eau. Il se compose de phrases stridulées d'une durée de 2 à 4 secondes, émises à intervalles irréguliers.

2 | Criquet des pins — *Chorthippus vagans*

♂ 13-16 mm
♀ 18-22 mm

ALL – Steppengrashüpfer

ANG – Penumbra Grasshopper

DESCRIPTION Le Criquet des pins ressemble aux autres espèces du complexe *Chorthippus biguttulus*. Le plus sûr critère pour le distinguer est son tympan large et ovale (deux fois plus long que large).
La couleur de base de cette espèce est généralement assez uniforme, allant du gris au brun, avec un fin dessin sombre peu contrasté. Les carènes latérales du pronotum sont claires et soulignées de foncé. Chez les deux sexes, les étroites ailes atteignent les genoux postérieurs ou les dépassent légèrement. Chez le mâle (**2A**), elles sont étroites et arrondies à l'extrémité. Chez les deux sexes, l'extrémité de l'abdomen est orange, tandis que la partie inférieure des post-fémurs et les post-tibias sont jaunes à orange.
OCCURRENCE On observe les adultes de fin juin à octobre (pic en août). L'aire de répartition s'étend du Portugal à la Grèce, puis jusqu'à l'Allemagne vers le nord et à la Sibérie vers l'est. Cette espèce vit dans des lieux sableux chauds et secs à végétation éparse, le plus souvent près d'arbres ou de buissons. On la trouve principalement sur des lisières chaudes et sèches, sur des landes rocheuses sèches, mais également dans des secteurs de dunes et de pinèdes claires.

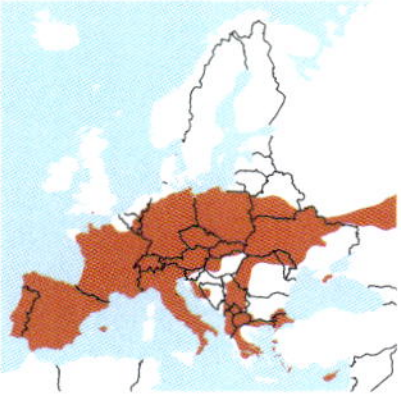

CHANT Le chant à sonorité modérée consiste en strophes montantes de durée variable, de 15 à 20 secondes chacune. Il ressemble à un « chrä-chrä-chrä... » qui se termine brusquement. La plupart du temps, ce ne sont pas des chants spontanés que l'on entend, mais des chants entre mâles rivaux qui ont la même sonorité, mais qui sont plus courts et bégayés. Ils sont émis pendant la pause de chant de l'un des mâles ou dans une confusion générale.

1A

1B

2A

2B

1 | Criquet mélodieux —*Chorthippus biguttulus*

♂ 13-16 mm
♀ 16-23 mm

ALL – Nachtigall-Grashüpfer

ANG – Bow-winged Grasshopper

DESCRIPTION Le Criquet mélodieux donne son nom au complexe *Chorthippus biguttulus*, dont tous les représentants ont les carènes latérales du pronotum (**1D**) fortement coudées vers l'intérieur et les orifices tympaniques en forme de fente étroite. Du point de vue morphologique, les espèces de ce groupe sont très semblables et difficiles à distinguer. Les mâles (**1A**) sont surtout différentiables par leur nervation alaire. Mais le critère d'identification le plus sûr au sein du groupe est le chant, qui diffère souvent beaucoup entre espèces. La couleur de base du Criquet mélodieux est variable, souvent brune à grise, plus rarement verte. Chez les deux sexes, les larges ailes dépassent légèrement les genoux postérieurs. Chez le mâle, le champ costal et le subcostal sont dilatés (**1C**), ce qui fait que le bord inférieur de l'aile est nettement convexe. Ce critère différencie cette espèce des Criquets des jachères et duettiste. Le champ subcostal atteint son maximum de largeur vers le centre de l'aile et se rétrécit un peu vers l'arrière. La nervure subcostale touche le bord de l'aile à peu près au niveau du dernier tiers de l'aile, là où celle-ci se rétrécit brusquement. Chez le mâle, l'extrémité de l'abdomen est souvent colorée en orange.

OCCURRENCE Les adultes sont visibles de fin juin à novembre (pic en août). Cette espèce, le plus souvent très commune, est répandue des Pyrénées jusqu'au cercle polaire en Scandinavie. À travers les Balkans, elle atteint la Grèce et plus à l'est encore, l'Oural. Elle fréquente les lieux semi-secs à secs, tels que prairies, bords de chemins, parcs et jardins.

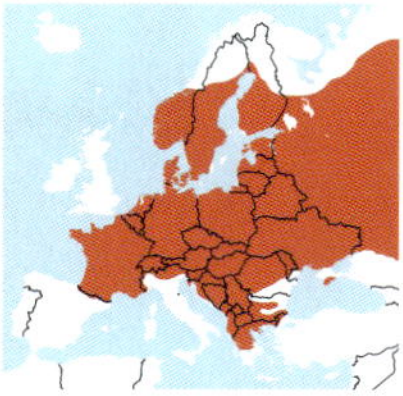

CHANT Le chant d'intensité modérée est composé de strophes stridulées de 2 à 6 secondes, dont le volume s'amplifie progressivement. La plupart du temps, les strophes sont émises par séries de 2 à 3 brièvement espacées, dont la première est nettement plus longue que les suivantes. Le chant rappelle celui du Gomphocère roux, mais chez ce dernier, la sonorité est un peu plus fine et une seule strophe est émise à la fois.

À SAVOIR En raison de leur très proche parenté, plusieurs espèces du complexe *Chorthippus biguttulus* s'hybrident dans la nature, en particulier entre *C. biguttulus*, *C. eisentrauti*, *C. brunneus* et *C. mollis*. Au Danemark, dans les dunes de la mer du Nord, au nord d'Esbjerg (entre Vejers Strand et Skodbjerge), il existe une population hybride qui résulte probablement d'un croisement entre *C. biguttulus* et *C. brunneus*. Elle a été reconnue comme une espèce différente, sous le nom de *C. jutlandica*. Elle se distingue de *C. biguttulus* par des ailes un peu plus étroites, dont le champ costal et le subcostal sont moins dilatés, de sorte que le bord postérieur de l'aile est moins convexe. Toutefois, la surface de ces deux champs alaires est toujours plus importante que chez *C. brunneus*, ce qui accrédite la position intermédiaire de l'espèce comme hybride.

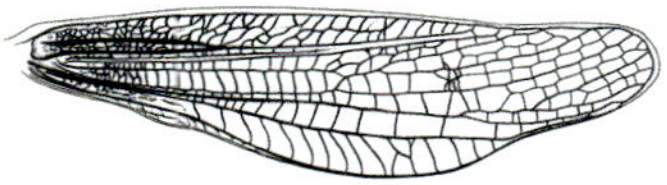

(**1C**) Aile antérieure du ♂

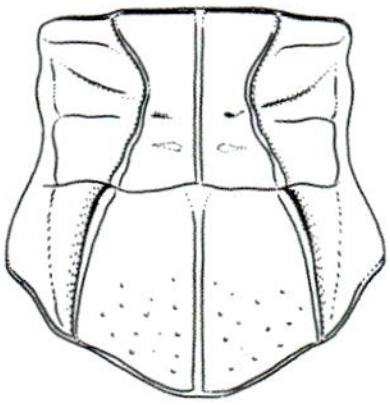

(**1D**) Pronotum (vu de dessus)

1A

1B

1 | Criquet semblable —*Chorthippus eisentrauti*

♂ 13-17 mm
♀ 18-22 mm

ALL – Südalpen-Grashüpfer

ANG – Eisentraut's Bow-winged Grasshopper

DESCRIPTION Le Criquet semblable est une espèce jumelle du précédent. Cependant, chez lui, il est fréquent que les pattes postérieures et l'extrémité de l'abdomen du mâle (**1A**) et de la femelle (**1B**) soient teintées d'un rouge orangé plus intense. De plus, sur les élytres (**1C**) du mâle, le champ subcostal s'élargit de manière assez uniforme sur toute la longueur de l'aile et il devient le plus large un peu avant que la nervure subcostale n'atteigne le bord de l'aile. À l'inverse, chez l'espèce précédente, la plus grande largeur du champ subcostal se trouve au centre de l'aile.
OCCURRENCE Les adultes apparaissent de fin juin à octobre (pic en août). L'espèce est présente sur le versant sud de l'arc alpin en France, Italie, Suisse, Autriche et Slovénie. Dans une large zone de transition où la présente espèce rencontre la précédente le long de l'arc alpin, les individus de chaque population sont souvent intermédiaires et ne peuvent être clairement attribués à aucune des deux espèces. En raison de la difficile distinction de ces espèces jumelles, on peut s'attendre à des surprises sur la répartition réelle du Criquet semblable. Comme chez *Chorthippus biguttulus*, les habitats fréquentés sont plutôt des zones sèches et ensoleillées, avec une végétation de densité variable, mais plus souvent avec des secteurs pierreux que dans le cas de *O. Chorthippus biguttulus.*

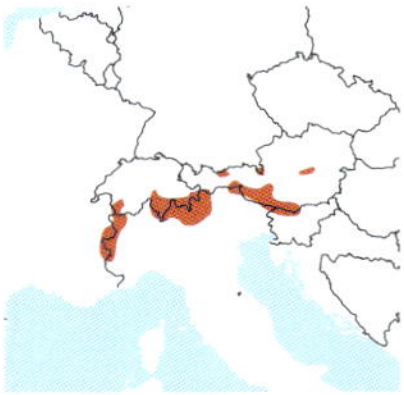

CHANT Le chant modéré se compose de 4 à 10 strophes montantes et stridulées, qui n'est pas sans rappeler celui de *Chorthippus biguttulus*. Les strophes sont cependant plus courtes, un peu plus métalliques, et elles se succèdent rapidement, le plus souvent plus de 3 d'affilée. La première strophe n'est en outre pas plus longue que les suivantes, contrairement au Criquet mélodieux. Dans les zones de rencontre des deux espèces, le chant est également intermédiaire et n'est clairement attribuable ni à l'une ni à l'autre.

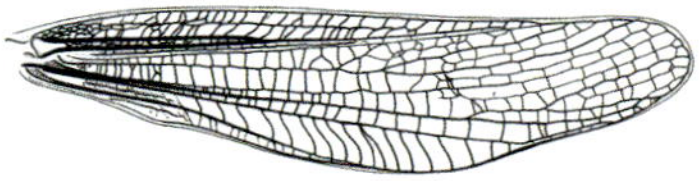

(**1C**) Aile antérieure du ♂

2 | Criquet d'Italie —*Chorthippus rubratibialis*

♂ 13-16 mm
♀ 16-23 mm

ALL – Italienischer Nachtigall-Grashüpfer

ANG – Italian Bow-winged Grasshopper

DESCRIPTION Ce criquet ressemble beaucoup au précédent et au Criquet mélodieux. Il remplace ces deux espèces en Italie au sud du Pô. La coloration de l'abdomen du mâle (**2B**), orange intense à rouge, est similaire à celle du Criquet semblable ci-dessus. Il a cependant des antennes plus longues, qui rappellent celles du Criquet duettiste. Chez les deux sexes, les ailes dépassent légèrement les genoux postérieurs et elles ne sont que légèrement convexes sur leur bord inférieur. Les deux champs alaires, le costal et le subcostal, sont peu dilatés et comme chez le Criquet semblable, le second s'élargit progressivement vers l'arrière.
OCCURRENCE Les adultes sont visibles de juillet jusqu'en novembre (pic en août). L'aire de répartition s'étend de Gênes au nord jusqu'au sud de la Calabre, en passant par l'ensemble de l'Italie. Comme chez le Criquet mélodieux, une grande variété d'habitats est utilisée. On trouve l'espèce sur les lisières forestières ensoleillées, sur les talus routiers et dans les prairies sèches et caillouteuses.

CHANT Le chant modéré est comparable à celui de l'espèce précédente. Les strophes stridulantes durent 3 à 6 secondes. Elles débutent faiblement, puis augmentent rapidement de volume. La stridulation est plus rugueuse que chez l'espèce précédente et que chez le Criquet mélodieux. De plus, les strophes ne sont séparées que par de très courtes pauses.

1A

1B

2A

2B

1 | Criquet duettiste — *Chorthippus brunneus*

♂ 12-17 mm
♀ 18-25 mm

ALL – Brauner Grashüpfer

ANG – Common Field Grasshopper

DESCRIPTION Le Criquet duettiste est en général un peu plus grand que les autres espèces du complexe *Chorthippus biguttulus*. Sa coloration est aussi variable que chez elles : brune, brun-gris, brun jaunâtre, et plus rarement, verte. Le dessus de l'extrémité de l'abdomen est souvent rouge orangé chez le mâle (**1A**) et brun jaunâtre ou orange chez la femelle (**1B**). Le vertex est un peu plus pointu que chez le Criquet mélodieux et les antennes sont relativement longues. Les carènes latérales du pronotum sont caractéristiques du groupe : elles sont nettement arquées vers l'intérieur. Les deux sexes ont de longues ailes qui dépassent nettement les genoux postérieurs. Chez le mâle, comme le champ costal et le subcostal ne sont pas dilatés (**1C**), les ailes sont étroites et peu convexes sur le bord inférieur. Le dernier tiers de l'aile est ainsi presque parallèle. Cela différencie cette espèce du Criquet mélodieux et du Criquet des jachères.
OCCURRENCE Les adultes apparaissent de mai à octobre (pic en août et septembre). Lors des années à météorologie favorable, une deuxième génération peut être produite en automne. L'aire de répartition s'étend du nord de l'Espagne à la Bulgarie, jusqu'en Angleterre au nord et presque jusqu'au cercle polaire. La limite orientale, en Asie, est mal connue. Cette espèce est un peu plus liée aux habitats secs et ouverts que le Criquet mélodieux, mais les deux espèces cohabitent souvent. Elle vit sur des surfaces presque dépourvues de végétation ou à végétation éparse, par exemple sablières, surfaces alluvionnaires, pelouses sèches, bordures de chemins dégagés et clairières forestières sèches. Elle fréquente également des prairies et pâturages présentant des zones dégarnies.

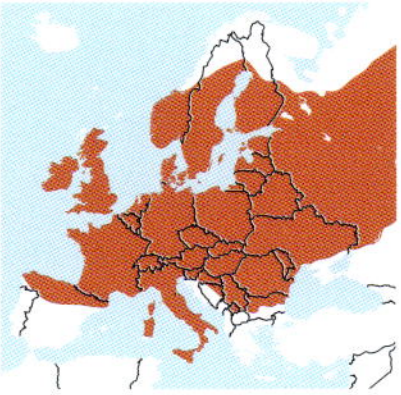

CHANT Le chant d'intensité modérée est composé d'une série de 6 à 10 courtes phrases d'une durée de 110 à 220 ms. Souvent, les mâles chanteurs se stimulent réciproquement et se mettent à chanter quand un voisin fait une pause, ce qui provoque de nombreuses alternances de chant. En poussant de brefs « pssrrt » ou « brrt », on peut provoquer le chant des mâles.

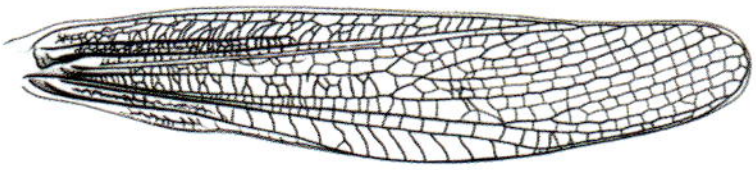

(**1C**) Aile antérieure du ♂

2 | Criquet des Balkans — *Chorthippus bornhalmi*

♂ 15-17 mm
♀ 20-21 mm

ALL – Balkan-Grashüpfer

ANG – Balkan Field Grasshopper

DESCRIPTION Le Criquet des Balkans ressemble au précédent, bien qu'il soit un peu plus puissant de morphologie. L'abdomen du mâle (**2B**) est généralement d'un jaune ou orange plus intense et ses ailes sont un peu plus étroites. Mais les critères de distinction les plus sûrs entre eux sont le chant et l'aire de répartition.
OCCURRENCE Une partie des adultes est active dès fin avril et jusqu'en octobre (pic en juin et juillet). L'aire de répartition de ce criquet s'étend le long de la côte adriatique, de Venise environ à la Grèce et à la mer Noire. En limite de répartition, à l'intérieur des terres, son aire de présence chevauche celle de l'espèce précédente, avec laquelle il s'hybride.

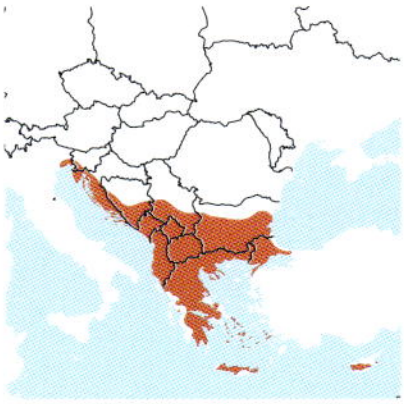

CHANT Le chant plutôt bruyant est composé de phrases s'amplifiant, dont la durée de chacune est de 1,5 à 4 secondes. Cette durée caractérise nettement ce chant par rapport à celui très court de l'espèce précédente. De plus, contrairement à cette espèce, le Criquet des Balkans n'émet pas de sons brefs « brrt », mais des « chii-chii-chii... ».

1A

1B

2A

2B

1 Criquet des jachères (C. des larris)
—*Chorthippus mollis*

♂ 13-17 mm
♀ 18-22 mm

ALL – Verkannter Grashüpfer

ANG – Lesser Grasshopper

DESCRIPTION Le Criquet des jachères est très similaire aux autres membres du complexe *Chorthippus biguttulus*, en particulier le Criquet mélodieux. Les mâles (**1A**) se distinguent toutefois par la nervation des ailes et par leur chant. La couleur de base de la présente espèce varie du brun au gris ou au vert, avec de nettes taches foncées d'intensité variable. Comme pour l'ensemble des espèces de ce groupe, les carènes latérales du pronotum sont fortement arquées vers l'intérieur, claires et soulignées de sombre. Chez le mâle, les ailes sont généralement maculées de foncé et dépassent légèrement les genoux postérieurs : chez la femelle (**1B**), elles sont un peu plus courtes et dépassent à peine ceux-ci. Le champ costal et le subcostal sont légèrement dilatés chez le mâle, de sorte que le bord inférieur de l'aile est peu convexe. L'abdomen est souvent de couleur jaune à orange, parfois de couleur rouge orangé intense, en particulier chez le mâle.
OCCURRENCE Les adultes sont visibles de juillet à novembre (pic en août et septembre). En Europe centrale, cette espèce est tardive : parfois, elle ne commence à chanter qu'en août. Elle est présente depuis les Pyrénées et la Grèce au sud jusqu'au Danemark et à l'Estonie au nord. Vers l'est, elle atteint la Russie occidentale. Elle habite des zones sèches bien ensoleillées et, dans le Nord, celles qui sont les plus chaudes.

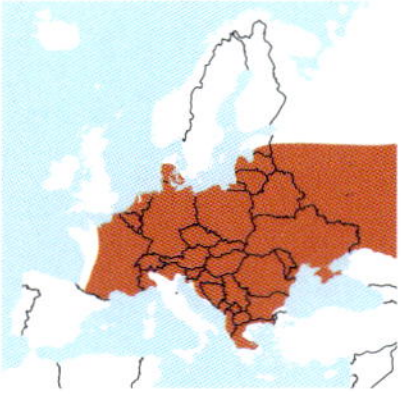

Cette espèce exige plus de chaleur et de sécheresse que les autres espèces du complexe *Chorthippus biguttulus*. On la trouve souvent dans des prairies maigres, des zones rudérales ou des landes à bruyères à végétation basse et clairsemée.
CHANT Le chant d'intensité modérée est une strophe d'environ 20 secondes qui prend peu à peu du volume et que l'on peut retranscrire par « t-rrrrr-t-rrrrr… ». Au début de chaque strophe, un « tic » caractéristique est émis, qui est ensuite dominé par les sons « rrrrr » plus forts. En phase finale, la cadence du chant ralentit.

2 Criquet des ajoncs
—*Chorthippus binotatus*

♂ 15-17 mm
♀ 21-27 mm

ALL – Ginster-Grashüpfer

ANG – Red-legged Grasshopper

DESCRIPTION Le Criquet des ajoncs attire l'attention par sa taille et la couleur contrastée de ses post-fémurs. Sa coloration est variable : généralement brune, grise ou verdâtre et marbrée de vert clair. Les carènes latérales du pronotum sont légèrement arquées vers l'intérieur. L'orifice tympanique est une fente étroite. Les ailes sont semblables à celles du Criquet duettiste, mais un peu plus courtes. Elles atteignent les genoux des pattes postérieures chez les deux sexes, un peu au-delà chez le mâle en général (**2B**). Sur les pattes postérieures, le rouge des post-tibias et du dessous des post-fémurs est frappant.
OCCURRENCE Les adultes apparaissent de juillet à octobre (pic en août). L'aire de répartition s'étend de la péninsule Ibérique jusqu'au sud et à l'ouest de la France. Cette espèce fréquente des landes sèches, des prairies et des pâturages ras, ainsi que des clairières forestières à genêts jusqu'à environ 1 000 m d'altitude. Elle vit souvent sur des Ajoncs d'Europe ou des Genêts à balais, où elle trouve nourriture et protection. C'est l'un des rares criquets européens à posséder une plante hôte spécifique.

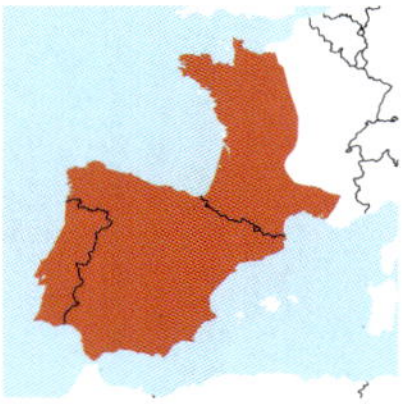

CHANT Le chant d'intensité modérée se compose de phrases de durée variable, entre 1 et 5 secondes. Ce chant rappelle celui du Criquet des Balkans, mais sa tonalité est plus aiguë et râpeuse.
ESPÈCES SIMILAIRES *Chorthippus saulcyi* du sud de la France et des Pyrénées est une espèce sosie, mais dont les ailes sont plus courtes. On distingue plusieurs sous-espèces, dont le statut et l'appartenance ou non à *C. saulcyi* ou à *C. binotatus* ne sont pas encore totalement élucidés.

1A

1B

2A

2B

1 | Criquet de Cialancia
—*Chorthippus cialancensis*

♂ 15-17 mm
♀ 19-24 mm

ALL – Cialancia-Grashüpfer

ANG – Piedmont Grasshopper

DESCRIPTION Le critère des carènes latérales du pronotum nettement arquées vers l'intérieur rattache cette espèce au sous-genre *Glyptobothrus*. Sa couleur varie du grisâtre au jaune ocre et au brunâtre. Les courtes ailes arrivent à peine au-delà du milieu de l'abdomen chez le mâle (**1A**) et au maximum jusqu'au cinquième segment de l'abdomen chez la femelle (**1B**). Le dessous des post-fémurs est rouge orangé clair à rouge intense, et l'extrémité de l'abdomen du mâle est rouge vif. Les post-tibias sont rouges, avec une articulation foncée.
OCCURRENCE Les adultes apparaissent de juillet à octobre (pic en août). L'aire de répartition s'étend du sud du Piémont au Val-d'Aoste, en passant par le sud des Alpes franco-italiennes. L'espèce occupe des zones exposées, ouvertes, pauvres en végétation et caillouteuses, telles que des forêts sur éboulis ou des prairies alpines lacunaires avec arbrisseaux nains, entre 2100 et près de 2800 m d'altitude.

CHANT Le chant d'intensité moyenne est composé de strophes d'une durée de 5 à 12 secondes, constituées elles-mêmes de 10 à 30 phrases dont le volume s'amplifie.
ESPÈCE SIMILAIRE *Chorthippus sampeyrensis,* qui vit dans les Alpes cottiennes depuis la vallée Stura di Demonte (sud du Piémont) jusqu'au mont Viso (frontière franco-italienne), lui ressemble beaucoup. Il s'en distingue par sa taille un peu plus petite, sa morphologie plus ramassée et une couleur de base plus foncée. Chez lui, les couleurs rouges sont remplacées par des couleurs jaunes à orange.

2 | Criquet alpestre
—*Chorthippus alticola*

♂ 14-16 mm
♀ 20-22 mm

ALL – Höhengrashüpfer

ANG – Alpine Grasshopper

DESCRIPTION Cette espèce ressemble à un Criquet des pâtures, mais en plus bigarrée ou contrastée. Elle est toutefois un peu plus grande et les carènes latérales de son pronotum sont plus arquées vers l'intérieur. Toutefois, cette caractéristique peut être plus ou moins marquée, y compris au sein d'une population donnée. La couleur de base est variable et peut aller du brun au gris-brun ou au vert jaunâtre, généralement avec de nets motifs foncés sur les côtés du corps. Chez le mâle (**2B**), les ailes s'arrêtent nettement avant les genoux des pattes postérieures et leur bout arrondi semble obtus. Chez la femelle (**2A**), elles sont très courtes, comme dans le cas du Criquet des pâtures, et ne couvrent que les premiers segments de l'abdomen. Les genoux sont foncés et les post-tibias ont une couleur jaune à rougeâtre.
OCCURRENCE On observe les adultes de juillet à octobre (pic en août). Cette espèce est présente dans le nord-est de l'Italie, en Carinthie et en Slovénie. Elle habite les prairies alpines et les landes à arbrisseaux nains, à partir de 1000 m d'altitude et jusqu'à plus de 2000 m. Le tapis herbacé est en partie dense, souvent un peu enchevêtré, en partie parsemé de pierres avec des zones de sol nu.

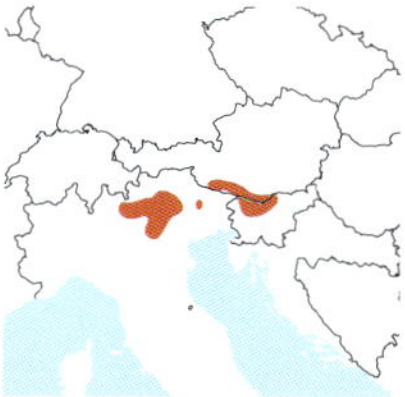

CHANT Le chant rappelle un peu celui des deux espèces suivantes. Il se compose de phrases s'amplifiant légèrement, d'une durée de 8 à 15 secondes, qui sont produites à intervalles irréguliers. Les phrases sont donc nettement plus longues que celles du Criquet des pâtures, avec des sons cliquetés.

1A

1B

2A

2B

1 Criquet des pâtures

—*Pseudochorthippus parallelus*

♂ 13-16 mm
♀ 18-22 mm

ALL – Gemeiner Grashüpfer

ANG – Meadow Grasshopper

DESCRIPTION La couleur de base du Criquet des pâtures peut se révéler très variable : verte le plus souvent et plus rarement brun jaunâtre, brun foncé ou avec des motifs colorés, lilas ou rose. Les antennes du mâle (**1B**) sont légèrement élargies à leur extrémité et recourbées vers l'extérieur, les carènes latérales du pronotum sont légèrement arquées vers l'intérieur. Chez le mâle, les élytres atteignent rarement les genoux des pattes postérieures. Les ailes postérieures raccourcies s'arrêtent nettement avant le stigma clair, ce qu'il est possible de voir à contre-jour. Chez la femelle (**1A**), les ailes sont très raccourcies et réduites à des écailles allongées, qui se terminent en pointe. Les articulations des pattes postérieures sont toujours d'une couleur brun foncé à noire, contrairement au Criquet verte-échine. Au sud des Alpes, les mâles ont souvent l'extrémité de l'abdomen rougeâtre. Les valves de l'oviscapte sont nettement plus courtes que celles de la proche espèce suivante.

OCCURRENCE

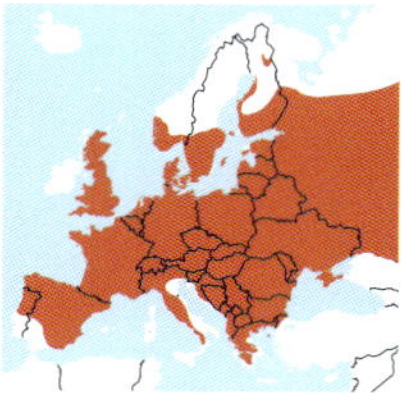

Les adultes apparaissent de juin à novembre (pic en août). Le Criquet des pâtures est largement réparti en Europe et compte parmi les espèces les plus fréquentes. Il se rencontre du Portugal jusqu'au cercle polaire pratiquement, puis jusqu'en Grèce. Plus à l'est, il atteint la Russie occidentale. Il habite les prairies fraîches à humides, ainsi que les pelouses sèches, les bords de chemins et les tourbières. Il ne manque que dans les zones très sèches ou très humides. Il est également tolérant vis-à-vis des prairies intensives, ce qui lui permet d'être une des rares espèces à vivre dans presque tous les types de prés. **CHANT** Le chant d'intensité moyenne est composé de phrases râpeuses, d'une durée de 1 à 4 secondes dont le volume s'amplifie dès le début. Les phrases sont répétées à intervalles plus ou moins réguliers.

2 Criquet palustre

—*Pseudochorthippus montanus*

♂ 13-16 mm
♀ 17-25 mm

ALL – Sumpfgrashüpfer

ANG – Water-meadow Grasshopper

DESCRIPTION Cette espèce ressemble à la précédente, mais sa coloration est moins variable, vert clair intensif avec des reflets brillants sur la partie supérieure. Le dos est souvent foncé, de couleur brune ou grise. Les carènes latérales du pronotum sont légèrement arquées vers l'intérieur et elles sont souvent teintées de sombre. Chez le mâle (**2A**), les élytres atteignent presque toujours les genoux postérieurs et sont plus larges que chez l'espèce précédente dans leur dernier tiers. Par ailleurs, les ailes postérieures sont plus longues que chez ce dernier et vont jusqu'au stigma.
OCCURRENCE On observe les adultes de juillet à novembre (pic en août). L'aire de répartition s'étend des Pyrénées aux Carpates roumaines, puis jusqu'au cercle polaire vers le nord, ainsi qu'en Russie occidentale. Les milieux fréquentés sont des prairies marécageuses, humides à très humides. Les sols durablement humides sont importants, car les œufs sont très sensibles au dessèchement. La plupart du temps, l'espèce précédente ne côtoie la présente espèce que dans les secteurs périphériques moins humides où il peut arriver qu'elles s'hybrident.

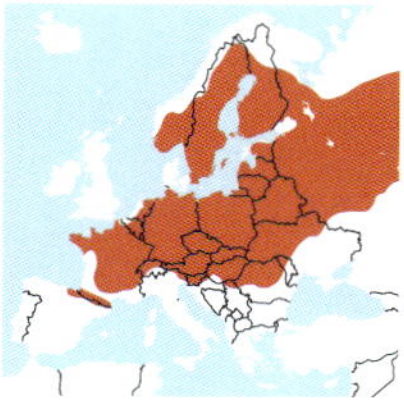

CHANT Le chant ressemble à celui de l'espèce précédente, mais il est un peu plus lent, plus rugueux et composé de phrases un peu plus longues, d'une durée de 2 à 6 secondes.

1A

1B

2A

2B

1 Criquet verte-échine —*Chorthippus dorsatus*

♂ 14-17 mm
♀ 18-21 mm

ALL – Wiesengrashüpfer

ANG – Steppe Grasshopper

DESCRIPTION La couleur de base de ce criquet est variable : généralement vert clair, vert olive ou brune, avec les côtés du corps bruns et le dos vert. Il n'y a pas de contrastes particuliers. Les carènes du pronotum sont légèrement arquées vers l'intérieur dans leur tiers avant et légèrement divergentes vers leur arrière. Chez les deux sexes, les ailes s'étendent jusqu'aux genoux des pattes postérieures ou les dépassent légèrement. Au sud des Alpes, les ailes des individus sont nettement plus courtes et s'arrêtent avant les genoux. La nervure radiale de l'aile antérieure est rectiligne (**1C**) chez les deux sexes, contrairement à la proche espèce suivante, chez laquelle elle est incurvée en S. Le mâle a souvent l'extrémité de l'abdomen rougeâtre (**1B**).
OCCURRENCE Les adultes apparaissent de juillet à novembre (pic en août). L'aire de répartition s'étend de l'Espagne à la Bulgarie, ainsi qu'au sud de la Suède et de l'Estonie. Dans les Balkans, la limite méridionale est en partie méconnue. Vers l'est, l'espèce est présente jusqu'en Chine. Elle fréquente des prairies et pâturages frais à hautes herbes, mais également des surfaces plus sèches. Il lui faut une strate herbacée bien développée et généralement assez dense.

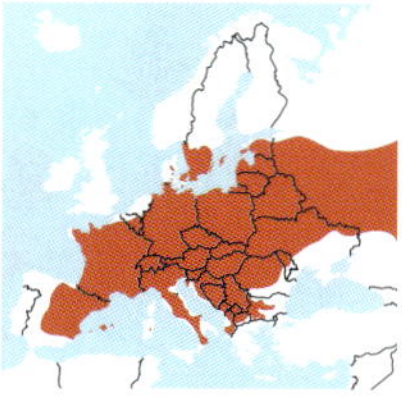

CHANT Le chant discret se compose d'une série de 3 à 10 phrases consécutives, régulièrement espacées. Les phrases, d'une durée de 1 à 2 secondes, augmentent rapidement en intensité et s'achèvent par une stridulation typique de cette espèce. Par cette stridulation, le chant diffère considérablement de celui du Criquet des pâtures.

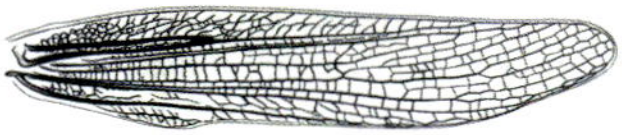

(**1C**) Aile antérieure du ♂

2 Criquet marginé —*Chorthippus albomarginatus*

♂ 13-15 mm
♀ 18-23 mm

ALL – Weißrandiger Grashüpfer

ANG – Lesser Marsh Grasshopper

DESCRIPTION Le Criquet marginé ressemble à l'espèce précédente, mais il est de corpulence plus délicate et de couleur plus uniforme. Sa couleur de base est ocre délavé, beige, brune, grise ou verte. Souvent, la partie supérieure du corps est verte et les côtés brunâtres. Les carènes latérales du pronotum sont presque rectilignes et parallèles. Elles ne divergent légèrement qu'à l'arrière, mais dans une moindre mesure que chez l'espèce précédente. Les ailes s'étendent jusqu'aux genoux des pattes postérieures ou les dépassent un peu. La nervure radiale en S (**2C**) est typique de l'espèce. Chez la femelle (**2B**), une bande longitudinale blanchâtre qui est la plupart du temps absente chez le mâle (**2A**) traverse presque toujours le champ costal.
OCCURRENCE Les adultes apparaissent de fin juin à octobre (pic en août). L'espèce est présente de l'Espagne jusqu'au sud de l'Angleterre et à la Scandinavie. La limite méridionale se situe à peu près le long de la bordure nord des Alpes. À l'Est, l'espèce atteint la Russie occidentale. Le Criquet marginé vit dans des prairies fraîches, moyennement humides et humides. Dans le nord-ouest de l'Allemagne, en climat atlantique, il fréquente aussi des surfaces herbacées sèches et même des prés salés de la zone côtière. On le trouve parfois aussi dans des prairies intensives.

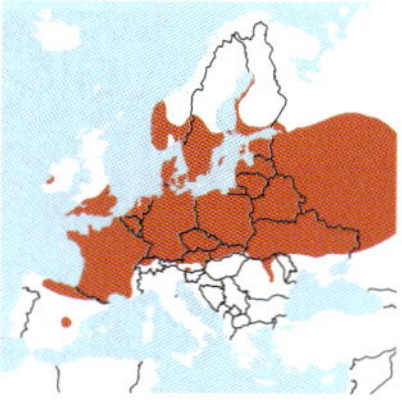

CHANT Le chant est discret et faible, ce qui rend l'espèce peu détectable. Il se compose d'une série de 2 à 4 courtes phrases, d'une durée de 0,5 seconde, qui évoquent le chant du Criquet duettiste. Toutefois, les phrases sont un peu plus longues. Chez la présente espèce, il est fréquent que deux mâles alternent leurs chants.

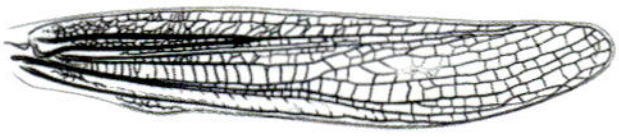

(**2C**) Aile antérieure du ♂

1A

1B

2A

2B

1 | Criquet à pieds clairs
— *Chorthippus oschei*

♂ 13-15 mm
♀ 18-23 mm

ALL – Weißfuß-Grashüpfer

ANG – Carpathian Dancing Grasshopper

DESCRIPTION Cette espèce ressemble beaucoup à l'espèce précédente, mais aussi à celle ci-dessous et au Criquet verte-échine. Tout comme chez la deuxième, la couleur de base est brun délavé ou grise, mais rarement verte. L'extrémité des très longues antennes du mâle (**1A**) est légèrement recourbée vers l'extérieur et d'une couleur blanc brunâtre. Les carènes latérales du pronotum sont presque rectilignes ou légèrement arquées vers l'intérieur. Chez les deux sexes, les élytres s'étendent un peu au-delà des genoux postérieurs ou s'arrêtent légèrement avant. La nervure radiale est incurvée en S comme chez le Criquet marginé. La femelle (**1B**) présente souvent une bande longitudinale blanche dans le champ costal. Les genoux des pattes postérieures sont souvent un peu plus sombres que chez l'espèce précédente et les tarses postérieurs sont, comme le nom de l'espèce l'indique, d'une frappante couleur blanche. Mais le Criquet marginé peut aussi avoir des tarses clairs à blancs.

OCCURRENCE Les adultes apparaissent de début juillet à fin septembre (pic en août). L'aire de répartition de cette espèce orientale s'étend de l'Autriche (Burgenland et Styrie) au nord de la Grèce et au sud de l'Ukraine. Elle y occupe des prairies fraîches à humides, pour partie denses et hautes.

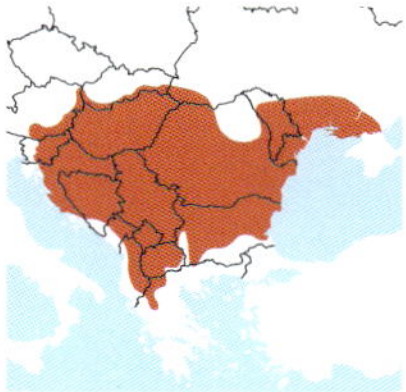

CHANT Le chant habituel est très semblable à celui de l'espèce précédente et ne peut en être distingué. Par contre, le chant de séduction est très différent et consiste en une spectaculaire exhibition. À l'apogée des séquences de danse nuptiale répétées, le mâle incline son corps vers l'avant et projette ses pattes postérieures très loin vers l'arrière.

2 | Criquet bicolore
— *Chorthippus dichrous*

♂ 13-18 mm
♀ 17-24 mm

ALL – Östlicher Wiesengrashüpfer

ANG – Two-coloured Grasshopper

DESCRIPTION Le Criquet bicolore ressemble aux autres espèces, avec les carènes latérales du pronotum presque rectilignes, mais il est remarquablement grand et mince. Sa couleur de base est souvent brun clair ou grise, parfois verte. Les individus bicolores sont typiques de l'espèce : la moitié supérieure de leur corps est brun foncé, tandis que la moitié inférieure est brun clair, beige ou plus rarement verdâtre. De profil, le vertex forme un angle aigu et les carènes latérales du pronotum sont légèrement arquées vers l'intérieur ou presque rectilignes. Les longs élytres dépassent nettement les genoux des pattes postérieures. Ils sont plus longs que ceux du Criquet verte-échine. Et contrairement au Criquet marginé et à l'espèce précédente, la nervure radiale est rectiligne et non incurvée en S.

OCCURRENCE On observe les adultes de mi-juin à mi-octobre (pic en août). Cette espèce est répartie de l'est de l'Autriche jusqu'en Grèce et à l'Asie centrale. En Italie, elle est présente entre Rome et Naples. Elle préfère des surfaces de prairies un peu humides, souvent denses et à hautes herbes.

CHANT Le chant se compose de 3 à 6 phrases se succédant en séries plus ou moins régulières. Les phrases brèves et stridulantes durent environ 300 à 800 ms.

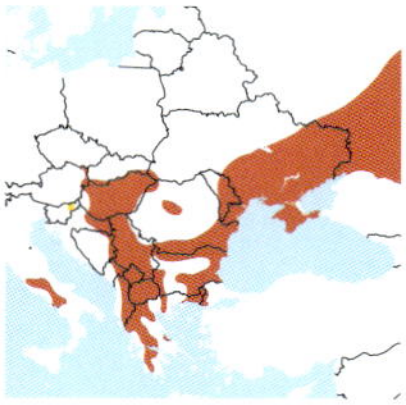

1A

1B

2A

2B

1 Criquet des bromes
—*Euchorthippus declivus*

♂ 14-18 mm
♀ 18-27 mm

ALL – Gewöhnlicher Dickkopf-Grashüpfer

ANG – Common Straw Grasshopper

DESCRIPTION Les espèces du genre *Euchorthippus* possèdent, comme celles du genre *Chorthippus*, un net lobe basal sur le bord antérieur des élytres (champ précostal), mais elles s'en distinguent par les carènes latérales du pronotum presque rectilignes et par la tête arrondie d'une taille remarquable. De plus, les mâles possèdent une plaque sous-génitale allongée en forme de cône, similaire à celle du Criquet des clairières. La couleur de base de la présente espèce est jaune à ocre, avec des taches généralement foncées et des marques longitudinales sur la tête et le cou. Les élytres s'étendent environ jusqu'au dernier quart du post-fémur chez le mâle et jusqu'à la moitié seulement chez la femelle. La plupart du temps, cette dernière (**1B**) présente une bande longitudinale claire dans le champ costal. Les post-fémurs sont souvent orange brunâtre près du genou et les post-tibias sont jaunâtres. Chez le mâle (**1A**), la plaque sous-génitale conique est plus allongée que chez les autres espèces d'*Euchorthippus* et de couleur jaune orangé.
OCCURRENCE Les adultes apparaissent de fin juin à octobre (pic en août). L'aire de répartition couvre le sud de l'Europe, du nord de l'Espagne à la Grèce. En limite nord de cette répartition, l'espèce atteint presque la frontière franco-belge, le canton de Vaud et le Tessin en Suisse, la Basse-Autriche et le sud de la République tchèque en Europe centrale, où elle s'est fortement étendue vers le nord ces dernières années. À l'est, la limite de répartition se trouve en Moldavie. Elle vit dans les lieux secs à modérément humides, richement structurés, tels que prairies et pâturages, friches, landes désertiques et habitats steppiques.

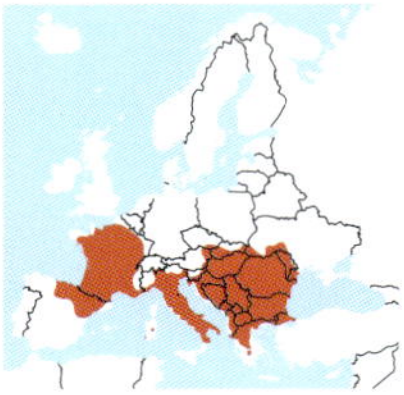

CHANT Le faible chant est constitué de courtes phrases émises régulièrement à 1 seconde d'intervalle environ et produites en séries de durées variables, parfois pendant plus d'une minute. Le chant évoque celui du Criquet duettiste, mais en plus aigu et plus explosif.

2 Criquet glauque
—*Euchorthippus pulvinatus*

♂ 12-17 mm
♀ 20-27 mm

ALL – Gelber Dickkopf-Grashüpfer

ANG – Siberian Straw Grasshopper

DESCRIPTION Le Criquet glauque ressemble au précédent, mais il est globalement bien plus mince et plus pâle que celui-ci. Sa coloration est jaune pâle à brun clair, avec des marques foncées généralement moins nettes que chez l'espèce précédente. Les carènes latérales du pronotum sont rectilignes et souvent foncées sur les côtés. Chez les deux sexes, les élytres atteignent les genoux des pattes postérieures ou les dépassent légèrement. Ils sont donc nettement plus longs que chez l'espèce précédente. Et à la différence de celle-ci, la plaque sous-génitale allongée du mâle forme un cône tronqué (**2B**).
OCCURRENCE Les adultes sont visibles de juillet à octobre (pic en août). En Europe, la répartition se limite à l'est : du sud de la Slovaquie jusqu'au nord de la Grèce et à l'Ukraine. De là, elle s'étend vers l'est jusqu'en Asie centrale. Dans l'est de l'Autriche, elle n'a pas été revue depuis 2003 et a probablement disparu. L'espèce est une habitante typique des steppes d'Europe de l'Est, faites de pelouses sèches lacunaires et de pelouses maigres sablonneuses.

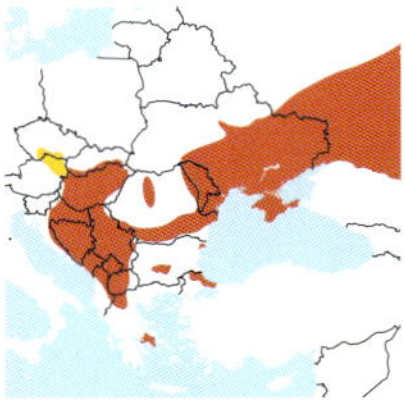

CHANT Le chant d'intensité moyenne est composé de longues séries de courtes phrases stridulées. Celles-ci, d'une durée de 0,2 à 0,5 seconde, deviennent de plus en plus fortes en cours de série. Chaque série comprend jusqu'à 50 phrases émises à intervalles réguliers.

1A

1B

2A

2B

1 Criquet blafard
—*Euchorthippus elegantulus*

♂ 14-18 mm
♀ 20-26 mm

ALL – Eleganter Dickkopf-Grashüpfer

ANG – Elegant Straw Grasshopper

DESCRIPTION Ce criquet est similaire au précédent, le Criquet glauque, une espèce d'Europe de l'Est qui a longtemps été considérée comme une sous-espèce. Il ressemble toutefois encore plus au Criquet des bromes qu'il côtoie régulièrement. Il est souvent un peu jaunâtre, mais présente généralement le même contraste que le Criquet des bromes. Contrairement à ce dernier, ses élytres sont plus longs et atteignent presque les genoux postérieurs, sans les dépasser. Les carènes latérales du pronotum sont très anguleuses. La plaque sous-génitale allongée du mâle (**1A**) a la forme d'un cône émoussé, comme chez l'espèce précédente, mais elle est plus courte que celle du Criquet des bromes. **OCCURRENCE** Les adultes apparaissent de mai à novembre (pic en août). L'aire de répartition va du Portugal jusqu'au sud de la France et dans sa moitié ouest, ainsi que dans les îles anglo-normandes. L'espèce s'installe de préférence dans les prairies, les jachères ou les friches très sèches. La végétation y est souvent richement structurée, avec des zones hautes et denses voisinant avec d'autres basses ou dépourvues de végétation. **CHANT** Le chant rappelle celui du Criquet des bromes. Il est composé de brèves phrases répétées régulièrement.

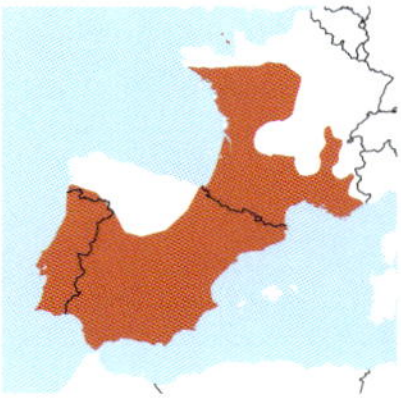

2 Criquet du Bragalou
—*Euchorthippus chopardi*

♂ 14-18 mm
♀ 19-22 mm

ALL – Gestreifter Dickkopf-Grashüpfer

ANG – Iberian Straw Grasshopper

DESCRIPTION Le Criquet du Bragalou ressemble à d'autres espèces d'*Euchorthippus*, notamment au Criquet glauque. Il est toutefois visiblement rayé de brun foncé sur la tête, le pronotum, le corps et, souvent aussi, sur les ailes. Par rapport aux autres espèces d'Europe occidentale, ses élytres sont très longs et dépassent en général légèrement les genoux postérieurs. Chez le mâle (**2B**), la plaque sous-génitale est peu allongée, contrairement à celle des autres espèces du genre et le cône forme une bosse obtuse similaire à celle des espèces du genre *Chorthippus*. **OCCURRENCE** Les adultes sont visibles de juin à novembre (pic en août). Cette espèce est principalement présente dans la péninsule Ibérique, ainsi que du Portugal au sud de la France, où elle n'occupe que la région méditerranéenne. Les habitats fréquentés sont très secs, caillouteux, souvent abrupts et ensoleillés. Ce sont des steppes rocheuses dont, par exemple, les zones ouvertes de la garrigue méditerranéenne en France. La maigre végétation est souvent dominée par le *Brachypodium retusum* d'une taille naine.

CHANT Le chant discret se compose d'une série de 6 à 10 courtes phrases stridulées, d'une durée de 230 à 350 ms chacune. Chaque phrase est suivie d'une longue pause.

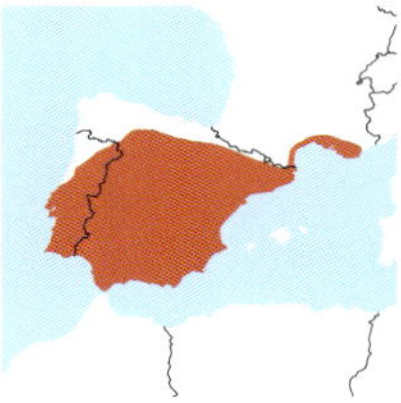

1A

1B

2A

2B

Annexes

Bibliographie et liens internet

BAUR B., BAUR H., ROESTI C., ROESTI D. & THORENS P., 2006 : *Sauterelles, grillons et criquets de Suisse*. Haupt, Berne. 352 p.

BELLMANN H. & LUQUET G., 2009 et 2017 : *Guide des sauterelles, grillons et criquets d'Europe occidentale*. Delachaux et Niestlé. 383 p.

CHOPARD L., 1952 : Orthoptéroïdes. *Faune de France* n° 56. Lechevalier. 358 p. [licence Creative commons BY-NC-SA] www.faunedefrance.org/ListeFaunesFranceParues

CLEMOT M., 2012 : *Identification des Orthoptères de Vendée*. Les Naturalistes vendéens. 90 p. www.naturalistes-vendeens.org/orthopteres/index.html

CORAY A. & THORENS P., 2001 : *Orthoptères de Suisse : clé de détermination*. Fauna Helvetica. 235 p.

DEFAUT B., 1999 : *La Détermination des Orthoptères de France*. Matériaux entomocénotiques (HS), ASCETE. 83 p.

DEFAUT B., SARDET E. & BRAUD Y., 2009 : *Catalogue permanent de l'entomofaune française, fascicule 7, Orthoptera : Ensifera et Caelifera*. UEF éditeur. 94 p.

FCPN, 2002 : *À la rencontre des sauterelles, criquets et grillons…* Les cahiers techniques de la Gazette des Terriers. Journal des clubs CPN. 71 p.

HOCHKIRCH A. et 59 coauteurs, 2016 : *European Red List of Grasshoppers, Crickets and Bush-crickets*. Publications Office of the European Union, Luxembourg.

RYELANDT J., 2014 : *Clé d'identification illustrée des Orthoptères (Ensifera-Caelifera) du Grand Est*. 129 p. https://drive.google.com/folderview?id=0B2CqOp7j_oVOTjVPZ0VnSUZudTg&usp=sharing

SARDET E., ROESTI C., BRAUD Y., 2015 : *Cahier d'identification des Orthoptères de France, Belgique, Luxembourg et Suisse*. Biotope, Mèze. 304 p.

ZUNA-KRATKY T. et 8 coauteurs, 2009 : *Verbreitungsatlas der Heuschrecken und Fangschrecken Österreichs*. Verlag Naturhistorisches Museum Wien, Wien.

ADRESSES UTILES
www.forum.orthoptera.ch
www.forum-orthoptera.at
www.observation.org

SITES WEB

www.ascete.org
Site internet de l'ASCETE : liste des espèces françaises, littérature scientifique, etc.

http://tela-orthoptera.org
Site internet Tela-Orthoptera : photographies, stridulations, etc.

www.iucnredlist.org
Liste rouge de nombreuses espèces dans le monde et toutes celles d'Europe. En plus des cartes de répartition, les experts ont rassemblé beaucoup d'informations utiles.

www.orthoptera.ch
Plateforme sur les Orthoptères de Suisse et d'Europe.

http://orthoptera.speciesfile.org
Base de données contenant toutes les espèces connues dans le monde, avec des liens vers la littérature, et souvent aussi des photos, des émissions sonores, etc.

www.grasshoppersofeurope.com
Le site comprend une liste d'espèces pour l'Europe et environ la moitié d'entre elles disposent d'importantes galeries de photos.

https://observation.org/obs/create
Sur la rubrique européenne de observation.org, il est possible de saisir des données de terrain et d'obtenir des informations sur les données. Le site contient également des photos de nombreuses espèces.

www.orthsoc.org
Site web de l'Orthopterists' Society, association internationale sur les Orthoptères qui soutient des projets de recherche et organise une conférence internationale tous les trois ans.

APPLICATIONS NUMÉRIQUES

Orthoptera-App
Avec l'application pour appareils mobiles (iOS et Android), la plupart des Orthoptères peuvent être déterminés à l'aide d'une clé multicritères. La comparaison avec les photos, les dessins et les chants est particulièrement aisée sur le terrain.

ObsMapp/iObs
Application pour saisir directement sur le terrain les observations, qui sont automatiquement transmises à la plateforme de reporting « observation.org ».

Apex : sommet ou pointe d'un organe.
Aptère : espèce dépourvue d'ailes.
Ariolum : structure lobée située entre les tarses des Orthoptères (= aussi prétarse ou empodium ou pulville).
Brachyptère : espèce ou individu qui possède des ailes de taille réduite (parfois utilisé comme synonyme de « microptère »).
Carène médiane : crête tégumentaire située sur l'axe médian du pronotum.
Carènes latérales : crêtes tégumentaires situées symétriquement à la jonction de la partie supérieure du pronotum et des lobes latéraux.
Cerques : appendices situés à l'extrémité de l'abdomen, le plus souvent en forme de solides pinces.
Chant : voir « stridulation ».
Édéage : organe génital externe du mâle servant à l'éjaculation du sperme (voir « pallium »).
Élytres : paire d'ailes antérieures à téguments sclérifiés qui protègent les ailes postérieures membraneuses servant au vol. Également appelés « tegmina » (« tegmen » au singulier).
Épiprocte (ou plaque suranale) : partie dorsale du 11e et dernier segment abdominal, impaire.
Exuvie : enveloppe tégumentaire vide qui reste après la mue d'un arthropode (dont les insectes).
Fémur : première partie bien développée de la patte en partant du corps (cuisse).
Fovéoles temporales : chez les Orthoptères, dépressions polygonales au nombre de deux, situées à l'avant de la tête (vertex) entre les deux yeux composés.
Genou : articulation des pattes située entre le fémur et le tibia.
Habitus (m.) : faciès, morphologie, aspect général (parfois soumis aux conditions environnementales dans lesquelles évolue l'individu).
Imago : jeune adulte pas encore sexuellement mature.
Juvénile : chez les Orthoptères, individu qui n'a pas encore effectué toutes les mues le menant au stade imago (les termes « larve » et « nymphe » sont réservés aux insectes à métamorphose complète).
Lobe plantaire : excroissance située à la base des tarses de certains Orthoptères.
Lobe précostal : chez certains Orthoptères, petit lobe plus ou moins marqué près de la base du tegmen, sur son bord antérieur (bord inférieur sur l'aile fermée).
Macroptère : individu ou espèce qui possède de longues ailes totalement développées.
Métazone : partie arrière du pronotum, séparée de la partie avant (prozone) par un sillon.
Microptère : individu ou espèce dont les ailes sont très petites et impropres au vol.
Ocelle : œil simple.
Œil composé : œil typique de beaucoup d'insectes, composé d'un ensemble de facettes juxtaposées, les ommatidies.
Orifice tympanique : orifice menant au tympan et permettant l'audition. Ils sont situés sur les pattes antérieures des sauterelles et des grillons, et sur le côté du premier segment abdominal chez les criquets.
Ovipositeur : synonyme d'« oviscapte ».
Oviscapte : organe de ponte typique des femelles d'Orthoptères, composé des valves génitales et des valves anales qui les surmontent.
Pallium : sac génital du mâle, représentant son organe reproducteur.
Palpes : appendices buccaux jouant un rôle tactile et olfactif.
Paranotum : lobes latéraux du pronotum.
Paraptère : espèce dont les ailes postérieures sont plus longues que les élytres.
Plaque sous-génitale : dernier sternite de l'abdomen.
Post-fémur : fémur de la patte postérieure (on utilise parfois aussi les expressions pro- et mésofémur, respectivement pour la patte antérieure et la médiane).
Post-tibia : tibia de la patte postérieure (pro- et mésotibia pour les deux autres pattes).
Pronotum : face dorsale du premier segment du thorax. Chez certaines espèces, le pronotum est orné de carènes (médiane et/ou latérales) qui sont importantes pour l'identification.
Prosternum : face ventrale du premier segment du thorax (visible entre l'insertion des pattes antérieures).
Prozone : partie avant du pronotum, séparée de la partie arrière (métazone) par un sillon.
Sillon typique : nom donné au sillon transversal le plus postérieur des trois qui se trouvent sur le pronotum.
Spermatophore : masse gélatineuse et spumeuse (évoquant de la mousse) qui durcit rapidement au contact de l'air et qui contient les spermatozoïdes du mâle.

Squamiforme : en forme d'écailles.
Squamiptère : espèce dépourvue d'ailes postérieures et possédant des élytres en forme d'écailles qui ne se rejoignent pas sur le dos.
Sternite : arceau ventral d'un segment du corps.
Stigma : zone alaire à grande densité de nervures ayant l'apparence d'une tache blanchâtre ou brunâtre.
Stridulation : émission acoustique résultant du frottement de différentes parties du corps (ailes, pattes...) l'une contre l'autre. Faussement appelée « chant » par facilité de langage.
Styles (m.) : appendices pairs, effilés et cylindriques de la plaque sous-génitale, caractéristiques des mâles chez certains Ensifères.
Synanthrope : espèce qui ne se maintient qu'à l'intérieur des constructions humaines.
Tarses : derniers éléments de la patte (après le tibia), composés de 3 ou 4 articles. Le dernier porte des griffes.
Tegmina (« tegmen » au singulier) : nom donné aux ailes antérieures des Orthoptères qui recouvrent et protègent les ailes postérieures au repos (synonyme d'« élytre »). Les ailes postérieures se replient dessous en éventail.
Tergite : arceau dorsal d'un segment du corps.
Tibia : deuxième partie de la patte (entre le fémur et les tarses). En orange sur le dessin.
Titillateurs : appendices mobiles en forme de crochet sur le côté de l'organe copulateur du mâle qui servent d'agrafes lors de la copulation.
Vagilité : intense activité de déplacement (« vagile » est l'adjectif correspondant).
Valves : quatre organes constitutifs de l'oviscapte (seuls deux visibles) permettant à une femelle d'Orthoptère de pondre ses œufs.
Vertex : point le plus avancé du front ou le plus haut de la tête.
Volateur : insectes possédant une bonne aptitude au vol (synonyme : bon voilier).
Xérothermophile : qui aime la sécheresse et la chaleur, respectivement du grec *xéro* et *thermo*.

Index

D

E

N

O

P

Crédits photographiques

675 photos en couleurs, 175 dessins et 287 cartes de distribution en couleurs.
Conception graphique de la couverture à partir d'une photo de Florin Rutschmann qui se rapporte à un mâle d'Arcyptère savoyarde (*Arcyptera microptera*). Le dessin au trait concerne un mâle de Grillon des marais (*Pteronemobius heydenii*).
Les pages intercalaires montrent : en pages 2-3, un mâle de Decticelle des brandes (*Gampsocleis glabra*) ; en page 4, un mâle de Barbitiste noir (*Barbitistes ocskayi*) ; en pages 8-9, un mâle d'Arcyptère savoyarde (*Arcyptera microptera*) ; en pages 76-77, un mâle de Grand Barbitiste (*Poecilimon ornatus*) ; en pages 252-253, un mâle de Criquet turc (*Ramburiella turcomana*) et en pages 420-421, un mâle de Barbitiste magnifique (*Poecilimon thoracicus*).

Les 175 dessins à l'intérieur et sur les rabats sont de Christian Roesti. Les cartes de distribution proviennent de la *Liste rouge européenne* (Hochkirch, *et al.*, 2017), www.iucnredlist.org

Toutes les photos sont des auteurs et de :
Dieter Thommen : p. 42, 43 ; Eric Sardet : p. 341/2B ; Francesca Tami : p. 217/2A, 2B ; Gilles San Martin : p. 167/1B ; Günther Wöss : p. 161/1A, 161/2B ; Jan Mertens : p. 345/1A ; Ionut Stefan Iorgu : p. 181/1A, 1B, 415/1B ; Markus Sehnal : p. 165/2A, 2B ; Martina Katholnig : p. 41/en bas ; Paul van Hoof : p. 107/2A, 2B ; René Güttinger : p. 105/1B ; René Manger : p. 275/1B ; Roger Meier : p. 51/en bas à droite ; Roy Kleukers : p. 93/2A, 2B, 97/2B, 117/1A, 1B, 125/2B, 149/2A, 2B, 213/1B, 278/1A, 1B ; Sami Karjalainen : p. 259/1A ; Stefan Kohl : p. 51/en haut à droite, en bas à gauche, 275/1A, 294/1B ; Stefan Plüss : p. 119/1B, 121/1A, 145/1A, 215/2B, 301/1B, 337/1A, 393/2A, 2B ; Stefan Schilli : p. 52 ; Thomas Stalling : p. 103/1A, 1B, 103/2B ; Wolfgang Schweighofer : p. 105/1C.

FSC www.fsc.org
MIXTE
Papier issu de sources responsables
FSC® C023164

Édition originale
Titre original : *Der Kosmos Heuschreckenführer*

Édition française

Dépôt légal : juin 2020
ISBN : 978-2-603-02714-1

Traduction et relecture : Christian Dronneau
Préparation du texte et mise en pages :
Nord Compo, Villeneuve-d'Ascq
Couverture : Fabienne Gabaude

Achevé d'imprimer en mai 2020
sur les presses de Longo AG · SpA en Italie

Orthoptères à courtes antennes (Caelifères)

> Antennes plus courtes que le corps et à moins de 30 articles
> Valves de l'oviscapte de la femelle courtes (en général, seule la pointe est bien visible)
> Orifice tympanique situé sur les côtés du 1er segment abdominal

Tétrix et Tridactyles

Petite taille (4-15 mm) ; pronotum prolongé ou bombé et vie terrestre

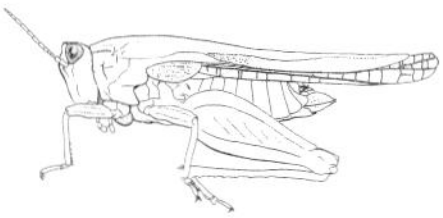

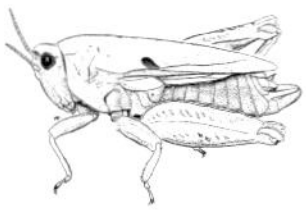

Tetrigidae, Tridactylidae
p. 254-269

Pamphagides

En général grands et dodus ; en général inaptes au vol

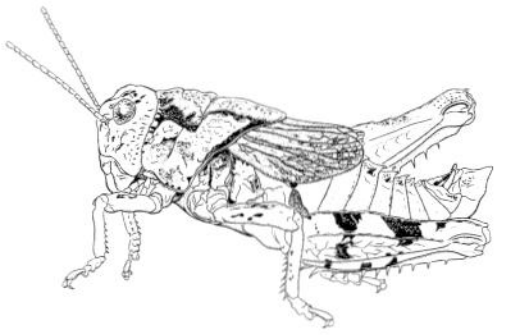

Pamphagidae
p. 270-279

Pyrgomorphes, Tropidopolinés, Truxales

Vertex allongé en avant (pointu) ; corps allongé et en forme de tige

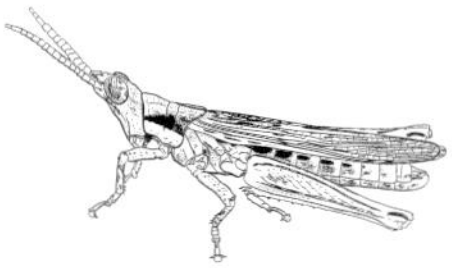

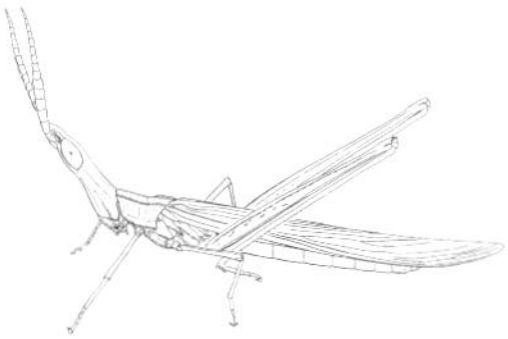

Pyrgomorphidae, Tropidopolinae,
Acridinae p. 280, 340-344